空间科学与技术研究丛书

载人深空探测技术导论（上册）

Introduction to Human Deep Space Exploration Technology

○ 果琳丽　杨宏　田林　彭坤　黄铁球／编著

北京理工大学出版社
BEIJING INSTITUTE OF TECHNOLOGY PRESS

版权专有 侵权必究

图书在版编目（CIP）数据

载人深空探测技术导论/果琳丽等编著. —北京：北京理工大学出版社，2019.2

（空间科学与技术研究丛书）

国家出版基金项目 "十三五"国家重点出版物出版规划项目 国之重器出版工程

ISBN 978-7-5682-6761-8

Ⅰ.①载… Ⅱ.①果… Ⅲ.①载人航天器-空间探测器-研究 Ⅳ.①V476

中国版本图书馆 CIP 数据核字（2019）第 033817 号

出版发行 / 北京理工大学出版社有限责任公司
社　　址 / 北京市海淀区中关村南大街 5 号
邮　　编 / 100081
电　　话 / （010）68914775（总编室）
　　　　　（010）82562903（教材售后服务热线）
　　　　　（010）68948351（其他图书服务热线）
网　　址 / http：//www.bitpress.com.cn
经　　销 / 全国各地新华书店
印　　刷 / 北京地大彩印有限公司
开　　本 / 710 毫米 × 1000 毫米　1/16
印　　张 / 54
彩　　插 / 1
字　　数 / 942 千字
版　　次 / 2019 年 2 月第 1 版　2019 年 2 月第 1 次印刷
定　　价 / 149.00 元（上下册）

责任编辑 / 张鑫星
文案编辑 / 张鑫星
责任校对 / 周瑞红
责任印制 / 边心超

图书出现印装质量问题，请拨打售后服务热线，本社负责调换

序言

在巨大的宇宙摇篮中,人类显得渺小而又伟大。与万物之源宇宙的深邃无垠相比,人类文明尚处在萌芽阶段,人类智慧还在竭力思考宇宙、太阳系与生命的起源到底是什么?若有朝一日,太阳变得过于炙热,地球不再宜居之时,人类又将何以栖身?自从认识到自我和世界之后,人类便开始了探索宇宙的漫漫征途,努力拓展着自身的认知边缘,并思考着人类及地球的命运和太阳系及宇宙的关联。正如1969年7月20日,美国航天员阿姆斯特朗成功登上月球后说的那句话:"这是我的一小步,更是人类的一大步……"

时至今日,人类深空探测的范围已经覆盖了太阳系的太阳、八大行星、矮行星、彗星及小行星等地外天体,美国旅行者一号和二号探测器也相继飞出太阳系的日冕边界层,飞向更遥远的星际空间,而人类在近地轨道空间站上飞行的最长时间也达到了438天。60多年的世界深空探测史,不仅深化了人类对宇宙、太阳系以及生命的起源和演化等前沿科学问题的认识,推动了空间天文、行星科学、航天医学、宇宙生物学等基础学科的飞跃发展,也带动了以运载火箭、深空探测器、载人航天器、应用卫星、通信与测控、地面发射等航天工程技术的快速进步,培养了一代又一代心系宇宙的青年科学家、航天工程师和大国工匠,为人类文明发展史书写了耀眼的篇章。

从当年的阿波罗载人登月工程情况来看,在正式实施首次载人登月任务之前,不仅先后发射了"徘徊者""勘探者"系列无人月球探测器,拍摄了大量月球的地形地貌高分辨率图像,为载人登月点最终选址提供充足数据;还利用无人月球探测器验证了奔月变轨、月球捕获、月面软着陆、月面起飞、月–地高速再入返回等关键工程技术。即便在阿波罗载人登月工程结束之后，美国也先后发射了"克莱门汀号""月球勘探者""月球勘探轨道器""月球坑观测与遥感卫星""月球重力双星""月球大气与环境探测器"等系列无人月球探测器，继续开展月球的内部结构、重力场、南极阴影坑的水冰及挥发物等科学问题的研究，为美国实施重返月球的 Artemis 计划选择最具科学价值的登陆区域。在 Artemis 计划中还将发射商业月球着陆器和系列立方星，这些无人月球先导任务是美国计划在 2024 年，实现人登陆在月球南极并长期生存战略目标的重要保证。

回顾我国的月球探测工程，在论证之初便明确了"探、登、驻"的大三步走和"绕、落、回"的小三步走战略目标。时至今日，我们的探月工程以较低的成本和极高的成功率，顺利实现了五战五捷，以嫦娥四号为代表的月背探测任务取得了一系列原创性科学成果。目前正在抓紧实施月球采样返回的嫦娥五号工程和火星探测工程。这些无人探测任务的成果不仅为推动我国实施载人探测任务奠定了重要的工程技术基础，更为开展中国航天的国际合作铺平了道路。推动实施中国的载人深空探测工程将是发展航天强国的重要标志之一，在未来的世界航天发展史上我们也将贡献更多的"中国智慧"。这不仅是航天人的历史使命，也是我们实现中华民族复兴的重要标志。

本书《载人深空探测技术导论》的作者们，都来自中国航天工程技术研究一线，他们首次从顶层任务分析和系统设计的角度，对未来的载人登月、月球基地、载人登陆火星等载人深空探测技术进行了重点论述。书中提出的人机联合探测技术、原位资源利用技术、先进的空间推进技术等，都是未来有可能产生颠覆性变革的航天前沿技术领域。虽然当前这些技术的成熟度不高、技术方案的不确定性大，但是作为先期研究的成果，可为后续我国明确重大航天工程的技术途径奠定基础。我很赞赏他们的开创性前瞻性工作。

此外，当我听说本书也将用于中国空间技术研究院神舟学院的研究生教材后，我很赞赏本书的作者们为中国航天持续发展培养后继人才，带动更多的年轻人主动思考、大胆创新。只有一代又一代的中国航天人勇于探索和实践，中国人登上月球的航天梦才能早日实现。我愿意与他们同学习、共进步！

吴伟仁

中国工程院院士
中国探月工程总设计师
2019 年 2 月

序言

　　载人航天和深空探测是人类开展航天活动的两大重要领域。

　　1992年9月21日,中国政府决定实施载人航天工程,并确定了三步走的战略。第一步载人飞船阶段,建成初步配套的载人飞船工程,开展空间应用实验;第二步空间实验室阶段,相继发射了神舟七号载人飞船,天宫一号、天宫二号空间实验室,神舟八号无人飞船,神舟九号、十号、十一号载人飞船,以及天舟一号货运飞船,全面验证了航天员出舱活动技术、空间飞行器自动和人工控制交会对接技术,完成了航天员中期驻留,考核了面向长期飞行的乘员生活、健康和工作保障等相关技术;接受了推进剂的在轨补加和货物补给,开展了航天医学、空间科学试验以及在轨维修等技术试验。当前中国载人航天工程已经全面进入第三步空间站阶段,计划2020年开始建设基本型空间站,发射"天和"核心舱,2024年前后进入运营阶段,成为长期有人驻留的中国空间站"天宫"……

　　从2007年到2018年,中国月球探测工程相继发射了嫦娥一号、二号、三号、四号月球探测器,完成了月球正面和背面的无人软着陆,释放了玉兔一号、二号无人月球车。计划2020年发射嫦娥五号月球探测器和火星探测器,此后还将实施嫦娥六号、嫦娥七号、嫦娥八号任务,在月球南极进行采样返回和综合探测等试验,论证中的还有无人月球科考站工程……

　　从中国载人航天和月球探测这两大工程的快速发展来看,一是得益于前期的充分论证工作,分别制定了载人航天和月球探测三步走战略规划;二是得益于各系统扎实的技术储备和创新的工程实践。在这两大工程成功实施的基础

上，推动实施载人登月工程为代表的载人深空探测任务已经成为中国航天界的共识。与半个世纪前美国的阿波罗载人登月工程相比，新世纪的载人深空探测任务更有新时代的气息，更能综合体现一个国家和民族的科技进步能力。

习近平指出，探索浩瀚宇宙、发展航天事业，建议航天强国，是我们不懈追求的航天梦。中国的载人深空探测工程该制定什么样的发展战略？中国的载人深空探测工程将选择什么样的技术途径？如何在世界航天发展的进程中体现出中国智慧，贡献中国力量呢？……中国空间技术研究院对此开展了多年的跟踪和研究论证工作，本书的作者们也都来自工程一线，具有丰富的理论研究和工程实践能力。《载人深空探测技术导论》这本书，内容覆盖了未来载人登月、月球基地、载人小行星、载人登火星及火星基地等任务，并对各项任务的技术途径和技术难点有选择地进行了阐述。虽然本书充满了概念性和方案性探索，技术上的不确定性很强，但是作为国内第一本系统论述载人深空探测技术的书籍，本书的出版必能带动更多的年轻人共同进行创新思考。

我一辈子都在从事空间技术的研究和管理工作，深为中国航天事业目前的发展感到欣慰和自豪。我支持年轻的同志继续大胆思考，积极实践，我愿与他们共同进步、共同提高！

中国工程院院士
神舟飞船首任总设计师
2019 年 2 月

Preface

Compared with a hundred years ago, our understanding of the major celestial bodies in the solar system has enriched a lot. Today's international developments of Planetary Sciences and Exploration mainly address six scientific "big questions": how did the solar system form and how did it evolve towards its current configuration? How does it work? What produced the diversity of its objects? How do our planetary systems (the solar system and the four giant planets systems) compare to extraterrestrial planetary systems? Where can we find habitable worlds and what were the conditions leading to their emergence? Is there life anywhere, and how to find it? With the deepening of human understanding of the major celestial bodies in the solar system and the development of comparative planetary science, our understanding of Earth, our own planet and the fragile harbor of humankind's life and destiny, is also more profound. We know that, as the Sun evolves and progressively burns all its hydrogen fuel, within about 5 billion years it will eventually turn into a red giant. Our Earth will become an unhabitable furnace before being "eaten" by the Sun's expanding corona. Even if this perspective is very far ahead, much farther than the age of our own species and of Earth life itself, it must encourage us, fragile human beings inhabiting the Earth, our cradle and provisional shelter, not only to cherish and preserve it, but also to better understand its place in the cosmos, dare explore the universe around it, find other habitable planets and wonder if they are inhabited. Along this path we might well, in the end, realize the dream of human migration to other extraterrestrial worlds! We are probably the precursors of inhabitants of our Earth which can start thinking rationally about this dream and gather the scientific and technical knowledge needed to make it happen in the coming decades to centuries, under the guidance of generations of astronomers and aerospace engineers to come.

The development of the technologies needed for human deep space exploration requires unmanned deep space exploration as a pilot task and source of the basic knowledge needed, and relies on the use of manned space stations to verify the long-term viability of human beings in space. The nearest destination of humankind is the moon. In the future, shall we reach out farther to Mars and beyond? How can we do it? How can humans adapt to the environment of long deep space flight? How can we overcome the harsh natural environments of the moon, Mars and other celestial bodies? How can we make use of the resources of extraterrestrial objects to establish a long-term presence of humans on these hostile worlds? These are very forward-looking and challenging subjects which the authors of this book have thought deeply and professionally about. Their research results will lay the foundation for the real implementation of future exploration projects, and will also inspire the future generations who will meet this great challenge by devoting themselves to the important basic research required.

The universe is like a vast ocean, the moon is like a reef off the coast, and human beings are right now like children picking up shellfish on the shore. There are many jewels in the deep universe waiting for us to explore and discover... The first step of human migration to extraterrestrial bodies will likely be the moon, this "offshore reef" where a "lunar village" might be established, following ESA's vision of the first extraterrestrial human settlement.

On the occasion of the successful launch of the first Sino-French oceanography satellite, CFOSAT, I am glad and honored to accept the invitation of Professor Guo Linli of the Chinese Academy of Space Technology to write this preface to her wonderful book, and I hope that it will inspire future joint journeys of China, France and other

countries towards still unexplored planetary worlds.

Michel Blanc

Institut de Recherche en Astrophysique et Planétologie (IRAP),

Observatorie Midi – Pyrénées (OMP), France

Interdisciplinary Scientist on the CASSINI – HUYGENS Mission

Co – Leader on NASA's Juno Mission to Jupiter

Full Member of the International Academy of Astronautics (IAA)

Full Member of the Academia Europaea

Full Member of the Air and Space Academy, France

February 21st, 2019

前言

人类走向深空,登陆地外天体,探索未知的宇宙,实现对地外天体资源的开发和利用是激励一代又一代航天人为之奋斗的梦想。从凡尔纳的科幻小说《飞向月球》,到20世纪60年代美国成功实施阿波罗载人登月工程,以及半个世纪后的今天,人类对登陆月球、火星等地外天体的向往从未停止。随着对太阳系的金星、火星、土星、木星及其卫星等无人深空探测任务的实施,人类对太阳系各天体的认识逐步深入。火星上有可能存在液态水,土卫二有地下海洋初步具备生命存在的必要条件,这些探索和发现都更加激发了人类对寻找生命起源的渴望,人类移民太阳系内宜居星球的梦想似乎正变得触手可及。

然而,真正推动实施载人深空探测工程却是一件备受争议的事情。即使是世界瞩目的航天科技强国美国在成功实施阿波罗登月工程之后,也被广泛质疑。阿波罗载人登月工程被定义为美苏争霸的政治工程,将人类送往月球、火星的意义和价值究竟何在?花费巨大的资金究竟能给地球上的人类带来什么利益?在经历了长久持续的争论之后,2004年奥巴马政府再次停止了NASA论证的重返月球的"星座计划"。直到2019年初,美国总统特朗普宣布将于2024年重返月球并最终实现载人登陆火星的空间探测战略,其中美国聚焦在建设月球轨道空间站(Lunar Gateway),并以此为跳板最终实现载人登陆火星。2018年2月美国私营企业SpaceX公司的猎鹰重型火箭(Falcon Heavy,FH)首飞成功,美国政府提出可充分利用商业航天力量来开拓载人深空探测之路。2019年3月美国副总统彭斯宣布将考虑使用猎鹰重型火箭代替波音公司的SLS火箭的可能性,从而确保美国将在5年内重返月球的战略目标。因此,从美国

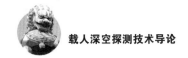

成功实施阿波罗载人登月工程之后，近50年的重返月球论证过程可知，载人深空探测任务不仅仅是一项单纯的航天工程任务，更体现出各个时代思想观念、认识模式、技术路径的改变，它不但会改变人类对宇宙和太阳系的认识，更可能改变人类对地球家园的认识，并为未来深空探测任务做出巨大贡献。

虽然路途遥远，但是行则将至。梦想在，激情就在。中国空间技术研究院的载人航天研制团队近年来与高校和其他科研院所广泛合作，在载人深空探测领域开展了持续研究工作。我们认为，载人深空探测任务是指以月球、小行星、火星及其卫星为目标的有人类航天员直接参与的地外天体探测任务。具体的探测任务可以包括载人登月、载人月球基地、载人登陆小行星、载人登陆火星及其卫星、载人火星基地等。显而易见，这是一个综合了天文学、行星科学、航天医学等空间科学，以及深空探测和载人航天等空间技术领域的交叉学科，涉及的科学、技术及工程知识相当庞杂，以载人登月为代表的巨型复杂项目的管理模式也将发生适应性改变……

写作这本书的初衷是想跳出作者自身所在的行业和专业局限，力图站在空间科学与空间技术的高度来重新认识、重新思考载人深空探测技术的科学内涵。但是在写作的过程中，作者们不断地质疑与否定，四易书稿，不断修改，我们如何才能写出一部真正能让读者受益的书呢？首先，我们肯定是写不出一本大而全的书，载人深空探测技术是一门综合交叉学科，专业覆盖面极宽，以作者们目前的专业能力想覆盖到方方面面肯定是做不到的；其次，我们又不甘心只写一个点，做到所谓的专而精，因为这样读者就看不到载人深空探测技术的全貌，无法建立起载人深空探测技术的整体概念。

苦思冥想之时，我们又重读了钱学森同志的《星际航行概论》一书，这本写作于1962年的书仿佛是黑夜中的一盏明灯，不仅坚定了我们把这本书写下去的信心，更是指明了前进的方向。既然再艰巨、再复杂的事情总得有人做先行者，那我们就更有责任履行好历史使命，写作这本书正是想阐述载人深空探测任务的复杂性和艰巨性，未来真正实施载人深空探测任务肯定是需要数千万名科学家、设计师、工程师、工艺人员、技术工人和管理人员组成的庞大队伍才能实现。但是正如钱老所说，任务复杂并不等于不可实现，尤其是当前我国载人航天工程已经进入到空间站时代，人类在太空的长期生存和工作所需的保障能力即将实现；嫦娥五号工程也即将从月球完成采样返回任务，实现载人深空探测梦想的基础条件已经初步具备。即便我们目前的认识尚属肤浅，但把目前已经认识到的重点问题系统整理出来，有助于未来的型号研制人员参考使用，加快研制进度。几经商议，反复思量，我们最终将书名定为《载人深空探测技术导论》，所谓导论，未必精准深入，希望能快速引领读者入门而已。

为达到上述目的，我们力图让本书的论述较为基础具体，即使是不同学科、不同专业的人阅读，也能有个系统概念。因此第 1～4 章为载人深空探测的概念与内涵、载人深空探测发展概况、科学目标及探测载荷、长期深空探测任务对人的影响，重点介绍与载人深空探测任务相关的基础知识，为理解载人深空探测任务的概念和科学内涵做好铺垫，该部分由果琳丽、田林、王平、张有山、张志贤、杨雷等负责编写；第 5 章、第 6 章为载人深空探测飞行模式和载人深空探测轨道设计，重点介绍与载人深空探测任务分析相关的基础知识，该部分由彭坤、向开恒、王平、杨雷等负责编写；第 7～11 章为载人行星进入减速着陆与起飞技术、空间推进技术、原位资源利用、居住系统、人机联合探测技术等，重点介绍载人深空探测任务构建的核心能力和关键系统，该部分由田林、果琳丽、杨宏、黄铁球、梁鲁、王平、张志贤、李志杰等负责编写；第 12 章为地面模拟活动及试验验证技术，这是最终走向工程实践必须提前重视规划的问题，该部分由田林、梁鲁等负责编写。本书这 12 章的深浅程度并不完全相同，与月球探测任务相关的稍微具体一些，与小行星及火星探测任务相关的相对简单；顶层任务分析与核心关键技术介绍相对具体，其他问题描述相对简单。全书由果琳丽、李民及杨宏等负责校对审定。

本书的作者包括了"60 后""70 后"和"80 后"，他们长期从事航天事业，对推动实施载人深空探测任务饱含热情、充满着激情。在本书的写作过程中，大家反复思考、多次修改，力图本书能保持基础性、专业性及前瞻性。在全书统稿的过程中，我们力图保持各章节的独立性和完整性，以便读者可以根据所需选择感兴趣的章节进行阅读，而无须通读全书。本书在编写过程中，也有意吸收了国内外一些新的观点和看法，以及对目前存在的难点及问题的解决对策，以便给未来的读者更多的启发和思考。

鉴于载人深空探测技术复杂，涉及专业学科众多，万里长征我们只走了第一步，作者们学术水平有限，各类问题亦难于在一本书中详尽。此外，由于国内载人深空探测任务尚处于研究论证过程中，本书中概念性、方案性及探索性内容多，不确定性内容也较多，因此本书错误之处在所难免，敬请各位同行专家和读者批评指正！

果琳丽
2019 年 2 月写于北京唐家岭航天城

目　录

上　册

第 1 章　载人深空探测的概念与内涵 ·· 001
  1.1　载人深空探测的概念 ··· 003
    1.1.1　基本概念和内涵 ·· 003
    1.1.2　载人与无人深空探测的差异 ································· 005
    1.1.3　载人深空探测的发展原则 ····································· 007
  1.2　载人深空探测顶层任务分析内容 ··································· 008
    1.2.1　战略规划与技术路径 ·· 008
    1.2.2　任务目标与探测载荷 ·· 011
    1.2.3　体系架构与任务分析 ·· 011
    1.2.4　核心能力与关键系统 ·· 013
    1.2.5　地面试验及模拟验证 ·· 015
  1.3　载人深空探测任务面临的挑战 ····································· 015
    1.3.1　"去、登、回"面临的挑战 ································· 017
    1.3.2　"驻"面临的挑战 ··· 018
    1.3.3　"用"面临的挑战 ··· 020
    1.3.4　"人"面临的挑战 ··· 021
  1.4　载人深空探测体系工程的内涵 ····································· 023
    1.4.1　体系工程的概念及特点 ······································· 024
    1.4.2　基于模型的系统工程概念 ···································· 026
  思考题 ·· 030

| 参考文献 | 030 |

第2章 载人深空探测发展概况 ... 039

2.1 概述 ... 041
2.2 载人深空探测任务发展概况 ... 043
    2.2.1 载人月球探测任务 ... 043
    2.2.2 载人小行星探测任务 ... 048
    2.2.3 载人火星探测任务 ... 050
    2.2.4 其他载人深空探测任务 ... 059
2.3 载人深空探测飞行器发展概况 ... 060
    2.3.1 载人月球探测飞行器系统 ... 060
    2.3.2 载人月球基地 ... 084
    2.3.3 载人小行星探测飞行器系统 ... 089
    2.3.4 载人火星探测飞行器系统 ... 092
    2.3.5 载人火星基地 ... 095
2.4 载人深空探测关键技术发展概况 ... 097
思考题 ... 101
参考文献 ... 101

第3章 科学目标及探测载荷 ... 111

3.1 月球探测的科学目标 ... 113
    3.1.1 Apollo 载人登月工程对月球科学的贡献 ... 114
    3.1.2 "星座计划"提出的月球科学探测主题和科学目标 ... 117
3.2 小行星探测的科学目标 ... 123
3.3 火星探测的科学目标 ... 128
3.4 太阳系天体探测的科学载荷 ... 132
    3.4.1 常用的科学载荷 ... 134
    3.4.2 嫦娥月球探测器的有效载荷 ... 135
    3.4.3 载人空间站的有效载荷 ... 139
思考题 ... 141
参考文献 ... 141

第4章 长期深空探测任务对人的影响 ... 151

4.1 深空探测任务中人类的基本需求 ... 153

```
        4.1.1  人对基本物质消耗品的需求 …………………………………… 153
        4.1.2  人对适居环境的需求 …………………………………………… 156
   4.2  深空环境及对人体生理的影响 ……………………………………… 160
        4.2.1  变重力环境对人体的影响 ……………………………………… 160
        4.2.2  空间辐射环境的生物效应 ……………………………………… 165
        4.2.3  星球特殊环境对人体的影响 …………………………………… 177
   4.3  长期深空探测任务对人体心理精神的影响 ……………………… 179
        4.3.1  不同航天飞行任务与南极越冬的心理因素比较 ………… 180
        4.3.2  长期深空探测任务中可能发生的精神性障碍 …………… 181
        4.3.3  长期深空探测任务中心理社会问题及其对策 …………… 183
   4.4  案例：载人火星探测任务对人体的风险分析 …………………… 185
        4.4.1  火星探测任务中乘员风险分析的相关因素 ……………… 186
        4.4.2  风险等级的含义 ……………………………………………… 188
        4.4.3  登陆火星任务的风险等级判定 …………………………… 189
        4.4.4  环绕火星任务的风险等级判定 …………………………… 191
        4.4.5  风险点及减缓策略 …………………………………………… 193
   思考题 ………………………………………………………………………… 196
   参考文献 ……………………………………………………………………… 197

第 5 章  载人深空探测飞行模式 ……………………………………………… 205
   5.1  载人月球探测飞行模式 …………………………………………… 207
        5.1.1  直接载人登月飞行模式 …………………………………… 207
        5.1.2  基于空间站的载人登月飞行模式 ………………………… 215
        5.1.3  多种载人登月飞行模式比较 ……………………………… 225
   5.2  载人小行星探测飞行模式 ………………………………………… 231
        5.2.1  近地组装发射飞行模式 …………………………………… 231
        5.2.2  日地 L2 点停泊飞行模式 ………………………………… 233
        5.2.3  双曲线交会对接飞行模式 ………………………………… 234
        5.2.4  大椭圆轨道交会对接飞行模式 …………………………… 235
        5.2.5  地月 L1/L2 点停泊飞行模式 ……………………………… 236
        5.2.6  多种飞行模式对比分析 …………………………………… 238
   5.3  载人火星探测飞行模式 …………………………………………… 238
        5.3.1  火星探测参考任务的演变 ………………………………… 239
        5.3.2  基于 ISRU 飞行模式的优势 ……………………………… 246
```

5.3.3　火星及卫星探测的飞行模式 ·· 248
　思考题 ·· 254
　参考文献 ··· 254

第6章　载人深空探测轨道设计 ·· 261

　6.1　典型载人登月轨道设计方法 ·· 263
　　　6.1.1　载人登月轨道设计 ··· 263
　　　6.1.2　平动点轨道及其转移轨道设计 ···································· 279
　　　6.1.3　载人小行星轨道设计 ··· 290
　6.2　基于直接登月模式的载人登月轨道方案 ······························· 292
　　　6.2.1　飞行阶段划分 ··· 292
　　　6.2.2　近地轨道交会对接轨道方案 ······································· 295
　　　6.2.3　载人地月转移轨道方案 ·· 296
　　　6.2.4　近月制动轨道方案 ·· 298
　　　6.2.5　环月飞行轨道方案 ·· 299
　　　6.2.6　动力下降轨道方案 ·· 300
　　　6.2.7　月面上升轨道方案 ·· 302
　　　6.2.8　环月轨道交会对接轨道方案 ······································· 304
　　　6.2.9　月地返回轨道方案 ·· 306
　　　6.2.10　再入轨道方案 ··· 308
　6.3　基于地月L2点空间站的载人登月轨道方案 ·························· 309
　　　6.3.1　空间站轨道方案 ··· 309
　　　6.3.2　载人天地往返轨道方案 ··· 311
　　　6.3.3　登月任务轨道方案 ·· 314
　6.4　载人小行星探测轨道方案 ·· 315
　　　6.4.1　小行星目标星选择 ·· 315
　　　6.4.2　基于近地组装发射飞行模式的轨道方案 ······················ 319
　思考题 ·· 325
　参考文献 ··· 325

第7章　载人行星进入减速着陆与起飞技术 ································ 335

　7.1　飞行过程概述 ·· 337
　　　7.1.1　载人月面着陆及起飞过程 ·· 338
　　　7.1.2　载人火星进入减速及着陆过程 ···································· 341

7.2 高精度GNC技术 ································ 348
7.2.1 载人月面着陆起飞GNC技术 ················ 348
7.2.2 火星大气进入GNC技术 ···················· 364
7.3 大气进入热防护技术 ···························· 370
7.3.1 热防护需求与途径 ························ 370
7.3.2 常用热防护方式 ·························· 372
7.3.3 防热方案 ································ 376
7.4 着陆起飞稳定技术 ······························ 378
7.4.1 着陆缓冲与起飞稳定 ······················ 378
7.4.2 发动机羽流防护与导流 ···················· 383
思考题 ·· 387
参考文献 ·· 387

下 册

第8章 空间推进技术 ································ 397
8.1 低温火箭发动机技术 ···························· 399
8.1.1 低温液氧煤油发动机技术 ·················· 400
8.1.2 低温液氢液氧发动机技术 ·················· 406
8.1.3 低温液氧甲烷发动机技术 ·················· 409
8.1.4 重型运载火箭中的低温火箭发动机 ·········· 414
8.2 空间低温推进技术 ······························ 417
8.2.1 起动前及多次起动的预冷和吹除 ············ 418
8.2.2 低温推进剂在轨长期储存与蒸发量控制 ······ 420
8.2.3 发动机的推力和混合比调节 ················ 426
8.2.4 发动机的健康管理与故障诊断 ·············· 427
8.2.5 低温推进剂在轨补加 ······················ 427
8.3 变推力发动机技术 ······························ 429
8.3.1 实现变推力的技术途径 ···················· 429
8.3.2 变推力发动机发展历程 ···················· 429
8.3.3 变推力发动机的技术特点 ·················· 434
8.4 大功率太阳能电推进技术 ························ 435
8.4.1 SEP电推进的典型任务需求 ················· 435

8.4.2 典型大功率等离子体电推力器技术指标 ………… 439
8.4.3 大功率等离子体电推进关键技术 ………… 441
8.5 空间核推进技术 ………… 443
8.5.1 核裂变推进技术 ………… 444
8.5.2 核聚变推进技术 ………… 452
8.5.3 空间核能系统的安全措施 ………… 457
思考题 ………… 459
参考文献 ………… 459

第 9 章 原位资源利用 ………… 471

9.1 原位资源利用的概念 ………… 473
9.2 原位资源利用的需求 ………… 474
9.2.1 生保消耗品的需求 ………… 474
9.2.2 化学推进剂的需求 ………… 476
9.2.3 建筑材料等生活用品的需求 ………… 477
9.3 原位资源利用的价值 ………… 478
9.4 原位资源利用的过程 ………… 479
9.5 原位资源利用的探测 ………… 481
9.5.1 资源品位分析 ………… 482
9.5.2 资源分布和储量探测 ………… 484
9.5.3 资源遥感勘探 ………… 485
9.5.4 月球原位资源探测 ………… 487
9.5.5 火星原位资源探测 ………… 488
9.6 原位资源利用的方法 ………… 490
9.6.1 利用水冰制备 H_2O 的方法 ………… 490
9.6.2 利用火星大气中 CO_2 制备 O_2 和 CH_4 的方法 ………… 490
9.6.3 利用火星大气制备 H_2O 的方法 ………… 494
9.6.4 利用月壤制备 O_2 的方法 ………… 498
9.6.5 利用月壤微波烧结制备建筑材料的方法 ………… 503
9.6.6 利用月壤3D打印月球基地结构的方法 ………… 508
9.7 资源循环利用与环境保护 ………… 510
9.7.1 资源循环利用 ………… 510
9.7.2 环境保护 ………… 511
思考题 ………… 515

参考文献 ……………………………………………………………… 515

第 10 章 居住系统 …………………………………………………… 525

10.1 持久的争论 ……………………………………………………… 527
10.2 居住系统的系统设计 …………………………………………… 529
10.2.1 居住系统的类型 ………………………………………… 529
10.2.2 居住系统的选址分析 …………………………………… 532
10.2.3 居住系统的构型与结构设计 …………………………… 542
10.2.4 居住系统的组装与建造 ………………………………… 551
10.3 居住系统的关键分系统 ………………………………………… 557
10.3.1 结构与密封系统 ………………………………………… 557
10.3.2 控制与推进系统 ………………………………………… 559
10.3.3 信息管理系统 …………………………………………… 563
10.3.4 热管理系统 ……………………………………………… 567
10.3.5 能源系统 ………………………………………………… 570
10.3.6 载人环境与乘员保障系统 ……………………………… 575
10.3.7 安全防护系统 …………………………………………… 580
10.4 居住系统运营管理技术 ………………………………………… 583
10.4.1 运营管理任务规划技术 ………………………………… 583
10.4.2 后勤补给技术 …………………………………………… 591
10.4.3 维修维护技术 …………………………………………… 594
思考题 ……………………………………………………………………… 599
参考文献 …………………………………………………………………… 599

第 11 章 人机联合探测技术 ………………………………………… 607

11.1 人机联合探测的概念与内涵 …………………………………… 609
11.1.1 基本概念 ………………………………………………… 609
11.1.2 人机智能系统的发展 …………………………………… 611
11.2 人机联合任务规划技术 ………………………………………… 613
11.2.1 月面探测任务需求分析 ………………………………… 614
11.2.2 月面人机系统的功能分配 ……………………………… 616
11.2.3 月面人机作业任务规划 ………………………………… 624
11.3 空间机器人技术 ………………………………………………… 626
11.3.1 空间机器人的分类与任务应用 ………………………… 626

11.3.2　空间机器人的系统分析 ··· 634
　　11.3.3　VR 及 AR 技术在遥操作中的应用 ································ 646
　　11.3.4　新型人机交互技术 ·· 650
思考题 ··· 658
参考文献 ··· 658

第 12 章　地面模拟活动及试验验证技术 ·· 667

12.1　地面模拟活动及相关概念 ··· 669
12.2　航天员环境模拟试验及训练 ··· 670
　　12.2.1　航天员低/微重力环境适应性训练 ·································· 670
　　12.2.2　交会对接地面试验验证 ·· 677
　　12.2.3　载人月面着陆训练模拟 ·· 678
　　12.2.4　基于虚拟现实技术的人机交互验证 ································ 682
12.3　飞行器的高速进/再入试验验证 ·· 685
　　12.3.1　地球大气高速再入返回试验 ··· 686
　　12.3.2　火星大气高速进入试验 ·· 689
12.4　飞行器的着陆起飞试验验证 ··· 691
　　12.4.1　着陆制动及避障试验 ·· 691
　　12.4.2　返回舱着水冲击试验 ·· 694
　　12.4.3　着陆缓冲机构试验 ··· 696
12.5　行星表面活动试验验证 ··· 698
　　12.5.1　载人月球车机动试验 ·· 698
　　12.5.2　载人火星车机动试验 ·· 702
　　12.5.3　载人小行星探测表面活动试验 ·· 703
12.6　地外行星驻留地面模拟试验 ··· 704
　　12.6.1　居住基地建设试验验证 ·· 704
　　12.6.2　受控生态生保试验验证 ·· 708
　　12.6.3　登陆火星霍顿-火星模拟试验 ·· 711
12.7　行星原位资源利用地面模拟试验 ·· 713
　　12.7.1　月面矿产资源原位利用试验 ··· 714
　　12.7.2　月面原位资源加工制造试验 ··· 716
12.8　极端环境模拟试验 ··· 718
　　12.8.1　"宝瓶座"水下居住舱试验 ··· 718
　　12.8.2　亨湖研究项目试验 ··· 719

12.8.3　长期任务模拟"火星500"试验 …………………………… 720
　思考题 ……………………………………………………………………… 721
　参考文献 …………………………………………………………………… 722
附录A　月球探测任务情况 ………………………………………………… 730
附录B　小行星探测任务情况 ……………………………………………… 737
附录C　火星探测任务情况 ………………………………………………… 739
附录D　飞行模式评价指标体系 …………………………………………… 743
附录E　运输效率和运输质量 ……………………………………………… 746
附录F　火星表面的生命保障消耗品 ……………………………………… 751
附录G　无人火星探测任务EDLA阶段主要技术参数 …………………… 756
附录H　缩略词 ……………………………………………………………… 759
附录I　公式符号说明表 …………………………………………………… 770

致谢 …………………………………………………………………………… 784

索引 …………………………………………………………………………… 786

第 1 章
载人深空探测的概念与内涵

无人深空探测是从月球探测开始起步的，目前无人探测器的足迹已经覆盖了太阳系的八大行星。载人航天是从近地轨道起步的，在"和平号"空间站工作过的俄罗斯宇航员创造了人类在太空连续生活和工作438天的世界纪录，标志着人类已经基本掌握了在太空长期生活和居住的生命保障技术。在人类掌握了基本的深空探测和载人航天技术之后，实施载人深空探测工程成为空间科学和工程技术发展的必然选择。20世纪70年代美国成功实施了阿波罗载人登月工程，在之后的半个世纪以中，人们不断地探索载人深空探测任务的新途径、新系统和新技术，也不断丰富了载人深空探测任务的基本概念和内涵。与无人深空探测任务相比，实施载人深空探测任务将面临一系列的新挑战。

1.1 载人深空探测的概念

1.1.1 基本概念和内涵

对于"深空"和"深空探测"（包括载人与无人深空探测）的定义，国际上并无统一的界定，"深空"一般是相对地球轨道而言的。根据国家军用标准《卫星术语》（GJB 421A—1997）和《中国大百科全书 航空、航天》的定义，深空是指距离地球约等于或大于地月距离（约 3.84×10^5 km）的宇宙空间。根据 2000 年发布的《中国的航天》白皮书中的定义，目前将对地球以远的天体开展的空间探测活动统称为深空探测活动。图 1-1 所示为深空探测概念示意图。

学术上通常认为，深空探测是指航天器在飞行过程中，其所处的主引力场是地球以外的天体，或处于多体引力平衡点附近的空间探测活动。深空探测通常包括无人深空探测（也称为机器人深空探测，Robotic Deep Space Exploration，RDSE）和载人深空探测（Human Deep Space Exploration，HDSE）两种类型，无人深空探测任务可单独开展，也可作为实施载人深空探测任务之前的先导任务。

载人深空探测任务是指以月球、小行星、火星及其卫星为目标的有人类航天员直接参与的地外天体探测任务。在未来 30 年世界科技进步可预见的范围内，HDSE 可达目标包括月球、小行星、火星及其卫星等。载人月球探测是以月球为代表的无人深空探测工程和以近地轨道空间站为代表的载人航天工程发展的必然结合。

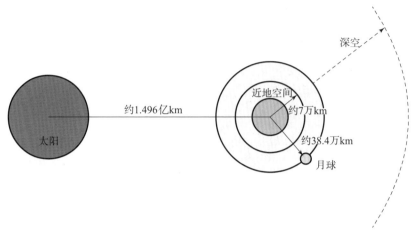

图1-1 深空探测概念示意图

载人深空探测任务包括从地球出发的火箭发射、轨道运输、登陆地外天体、居住及探测作业、从地外天体起飞、返回地球等一系列飞行过程。按照登陆地外天体目的地的不同，载人深空探测可分为载人月球探测、载人小行星探测和载人火星探测等任务；按照任务时间的长短，载人深空探测也可分为短期任务（如载人登月任务，任务周期为7~14天）、中期任务（如月球科考站任务，任务周期为14~28天）和长期任务（如月球基地任务、载人小行星任务、载人火星任务、火星基地任务，任务周期>28天）。

"人的存在"使得载人深空探测任务在工程技术难度上较无人深空探测任务又提升了一个台阶，围绕"去、登、驻、用、回"五个方面的技术问题涉及领域广，技术难度大。需要开展重型运载火箭、载人深空探测飞行器等新型空间运输系统的研制，突破新能源、新动力、新型探测载荷、新型航天服、长周期任务生命保障等众多关键技术，以及新材料、新工艺等产品的研制基础和核心制备技术。更高的和全新的技术能力要求对工程技术与项目管理的发展形成新的牵引，将推动我国航天事业迈向新的领域，走向未知空间，战胜遥远距离、极端环境条件的挑战，实现我国航天技术新的跨越。

实施载人深空探测任务是开展基础科学研究的重要途径，作为空间科学研究的最高手段，将推动人类在太阳系的形成和演变、生命的起源等重大科学问题的认知突破，促进物理学、天文学、行星学、生物学等基础学科的快速发展和交叉、渗透，形成新的交叉学科分支，将极大地促进基础科学的发展，取得原创性成果，为人类认知客观世界做出独特的贡献。

实施载人深空探测任务还需着重开展与人相关的空间活动、地外生存等相关科学问题的研究，成果可有效推动空间生物科学、航天医学等技术的发展；在低重力/微重力、空间辐射及狭窄密闭环境下对生命科学、基础生物学、受控生态技术的研究，可为治疗人类的疾病提供更多的机会。因此载人深空探测为基础科学研究提供了一个更加广阔的平台，对引领科学研究发展，推动科学进步具有显著意义。由于载人深空探测工程在科学和技术领域的巨大牵引与带动作用，它成为美、俄等航天强国推动航天技术持续发展的重要途径。

1.1.2　载人与无人深空探测的差异

载人深空探测与无人深空探测相比，最大的区别在于人的存在，人的出现使得载人深空探测与无人深空探测在很多方面存在巨大差异。主要表现在以下四个方面：

（1）人类航天员直接参与的任务，空间生命科学成为关键科学问题。

与无人深空探测相比，载人深空探测任务的核心系统是人，人是一种有机生命体，人的加入使得对空间生命科学的研究显得十分必要且关键。为保障航天员在深空探测任务中的健康、安全问题，载人深空探测就必须关注与人有关的环境、生物、心理、生理健康与治疗等问题，这就涉及空间重力生物学、空间辐射生物学、空间微生物学、空间生理学、心理学与航天医学等方面的科学研究与技术问题。而在无人深空探测任务中，这些方面的研究并非关键，而对于以保障航天员生命安全为第一要旨的载人深空探测任务，空间生命科学的重要性甚至超越了其他科学技术问题。

（2）人类航天员的直接参与使行星科学认知能力更强。

无论是载人深空探测还是无人深空探测，对月球及行星科学的研究都是重要的科学目标，主要包括天体形貌、表面环境、地质构成、物质组成与资源分布等。人的参与使得航天员可在各种探测作业活动中充分发挥人类智能优势，航天员可利用自己的观感，综合各种信息，在很短时间内对观测到的事物做出综合判断。登陆地外天体，人可利用视觉直观地感受到星体表面的各种特征，如光、色等性质，土壤是否松软、地势是否起伏等。特别是对一些未知的自然现象的观察，人类具有特别的洞察力，远远超出了机器人或探测仪器所具备的功能。经过培训的航天员可以识别岩性、地层关系、构造特征等，可以测量地层关系（地层倾向和走向等），并且可以有选择性地进行多点采样，灵活高效地完成任务。人的存在还可以有效地排除设备故障、恢复设备功能，这些都是无人深空探测中暂且无法做到的。

此外，人的参与可使航天员在各种探测任务中充分发挥人类智能优势，通过人机联合探测等多种方式，安全快捷地完成无人深空探测任务中十分繁复的工作，并根据实际需要完成主动科学试验任务，如主动月震、深层钻取采样、原位资源利用等，从而大幅提升人类对月球等地外行星的认知能力。

（3）人类航天员的加入使飞行器的质量和体积规模显著增加，技术难度大幅提升。

飞行器是实施载人深空探测任务的直接载体。无人深空探测任务主要是飞行器平台搭载相关的有效载荷，实施规定的飞行探测任务，一般飞行器的质量规模较小，在 1~10 t。而对于载人飞行器，在时间和空间维度上都需要考虑人的因素，需设置密封舱，携带环控生保系统和食物等资源来满足人的生存需求；需要配备高比冲、大推力推进系统来缩短任务周期，降低风险；需要先进的制导、导航与控制技术来满足高精度星体表面着陆的需求；需要先进的防热结构和回收系统来满足大载荷高速再入与精确着陆的需求；等等；同时还需要考虑整个任务过程中的安全性问题。因此与无人深空探测相比，载人飞行器不但质量规模是无人飞行器的数倍甚至数十倍，相关航天技术水平也较无人飞行器呈现出跨越式提升，如图 1-2 所示。

图 1-2　载人登月飞行器与无人月球探测飞行器质量规模对比示意图

（4）人的存在使得对载人及货运运载火箭的运载能力、安全性、可靠性要求更高。

进入空间的能力是实施深空探测任务的基本保障，无人深空探测任务对火箭运载能力的要求相对较低。载人与无人深空探测任务相比，由于载人飞行器的质量规模大幅度增加，对运载火箭的能力要求大幅度提升，载人深空探测任务对于近地轨道（Low Earth Orbit，LEO）的运载能力一般要求在 50 t 级以上（例如猎鹰重型火箭为 56 t，"土星 5 号"火箭为 120 t）。如此大的能力需求差异导致对重型运载火箭的研制提出更高的要求，如推进剂类型的选择、大推力火箭发动机的研制、大型箭体结构的加工制造，等等。同时，由于人的参与，对载人运载火箭的安全性和可靠性也提出了更高的要求，对落点精度和冲击过载等要求更苛刻。图 1-3 所示为"长征 5 号"运载火箭与美国重型运载火箭的性能指标对比。

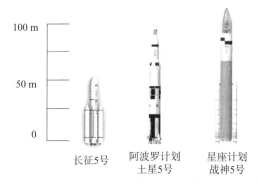

参数	长征5号	土星5号	战神5号
芯级最大直径/m	5	10	8.4
起飞质量/t	867	2 946	3 705
起飞推力/t	1 078	3 472	5 352
LEO运载能力/t	25	120	188（含末级入轨质量）

图1-3 "长征5号"运载火箭与美国重型运载火箭的性能指标对比

总体而言，载人深空探测任务涉及的领域更广，科学问题更加突出，可以更有效带动行星科学、生命科学等诸多学科的发展；载人深空探测任务实施难度更大、要求更高，对航天工程技术的带动性更强。因此世界航天强国都将载人深空探测工程纳入国家战略性科技工程中，其技术难度和投资规模巨大，建设周期长，战略意义深远。

1.1.3 载人深空探测的发展原则

航天技术经过数十年的发展，目前人类的双脚也仅仅踏足地月轨道空间，依托载人飞船、航天飞机、空间实验室或空间站开展小规模的载人活动，若将浩瀚宇宙比作汪洋大海，目前人类尚未站稳"海边的浅滩"。目前仅有美国在20世纪六七十年代实施了6次阿波罗（Apollo）载人登月工程[①]，去过数次月球这一"岸边的礁石"；开展了数次无人火星探测任务，人类的触角刚刚染指火星这一"近海的小岛"。面对无垠的宇宙，就像当年人类刚刚学会制造木筏一样，若想实现自由星际航行，仍需一个漫长的过程。

人类探索太空应充分发挥工业革命、信息时代所积累的技术基础，循序渐进开展太空探索与实践，即坚持"以有人参与为目的，先期开展多项无人深

---

① 阿波罗载人登月工程是美国在20世纪六七十年代组织实施的载人登月工程，共进行了7次发射，成功6次，失败1次。之后的近50年中，美国不断地提出重返月球的计划，包括"星座计划"和Artemis计划。在本书中统一将已实施的任务叫做工程，未实施的任务叫做计划，以便区分。

空探测任务,将无人与有人深空探测任务融合发展,逐步突破核心关键技术,带动科学技术的跨越式发展",这是人类探索宇宙、走向深空的基本发展原则,逐步将人类的脚步迈向更深远的空间。

与历史上传统的人类探险活动不同,当今科技发展迅速,信息技术、纳米技术、人工智能技术、虚拟现实技术等飞速前进,人类可以更多地利用工程机械设备或机器人完成早期目的地探测任务:一方面,无人探测任务成本相对较低,技术难度较小,有限的次数即可达到初步探测的目标;另一方面,无人探测任务可为载人深空探测任务积累目的地信息,验证关键技术,因此可作为载人深空探测的先导任务,在人类前往目的地之前先期实施,从而降低人员的风险。此外,人工智能技术的快速进步,使得利用机器或机器人完成较危险的任务成为可能,如探测岩洞、深谷或有毒物质等。若开展人机联合探测,还可充分发挥各自的优势,提高载人深空探测任务的高效性与安全性。可以预见,未来载人深空探测任务的显著特点是人机联合探测与作业。

1.2 载人深空探测顶层任务分析内容

载人深空探测是一门综合了行星科学、航天医学以及航天工程技术的交叉综合学科,开展载人深空探测顶层任务分析需重点开展战略规划与技术路径、科学目标与探测载荷、体系架构与任务分析、核心能力与关键系统、地面试验及模拟验证等方面的内容研究,是最终确定工程实施方案的重要基础,也是本书的重点阐述内容。

1.2.1 战略规划与技术路径

火星是太阳系内与地球环境最为相近的类地行星(通常金星被称作地球的过去,火星被称作地球的未来),随着人类持续在火星上发现存在水的证据和痕迹,人类移民火星的潜质逐步显露。美国在过去几十年里已成功开展了多次着陆火星并巡视探测的任务,对火星特性的认识也不断深入。美国国家航空航天局(National Aeronautics and Space Administration,NASA)提出载人深空探测应以火星为远景目标,现已得到世界主要航天大国/组织的认可,最终实现载人登陆火星的目标已是全球共识。2018年1月国际空间探索协调小组(International Space Exploration Coordination Group,ISECG)公布的全球探索路线图如图1-4所示。

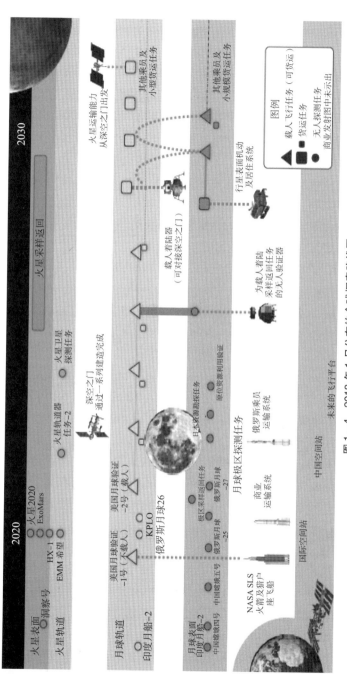

图1-4 2018年1月公布的全球探索路线图
（图片来源于 ISECG 官网）

为达到最终载人登陆及移民火星的目标，载人深空探测任务通常有三类实施途径：第一类途径是以地球或近地空间站为起点，以月球及地月系统拉格朗日点为目标，通过实施载人登月、月球基地等载人月球探测任务，为后续载人登陆火星任务验证相关的工程技术能力；第二类途径是以地球或近地空间站为起点，以火星及其卫星为目标，通过实施载人小行星抓捕及资源利用任务，为后续载人登陆火星任务验证相关的工程技术能力；第三类途径是从月球或地月空间站为起点，以火星及其卫星为目标，既可实现对月球资源的开发利用，又可发挥地月空间站作为中转站的功能，在载人月球探测基础上进一步实施载人火星探测任务。

由于火星距离地球遥远，最近距离约为 5 500 万公里，最远距离则超过 4 亿公里，单次飞行任务周期长达 500 天，每 26 个月有一次发射窗口。如果从地球出发前往火星，以现有的化学推进剂为基础，不考虑采用电推进及核推进等先进推进技术且中途没有推进剂补给的情况，即使采用比冲高达 460 s 的液氢液氧推进剂，近地轨道的初始出发质量（Initial Mass in Low Earth Oribit，IMLEO）约为 1 000 t，至少需要 10 枚运载能力在百吨级以上的重型运载火箭才能完成任务。因此实施载人登陆火星探测任务的工程技术难度相当巨大，如何能够减少从地球出发的发射次数，降低近地轨道初始出发质量成为人们必须面对的难题。

因此，人们在设计载人深空探测发展路径时，自然就想到了该如何发挥近地轨道空间站、深空空间站（可以在地月 L1、L2 点附近，也可在环月轨道上），以及月球基地的中转站功能，例如充分利用空间站进行飞行器推进剂补加的功能，或者利用月球基地原位制造的推进剂和水的功能，在地火飞行的途中对飞行器进行推进剂补加和资源补给，从而减少 IMLEO 的规模和发射次数，以便更有效地降低成本。此外还有学者提出利用火星基地的原位制造推进剂的能力，先发射货运设备到达火星，待火星上原位制造出推进剂后，再发射载人火星着陆器，在火星表面对载人火星着陆器的上升级进行推进剂补加，从而降低载人火星上升级从地球出发时的初始质量。

载人深空探测发展路径的研究不仅仅涉及航天任务的顶层设计，还需综合考虑月球、小行星或者火星的原位制造推进剂的能力、利用中转站进行推进剂补给设计的能力，以及人在太空长期飞行的医学承受能力。由于考虑的因素较多，因此可以设计出多条载人深空探测的发展路径，但真正付诸工程实践需要从各国的政治、经济和工程技术承受能力等方面去综合择优，最终选择一条适合本国发展的载人深空探测发展路径。

本书的第 1 章和第 2 章对载人深空探测基本概念与世界各国提出的各种技

术路径及发展现状进行介绍。

1.2.2 任务目标与探测载荷

载人深空探测的任务目标设计是载人深空探测任务分析与设计的关键环节，包括工程目标和科学目标两个部分。无论最终载人登陆目标选择是月球、小行星还是火星，都要体现出载人深空探测任务的科学和工程技术的内涵与意义。此外，载人任务设计的核心思想还需确保人的安全性和可靠性，降低任务风险。以美国 Apollo 载人登月工程为例，需要在任务目标设计上考虑的内容如下：

（1）工程目标。工程目标包括工程总体目标和分阶段工程目标，分阶段工程目标包括近期目标、中期目标和远期目标。例如，Apollo 载人登月工程提出工程总目标是先于苏联将人安全送往月球表面并返回。近期目标包括第一步实施首次载人登月 Apollo 11 任务，发展航天医学和载人环境技术，确保人在载人登月旅途中的安全；第二步实施人在月面小范围的科学考察任务，即 Apollo 12～14 任务；第三步实施人在月面大范围科学考察任务，研制载人月球车，即 Apollo 15～17 任务。中期目标包括探测陨石坑或第谷等特殊月球地质地区，即 Apollo 18～20 任务（后取消），探索不同的月表地质形貌地区。远期目标为探索月球背面和极区等。遗憾的是 Apollo 载人登月工程的中远期目标并未最终实现。

（2）科学目标。科学目标设计将体现出行星科学（含空间天文学）和航天医学的重要内容。例如，Apollo 载人登月工程在 6 次登月的过程中共进行了月震、月磁、月球重力、热流、电性等近 30 项科学试验。月面活动所完成的科学任务包括：①安放被动月震仪、月磁仪、太阳质子和电子观测仪、月球离子观测和电离层研究等仪器、激光反射器及其他仪器；②寻找水源，进行月球高山、峡谷和火山口的地质考察；③测定月球的热流、重力波、月磁等，开展主动月震；④采集岩石和土壤样品；⑤完成月球轨道科学试验。通过这些月面活动，对月球内部构造、月表特征及空间环境有了更多、更深入的认识。此外，通过 6 次登月任务，验证了人在深空飞行的环境控制与生命保障能力，对于低重力、月尘等特殊星球环境对人的影响有了深刻认识。

本书的第 3 章介绍了载人深空探测涉及的科学目标与探测载荷等行星科学基础知识，第 4 章介绍了长期深空探测任务对人的影响等航天医学基础知识和典型风险等级分析案例。

1.2.3 体系架构与任务分析

载人深空探测的顶层任务设计是在确定了载人深空探测的发展路径和任务

目标之后，开展具体工程任务规划和方案设计，包括飞行模式、飞行轨道设计、发射窗口分析、飞行任务周期设计、飞行器的系统组成和系统规模分析、运载能力和发射次数需求分析，以及任务实施规划设计等内容，这是制定后续工程实施方案的重要基础。例如美国在 2009 年公布的《载人火星探索设计参考任务 DRA 5.0》，这份文件为 NASA 制定载人深空探测领域的发展路线和先期启动核心能力与关键系统技术攻关奠定了扎实的基础。

图 1-5 所示为载人深空探测任务去往不同目的地所需的速度增量，这是进行载人深空探测任务飞行模式设计的基础，飞行模式的设计主要根据齐奥尔科夫斯基公式进行推算。轨道设计主要是在飞行模式设计的基础上进行轨道阶段划分、各段轨道详细设计和发射窗口的分析，同时确定了飞行任务周期。根据具体的飞行模式可以确定飞行器系统的组成和各飞行器的系统规模与干重比分配、飞行方案等内容，从而提出对运载火箭运载能力及发射次数的需求；最后根据飞行模式、飞行任务周期、发射次数等内容制定任务实施规划。

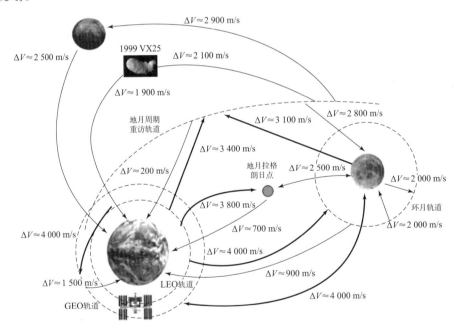

图 1-5 载人深空探测任务去往不同目的地所需的速度增量

本书的第 5 章和第 6 章详细介绍了载人深空探测飞行模式与轨道设计的主要内容和设计方法，并对载人登月、载人小行星及载人火星探测等任务的典型飞行模式进行了分析介绍。

1.2.4 核心能力与关键系统

从美国近半个世纪载人深空探测的发展动态来看,虽然发展路径和任务目标一直处于调整状态,但是却持续投入核心能力和关键系统的研发。例如,为发展进入空间与返回地球的能力,美国研制了新型载人飞船猎户座多用途乘员飞行器(Multi-Purpose Grew Vehicle,MPGV)和空间发射系统(Space Launch System,SLS)重型运载火箭;私人商业公司SpaceX研发了猎鹰重型(Falcon Heavy,FH)运载火箭,目前该型运载火箭已成功首飞。这充分体现了载人深空探测任务提出的"构建核心能力,发展使能技术"的研发策略,即使总体任务目标不断调整,核心能力和关键系统仍保持基本不变。总体任务目标的调整只影响到关键系统的选择和配置。

无论载人深空探测任务的目的地选择是月球、小行星还是火星,载人深空探测飞行器体系必须具备五项基本核心能力,包括进入空间和返回地球的能力、高效轨道转移能力、行星下降着陆与上升能力、太空活动及作业能力,以及在太空长期生存能力,如图1-6所示。

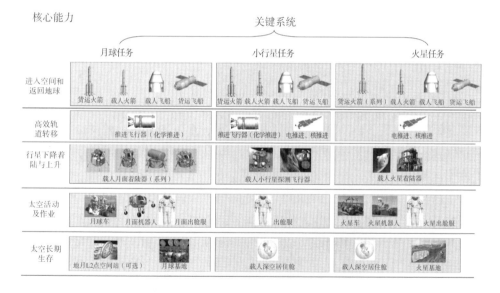

图1-6 载人深空探测飞行器体系的核心能力和关键系统

1. 进入空间和返回地球的能力

进入空间能力是指将人员和货物运送至太空的能力,主要由运载火箭和飞船系统提供,包括货运火箭、载人火箭、载人飞船、货运飞船等;返回地球的能力是指将航天员或少量货物从目的地运送回地球的能力，主要是由载人飞船完成。为降低往返运输成本，在提高运载火箭的运载能力基础上，需着重发展重复使用技术，进入空间所需的运载火箭及其推进技术，以及地外天体着陆回收所需的变推力发动机技术等，详见本书第8章的具体介绍。

2. 高效轨道转移能力

高效轨道转移能力是指将人员和货物从一条空间轨道转移运输至另一轨道的能力，主要由推进飞行器来完成，推进飞行器可以选用化学推进，也可以选用电推进或者核推进。推进飞行器可与载人飞船进行一体化设计，也可功能独立，设计为独立飞行的空间飞行器，具体根据任务类型而定。高效轨道转移能力涉及低温推进、电推进及核推进技术等，详见本书第8章的具体介绍。

3. 行星下降着陆与上升能力

行星下降着陆与上升能力是指将人员和货物从环绕轨道上降落或附着至星体表面，并从星体表面起飞至环绕轨道的能力，主要由载人着陆器或者货运着陆器完成。行星着陆与上升过程涉及高精度制导、导航与控制（Guidance Navigation Control，GNC）技术，热防护技术，发动机羽流导流及防护技术，着陆缓冲技术等，详见本书第7章的具体介绍。

4. 太空活动及作业能力

太空活动及作业能力是指人员在太空中或者星体表面开展各种科学探测和试验活动的能力，包括月球/火星车、空间机器人、星球探测工程设备等。载人深空探测任务最大的特色就是进行地外天体的人机联合探测及原位资源利用（In Situ Resource Utilization，ISRU），通过航天员操纵空间机器人，完成月球/小行星/火星的资源探测、测绘及开采任务，生产出推进剂、水或者氧气等消耗品并进行补给，以维持航天员在地外天体的长期生活和工作，详见本书第9章及第11章的具体介绍。

5. 太空长期生存能力

太空长期生存能力是指人在太空中或者月球/火星表面长期居住、生活和试验所需的居住系统，包括近地空间站、地月空间站、深空空间站、月球基地和火星基地等。本书第10章将具体介绍居住系统的类型、居住系统的系统设计技术、居住系统的关键分系统，以及居住系统的运营管理技术等内容。

1.2.5 地面试验及模拟验证

载人深空探测顶层任务分析的内容十分广泛,根据工程技术方案确定地面试验及飞行验证方案也是重要的研究内容。如何开展地面试验及模拟验证是研制载人深空探测飞行器必然面临的关键问题,也是后续对航天员进行模拟训练的重要环节,这些均需在开展顶层任务分析时同步考虑。本书第 12 章将详细介绍地面试验及模拟验证的内容。顶层任务分析的另一个内容就是确定实施规划,不仅包括地面试验和飞行试验,更包括实施规划。本书第 2 章将具体介绍美国载人月球探测飞行试验规划,如 EM-1 和 EM-2 任务。

上述五部分内容是开展载人深空探测顶层任务分析的核心内容,也是本书的重点介绍内容。

1.3 载人深空探测任务面临的挑战

载人近地轨道任务和无人深空探测任务涉及的相关技术,距离实施载人深空探测任务还存在相当差距,如图 1-7 所示。重点围绕"去、登、回、驻、用、人"等方面的因素,对载人深空探测任务进行对比研究,主要存在以下四个方面的突出科技问题。

(1)"去、登、回"的问题。面向有人参与的深空探测任务,解决运载火箭发射、载人深空运输、地外天体进入、着陆、起飞以及再入返回等飞行过程面临的科学技术难题,即解决如何保障人员精确可靠到达、着陆地外天体并安全起飞返回地球的问题。

(2)"驻"的问题。面向长期飞行及地外天体长期驻留任务,如月球基地任务、载人火星探测任务、火星基地任务等,解决保障人类的居住、生活、环境所面临的科学技术难题,即解决如何保障人员在长期飞行及长期驻留任务时的居住及生活环境问题。

(3)"用"的问题。"用"是有人参与的深空探测任务的长远目标,旨在对地外天体实施开发利用,甚至长期移民。面向航天员在地外天体机动和作业及开发利用外太空资源的长远目标,解决人类在地外天体作业及开发利用外太空资源中所涉及的科学技术难题,即解决如何保障人员在地外天体的大范围机动和作业问题。

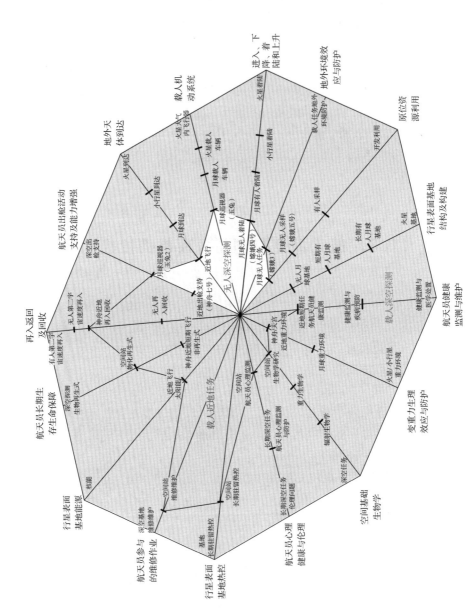

图 1-7 载人近地轨道任务、无人深空探测任务与载人深空探测任务的技术发展关系

（4）"人"的问题。"人"是有人参与的深空探测任务的核心，有人的存在就需时刻保障人员的健康和安全。面向有人参与的深空探测任务特点，解决人类在执行长期飞行和地外天体作业任务期间面临的健康与安全问题，探索人类生命起源的本质，即解决如何保障人员执行长期任务期间的健康和安全问题，同时提高人员的工作绩效。

这四个方面涉及载人飞行器总体技术，动力与能源技术，空间热物理技术，制导、导航与控制技术，着陆回收技术，材料、结构与制造技术，环境控制与生命保障技术，人机联合作业技术，原位资源利用技术，月球及行星科学，空间生命科学，航天医学，哲学等多个科学技术领域。

1.3.1 "去、登、回"面临的挑战

保障人员精确可靠到达、着陆地外天体并安全起飞、再入返回地球是面向载人月球/小行星/火星探测等任务的最基本要求，主要包括以下三个方面的科学技术问题。

1. 载人往返运输问题

与无人深空探测相比，载人深空探测任务的飞行器系统规模大幅增加。一般情况下载人飞行器的体积和质量是无人飞行器的几倍至十几倍，因此直接导致对运载火箭运载能力的需求大幅提升，例如美国 Apollo 载人登月工程所用的"土星 5 号"重型运载火箭近地轨道最大运载能力约 120 t。如此规模的运载火箭在研制上存在诸多难题，如研制重型发动机、大型箭体的加工制造等。同时，为尽可能地降低飞行器系统规模，必须提升深空探测飞行器轨控主发动机的比冲，例如采用低温化学推进或核推进的方式。因此需重点研究大推力液体火箭发动机技术、大型箭体制造技术、先进低温推进技术、轻质低温绝热材料技术、燃料电池技术、核推进及核电源技术等。

2. 载人 EDLA 的问题

在进入、下降、着陆和上升（Entry, Descent, Landing and Ascent, EDLA）等任务环节，载人深空探测与无人探测相比存在以下特点：①进入、着陆与起飞上升精度要求高（着陆精度为百米量级，起飞后要求在数小时内与载人飞船完成交会对接）；②下降着陆过程质量变化大，导致控制难度提升，悬停所采用的变推力发动机要求更高（如 10∶1 的深度变推能力）；③大载荷安全着陆对着陆缓冲系统形成了技术挑战。因此需重点研究确保载人员着陆安全的高精度、高安全的 EDLA 阶段的 GNC 技术、深度变推力技术、大承载高效着陆

缓冲吸能材料及结构技术等内容。

3. 再入返回及回收问题

载人深空探测任务的再入返回及回收过程，与无人深空探测和近地航天任务相比存在明显区别：①再入走廊与再入过载限制的问题，载人深空探测要设计满足第二宇宙速度再入要求的再入走廊，并且过载应限制在航天员的承受能力范围内；②热防护问题突出，第二宇宙速度再入时单位面积的总加热量较大，可达到每平方米数百兆焦，由于载人飞行器规模是无人飞行器的几倍，使热防护难度更大；③大质量飞行器回收需要展开面积几百或几千平方米降落伞支持，难度更大。因此需重点研究高速再入返回气动设计与试验技术、新型轻质热防护材料及结构技术、大承载群伞技术、气囊设计与制造技术、可控翼伞技术等内容。

1.3.2 "驻"面临的挑战

保障人员在长期飞行及长期驻留任务时的居住及生活环境是应对载人火星探测、月球基地及火星基地等长期任务的基本要求，共包含五个方面的科学技术问题。

1. 行星表面基地结构及构建问题

进行地外天体表面的长期驻留，必须解决居住问题，有了人的参与，必须构建出适合人类居住生活的密封空间，为人类生活提供必要的大气、温度和湿度环境。居住空间应满足至少 $20\ m^3/$人的活动空间要求，还要考虑安全性、宜居性、扩展性等问题。同时，基地还要具备高可靠、易维护、防污染的特点。因此需开展行星基地的设计与建造，以及全周期基地高可靠维护与运营技术研究。

2. 航天员长期生存生命保障问题

航天员要长期驻留生存，首先要保证空气、水、食物的持续供给以及废物的有效处理。航天员每天消耗的水、空气和食物的需求量大约为 $20\ kg/$（天·人）。如果执行火星探测任务，假定 3 人乘组 500 天，则所需消耗品共计约 30 t，多人长期驻留则需要更多。如此规模的消耗品如果全部依靠地面运输补给，代价巨大，因此必须考虑资源循环利用的方法。生物再生式生命保障技术是解决这一问题的关键，利用生物循环可实现空气和水的净化、食物生产、废物处理，保持食品生产和废物处理过程中的生态平衡，维持系统运行的稳定性。因此需开展植物栽培技术、动物饲养技术、废物处理与再利用技术以及生命保障系统集成建造技术研究。

3. 行星表面基地能源问题

充足的能源供给是行星表面基地正常运行的基本保证。与无人任务相比，有人基地任务能源需求更大，包括通信导航、生命保障、热控、作业等系统。与航天员有关的居住、生活、照明、图像话音传输、娱乐、健康支持、卫生系统，生物再生式生命保障系统的维持，基地的建设、维护和发展等工程建设作业，载人机动车辆、机器人等行星表面作业的支撑设备等都需要能源的供给和补充。这些都导致有人参与的行星表面基地能源消耗量巨大（高达数十甚至数百千瓦）。同时，为保证乘员安全，还需考虑夜间供电、能量传输和可靠性、安全性问题。因此需重点研究模块化、轻型核能技术、利用放置环月轨道太阳能电站的无线能量传输技术，以及能源系统健康监测及智能处理技术。

4. 行星表面基地热控问题

与无人探测任务相比，有人基地规模更大，系统更为复杂，热耗也相对大大增加，主要表现为以下几个方面：有人基地的外形尺寸和内部发热功率大，热量主要集中于密封舱内，而且内部热负荷变化也较大，导致热排散难度大；环境控制系统与热控系统存在较多的物质及能量的耦合，增加了热控制的技术难度；有人基地的热控设计要适应不同阶段、不同工作模式的热特点与热要求，工作模式显著增多；有人基地的长寿命要求热控方案具有更高的可靠性、安全性与可维修性设计。因此需重点研究大规模热量传输技术、高效热量排散技术以及环热电一体化技术。

5. 行星环境保护问题

行星环境保护所关注的问题主要包括两个方面：一方面是地球生命（如微生物）对地外天体的污染，这会对地外天体的生命探索活动产生干扰，甚至影响到地外天体的生命活动特征；另一方面对于无人返回任务以及有人任务而言，由于目前除了地球以外的其他天体还不能确定是否有生命的存在，因此地外天体对地球污染的可能性也不能排除。因此行星环境保护应面向"正向污染"和"逆向污染"两个方面采取措施，包括飞行器灭菌处理和生物净化技术，也包括采样返回样本隔离存储技术。

1.3.3 "用"面临的挑战

保障人员在地外天体的大范围机动和作业是面向载人登月、月球基地、载人登小行星、载人登火星、火星基地任务,实施深度探测和开发利用地外天体目标的基本要求,共包含五个方面的问题。

1. 载人机动系统问题

人类对地外天体进行环境探测与考察,必须有大范围载人机动系统的支持,包括非密封和密封增压的载人行星车辆。与无人探测相比,有人参与的深空探测任务在载人机动系统方面存在以下突出问题:机动速度要求更快,移动速度至少可达到 10 km/h,目前"玉兔号"无人月球车的巡视速度是 200 m/h;承载能力要求更大,能够搭载多名航天员和大量的样品以及试验设备;具备持续的环控生保支持能力,航天员作业必须穿着航天服,为满足航天员实现更大范围的机动作业的需求,机动系统必须具备环控生保支持能力;满足人机工效学的要求。此外,火星飞机、火星飞艇等新型的机动技术也有可能成为未来支撑载人深空探测任务天体表面作业活动的关键。

2. 航天员出舱活动支持及能力增强问题

航天员出舱作业活动的支持及能力增强问题,是为了提高航天员出舱作业的安全和工作效率。航天员地外作业需要穿着航天服,航天服必须具备质量轻、灵活性高等特点。因此对新型航天服的研究提出了挑战,包括材料的选择、构型的设计、人机工效等问题。此外,航天员经长期飞行,登陆地外天体,经历多种重力环境后,航天员作业能力会有所下降,因此航天服的设计还应该考虑航天员作业的能力增强问题。载人深空探测任务主要采用人机配合协同作业模式。这需要两方面的支撑:一是智能化的空间机器人;二是建立人机交互的通道,发展先进的、满足地外天体特殊作业要求的人机交互技术,例如智能机器人及先进舱外航天服技术、遥操作技术、机械外骨骼技术、自主控制技术、脑机接口技术、先进人机交互技术等。

3. 航天员参与的维修作业问题

由于地外天体环境复杂、恶劣,以及飞行器系统设计上难免存在薄弱环节以及元器件的使用寿命有限,因此不可避免地会发生各种故障。一旦深空探测任务中发生故障问题,航天员无法像近地任务一样快速安全返回,维修和更换是排除故障的重要途径。有人参与的维修作业面临的必须研究和解决的问题包括可维修性问题、可操作性问题及安全性问题。维修必须考虑人的安全性的问题，维修过程必须保证航天员不会受到电击、划伤、碰撞等伤害。

4. 原位资源利用问题

原位资源利用是勘测、获取和利用地外天体的天然或废弃的资源，用于维持人类可长期在地外生存的产品和服务的技术，可以降低发射质量、成本和风险。以月球任务为例，如果在月球上生产 1 000 kg 的氧用于推进剂和生保支持，则可节省 8 000 kg 的发射质量。ISRU 技术主要是指利用地外天体的当地原始资源，提炼所需要的推进剂、水和氧等消耗品，以及利用土壤制造建筑材料等产品，满足人类在地外天体长期生存和工作的需求。ISRU 主要研究内容包括：行星资源的勘探和测绘技术、行星表面能量的利用技术、行星表面推进剂获取和制备技术、消耗品的制造和储存技术，以及建筑材料的原位制造等内容。

5. 行星科学的深度认知问题

行星科学是关于行星系统的科学。行星系统是指围绕恒星（如太阳）运动的行星及其卫星、矮行星、小行星、流星体、彗星和行星际尘埃。行星科学主要研究内容包括天体的大小与形貌、空间与表面环境、物质组成和分布、地质构造、内部物理场与结构等。实施行星实地考察，通过无人实地探测和有人实地考察均可实现，但在认知程度上存在不同。在探测过程中，人的主观性和智能性是任何机器无法比拟的。在实地科学考察过程中，经过培训的航天员可以根据智慧和知识，分层次、分类别地选择样品采集的地点和采集对象，可以凭借洞察力和敏锐性观测到瞬间即逝或者随机出现的自然现象并快速记录，这些均是无人探测所无法做到的。有人参与的行星实地科学考察是实施行星科学认知的最高手段。通过对行星起源、演化和物理状态的研究，能使人类更好地了解地球，这就是比较行星学的观点。如果把地球从类地行星中孤立出来，则无法对我们自己这颗高度演化的、复杂的行星起源和演化史做出合乎逻辑的理解。

1.3.4 "人"面临的挑战

保障人员长期任务中的健康和安全是面向载人登月、月球基地、载人登小行星、载人登火星、火星基地任务，确保实施有人参与任务的基本要求，主要包括五个方面的问题。

1. 空间基础生物学问题

在有人参与的深空探测任务中,航天员将经历更长时间的空间飞行和地外天体居留,航天员在空间飞行环境下的生命保障、健康维护和工作绩效等问题关系到航天探索任务的成败。在航天医学研究中,空间复合环境下的心血管功能失调、骨质流失、肌肉萎缩、免疫功能减弱、神经系统功能障碍、空间运动病、时间节律改变、心理变化等问题,以及植物在不同重力环境下生长规律特点等问题,都必须以空间基础生物学为理论支撑,目前这些生物学效应背后都还存在许多未解之谜。空间基础生物学包括空间重力生物学、空间辐射生物学及空间微生物学等。

2. 变重力生理效应与防护问题

变重力生理效应是航天员在深空探测任务中面临的重要生理问题之一。长期处于微/低重力环境中对人体影响最大的是运动系统及骨骼系统的变化,长时间的作用将引起肌肉系统的废用性变化,即使采取一定的防护措施,肌肉萎缩症状仍会发生。此外,人体的心血管、免疫系统等也会产生不同的生理变化。这些变化可能会影响航天员的健康和工作绩效,从而影响探测任务科学目标的完成。因此需要掌握人体在变重力环境下的生理规律,研究对抗及防护措施。

3. 地外环境效应与防护问题

航天员在长期飞行或地外生存作业过程中,面临的辐射、星尘等特殊环境因素会对人体造成显著影响,包括空间辐射问题,长期空间辐射将造成组织破坏、癌症、白内障、生殖系统影响和后代发育畸形等危害;以及星尘问题,在低重力条件下,呼吸道对粉尘的净化作用会下降,航天员一旦吸入星尘,就会导致呼吸系统中度中毒,甚至患上慢性疾病。此外,星尘本身形状锋利,一旦人体沾染就可能对皮肤、呼吸道黏膜、眼睛等产生物理性损伤。当前美国认为重返月球的最大问题就是月尘问题,每年都召开相关学术会议进行研讨。

4. 航天员健康监测与维护问题

随着深空飞行时间的延长,航天员罹患疾病和受到意外伤害的概率增加,加之失重、辐射、噪声、振动、昼夜节律改变等航天环境因素对人体不利影响的累积,对人体生理应激作用等,将影响航天员健康状态,增加疾病风险。同时,随着飞行时间的延长,航天器系统故障发生概率增加,可能出现有害气体中毒、低压缺氧、烧伤等紧急医疗事件。因此需重点开展航天员健康风险与预防措施，以及航天员健康监测技术研究。

5. 航天员心理健康与伦理问题

长期在轨飞行，密闭狭小空间、有限人群交流、单调生活与高负荷工作以及人工和透射光暴露等因素，会对航天员造成心理负面影响。航天员长期存在负面心理问题，会对任务的执行甚至成败构成威胁。与心理问题同样重要的还有伦理问题，如航天员意外死亡，该如何处理尸体；航天员临终前是否应立下遗嘱；长期任务中的男女关系如何处理等。这些问题不解决，长期有人参与的深空探测任务就很难顺利实施。因此需重点开展长期飞行行为与心理健康研究、航天员心理健康监测与维护及长期飞行任务中的伦理学研究。此外，从哲学、法律、社会学的角度出发，建立有人参与的深空探测实施原则，指导有人参与的深空探测任务的实施。

随着工程实践的不断深入，人们发现在载人深空探测飞行的征途上遇到的风险和挑战还远远不止上述提出的问题，随着世界各国科学家和工程师研究的不断深入，还会有其他意想不到的新问题产生。

1.4 载人深空探测体系工程的内涵

20 世纪 70 年代美国实施的 Apollo 载人登月工程在项目管理上取得了突出成就，通过采用系统工程方法，解决了载人登月工程系统规模大、技术水平高、可靠性与安全性高、研制周期长、参与人员多、投资巨大等复杂项目管理问题。在产品研制过程中，从工程总体的研制要求到产品实现以及在轨运行，产生了具有复杂关联关系的海量设计信息，如系统、分系统、单机设计要求及接口关系等，这些信息当时主要是以文档的形式进行存储、交换与管理的。然而，自 1969 年形成美国军用标准《系统工程管理》（MIL – STD – 499）以来，系统工程方法变化很小。但与此同时，随着载人深空探测任务论证的持续深入，以载人火星探测任务为例，系统的规模和复杂性却在显著增长，涉及的学科领域不断增多，信息管理的难度大大增加，而且不同文档中系统参数状态不一致的问题时常出现，导致出现很多设计安全隐患，因此传统系统工程（Traditional Systems Engineering，TSE）方法已经不能满足需求，急需一种新的方法和手段来改变这一现状。

2012年，NASA在论证重返月球的"星座计划"时，在一次项目管理挑战研讨会（Project Management Conference，PMC）上提出体系工程的概念，同时来自约翰逊航天中心的技术人员介绍了在航天服开发中应用基于模型的系统工程（Model – Based Systems Engineering，MBSE）的情况，得到了与会各方的赞同和肯定。当前，NASA所属的兰利航天中心、喷气推进实验室等都在项目研发、技术管理等方面积极推进应用MBSE方法，用于巨型复杂任务的项目管理，目的是显著提升项目的经济可承受性、缩短开发时间、有效管理系统的复杂性、提升系统的整体质量水平。

1.4.1 体系工程的概念及特点

体系即系统的系统（System of System，SOS），它不是简单的系统叠加，而是为实现某种能力需求的有机组合，体系具有一般系统组合不具备的功能与能力；体系工程是指面向体系的能力发展需求，在全寿命生命周期中对体系的设计、规划、开发、组织及运作进行系统的管理过程，目标是建立基于能力的动态系统，提供多种能力满足多项任务的需求。未来载人深空探测项目管理将呈现出体系工程的特点，主要体现在以下四个方面：

（1）载人航天任务需求日益复杂，越来越强调体系的能力建设。

在早期的载人航天任务中，通常是完成基于功能的设计，例如载人飞船最早就是为验证人在太空的短期生存能力而设计的，最主要的功能是保障人在太空的短期生存能力；到了空间站任务时期，体系的需求范围大大拓展，系统功能设计日益复杂，例如空间站不仅需保障人在空间的中长期生存功能，还需保障完成各类科学试验载荷的空间科学试验功能，也需保障进行复杂结构的空间组装和维修等功能。当多个舱段进行组装建造完成后，空间站系统表现出来的强大的体系能力，例如组合体的控制与管理能力、在轨运营与后期补给能力、空间应急救援能力，将大大超越单个系统工程，越来越突显出体系工程能力建设的特点，通过不同工程子系统的组合可以满足不同类任务的需求，例如用商业货运火箭发射货运飞船可以完成空间站系统的货物补给运输任务，也可以用载人飞船完成人员和部分货物的补给运输任务。

（2）体系工程中各系统间的接口日益复杂，接口管理和验证至关重要。

以空间站工程为代表的载人航天任务，由于系统组成过于复杂，模块多，进行体系工程设计时首先分解成若干工程大系统，再把工程各大系统分解成子系统，再把子系统分解成单个产品。体系工程中重点强调的是系统间以及子系统间的接口关系，这种接口关系可以简单到信息或数据的传递，也可以复杂到人机交互及管理控制等。子系统之间点对点互联的接口数等于$n(n-1)/2$，其

中 n 是子系统的数量。例如，目前中国空间站系统拥有 7 个工程大系统，1 个系统工程组织，一共 15 个子系统（包括航天员系统、空间应用系统、长二 F 运载火箭系统、长七运载火箭系统、长五 B 运载火箭系统、载人飞船系统、货运飞船系统、空间实验室系统、空间站系统、光学舱系统、酒泉发射场系统、海南发射场系统、测控通信系统、着陆场系统和工程大总体），各子系统间接口的数量有 105 个。NASA 在 DRA 5.0 中提出的载人火星探测飞行器体系架构如图 1-8 所示，从图中可以看出仅仅是飞行器和运载火箭系统已有 12 个之多，中国空间站系统的飞行器体系架构仅仅相当于图 1-8 中的深空居住舱、重型运载火箭和载人飞船系统而已，若把发射、测控、着陆、货运补给等多个因素考虑齐全，子系统的个数还需要显著增加，显而易见各子系统间的接口数量和关系更为复杂。

空间发射系统 重型运载火箭　　多用途乘员飞行器　　低温推进级　　太阳能电推进　　月球着陆器　　火星着陆器方案

舱外活动航天服　　空间探索飞行器　　深空居住舱　　机器人和舱外活动舱　　货物搬运机　　表面组件

图 1-8　NASA 在 DRA 5.0 中提出的载人火星探测飞行器体系架构
（图片来源于 NASA 报告）

虽然载人航天传统意义上可以通过接口需求/控制文档资料进行管理，但是面对复杂大型的体系工程，接口之间的管理和验证将显得至关重要。最复杂和最重要的接口就是对工程大系统的安全与任务成败起决定作用的子系统间的接口关系，这类接口必须易于理解，易于使用，更改可控易追溯，同时能够易于验证，这将是未来载人航天体系工程面临的突出特点。

（3）体系工程中系统资源裕量管理难度高，越靠近寿命末期成本越高。

以载人登火星为代表的复杂载人航天任务中，体系工程师最重要的工作就是进行系统资源裕量的管理。系统资源管理主要是指质量、体积、能量/功率、数据传输速率、总线带宽、中央处理器（Central Processing Unit，CPU）利用和数据存储量、维修寿命、航天员出舱活动时间等系统级指标；裕量是指两个数值之间的差，通常是指系统需求或分配与实际值之间的差。对于复杂体系工程而言，资源和需求裕量可能是跨系统交叉的，因此需要分层次进行管理和分配。裕量管理的技巧是必须在正确的时间测定出裕量，以操控问题并减少风险，同时为未来的需求存留适量的裕度，包括跨子系统间的支撑裕量来平衡风险。很显然，超过裕量事件的发生时间越靠近任务全寿命周期的后期，花费代价就越高。例如对于机器人探测地外天体任务，如需重构系统质量，成本大于20万美元/kg；对于载人探测任务而言，成本往往是10倍以上。

（4）体系工程项目实施的风险大，故障环节多，产品保证难度大。

众所周知，载人航天任务风险管理要求高，必须坚持安全第一的原则。在体系工程中由于工程各大系统中的各子系统生产研制单位地理分布广泛，参研单位众多，如果按照传统项目管理各自管控各自产品的风险，极易造成接口风险失控，系统故障环节多，一旦出现关键环节失效，代价极其昂贵，因此将风险管理提升到体系工程师产品保证及质量风险管控的层面，也将是未来载人航天体系工程建设和管理的突出特点。

1.4.2 基于模型的系统工程概念

2007年，国际系统工程学会（International Council on Systems Engineering，INCOSE）在《系统工程2020年愿景》中，给出了"基于模型的系统工程"（MBSE）的定义，基于模型的系统工程是对系统工程活动中建模方法正式化、规范化的应用，以使建模方法支持系统要求、设计、分析、验证和确认等活动，这些活动从概念性设计阶段开始，持续贯穿到设计开发以及后来的全寿命周期阶段。由定义可以看出，MBSE方法与传统基于文档的系统工程方法在基础理论及基本流程方面没有本质区别，区别主要是在设计过程管理方式、工作形式及设计结果展示形式上。

MBSE和TSE的最大区别就在于系统架构模型的构建方法和工具不同，以及由此带来的工作模式、设计流程等方方面面的区别。也可理解为传统的系统工程变成基于模型的系统工程，实际是从"基于文本"（Text - Based）向"基于模型"（Model - Based）的转变。这个模型，指的是用系统建模语言建立的系统架构模型，或者说是系统架构模型的建模语言从"自然语言、文本格式"转向了图形化的系统建模语言（Systems Modeling Language，SysML）。但MBSE并不是完全抛弃过去的文档，而是从过去"以文档为主、模型为辅"向"以模型为主、文档为辅"的转变。

MBSE方法相比于以文档为中心的系统工程方法具有以下优点：

（1）理解、沟通效率提高。可视化的模型比文字更容易被接受，图形化的符号配以文字描述，既直观、形象，又保证了信息的完整性，使不同人员对同一模型的理解更容易达成一致，可以提高不同设计人员之间的沟通效率。

（2）数据获取容易。基于文档的系统工程方法处理的最小对象是文档，用户所需的信息散布在大量的文档之中，因此查找起来要耗费巨大的工作量。而 MBSE 方法处理的最小对象是数据，结合数据库管理方法，用户能直接获得所需的指标参数，可大幅减少设计人员的工作量。

（3）技术状态可追踪性好。MBSE 方法在工作过程中会不断建立模型之间的关系，通过这些关系实现技术状态的追踪性和关联性分析，完成对技术状态的全面分析和控制。

（4）设计验证一体化。MBSE 方法在工作过程中强调同时考虑设计与验证，通过建立验证模型与需求模型、功能模型，以及其他设计过程中所用到的相关模型之间的关系，进行验证覆盖性分析，以保证所有项目均满足验证要求。

MBSE 方法的最终目标是以模型为基础，构建出经过测试与验证的系统架构。在整个设计过程中，最基本的是构建系统的需求模型、功能模型和物理架构模型。

1. 需求模型

需求模型是指从系统最顶层的需求直至最底层的需求，以及它们之间逻辑关系构成的集合。按不同侧重点，可将需求分为功能需求、性能需求、接口需求、可靠性需求、安全性需求、人因工程需求等。需求模型用于将系统设计过程中不清晰的期望、要求等转换成需要解决的具体问题，用于指导系统设计。对应于系统的不同层次，需求模型有一个层级结构，最顶层的需求来自用户的使用要求、成本约束、研制周期约束及各利益相关方的期望等，这些顶层需求都被划分为功能需求和性能需求等，并在系统内进行分解与分配，由系统到子系统再到单机部件，层层细化，这个分解和分配过程一直持续到完成完整的满足需求的设计为止。需求模型如图 1-9 所示。

2. 功能模型

功能模型是指系统完成既定任务目标所需要的全部功能的集合，其中包括对应系统级（如载人飞船）、分系统级（如测控系统）、产品级（如传感器），甚至更小单元的功能及它们之间的逻辑关系，用于指导系统组成的设计。功能模型在需求模型的基础上，通过逻辑分解进行系统功能分析，同时基于对任务过程的分析，梳理整个过程中的飞行事件，再通过飞行事件识别出每一层次的系统功能，如图 1-10 所示；之后对功能进行逐级归纳，形成系统的功能模块

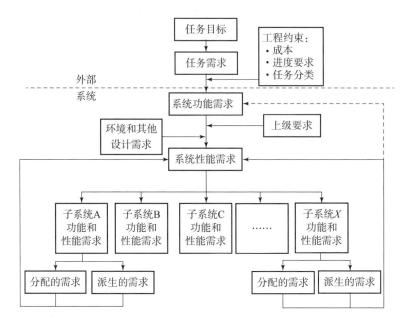

图 1-9 需求模型

划分。此外，在功能模型的构建过程中，还要将总结出来的功能与需求模型中的条目进行匹配，确保每项需求都有功能与之对应。对于没有覆盖到的需求，要考虑其是否合理，是否需要添加相应功能对其支持；对于不支持系统需求的功能，考虑将其删除。

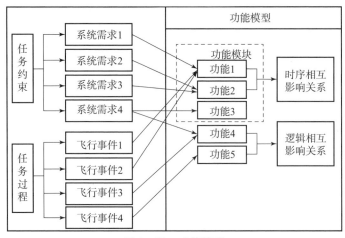

图 1-10 功能模型

3. 物理架构模型

物理架构模型用于描述构成系统的全部要素及它们之间的接口关系，同样由系统级直至产品，甚至更小单元的层级结构组成。构建系统的物理架构模型时，以需求模型和功能模型为基础，综合考虑性能指标、系统效能、研制成本、系统接口、技术风险等，开展多方案比较，选择能满足用户需求并能较好完成系统功能的系统组成方案。物理架构模型如图 1-11 所示。

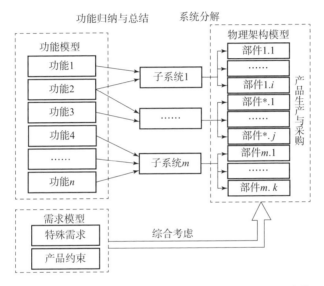

注：n 和 m 分别为功能与子系统的个数；i，j，k 为部件的个数

图 1-11 物理架构模型

除上述三个基本模型外，完成整个任务设计还需要系统接口模型、产品结构模型、风险分析及验证模型等。建成任务设计所需的模型后，还要根据事先制定的逻辑规则建立不同模型之间的关系，实现对整个工程中数据的全面可达。整个过程反复迭代，不断细化，直至能清晰描述整个设计、验证及工作过程，最终建立一个完整、一致并可方便追溯与查询的体系，实现参数查询、覆盖性分析等工作，以保证系统设计模型的一体化，避免各个组成部分之间的设计冲突，降低风险。图 1-12 所示为 MBSE 方法不同模型之间的关系。

综上所述，MBSE 将在载人深空探测领域得到广泛的推广使用。为应对基于文档的传统系统工程模式在复杂体系工程中产品和系统研发时面临的挑战，它可以逻辑连贯一致的多视角通用的系统模型为桥梁和框架，实现跨系统、跨领域模型的可追踪、可验证和全寿命周期内的动态关联。它适用于从概念方

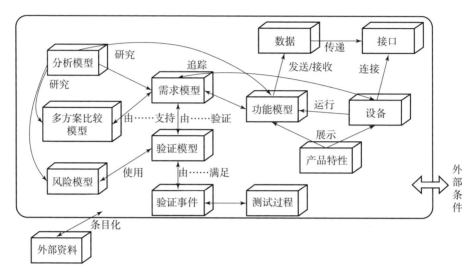

图 1-12　MBSE 方法不同模型之间的关系

案、工程研制,乃至使用维护到报废更新的全寿命周期内的活动,从体系工程顶层设计往下到系统、分系统、单机或组件等各个层级内的系统工程过程和活动,包括技术过程、技术状态管理过程、协议过程和项目组织管理过程。

思考题

1. 载人深空探测任务的概念和内涵是什么?
2. 开展载人深空探测活动的意义是什么?
3. 载人与无人深空探测任务的差异是什么?
4. 载人深空探测飞行器体系通常包含哪些核心能力和关键系统?
5. 载人深空探测任务面临的突出科学和技术问题有哪些?
6. 什么是体系工程?为什么说载人深空探测任务呈现出体系工程的特点?
7. 什么是基于模型的系统工程?
8. 与以文档为中心的系统工程方法相比,MBSE 方法有什么特点?
9. 未来从事载人深空探测任务的系统工程师需要掌握什么样的专业技能?

参 考 文 献

[1] 钱学森. 星际航行概论 [M]. 北京:中国宇航出版社,2008.
[2] 中国科学院. 中国学科发展战略·载人深空探测 [M]. 北京:科学出版社,2016.

[3] 中国科学院月球与深空探测总体部. 月球与深空探测 [M]. 广州：广东科技出版社，2014.

[4] 焦维新，邹鸿. 行星科学 [M]. 北京：北京大学出版社，2009.

[5] 果琳丽，王平，朱恩涌，等. 载人月球基地工程 [M]. 北京：中国宇航出版社，2013.

[6] 杨宏，叶培建，张洪太，等. 载人航天器技术 [M]. 北京：北京理工大学出版社，2018.

[7] 孙泽洲，叶培建，张洪太，等. 深空探测技术 [M]. 北京：北京理工大学出版社，2018.

[8] 高耀南，王永富. 宇航概论 [M]. 北京：北京理工大学出版社，2018.

[9] [美] 唐纳德·拉普. 面向载人月球及火星探测任务的原位资源利用技术 [M]. 果琳丽，郭世亮，张志贤，等，译. 北京：中国宇航出版社，2018.

[10] 陈善广. 载人航天技术（上、下）[M]. 北京：中国宇航出版社，2018.

[11] [德] 格尔达·霍内克，[中] 庄逢源. 宇宙生物学 [M]. 北京：中国宇航出版社，2010.

[12] [美] Mohammad Jamshid. 体系工程——基础理论与应用 [M]. 许建峰，郝政疆，黄辰，等，译. 北京：电子工业出版社，2016.

[13] 林贵平，王普秀. 载人航天生命保障技术 [M]. 北京：北京航空航天大学出版社，2008.

[14] Neil Leach. Space Architecture—The New Frontier for Design Research [M]. 北京：北京大学出版社，2014.

[15] NASA. NASA 系统工程手册 [M]. 朱一凡，李群，杨峰，等，译. 北京：电子工业出版社，2012.

[16] [美] 杰弗里·A·艾斯特凡. 基于模型的系统工程（MBSE）方法论综述（中英文对照）[M]. 张新国，译. 北京：机械工业出版社，2014.

[17] 叶培建，果琳丽，张志贤，等. 有人参与深空探测任务面临的风险和技术挑战 [J]. 载人航天，2016，22（2）：143-149.

[18] 果琳丽，王平，梁鲁，等. 载人月面着陆及起飞技术初步研究 [J]. 航天返回与遥感，2013，34（4）：10-16.

[19] 果琳丽，左光，孙国江. 载人深空探测发展设想及对动力技术的需求 [C]. 中国宇航学会深空探测技术专业委员会第七届学术年会论文集，2010.

[20] 齐玢, 果琳丽, 张志贤, 等. 载人深空探测任务航天医学工程问题研究 [J]. 航天器环境工程, 2016, 33 (1): 21-27.

[21] 陈金盾, 刘伟波, 姜国华, 等. 载人登月的航天医学工程问题 [J]. 载人航天, 2010, 16 (3): 44-51.

[22] 白延强, 吴大蔚. 长期载人航天中的医学挑战与对策 [J]. 航天医学与医学工程, 2008, 21 (3): 210-214.

[23] 白延强, 刘朝霞. 长期载人航天飞行医学保障面临的挑战 [J]. 空军医学杂志, 2011, 27 (1): 12-23.

[24] 欧阳自远, 李春来, 邹永廖, 等. 深空探测进展与开展我国深空探测的思考 [J]. 国际太空, 2003 (2): 2-6.

[25] 沈自才, 代巍, 白羽, 等. 载人深空探测任务的空间环境工程关键问题 [J]. 深空探测学报, 2016, 3 (2): 99-106.

[26] 许峰, 白延强, 吴大蔚, 等. 载人航天空间辐射主动防护方法 [J]. 航天医学与医学工程, 2012, 25 (3): 225-229.

[27] 薛玉雄, 马亚莉, 杨生胜, 等. 火星载人探测中辐射防护综述 [J]. 航天器环境工程, 2010, 27 (4): 437-443.

[28] 张志贤, 果琳丽, 戚发轫, 等. 月面人机联合探测概念研究 [J]. 载人航天, 2014 (9): 432-442.

[29] 李东, 陈闽慷, 果琳丽, 等. 月球探测的初步设想 [J]. 导弹与航天运载技术, 2002, 259 (5): 20-28.

[30] 朱恩涌, 孙国江, 果琳丽. 小行星表面取样技术分析 [J]. 中国航天, 2012, 2: 32-35.

[31] 朱恩涌, 孙国江, 果琳丽. 我国小行星探测发展思路及关键技术探讨 [J]. 航天器工程, 2012, 21 (3): 96-100.

[32] 朱恩涌, 果琳丽, 陈冲. 有人月球基地构建方案设想 [J]. 航天返回与遥感, 2013, 34 (5): 1-6.

[33] 龙乐豪, 王小军, 果琳丽. 中国进入空间能力的现状与展望 [J]. 中国工程科学, 2006, 8 (11): 25-32.

[34] 梁鲁, 朱恩涌, 左光, 等. 登月飞行器组合体动态特性初步研究 [J]. 载人航天, 2012, 18 (2): 21-27.

[35] 彭坤, 徐世杰, 果琳丽, 等. 基于人工免疫算法的地球-火星小推力转移轨道优化 [J]. 中国空间科学技术, 2012, 5: 61-68.

[36] 彭坤, 果琳丽, 向开恒, 等. 基于混合法的月球软着陆轨迹优化 [J]. 北京航空航天大学学报, 2014, 40 (7): 910-915.

[37] 彭坤,李民,果琳丽,等. 近地轨道航天器快速交会技术分析 [J]. 航天器工程,2014,23(5):92-102.

[38] 彭坤,李明涛,王平,等. 基于不变流形的地月L2点Halo轨道转移轨道设计 [J]. 载人航天,2016,22(6):673-679.

[39] 梁鲁,张志贤,果琳丽,等. 可移动式月球着陆器在载人月球探测活动中的任务分析 [J]. 载人航天,2015,21(5):472-478.

[40] 张志贤,梁鲁,果琳丽,等. 轮腿式可移动载人月面着陆器概念设想 [J]. 载人航天,2016,22(2):202-209.

[41] 田林,戚发轫,果琳丽. 载人月面着陆地形障碍探测与规避方案研究 [J]. 航天返回与遥感,2014,35(6):11-19.

[42] 田林,果琳丽,王平,等. 考虑质心漂移的载人月面着陆器自适应姿态跟踪控制 [J]. 航天返回与遥感,2013,34(4):34-42.

[43] 李志杰,果琳丽,董素君,等. 陶瓷瓦热防护结构瞬态热响应非耦合计算方法 [J]. 南京航空航天大学学报,2013,45(5):641-646.

[44] 李志杰,果琳丽. 载人航天器舱内流场与温度场松耦合计算方法研究 [J]. 航天返回与遥感,2015,36(2):9-17.

[45] 李志杰,果琳丽. 月球原位资源利用技术研究 [J]. 国际太空,2017,3:44-50.

[46] 李志杰,果琳丽,梁鲁,等. 有人月球基地构型及构建过程的设想 [J]. 航天器工程,2015,24(5):23-30.

[47] 果琳丽,谷良贤. 田林,等. 载人月面着陆器动力下降段自适应姿态控制 [J]. 哈尔滨工业大学学报,2013,45(5):119-123.

[48] 果琳丽,李志杰,齐玢,等. 一种综合式载人月球基地总体方案及建造规划设想 [J]. 航天返回与遥感,2014,35(6):1-10.

[49] 果琳丽,张志贤,张泽旭. 脑机接口技术在载人航天任务中的应用研究 [J]. 国际太空,2016,449:73-78.

[50] 果琳丽,申麟,杨勇,等. 中国航天运输系统未来发展战略的思考 [J]. 导弹与航天运载技术,2006,28(1):1-5.

[51] 黄铁球,果琳丽,曾海波. 基于RecurDyn的动力学与控制一体化仿真模式研究 [J]. 航天控制,2010,28(3):60-64.

[52] 李君海,果琳丽,梁鲁,等. 基于仿真的月面着陆器上升级推进系统动态特性研究 [J]. 载人航天,2015,21(1):25-31.

[53] 张有山,果琳丽,王平,等. 新一代载人月面着陆器发展趋势研究 [J]. 载人航天,2014,20(4):353-358.

[54] 白志富,果琳丽,陈岱松. 新型非火工星箭连接分离技术 [J]. 导弹与航天运载技术,2009,299:31-37.

[55] 李恩奇,梁鲁,张志成,等. 月面着陆器上升级压力舱结构优化研究 [J]. 载人航天,2016,22(6):750-754.

[56] 候砚泽,左光,王平,等. 载人深空探测进入/再入走廊设计方法研究 [J]. 航天返回与遥感,2014,35(3):1-10.

[57] 吴汉基,蒋远大,张志远,等. 加强我国天体生物学的研究 [C]. 中国空间科学学会第七次学术年会,2009.

[58] 孙辉先,李慧军,张宝明,等. 中国月球与深空探测有效载荷技术的成就与展望 [J]. 深空探测学报,2017,(4167):495-508.

[59] 姜生元,沈毅,吴湘,等. 月面广义资源探测及其原位利用技术构想 [J]. 深空探测学报,2015,2(4):291-301.

[60] 何志平,王建宇,舒嵘,等. 月面资源人机联合多尺度红外光谱成像探测概念研究 [J]. 载人航天,2017,23(5):597-601.

[61] 张有山,杨雷,王平,等. 基于模型的系统工程方法在载人航天任务中的应用探讨 [J]. 航天器工程,2014,23(5):121-128.

[62] 王崑声,袁建华. 国外基于模型的系统工程方法研究与实践 [J]. 中国航天,2012(11):52-57.

[63] 贾晨曦,王林峰. 国内基于模型的系统工程面临的挑战及发展建议 [J]. 系统科学学报,2016,24(4):100-104.

[64] 卢志昂,刘霞,毛寅轩,等. 基于模型的系统工程方法在卫星总体设计中的应用实践 [J]. 航天器工程,2018,27(3):7-16.

[65] Drake, Bret G. Human exploration of Mars, design reference architecture 5.0 [R]. National Aeronautics and Space Administration, NASA-SP-2009-566, 2009.

[66] ISECG. The global exploration strategy, the framework for coordination [R]. International Space Exploration Coordination Group, http://www.globalspace-exploration.org, 2007.

[67] NASA. The vision for space exploration [R]. National Aeronautics and Space Administration, NP-2004-01-334-HQ(Rev), 2004.

[68] Public Law 109-155. National aeronautics and space administration authorization act of 2005 [R]. 109th Congress, 2005.

[69] Public Law 110-422. National aeronautics and space administration authorization act of 2008 [R]. 110th Congress, 2008.

[70] Borowski, Stanley K, et al. "7 – Launch" NTR space transportation system for NASA's Mars design reference architecture (DRA) 5.0 [R]. 45th AIAA/ASME/SAE/ASEE Joint Propulsion Conference & Exhibit, AIAA – 2009 – 5308, 2009.

[71] White House. U. S. Announces review of human space flight plans, independent Blue – Ribbon panel will delineate options [R]. Office of Science and Technology Policy Press Release, 2009.

[72] Augustine Norman R. Seeking a human spaceflight program worthy of a great nation [R]. Review of U. S. Human Spaceflight Plans Committee, 2009.

[73] Drake Bret G. Reducing the risk of human Missions to Mars through testing, national aeronautics and space administration [R]. JSC – 63726, 2007.

[74] ISECG. The global exploration roadmap [R]. International Space Exploration Coordination Group, http://www.globalspaceexploration.org, 2018.

[75] Office of the President of the United States (2010). National space policy of the United States of America [R]. 2010.

[76] Muirhead, Brian, et al. Human exploration framework team: strategy and status [R]. IEEEAC paper#1759, 2011.

[77] Culbert Chris. Human spaceflight architecture team (HAT) overview, presentation to the global exploration workshop [R]. http://www.nasa.gov/pdf/603232main_Culbert – HAT%20 Overview%20for%20GER%20Workshop.pdf, 2012.

[78] Hale J. NASA integrated model – centric architecture NIMA [R]. Gaithersburg: NIST, 2013.

[79] Nichols D, Lin C. Integrated model – centric engineering: the application of MBSE at JPL through the life cycle[R]. Los Angeles, CA: INCOSE, 2014.

[80] NASA. Model – based systems engineering pilot program at NASA langley [C]. AIAA SPACE Conference & Exposition, 2012.

[81] Li Yi – fan. Research on the key technologies in manned deep space exploration [J]. Missles and Space Vehicles, 2018, 359 (1): 25 – 31.

[82] Vago J, Gardini B, Kmine K G, et al. ExoMars – searching for life on the Red Planet [J]. ESA Bullefin, 2006 (126): 16 – 23.

[83] Hoffman S J, Kaplan D I. Human exploration of Mars: the reference mission of the NASA Mars exploration study team [C]. Houston: Science Applications International Corporation, 1997.

[84] Prince J L, Desai P N, Queen E M, et al. Mars phoenix entry, descent, and landing simulation design and modeling analysis [J]. Journal of Spacecraft and Rockets, 2011, 48 (5): 756-764.

[85] Jean-Marc Salotti. Robust, affordable, semi-alirect Mars mission [J]. Acta Astronautica, 2016 (127): 235-248.

[86] Gardini B, Ongaro F, Pradier A, et al. The aurora program for the human exploration of the solar system [C]. Long Beach: AIAA Space Conference & Exposition, 2003.

[87] Benton Sr M G, Caplin Sr G, Reiley K, et al. Boeing design trades in support of the NASA Altair Lunar lander concept definition [C]. AIAA Space Conference & Exposition, 2008.

[88] Benton Sr M G. Conceptual design of crew exploration lander for asteroid ceres and saturn Moons Rhea and Iapetus [C]. 48th AIAA Aerospace Sciences Meeting Including the New Horizons Forum and Aerospace Exposition, 2010.

[89] Benton Sr M G, Donahue B, Caplin G, et al. Configuration options to maximize Lunar surface reuse of Altair lander structure and systems [C]. AIAA Space Conference & Exposition, 2009.

[90] Benton Sr M G. Conceptual space vehicle architecture for human exploration of Mars, with artificial gravity and Mini-Magnetosphere crew radiation shield [C]. AIAA Space Conference & Exposition, 2012.

[91] Gabriel G. De L T, Berna van B, et al. Future perspectives on space psychology: recommendations on psychosocial and neurobehavioural aspects of human spaceflight [J]. Acta Astronautica, 2012, 81 (2): 587-599.

[92] Turso J. Instrumentation and control needs for reliable operation of Lunar base surface nuclear power systems [R]. NASA/TM-2005-213839.

[93] Zakrajsek J J, Mckissock D B, Woytach J M, et al. Exploration rover concepts and development challenges [R]. AIAA-2005-2525.3.

[94] West J B. Historical perspectives: physiology in microgravity [J]. Appl Physiol, 2000 (89): 379-384.

[95] Guo L L. Manned Lunar Base and in Situ Resource Utilization: How to make humans a multi planet species [C]. Horizon 2061, 2018.

[96] Guo L L. Research on technology validations of deep space exploration in the space station [C]. Global Space Exploration Conference, 2017.

[97] Guo L L, Conceptual design and scientific application analysis of manned Lunar

base [C]. Astronomy from the Moon and International Human Moon Missions, 2017.

[98] Jason C, Gruson R, Marshall Smith, et al. Deep Space gateway concept: Extending human presence into cislunar space [C]. IEEE Aerospace Conference, 2018.

[99] Jocly Singer, Jeny Cook. The Mars generation – building the future success of deep space hunan exploration [C]. Space Ops Conference, 2018.

[100] Melissa L, McGuire, Steven R, et al. NASA GRC compass team conceptual point design and trades of a hybrid solar electric propulsion (SEP) /chemical propulsion human mars deep space transport (DST) Vehicle [C]. AIAA Space and Astronautics Forum and Exposition, 2018.

[101] Ghassabian G Hady, Calzada DiaI Abigail, Hettrich Sebastian, et al. ALCIDES: A novel: lunar mission concept study for the demonstration of enabling technologies in deep space exploration and human – robots interaction [J]. Actel Astronacutica, 2018 (151): 270 – 283.

[102] Jody Singer, Jenny Cook. The Mars generation – building the future success of deep space human exploration [C]. Space Ops Conference, 2018.

[103] Wallace S. Tai, Douglas S Abraham, Kar – Ming Cheung. Mars Planetary network for human exploration era – potential challenges and solutions [C]. Space Ops Conference, 2018.

[104] Guo J F, Bai C C, Guo L L, et al. Optimal nominal trajactory guidance algorithm for lunar soft landing [C]. International Astronauitical Congress, 2014.

[105] Bai C C, Guo J F, Guo L L. Lunar landing trajactory and abort trajectory integrated optimization [C]. International Symposium on Space Flight Dynamics, 2015.

[106] Bai C C, Guo J F, Guo L L, et al. Deep multi – layer perception based terrain classification for planetary exploration rovers [J]. Sensors, 2019, 19 (14): 3102.

[107] Cao C, Wang W, Yuan J P, et al. Hybrid sail displaced orbits around L2 point in the elliptic Earth – Moon system [J]. Journal of Guidance, Control and Dynamics, 2019, 42 (2): 416 – 424.

第 2 章

载人深空探测发展概况

20世纪60年代,美苏争霸开展载人登月竞赛。美国的阿波罗载人登月工程取得了巨大成功,实现了6次成功登月,在科学研究和工程技术上均收获颇丰。随后的载人飞行转向近地轨道,深空探测则以无人任务为主。进入21世纪以后,国际深空探测任务呈现出多元化的发展趋势,美国、俄罗斯、中国都提出了自己的载人登月规划目标。2019年美国特朗普政府明确提出:将在2024年将两名航天员送往月球南极，其中一名是女航天员；在2028年实现月球南极的长期生存；2035年前后实现载人登陆火星的战略目标。在此基础上，欧洲航天局以及俄罗斯、日本、加拿大、澳大利亚等国家的航天局纷纷与美国NASA签订合作协议，期望加入美国的Artemis任务中。除此之外，美国以SpaceX为代表的私营公司也研制了可重复使用的重型猎鹰火箭及"星舰"飞船，并规划了自己的载人深空探测任务时间表。从历次国际宇航大会的研讨情况来看，无论是国家政府行为还是私营商业行为，当前在载人深空探测领域，先实现人类在月球上的长期生存，并以月球为试验基地和跳板，利用月球或小行星资源进行原位资源利用，最终向火星进发的发展思路已成为全球的共识。

2.1 概 述

20 世纪六七十年代,美国和苏联以载人登月为目标开展太空竞赛,载人深空探测工程正式起步并成为世界大国政治角力的舞台。美国 Apollo 载人登月工程取得巨大成功,在工程技术和科学研究上均收获颇丰。而后载人飞行转向近地轨道,深空探测则以无人任务为主。进入 21 世纪,全球载人深空探测呈现多元化发展趋势,在借鉴无人探测取得成果的基础上,载人深空探测的目的地逐渐明晰,即近期瞄准重返月球、远期实现登陆火星,同时有选择地探测小行星。

当前载人航天活动主要依赖近地轨道空间站,未来人类可以探索的目的地及执行的载人深空探测任务主要包括地月空间、月球任务、深空任务、行星际运输任务及火星任务,如图 2-1 所示。

根据 2018 年国际空间探索协调小组(ISECG)公布的新版《全球探索路线图》(Global Exploration Roadmap,GER)可知,如图 1-4 所示:①在近地轨道,主要以国际空间站(International Space Station,ISS)的运营和中国空间站的建设为主;②在月球表面及轨道任务中,无人探测主要有印度的无人月船、俄罗斯的 Lunar 系列任务、中国的嫦娥月球探测任务,载人探测主要有美国的 EM-1 和 EM-2 任务(Exploration Mission,EM),以及深空之门(Deep Space Gateway,DSG)任务;③在火星表面及轨道任务中,主要以无人火星探测任务为主,包括 Mars 2020、ExoMars、火星环绕器任务及火星卫星探测任务等,此外为了发展载人火星探测任务能力,美国开始建造深空运输飞行器(Deep Space Transportation,DST),用于地火往返运输;④在注重构建核心能力和关键

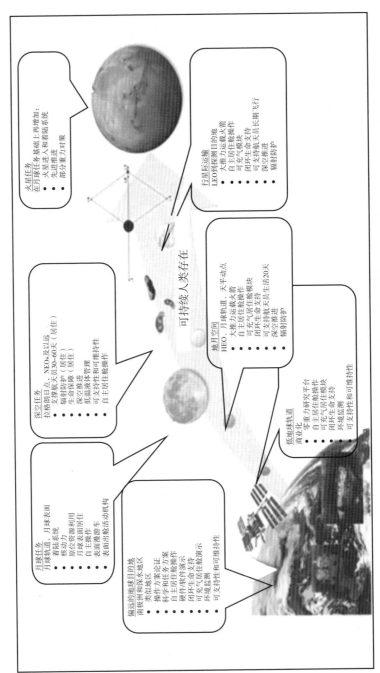

图 2-1 载人深空探测任务目的地及主要技术难点
(图片来源于 ISECG 官网)

系统之外,重点开展基于近地轨道空间站的载人深空探测技术验证,并支持推动商业航天的发展;⑤以 DSG 任务为核心进一步开展广泛的国际合作。

图 2-1 所示为 ISECG 公布的载人深空探测任务目的地及主要技术难点。

相对 20 世纪以任务牵引为目标的载人登月任务,近 50 年的重返月球论证过程中载人深空探测领域的发展思路转变为能力驱动,同时注重核心系统的建设和关键技术的验证。当前已经明确的核心系统包括重型运载火箭和载人飞船及深空之门(DSG),美国和俄罗斯均已进入工程研制阶段。正是这个措施有力地支撑了 NASA 在 2024 年完成重返月球的战略目标。在关键技术研究和验证上,一方面借助近地轨道国际空间站、中国空间站等平台开展验证,包括闭环生命支持、空间辐射防护、充气可展开结构、低微重力长期生存等;另一方面结合无人探测任务进行飞行验证,如行星进入与着陆、先进推进、原位资源利用、深空环境长期驻留等技术的在轨验证。下面从载人深空探测任务、飞行器系统方案、关键技术的发展概况分别进行介绍。

2.2 载人深空探测任务发展概况

2.2.1 载人月球探测任务

载人月球探测大体上可分为三个阶段:20 世纪中叶以实现载人登陆月球为目标的太空竞赛阶段、20 世纪 90 年代以实现人类重返月球为目标的能力积累阶段,以及 2019 年明确重返月球,并以此为跳板及试验基地,实现载人火星为目标的深入实施阶段。截至 2019 年 10 月底的全球月球探测任务情况详见附录 A。

Apollo 载人登月工程中,共有 12 名美国航天员着陆月面,在月面停留时间总计 280 h,行进总里程达到 100 km,带回地球的月球样品总重 381.7 kg,是迄今为止全世界最复杂的航天任务。工程任务目标是将 3 人乘组、2 人送达月面赤道附近低纬度地区、月面停留 3 天,采用了人货合运的"一次发射直接奔月"飞行模式,充分利用了"土星 5 号"百吨级重型运载火箭的能力。飞行器系统由登月飞船和登月舱组成,登月飞船由指令舱和服务舱组成。飞船指令舱是航天员在飞行中生活和工作的座舱,也是全飞船的控制中心,总重约 6 t,可以支持 3 人 14 天飞行任务;服务舱总重约 24 t,前端与指令舱对接,为航天员提供能源与动力支持以及发动机所需的推进剂。登月舱的主要任务是携带两名航天员完成月面着陆起飞和环月轨道交会对接,由上升级和下降级组成，总重 16.5 t，可支持 2 人 3 天月面停留任务。

2004 年乔治·沃克·布什总统宣布了"太空探索新构想"计划，再次提出重返月球并以此作为跳板为载人登陆火星做准备，2009 年重返月球计划正式命名为"星座计划"。"星座计划"采用人货分运的近地轨道一次交会对接飞行模式，即"猎户座"（Orion）载人飞船和"牵牛星"（Altair）月面着陆器分别由"阿瑞斯-1"（Ares-I）载人火箭和"阿瑞斯-5"（Ares-V）重型火箭发射进入近地轨道并对接，组合体利用地球出发级（Earth Departure State，EDS）加速进入地月转移轨道，如图 2-2 所示。

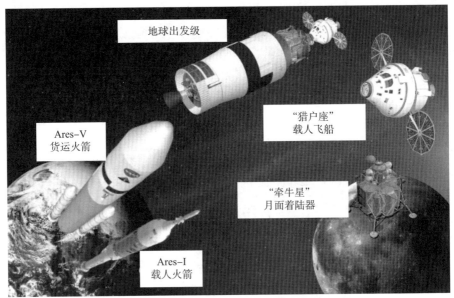

图 2-2　"星座计划"载人地月往返运输系统

（图片来源于 NASA 官网）

美国前总统奥巴马上任后，在 2010 年 2 月宣布取消已进入工程研制阶段的"星座计划"，并提出"21 世纪太空探索"新战略，目标是进行"月球以远"的载人空间探索，并于 21 世纪 30 年代中期实现载人火星轨道飞行，之后实施载人火星登陆。同年，美国又发布了新版《美国国家空间政策》，将奥巴马太空探索新政内容作为一项民用航天指导方针确定下来。此后，对于载人火星探测的过渡目标，美国一直采取了多目的地探索策略，以火星为终极目标，将月球、近地小行星、拉格朗日点等均作为备选目标，注重发展技术能力，以期在最终目标确定之前具备相应工程能力。

2011 年，NASA 成立了载人探索与运行（Human Exploration Operation，HEO）任务部，负责载人相关任务的管理、研发以及投资创新技术；同年，

NASA 发布了"能力驱动框架"指南,明确发展对载人探索至关重要的通用能力,还组建了由 15 个能力领域专家组成的跨中心团队或工作组。

2017 年 6 月 30 日,特朗普签署行政命令,决定重新建立国家航天委员会(National Space Council,NSC),直接隶属于总统行政办公室。2017 年 10 月 5 日,在美国国家航天委员会重组后的首次会议上,副总统麦克·彭斯发表题为《迈向新疆域:国家航天委员会的一个重点》的演讲,正式宣布美国将重启登月计划并建立永久性月球基地。

2017 年 4 月,美国提出修建深空之门(DSG),随后在 9 月召开的第 68 届国际宇航大会(International Astronautical Congress,IAC)上,NASA 和俄罗斯航天国家集团(Roscosmos)达成协议,计划 2024—2026 年发射首个舱段,并在第一阶段任务空间站建成后,将其应用到月球开发及探索火星任务中。

根据 NASA 计划,2020 年前后将执行 Orion 飞船无人环月飞行任务(EM-1),如图 2-3 所示。EM-1 将是 NASA 新时期载人深空探测系统的第一次无人环月飞行任务,任务周期约 3 周,对 SLS 运载火箭、Orion 载人飞船、肯尼迪航天中心 39B 发射工位及相关地面设施进行综合考核,为未来的载人深空探测飞行打下基础。该任务最远离地距离将达到 44.8 万公里,这将超过以往所有载人飞行任务。针对 EM-1 任务,目前已经完成(或正在进行)的工作包括:RS-25 发动机控制器试车,39B 发射工位改造,SLS 贮箱间结构组装,Orion 返回舱推进及环控贮箱管路焊接,Orion 服务舱部件组装。

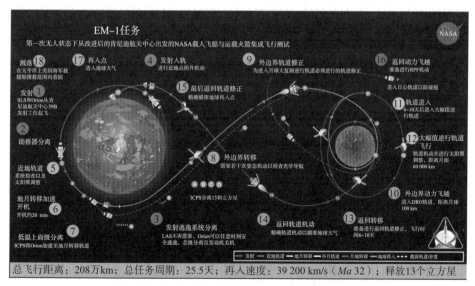

图 2-3 NASA 载人深空探测 EM-1 任务飞行过程

(图片来源于 NASA 官网)

NASA 完成载人环月飞行任务 EM-2，预计将在真实地月环境下对飞行器系统进行全面测试考核，计划 2023 年采用 SLS Block 1 型火箭发射。EM-2 任务将是 NASA 重返月球及迈向深空至关重要的一步。在 EM-1 验证月球大幅值逆行轨道（Distance Retrograde Orbit，DRO）的基础上，EM-2 采用混合自由返回轨道，如图 2-4 所示。在成功完成 EM-1 和 EM-2 两次任务后，NASA 计划围绕"建设地月走廊"的目标每年执行一次载人发射任务。EM-2 目前已完成的相关工作包括：返回舱结构加工部分完成，宇航服真空测试，发射逃逸系统测试，发射工况模拟仿真。

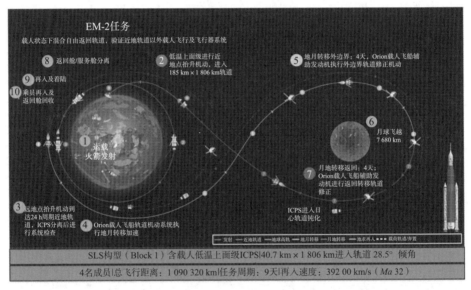

图 2-4　NASA 载人深空探测 EM-2 任务飞行过程

（图片来源于 NASA 官网）

2017 年 12 月 11 日，特朗普在白宫签署了上台以来的"1 号太空政策指令"，将重返月球正式提上日程。在特朗普政府看来，重返月球无疑是"让美国再次伟大起来"（Make America Great Again）的一条重要途径。2019 年是美国 Apollo 载人登月工程实现人类首次载人登月的 50 周年。2019 年 3 月 26 日，美国副总统迈克·彭斯（Mike Pence）在国家航天委员会第五次会议上雄心勃勃地表示，美国将在未来五年内重返月球，并且登上月球的第一位女性和下一位男性都必须是美国宇航员，必须从美国的土地上，由美国的火箭送入太空。

美国国家航天局（NASA）新局长吉姆·布里登斯廷（Jim Bridenstine）对彭斯的说法予以回应："提出这一挑战恰逢其时，我向副总统保证，NASA 将接受这一挑战。"布里登斯廷表示，NASA 已经制定了太空探索三个阶段的完整计划：从近地轨道到月球，再到火星及更远的宇宙，并为此组建成立了一个新部门——"月球及火星任务部"（Moon to Mars Mission Directorate）。2019 年 5 月 13 日，NASA 表示，已经选定"阿尔忒弥斯"（Artemis）作为 2024 年美国登月计划的名称，阿尔忒弥斯是希腊神话中阿波罗的孪生妹妹和月神，作为 NASA 在 2024 年重返月球表面计划的名称。

根据美国政府制定的最新时间表，NASA 重返月球计划将分为以下几步来实现：

➢ 2020 年，进行名为"EM-1"的无人飞行试验，利用 SLS 重型火箭将飞船发射到月球轨道；

➢ 2022 年，将宇航员送到月球附近；

➢ 2024 年，实现重返月球表面，让宇航员在月球南极登陆。

如果一切顺利的话，随后 NASA 将在月球轨道建立空间站，并在 21 世纪 30 年代以此为基础向火星进发。为了按时完成重返月球的艰巨挑战，NASA 及其合作伙伴正在建造四大登月工具：运载火箭、载人飞船、载人月球着陆器和月球轨道空间站。图 2-5 所示为 NASA 制定的重返月球的战略规划图。

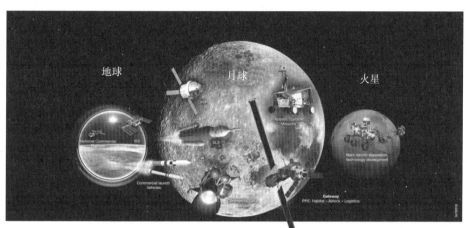

在近地轨道：　　　　　　　　在地月空间：　　　　　　　　在火星：
采用商业运营以及国际伙伴方式　　为长期探索而重返月球　　　研究推动未来的载人火星探测任务

图 2-5　NASA 制定的重返月球的战略规划图

（图片来源于 NASA 官网）

在美国政府加速推动重返月球的 Artemis 任务实施的同时，美国私营公司也在积极推进载人月球探测任务。2017 年 2 月，SpaceX 公司宣布几年内将送两名付费游客进行环月飞行，将采用猎鹰重型火箭（Falcon Heavy，FH）和载人龙飞船执行此次载人飞行任务。2018 年 9 月，SpaceX 公司确定并公布了第一名付费乘客——来自日本的亿万富翁前泽友作，引起了全世界范围的广泛关注。2019年2月7日，FH火箭首飞成功，成为现役火箭中运载能力最强的火箭，火箭高69.2 m，近地轨道能力为63 t，采用芯级并联结构，由三枚经改装的"猎鹰九号"火箭组装而成，其中两枚助推火箭成功回收，可用于重复使用。由于FH火箭采用低成本设计思路，因此单发FH的发射费用仅为9 000万美元。

FH第二次发射任务为2019年6月。美国国家航空航天局局长表示，如果SLS火箭进度缓慢，将考虑采用SpaceX公司的FH火箭和联合发射联盟公司（United Launch Alliance，ULA）的助推器来完成发射Orion飞船的重任，帮助美国实现2024年前重返月球的梦想。

此外，SpaceX公司还研发了一款超重型运载火箭——大猎鹰火箭（Big Falcon Rocket，BFR）。相对于猎鹰重型LEO/30 t运载能力，BFR可以将150 t的载荷送入近地轨道。BFR主体部分直径约为9 m，总重约为4 400 t，助推器配置31台猛禽发动机，可产生约5 400 t的推力。这款火箭可支持载人火星探测任务。

2019年10月，SpaceX公司的总裁兼首席运营官Gwynne Shotwell表示，公司今年已经筹集了超过13亿美元的资金来建造两艘"星舰"（Starship）和"星链"（Starlink）。"星舰"是一种大型火箭，该公司希望用它将人类送上月球和火星；"星链"是一个由4万多颗卫星组成的网络，用来为地球提供高速互联网。

Gwynne Shotwell介绍"星际飞船"的最新目标是："我们希望明年'星舰'能进入轨道，在2022年之前把它和货物一起送上月球，并在不久之后把人送上月球。"

2.2.2 载人小行星探测任务

美国在制定载人深空探测发展路线图时，曾提出发展载人小行星探测任务，不仅可以在有人参与的情况下，开展小行星样本采集和分析等探测活动，更可以将小行星的资源用于载人火星探测任务中，成为继月球之外的另一个中转站，同时可对载人火星探测的核心关键技术（例如原位资源利用技术）进行有效验证。

截至2019年10月底全球的小行星探测任务情况详见附录B。

2007年洛克希德·马丁公司提出使用两艘Orion飞船组合体实现载人小行星探测的"普利茅斯岩石"（Plymouth Rock）计划。在"星座计划"中止后，2011年NASA提出"小行星重定向任务"（Asteroid Redirect Mission，ARM）初步设想，计划将近地小行星捕获至月球高轨并开展载人探测。2012年4月，美国加州理工大学凯克太空研究学院（Keck Institute for Space Studies，KISS）

在美国"21世纪太空探索战略"的框架下完成了"小行星捕获可行性研究"报告,如图 2-6 所示。2013 年 ARM 计划得到批准,正式进入工程实施阶段。飞行器系统主要包括小行星重定向飞行器(Asteroid Redirect Vehicle,ARV)和 Orion 载人飞船两大部分。

图 2-6 KISS 提出的小行星捕获方案
(图片来源于 NASA 官网)

ARM 任务分成三个阶段:观测阶段主要是找到合适的目标近地小行星,满足质量、大小等条件和任务约束;小行星重定向机器人任务(Asteroid Redirect Robot Mission,ARRM)计划 2020 年左右发射 ARV 并与目标小行星交会并捕获,利用太阳能电推进系统(Solar Electric Propulsion,SEP)将小行星转移到月球附近;小行星重定向载人任务(Asteroid Redirect Crew Mission,ARCM)计划 2025 年左右发射 Orion 飞船与 ARV 交会对接,实现航天员实地勘测研究和采样,评估资源利用可行性。后来美国政府取消了 ARM 任务,改由商业公司探索发展,政府从法律层面为其开通道路。

开发利用小行星资源对载人深空探测十分重要。有些小行星上含有丰富的水资源,有的含有丰富的 C 资源。从构成生命的 C、H、O、N、P、S 等基本元素的角度来看,月球资源对构建适宜人类居住的长期栖息地而言是非常贫瘠的,因此捕获并开发利用小行星资源非常重要。

此外,根据 NASA 初步测算,1 500 颗近地小行星中大约 10% 存在高价值矿产资源。瞄准小行星采矿的巨大经济价值,国外已有多家私营公司提出其探测开发方案。2012 年 4 月由拉里·佩奇、詹姆斯·卡梅隆等亿万富翁成立了"行星资源"公司,计划 2020 年发射飞行器捕获小行星并提取水,用于在轨制造液氢液氧推进剂;"深空工业公司"(Deep Space Industry,DSI)计划

2023年前开始小行星采矿,如图2-7所示;2013年,"开普勒能源与空间公司"宣布启动小行星采矿业务,并希望大量借鉴以往小行星探测成果。2015年5月,美国众议院表决通过《关于促进私营航天竞争力、推进创业的法案》,该法案从实质上确认了对小行星矿物资源的"允许私人所有"和"先取先得"原则,但这与联合国1967年制定的《外空条约》存在冲突。2015年11月,《美国商业太空发射竞争法案》由时任美国总统的奥巴马签署生效,明晰了太空资源的私有财产权,意味着私企开采太空资源和进行商业用途在技术上成为可能,并且获得了法律许可,这为美国政府主导的太空资源商业开发进一步铺平了道路。2019年世界上采矿领域研究实力最强的机构——美国科罗拉多矿业学院,低调开设了太空采矿专业,该机构早在20世纪90年代就开始从事太空资源及原位利用方面的研究,在太空采矿领域有扎实的基础。有了法律支持许可以及专业技术的支撑,未来私营企业公司进行载人小行星探测及资源利用将成为可能,因此倍受行业关注。以月球为基地,开发并利用小行星资源也成为推动发展太空新经济的重要抓手。

图2-7 DSI公司提出的小行星开采利用计划设想

(图片来源于DSI公司)

2.2.3 载人火星探测任务

1. 美国

1960年10月10日,苏联发射了人类第一个火星探测器,拉开了火星探测的序幕。后续人类实施了一系列无人火星探测任务,对火星及其环境的认识极大提升;同时,世界各国也开展了载人火星探测的概念研究和方案设计。虽然已经成功实施了几十次无人火星探测任务,但无论是技术难度还是经费规模,实施载人探测任务还存在巨大的挑战。截至2019年10月底全球的火星探测任务情况详见附录C。

1989年11月，NASA JSC的A. Cohen提出了"NASA 90天"方案，采取冲点航线、低温推进和火星轨道交会方式，飞行任务的总时间为500多天，在火星表面只停留30天。该方案大量继承Apollo载人登月工程的技术、计划和管理经验，但载人火星探测器属一次使用，无法为后续任务提供支持。Viking无人火星探测任务成功后，科罗拉多博尔德大学举行了一系列名为"火星案例"的会议，会上提出了载人火星探测计划，最为引人注目之处在于提出了在火星上开展原位资源利用的理念，即可以利用火星的资源制造返回地球所需推进剂。该方案发表于美国宇航学会（American Astronautical Society，AAS）会议录上，后续几年的会议中提出了大量替代方案。

20世纪90年代初期NASA提出了"参考任务设计1.0版"（Design Reference Mission 1.0，DRM 1.0），旨在探寻当时计划的"第一月球前哨站"与接下来的火星探测任务在系统上的共同点，但除了使用重型运载火箭之外，没有找出其他明显的共同点。1998年，NASA公布了多个载人火星探测概念方案，其中最著名且常常被引用的为NASA "参考任务设计3.0版"（DRM 3.0），详细描述了载人火星探测所涉及的技术概念，阐述了罗伯特·祖布林提出的使用火星大气制造推进剂的理念。

2009年，NASA对外正式公布提出了载人火星探测"参考任务设计5.0版"（DRM 5.0），以Ares-I、Ares-V为基础的任务总时间为900天，其中飞往火星180天、火星停留540天、返回地球180天，每次火星探测任务使用8枚或更多的Ares-V重型运载火箭以及1枚Ares-I载人运载火箭，同时提出将月球作为载人火星探测飞行器系统的技术试验验证平台。

在《美国国家太空政策》和《2010年NASA授权法案》的要求下，NASA围绕载人火星探测这一战略目标开展工作。2015年9月，NASA公布火星表面存在液态水活动的强有力证据，将全世界目光聚焦到火星上，同时将继续开展深入的无人火星探测任务。2018年成功实施了洞察号（Insight）无人火星探测任务，重点对火星内部结构进行立体探测，同时发现了火星大气存在甲烷气体的有力证据。

2015年10月8日，NASA发布了《NASA火星征程：制定太空探索的后续步骤》报告，阐述21世纪30年代人类到达火星空间、最终登陆火星并开展可持续探测的战略目标，提出以载人登陆火星为总目标的空间探测实施战略、原则和挑战，按照"依赖地球""试验场""独立于地球"三个阶段循序渐进地实现载人登陆火星目标，如图2-8所示。

图 2-8 NASA 载人火星探测"三步走"发展战略

（图片来源于 NASA 官网）

（1）"依赖地球"阶段。在近地轨道利用国际空间站（ISS）平台和可靠的补给，试验验证载人深空探测所需的技术与能力，如长期深空飞行任务所需的先进环境控制与生命保障系统、微重力环境对航天员身体健康的影响、高能粒子辐射环境下的安全防护、10 亿 bit/s 数据传输速率激光通信系统、在轨增材制造以及原位资源利用等。

（2）"试验场"阶段。在地月空间对深空环境复杂操作技术和载人火星探测能力进行试验验证，如在深空任务中进行载人飞船和重型火箭验证，利用机器人采集近地小行星上的大型岩石样本并运输至月球轨道试验场，验证 150~200 kW 大功率太阳能电推进技术以及航天员舱外活动能力和样品采集处理技术,建立和测试深空居住舱,验证最大限度地减少对地球补给依赖的技术,等等。NASA重点测试和建立在深空环境(主要是地月空间)中执行复杂任务的能力,将其复杂程度限定为"乘组可在数天内返回地球"。

(3)"独立于地球"阶段。确保人类到达火星附近、最终登陆火星并开展长期持续探测,突破高效、安全可靠地将货物和人员送往火星,20~30 t有效载荷在火星表面精确下降与着陆以及从火星表面上升并返回地球的运输系统,人/机协同操作和自主智能操作,火星表面太阳能发电或核能系统,利用火星资源原位生产推进剂、水和空气等,实现航天员在火星轨道中转移居住舱和表面居住舱中的长期工作,以及在火星环境下保证航天员健康和安全的技术,等等。

2017年特朗普政府推出了以深空之门(DSG)和深空运输飞行器(DST)为代表的载人空间探索最新规划。由于有月球附近深空轨道空间站DSG的支持,NASA载人深空探测的任务模式相比以前的方案丰富了很多,具体分为5个阶段:

(1)阶段0(当前状态)。利用ISS研究和测试未来载人深空探测任务所需的技术和能力,并研究月球资源的可用性,如图2-9所示。

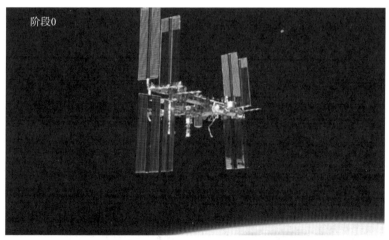

图2-9 NASA载人深空探测最新规划阶段0
(图片来源于NASA官网)

(2)阶段1。在地月空间开展多次任务,开展DSG以及DST建造,如图2-10所示。

在阶段1,DSG能力上可支持NASA商业以及国际合作伙伴开展深空探测任务,在Orion载人飞船停靠状态下支持4名乘员生活至少30天,以及DST建造,系统组成包括电推进模块、居住舱、补给舱,并为后续气闸以及DST建造开展验证。

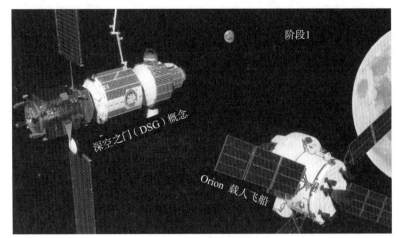

图2-10 NASA载人深空探测最新规划阶段1

（图片来源于NASA官网）

（3）阶段2。完成DSG建设，并开展火星能力验证工作，如图2-11所示。

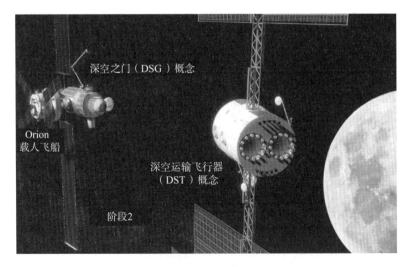

图2-11 NASA载人深空探测最新规划阶段2

（图片来源于NASA官网）

DST采用大功率电推进系统，用于为乘员深空飞行（包括未来的火星探测）提供运输和居住支持，通过消耗品补充和少量维修可以重复开展3次火星级别的任务，支持4名乘员1 000天以上的飞行任务，可由1枚SLS 1B型货运火箭一次发射升空。

(4)阶段3+阶段4。乘员离开地月系统到达火星轨道,开展火星及其卫星的表面探测任务,如图2-12和图2-13所示。

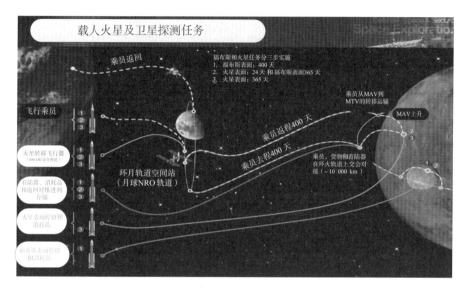

图2-12 载人火星及其卫星探测任务概念图
(图片来源于 NASA 在 GLEX 2017 的会议文件)
注:①MAV:Mars Ascent Vehicle,火星上升飞行器;
　　②MTV:Mars Transportation Vehicle,火星转移飞行器;
　　③月球 NRO:Near Rectilinear Orbit,月球近直线轨道

按照上述5个阶段的设想,NASA发布的载人深空探测领域第1~3阶段任务规划如图2-14和图2-15所示,阶段1—DSG组建计划见表2-1,阶段2及阶段3的初步规划—DST试航和首次载人火星探测任务见表2-2。按此规划设想,美国将在2030年左右完成载人登陆火星的壮举。

2. 俄罗斯

俄罗斯于2000年提出了"火星轨道站"(Marpost)方案,航天器总重400 t,采用"能源号"运载火箭进行4次发射,在近地轨道进行部件组装,加速入轨后使用以氙气作为推进剂的太阳能离子推进。后来,Marpost方案更新为一个可重复使用载人飞船,总任务时间将为730天。2005年,克鲁尼契夫航天研制中心对载人火星探测进行了可行性研究,提出了"火星2005"(Mars 2005)计划,如图2-16所示。

图 2-13　载人火星表面及福布斯卫星探测任务概念图

（图片来源于 NASA 官网）

图 2-14　NASA 载人深空探测任务第一阶段任务规划

（图片来源于 NASA 官网）

注：①NRHO：Near Rectilinear Halo Orbit，近直线 Halo 轨道；
　　②DRO：Distant Retrograde Orbit，大幅值逆行轨道

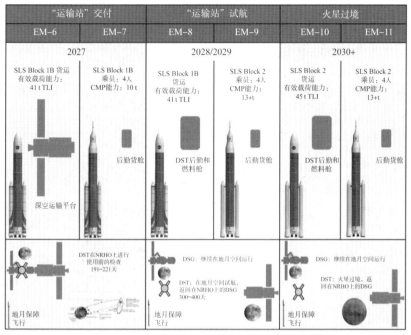

图 2-15 NASA 载人深空探测任务第二、三阶段任务规划

(图片来源于 NASA 官网)

表 2-1 阶段 1—DSG 组建计划

任务名称	发射时间/年	运载火箭	乘员数量/人	主要任务
EM-1	2018—2025	SLS Block 1	0	飞行验证
EM-2		SLS Block 1B	4	发射电推进服务舱
EM-3		SLS Block 1B	4	发射深空居住舱
EM-4		SLS Block 1B	4	发射后勤货舱
EM-5	2026	SLS Block 1B	4	发射气闸舱

表 2-2 阶段 2 及阶段 3 的初步规划—DST 试航和首次载人火星探测任务规划

任务名称	发射时间/年	运载火箭	乘员数量/人	主要任务
EM-6	2027	SLS Block 1	0	发射深空运输平台
EM-7		SLS Block 1B	4	发射后勤货舱
EM-8	2028—2029	SLS Block 1B	0	发射后勤货舱和燃料舱
EM-9		SLS Block 2	4	发射后勤货舱
EM-10	2030+	SLS Block 2	0	发射后勤燃料舱
EM-11		SLS Block 2	4	发射后勤货舱

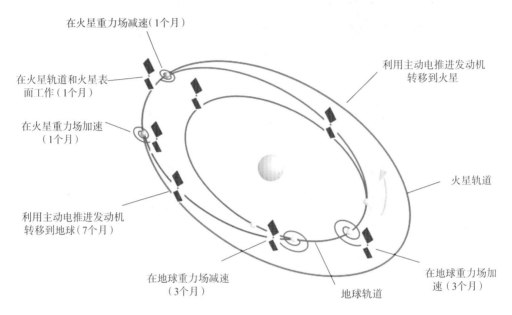

图 2-16 俄罗斯载人火星探测任务设计

(图片来源于《国际太空》)

2009年起,俄罗斯科学院生物医学研究所和欧洲航天局(European Space Agency,ESA)合作开展了两个阶段的"火星-500"地面演示试验,如图 2-17 所示,试验时间分别为 105 天和 520 天。105 天试验于 2009 年 3 月 31 日在俄罗斯科学院生物医学研究所启动。520 天任务在 2010 年 6 月 3 日启动,6 名志愿者(包括中国志愿者王跃)在模拟火星飞船中生活 520 天。俄罗斯生物医学研究所负责组织,主要目的是检验人在深空探测活动中的长期承受

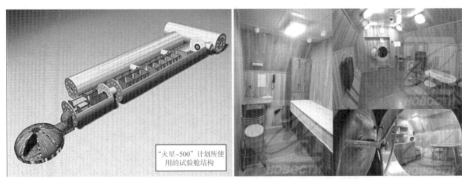

图 2-17 "火星-500"地面模拟试验装置内外景

(图片来源于《国际太空》)

能力，以及航天员之间的相互协调能力，为未来登陆火星收集数据、知识和经验。"火星-500"项目取得了巨大成功，在520天的时间里开展了生理学、心理学和微生物学等五大类试验，为深化航天医学研究提供了大量数据。

2.2.4 其他载人深空探测任务

土卫二和木卫二——欧罗巴上都有大量液态水，可能成为未来地外生命探测以及载人探测的重要目标。2016年SpaceX公司公布了其载人深空探测规划，所提出的载人深空探测飞行器可以适用于多个目的地，包括土卫二、木卫二和土星等，如图2-18所示。

图2-18 SpaceX公司提出的载人深空探测概念

（图片来源于SpaceX公司报告）

土卫二是土星第六大卫星，直径约500 km。1980年11月，"旅行者1号"探测器从距离土卫二20万公里处掠飞观测；1981年8月，"旅行者2号"探测器从距离土卫二8万公里处掠飞，发现土卫二表面存在明显的地质活动；2004年，"卡西尼号"探测器进入土星轨道并对土卫二进行近距离掠飞观测（最小距离50 km）。经过多次探测，认为土卫二存在地质喷发活动，星体表面以下有大量液态水，在喷发羽状物中发现了特殊化学成分；2017年4月，NASA宣布木卫二具备生命所需的所有元素。由于距离太阳遥远，太阳能发电无法提供足够的能源，使用核能又会对其环境造成不可逆转的影响，有研究者借鉴地球上的潮汐能发电，提出了水力发电持续供电方案。

土卫六大气层稠密且二氧化碳含量很高，是目前已知唯一有稠密大气的地外天体，一直是深空探测的重要目标。随着"卡西尼·惠更斯"土星探索任务的成功，更多目光投向了土卫六及其深处的甲烷海洋。2007年有学者提出采用热气球式飞行器探索土卫六表面；2017年，约翰·霍普金斯大学的应用物理实验室提出了"蜻蜓"无人机，用于探索土卫六的大气和表面。图2-19所示为NASA提出的采用垂直起降飞行器的土卫六探索方式。

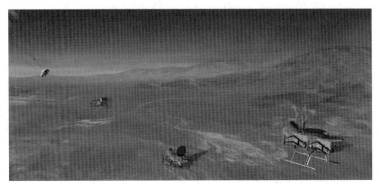

图2-19 采用垂直起降飞行器的土卫六探索方式
（图片来源于NASA报告）

当前木卫二、土卫二、土卫六等是无人深空探测寻找宜居星球的热点目标星球，一旦有重大科学发现，适宜人类生存或者具备宜居条件后，就会成为继火星之后的载人深空探测下一代目的地。

2.3 载人深空探测飞行器发展概况

2.3.1 载人月球探测飞行器系统

1. 美国

1）Apollo工程载人飞行器系统

Apollo载人飞行器系统由登月飞船和登月舱组成，登月飞船由指令舱和服务舱组成，发射阶段指令舱和服务舱连接在一起，登月舱放在服务舱下面的火箭第三级顶部的整流罩里。Apollo工程载人登月飞船和登月舱发射阶段构型如图2-20所示，其主要性能指标见表2-3。

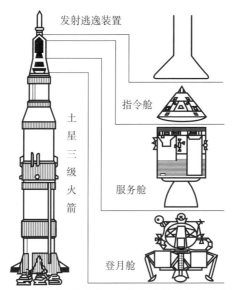

图 2-20 Apollo 载人登月飞船和登月舱发射阶段构型

(图片来源于 NASA 官网)

表 2-3 Apollo 载人登月飞船和登月舱主要性能指标

指令舱	
乘员人数/人	3
航天员活动容积/m³	6.17
长度/m	3.47
直径/m	3.9
质量/t	6（包括航天员）
推进剂	一甲基肼 + N_2O_4
服务舱	
高度/m	7.4
直径/m	4
质量/t	24（干重5.2）
姿控发动机推力/N	16 × 445
主发动机推力/kN	1 × 97.5
主发动机推进剂	混肼 50 + N_2O_4

续表

登月舱	
乘员人数/人	2
月面停留时间/天	3
登月点	赤道附近
上行载荷/kg	309（Apollo-17）
下行载荷/kg	110（Apollo-17）
构型方案	二级
地面起飞质量/t	16.5（Apollo-17）
上升级质量/t	4.8（Apollo-17）
下降级质量/t	11.7（Apollo-17）
最大高度/m	7
最大宽度/m	4
着陆腿最大跨度/m	9.5
压力舱容积/m^3	4.5
气闸舱设置	与上升级压力舱共用
姿控发动机推力/N	16×445（N_2O_4/混肼50）
上升推进系统发动机推力/kN	1×15.6（挤压式，N_2O_4/混肼50）
下降推进系统发动机推力/kN	1×44.5（挤压式，10:1变比，N_2O_4/混肼50）

　　指令舱是航天员在飞行中生活和工作的座舱，也是全飞船的控制中心。其外形为钝头体，总重约6 t（包括航天员），可以支持3名航天员14天的飞行任务，乘员总活动空间达到6.17 m^3。返回时采用跳跃式再入方法，着陆采用群伞系统减速。服务舱总重约24 t，前端与指令舱对接，为航天员提供能源与动力支持，以及发动机所需的推进剂，后端有主发动机。安装了1台97.5 kN主发动机和16台445 N姿控发动机，使用常规推进剂。Apollo载人登月飞船如图2-21所示。

　　登月舱的主要任务是携带2名航天员完成月面着陆起飞和环月轨道交会对接，由上升级和下降级组成，总重16.5 t，可以支持2名航天员月面停留3天，乘员活动空间达4.5 m^3。上升级为登月舱主体，安装有导航、控制、通信、生命保障和电源等设备，使用1台15.6 kN恒定推力常规发动机和16台445 N姿控发动机进行控制。下降级是登月舱的无人部分，负责在登月舱下降过程中提供减速、机动和着陆缓冲支撑等功能，使用1台44.5 kN、10:1大变比的常规挤压式发动机，并具备推力矢量控制（Thrust Vector Control，TVC）

图 2-21 Apollo 载人登月飞船

(图片来源于 NASA 官网)

能力,与上升级共用 1 套姿控系统。整个登月舱由 4 根可收缩的悬臂式着陆腿支撑,通过铝蜂窝材料的变形来实现缓冲吸能,在轨飞行期间着陆腿处于折叠状态,月面下降前在轨展开。Apollo 最后三次任务携带了 1 台电动四轮载人月球车(Lunar Rover Vehicle,LRV),为航天员完成远距离的月面移动考察任务提供便利,极大地拓展了航天员月面考察范围。Apollo 登月舱和月球车如图 2-22 所示。

图 2-22 Apollo 登月舱和月球车

(图片来源于 NASA 官网)

在 6 次成功实施的载人登月任务中,飞行方案基本一致,但在飞行控制细节上进行了持续的技术改进。月面着陆区域集中在月球正面低纬度,Apollo-12 是首次精确定点着陆任务(以"勘探者 3 号"无人月球探测器为目标),着陆误差仅为 0.163 km。Apollo 计划载人月面着陆点分布如图 2-23 所示。

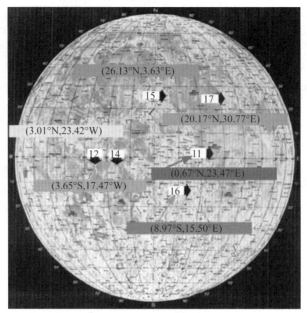

图 2-23 Apollo 计划载人月面着陆点分布

(图片来源于 NASA 官网)

为解决航天员在月面大范围机动,进行月面多点探测的问题,1969 年美国贝尔宇航公司承担了单人月面巡飞器(Lunar Flight Vehicle,LFV)研究任务,拟借用当时 Apollo 飞船以及其他已有飞行器的技术产品,用于携带航天员在 24 km 范围内进行月面巡飞以及应急救生。LFV 设计总重 453 kg,在短时间内完成了任务分析、多方案比较、原理样机研制、地面试验等工作,完成了航天员手动控制下的自由飞行,但最终未能跟随登月舱到达月面执行任务。LFV 的外形及尺寸概念图如图 2-24 所示。

2)空间发射系统

2011 年 9 月 14 日,NASA 正式公布了新型重型运载火箭——"空间发射系统"(SLS)方案,这是美国继土星-5 之后研制的又一枚重型运载火箭,用于向低地球轨道或更远空间发射 Orion 载人飞船、运输重要货物及科学试验设备,由美国波音公司负责研制。除载人月球探测任务外,SLS 还是国际空间站商业乘员运输系统的备份发射运载工具,未来将用于执行近地小行星、拉格朗日点、火星等深空探索任务。

SLS 采取渐进式发展模式,并最大限度地使用通用组件和现有资源进行灵活的模块化设计,规划中分为两大基本构型:SLS Block 1 型(含 SLS Block 1 基本载人型、SLS Block 1B 改进载人型和 SLS Block 1B 货运型)、SLS Block 2 型

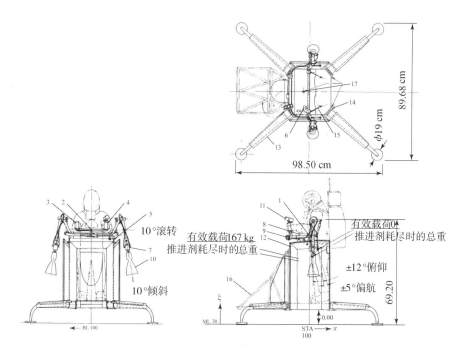

图 2 - 24　LFV 的外形及尺寸概念图

(图片来源于 NASA 官网)

1—俯仰控制杆旋转轴；2—滚动控制杆旋转轴；3—推力控制杆；
4—偏航控制杆；5—推力控制挡位辅助；6—推进剂隔离阀（2）；
7—推进剂关闭阀（2）；8—推进剂关闭阀控制杆；9—推进剂节流阀；
10—推力室（最大推力 665 N，变推力）；11—仪表面板；
12—多层高温隔离；13—着陆羽流防护；14—着陆腿折叠铰链；
15—航天员限位装置；16—有效载荷架；17—LM/LFV 接口装置

（含 SLS Block 2 载人型、SLS Block 2 货运型）。SLS 火箭芯级均采用 RS - 25 氢氧发动机，周围捆绑 2 枚五段式固体火箭助推器，上面级使用 1 台现有的 RL10B - 2 低温发动机，整箭由 NASA 马歇尔航天中心抓总研制。SLS 发展型谱及运载能力如图 2 - 25 所示，SLS 全型谱火箭基本组成如图 2 - 26 所示。

　　SLS 大量继承了 NASA 过去半个多世纪积累的技术和零部件，包括航天飞机外贮箱、主发动机 RS - 25、德尔它 4 火箭二子级发动机 RL10B - 2、Ares - 5 火箭固体助推器等。2014 年 8 月 SLS 通过关键阶段评审后进入正式的详细设计和制造阶段，目前芯级五个部段飞行件已全部制造完毕，下一步将进行结构试验，上面级飞行产品已完成最终测试并运抵肯尼迪航天中心与其他部段集成，力争在 2019 年 12 月实现火箭的首飞。

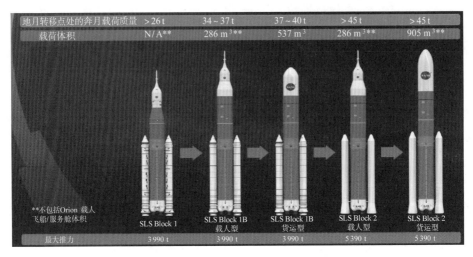

图 2-25　SLS 发展型谱及运载能力

（图片来源于 NASA 的 GLEX 2017 会议文件）

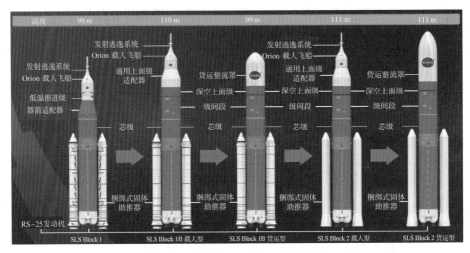

图 2-26　SLS 全型谱火箭基本组成

（图片来源于 NASA 的 GLEX 2017 会议文件）

2017 年 12 月，NASA 在斯坦尼斯航天中心完成了 RS-25 发动机规划 50 次系列试车中的第一次，同步进行了一个 3D 打印部件——POGO 蓄能器的测试，3D 打印技术的引入有望大幅降低火箭发动机和整个任务的成本。目前，第一次飞行任务（EM-2）运载火箭芯级所需的 4 套 RS-25 发动机以及控制器飞行件已通过测试。RS-25 发动机试车如图 2-27 所示。

图 2-27 RS-25 发动机试车

（图片来源于 NASA 官网）

2019 年 2 月，NASA 开始测试航天发射系统 SLS 火箭的主燃料箱，主燃料箱为 4 台 RS-25 发动机提供液氢及液氧推进剂；2019 年 5 月，NASA 开展了 SLS 火箭飞行软件系统的系列测试；2019 年 7 月，NASA 开始测试 SLS 火箭的逃逸塔，使用一枚带有逃逸塔的缩比的 SLS 火箭发射简化版的猎户座飞船，火箭发射升空约 55 s 后火箭逃逸塔点火启动，在到达安全区域后，与猎户座飞船分离，飞船最终溅落海面，试验成功；2019 年 9 月，SLS 火箭核心级的 5 个部组件首次开始组装，包括发动机尾段、液氢贮箱、箱间段、液氧贮箱及前裙。图 2-28 所示为 SLS 火箭芯级燃料贮箱在进行吊装测试。

图 2-28 SLS 火箭芯级燃料贮箱进行吊装测试

（图片来源于 NASA 官网）

2019年12月9日，NASA完成了SLS火箭推进剂贮箱在极限压力环境下的测试。随后，NASA局长Jim Bridenstine宣布首枚SLS火箭芯级组装完工，同时透露了SLS火箭的预估发射成本：批量订购每枚火箭价值8亿美元（约56亿元人民币），如果NASA只购买一枚执行发射任务，则需要16亿美元（约112亿元人民币）。

此外，由于SLS载人重型火箭在研制过程中进度延期、经费超支等原因，NASA需要对SLS能否支持其2020年首飞的时间进行重新评估。SLS火箭被规划用于多达10项的Artemis任务，因此它是NASA能否实现重返月球战略目标的重中之重。

3) Orion载人飞船

2010年"星座计划"中止后，Orion载人飞船升级为"多用途乘员飞行器"（MPCV），主要用于满足美国未来不断变化的空间探索需求，将由SLS运载火箭发射。作为美国新一代载人飞行器系列的核心，Orion载人飞船不仅承担未来的载人深空探测任务，也可以支持国际空间站乘员运输、货物补给等近地轨道任务或自由在轨飞行，还可用作紧急逃生飞船。2018年8月，Orion载人飞船模拟测试版本通过质量测试（确保飞船正样质心与设计值保持一致）。在近20年的研制过程中，已经历了多个发展阶段和多次变化。Orion载人飞船由NASA和ESA共同研制，其系统功能设计图如图2-29所示。

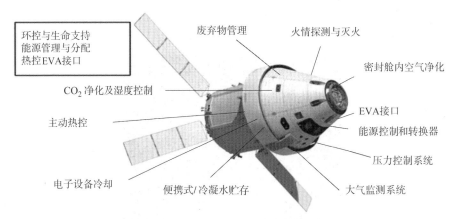

图2-29　Orion载人飞船系统功能设计图
（图片来源于NASA官网）

Orion载人飞船由指令舱（Command Module，CM）、服务舱（Service Module，SM）、发射逃逸系统（Launch Abort System，LAS）和船箭适配器四个部分组成，Orion载人飞船系统组成示意图如图2-30所示。采用与Apollo飞船类似的外形，CM国内也称为乘员舱，外形为锥形，服务舱为圆筒形。飞船总重约 23 t，设计速度增量为 1 738 m/s，相比 Apollo 飞船功能更强大、性能更先进、航天员飞行体验更好，最长独立飞行时间为 21 天，在其他飞行器的支持下可持续飞行 6 个月。

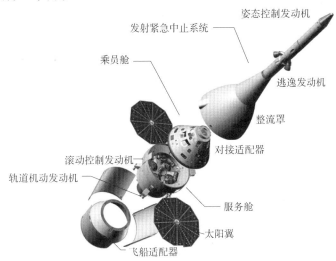

图 2-30　Orion 载人飞船系统组成示意图
(图片来源于 NASA 官网)

乘员舱大底直径为 5.02 m，采用倒锥角为 32.5°的钝头体外形，重约 8.5 t，舱体结构为轻型钛增强型铝锂合金材料构成的整体式壁板，密封舱容积达到 19.56 m³，可供航天员居住的空间达到 8.9 m³，比 Apollo 指令舱大 1 倍，最多可以容纳 6 名航天员。采用 3 顶大降落伞和空气缓冲气囊组合的独特海上溅落回收方式，也可直接降落到美国西部沙漠地区。降落伞系统位于返回舱顶部，由两具弹射拉直的减速伞和三具通过弹射拉直的引导伞与三具引导伞拉直的主伞组成，下侧的气囊膨胀后可吸收着陆冲击。迎风面安装有烧蚀热防护层，在背风面以及承压结构与外层之间则安装有可重复使用的热防护层，底部采用名为 AVCOAT 的防热材料，曾用于 Apollo 飞船和早期航天飞机的部分结构区域。指令舱的姿态控制系统（Reaction Control System，RCS）主系统采用气态氧+液体乙醇二元推进剂，具有无毒以及与生保系统高压氧供应系统共用氧的特点。在俯仰、偏航和滚动方向各布置了两台推力为 445 N 的发动机，4 个圆柱状的氧气贮箱位于乘员舱底部，给推进系统和生保系统供氧。乘员舱内还配置了一套备用 RCS，再入返回时如果主 RCS 推进剂消耗殆尽时将被启动。备用 RCS 系统也可以被用作乘员舱在返回进入大气层时，将小端在前转为防热大底在前时进行控制，其推进剂与主 RCS 相同。Orion 飞船乘员舱如图 2-31 所示。

服务舱用于安装飞船能源系统、电子设备、推进系统、热控辐射器以及船箭适配器，总重约 13.6 t，为整个飞船提供能源和推进支持，由 ESA 在空间站货运飞船"自动转移飞行器"（Automated Transfer Vehicle，ATV）基础上负责研制，2015 年年底通过了关键设计评审。服务舱舱体为非承压半硬壳式结构，采用轻型聚合物复合材料和铝加强型蜂窝结构，舱外安装一对伞形展开式太阳翼。Orion 载人飞船主要部组件设计如图 2-32 所示。

图 2-31　Orion 飞船乘员舱

（图片来源于 NASA 官网）

水
- 4 个水箱可以提供 24 kg 水
- 由意大利 Thales Alenia 公司制造的圆柱形水箱
- 发射前水箱装满气体
- 1 个高压气瓶可以装载 30 kg 氮气
- 3 个氧箱可以装载 90 kg 氧气
- 球柱形气瓶和复合材料缠绕
- 由美国 Vivace 公司制造

3 型发动机
- 1 台 25.7 kN 航天飞机用轨道机动发动机，俯仰和偏航方向摇摆
- 8 台 490 N Aerojet 公司制造的 R-4D-11 辅助发动机
- 6 簇，每簇 4 台 Airbus 公司制造的 RCS 推力器

4 个推进剂贮箱
- 单个贮箱容积 2 000 L
- 直径 1 154 mm，高度 2 542 mm
- 工作压力 25 bar①
- 两个 MON 贮箱
- 两个 MMH 贮箱
- 具备装载 9 t 推进剂能力

其他部组件
- 两个高压氦气气瓶
- 压力控制系统
- 传感器（包括驱动电路）
- 推进剂管路及自锁阀
- 两个 MMH 贮箱
- 过滤器

注：①巴，1 bar = 100 kPa。

图 2-32　Orion 载人飞船主要部组件设计

（图片来源于 NASA 的 GLEX 2017 会议文件）

"猎户座"飞船的发射逃逸系统 LAS 与 Apollo 飞船逃逸系统设计类似，利用安装在返回舱上端的逃逸塔进行待发段和上升段的应急救生，包括逃逸发动机、姿控发动机与分离发动机三种发动机。在待发段或上升段，如果出现异常，LAS 可在几秒钟内产生相当于自身和乘员舱重量 15 倍的推力，以 $10g$ 加速度载着航天员逃离危险。如果在发射时发生严重故障，LAS 将上升至约 1 200 m 高度，打开降落伞并着陆到安全区域。从开始研制到测试完成，LAS 预计总费用为 2.56 亿美元，而 Orion 整船研制费用预计超过 110 亿美元。

目前，Orion 飞船已经完成部组件研制进入全面试验阶段，包括紧急逃逸飞行试验、系列声学环境测试、降落伞空投试验、水面溅落试验、力学振动测试、LAS 发动机点火试验以及地球大气高速再入返回飞行试验（EFT-1）。

2014年12月5日，Orion飞船完成了无人状态首飞任务（EFT-1），以8.88 km/s的高速再入地球大气并成功着陆海上，这是美国继1972年12月Apollo-17飞船之后载人航天器最远的一次飞行，旨在面向载人深空探测验证大型防热结构、电子设备、飞行软件以及降落伞等系统，任务取得圆满成功。2018年9月，NASA完成了降落伞系统的最终空投测试，确定满足载人飞行任务要求。模拟舱由C-17运输机从9.5 km高空投放，四套降落伞接力完成减速和着陆任务，第一套是用于在32倍超声速开始工作的减速伞，随后展开的是两具减速稳定伞，然后在三具引导伞的帮助下，三具主伞打开直至返回舱着陆海面。

目前，已经明确的Orion载人飞船飞行任务有两次：探索任务-1（EM-1）实现无人绕月飞行，任务周期约3个星期；探索任务-2（EM-2）实施首次载人飞行任务，搭载4名航天员进行至少21天的载人月球探测飞行任务，如图2-3和图2-4所示。

4）载人月面着陆器

在美国的重返月球计划中，提出了多种载人月球着陆器方案，包括Altair着陆器、DASH月球着陆器、洛·马公司的可重复使用月球着陆器及以ESA牵头负责研制的Heracles月球着陆器等，下面分别进行介绍。

（1）Altair载人月球着陆器。

"星座计划"中NASA经过多次论证提出了短期载人登月型（45 t级）、月球基地型（45 t级）、月球货运型（53 t级）三型月面着陆器，如图2-33所示。2007年12月，NASA将新型载人月面着陆器正式命名为"牵牛星"（Altair），如图2-34所示，并将其作为重返月球的登月飞行器系统的关键飞行器之一。

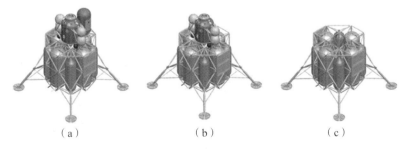

图2-33 "星座计划"中提出的三型月面着陆器
（图片来源于NASA官网）
（a）短期载人登月任务；（b）月球基地任务；（c）月球货运任务

图 2-34 Altair 载人月面着陆器示意图
（图片来源于 NASA 官网）

Altair 载人月面着陆器主结构采用先进的复合材料，在承载人数、月面停留时间、登月舱质量等指标上均有大幅提高，并提出了多种新型大承载着陆缓冲机构方案。波音公司提出的月面着陆缓冲系统由 4 套着陆缓冲机构组成，其新颖之处在于采用了向上收拢的方式，能够进一步减小发射包络，并且具有很好的固定刚度，着陆缓冲机构的跨度也较大。此外还在积极探索基于新型缓冲材料的着陆缓冲机构、主动控制缓冲机构以及可调节着陆后姿态的着陆机构。Altair 拟采用新的低冲击对接系统（Low-Impact Docking System，LIDS），该系统对现有对接系统将有大幅提升，不仅有效减小了对接冲击，而且将成为对接系统新标准。

GNC 分系统主要包括星敏感器、自主光学导航传感器系统（Optical Navigation Sensor System，ONSS）、惯性测量单元、交会对接激光雷达、对接相机、终段下降雷达系统（Terminal Descent Radar System，TDRS）、终段危险探测敏感器系统（Terminal Hazard Detection Sensor System，THDSS）等。ONSS 包含宽、窄视场两个光学相机，窄视场相机主要用于地月转移段、交会对接的交会段和环月飞行段的远距离观测，宽视场相机则用于下降着陆段以及交会对接的对接段的近距离观测。TDRS 用于测量相对月面的高度和速度，已成功得出着陆器着陆时面临的主要危险来自月面上的环形山、陨石坑、斜面和岩石等。20 世纪 60 年代 Apollo 计划的月面探测由航天员完成，与 Apollo 登月舱不同，Altair 月面地形障碍探测由 THDSS 自主完成，测量距离达到 1 km，航天员的观察仅作为备份。交会对接主要敏感器为星敏感器和星载惯性基准单元（Inertial Measurement Unit，IMU），光学导航传感器系统（ONSS）可作为备份敏感器，并通过双向 S 波段测距；同时，激光雷达在 5 km 以内距离时提供方位角和距离信息，在 150 m 以内距离时提供相对姿态信息。

Altair 推进分系统包含两个独立完整的部分。下降级轨控采用液氢液氧低温推进剂,通过主被动结合方法实现低温推进剂零蒸发量的控制目标,主发动机额定推力为 82.9 kN,标称比冲 450 s,具备 10∶1 变推能力(地面热试车已经达到 17.6∶1),可双向摇摆。上升级轨控采用常规推进剂(偏二甲肼和 N_2O_4),恒定推力为 24.5 kN,标称比冲 320 s。下降级和上升级分别配置了一套姿控系统。前者包括 4 簇共 16 个 445 N 的 R-4D 推力器,安装平面过着陆月面时的整器质心;后者包括 4 簇共 20 个推力器,每簇包括两台 890 N 的 R-42 推力器、两台 22 N 的 AmPac 推力器以及 1 台 445 N 的 R-4D 推力器,安装平面过月面上升交会对接终端时刻的上升级质心。

在能源与供电方面,上升级主电源采用锂电池,副电源提供上升级从下降级分离后的功率并作为地月转移加速阶段阴影区的备份电源。下降级采用质子交换膜高能燃料电池(额定功率为 5.5 kW)和蓄电池供电,为着陆器环月轨道飞行和停留月面时供电,并可以在与 Orion 对接后输出 1.5 kW 功率。Apollo 登月舱与 Altair 月面着陆器规模对比如图 2-35 所示,其总体方案对比见表 2-4。

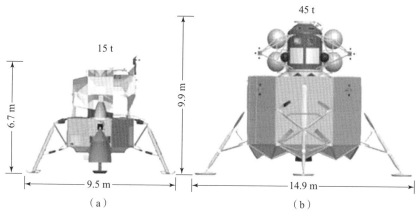

图 2-35 Apollo 登月舱与 Altair 月面着陆器规模对比

(图片来源于 NASA 官网)

(a) Apollo 登月舱;(b) Altair 月面着陆器

表 2-4 Apollo 登月舱与 Altair 月面着陆器总体方案对比

项目	Apollo 登月舱	Altair 月面着陆器
最大乘员数量/人	2	4
月面停留时间/天	3	7(载人登月任务) 最长 210(月球基地任务)
月面到达能力	月球赤道附近低纬度地区	全月面

续表

项目	Apollo 登月舱	Altair 月面着陆器
分级	2	2
总高度/m	7.04	9.75
贮箱宽度/m	4.22	8.8
着陆腿展开直径/m	9.45	13.5
乘员舱加压空间/m³	6.65	17.5（乘员舱＋气闸舱）
上升级质量/t	4.805	6.141
上升级推进剂	1－UDMH/NTO	1－MMH/NTO
上升级主发动机推力/kN	15.6	24.5
下降级质量/t	11.666	37.045
下降级推进剂	1－UDMH/NTO	1－LOX/LH2
下降级主发动机推力/kN	44.67	83.0

（2）DASH 载人月球着陆器。

由于载人月球着陆器的方案受载人登月飞行模式的影响较大，不同的飞行模式下载人月球着陆器的任务功能差异较大。因此 2006 年 NASA 启动"月面着陆器预先计划"，兰利研究中心创新性地提出了基于可分离制动级的下降辅助分离舱（Descent Assisted Split Habitat，DASH）概念，并完成了初步方案设计工作。DASH 是一种多功能载人/货运月面着陆器，采用一个单独可中途抛弃的制动级以及一个最小化的乘员居住舱，由制动模块（Retrograde Module，RM）、着陆模块（Landing Module，LM）和载荷模块（Payload Module，PM）三个模块组成，如图 2－36 所示。RM 采用高性能液氢液氧推进系统，承担近月制动和月面动力下降主减速任务；LM 包含了所有关键系统，完成剩余着陆及月面起飞上升任务；PM 被定义为一个多功能载荷平台，集居住舱、气闸舱功能于一体。执行登月任务时，DASH 从 100 km 高环月轨道下降，动力下降阶段制动级中途分离，由剩余部分继续制动着陆。DASH 方案与 Altair 方案相比，把动力下降段的主减速段功能交由制动模块负责，好处是有效缩小了着陆器的尺寸和规模，便于在月面寻找安全的载人着陆区；缺点是多了一套动力及控制系统，整个月面着陆器的系统组成更复杂。

（3）洛·马公司的可重复使用载人月球着陆器。

除了 Altair 和 DASH 月球着陆器外，2018 年 10 月，洛克希德·马丁公司公布了可重复使用载人月球着陆器方案，作为其"火星大本营"火星登陆构

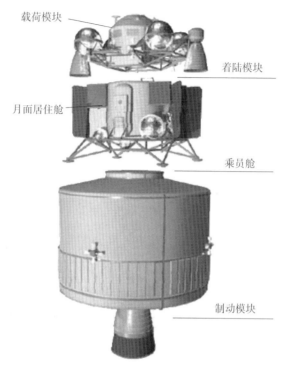

图2-36 DASH载人月球着陆器外形及其模块组成示意图
(图片来源于AIAA报告)

想的一部分，也是火星着陆器设计的"先驱飞行器"。这是一种采用液氧/液氢低温推进剂的单级飞行器，可向月球表面运送4人和1 t的货物，并可在月面上停留长达两周。具体运行方案包括在月球轨道上建立推进剂补给站，月球着陆器运水过去并制造液氧和液氢，水可以从地球补给也可以在月面开采。着陆器先飞到补给站，随后转往DSG供乘员和货物进入，最后前往月面，完成月面任务后返回DSG，基于DSG和着陆器可前往月面上的几乎任何区域。

着陆器净重22 t，推进剂满载时重62 t，总高约14 m。乘员借助一个简易升降平台从着陆器顶部的乘员舱下到月面。乘员舱内部与Orion载人飞船非常接近，很多设备也是沿用的。目前只确认使用液氢/液氧推进系统，主发动机考虑采用洛克达因公司的RL10或蓝源公司的BE-3，要求发动机推力能深度调节。洛·马公司的可重复使用载人月球着陆器的概念示意图如图2-37所示。

（4）ESA主导的Heracles载人月球着陆器。

在NASA主导开展DSG设计后，由ESA主导、多国合作设计提出了一种

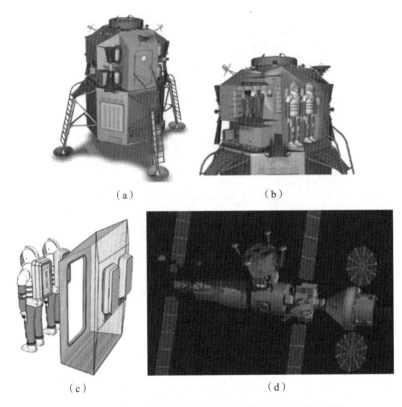

图2-37 洛·马公司可重复使用月球着陆器概念示意图
（图片来源于AIAA报告）
（a）整体概念图；（b）乘员舱；（c）出舱服与乘员舱接口；（d）与DSG对接示意图

月面着陆器——Heracles，如图2-38所示。用于DSG与月面之间的往返运输任务演示验证，其中月面上升级（Lunar Ascent Element，LAE）由ESA负责，月面下降级（Lunar Descent Element，LDE）由日本宇航局（JAXA）负责，月球车由加拿大航天局（Canadian Space Agency，CSA）负责，如图2-39所示。Heracles携带一个月面机器人着陆，用于验证月面探测活动以及携带月球样品返回DSG的能力，实际上是面向可持续发展载人深空探测任务选择了一条人机联合探测的技术途径。

Heracles月面探测任务将采用太阳能帆板—放射性同位素电源系统，具体设计要点如下：①太阳能帆板能够获得最大的能量效率。②放射性同位素电源可以在月球阴影区或者月夜期间以最小代价和质量提供稳定的能源供给。③可充电电池组满足快速移动或者采样期间的高功率需求。④另外配置的放射性同位素电源可为上升级提供月夜期间的能源供给。

第 2 章 载人深空探测发展概况

图 2-38 Heracles 月面着陆器
（图片来源于 2018 年 ESA 的
Horizon 2061 会议报告）

图 2-39 Heracles 月面着陆器研制分工
（图片来源于 2018 年 ESA 的
Horizon 2061 会议报告）

5）深空居住舱

1966 年，马歇尔航天中心主导开展了基于"土星 5 号"S-IVB 级试验性支持模块（S-IVB Stage Experiment Support Module，SSESM）研究，并最终演化为"天空实验室"（Skylab Ⅰ）。"星座计划"中 NASA 提出了基于 SLS 运载火箭贮箱的"天空实验室Ⅱ"（Skylab Ⅱ）方案，如图 2-40 所示。相对基于国际空间站改进或者全新设计的深空居住舱，Skylab Ⅱ 具有更高的创新性、可靠性和效费比。SLS 火箭液氢贮箱正常工作压力为 0.345 MPa，而且结构本身就预留了 1.4 倍安全裕量，如果改造为载人舱段就有 2.5 倍的结构安全裕量；此外，液氢贮箱内部有加强结构，为设置多层底板和设备安装提供了条件。

在长期的载人深空探测任务中，适宜的居住环境对于保持航天员心理和生理的健康非常关键。"星座计划"中启动了深空居住舱（Deep Space Habitat，DSH）项目，旨在明确和完善空间居住舱架构，通过在相关环境中集成和测试不断完善空间居住舱方案和技术，初始方案任务包括 60 天和 500 天构型，如图 2-41 所示。充分利用从近地轨道 ISS 和地面模拟研究中得到的经验与知识，由衍生自 ISS 的硬件和系统、Orion 载人飞船和各种支援飞船组成，居住舱将至少配备一个国际标准对接系统（International Dock Standard System，IDSS）。为评估新技术，NASA 研制了居住舱验证单元（Habitat Demonstration Unit，HDU），分别于 2010—2012 年和 2013 年进行了两个版本 HDU 的地面试验。

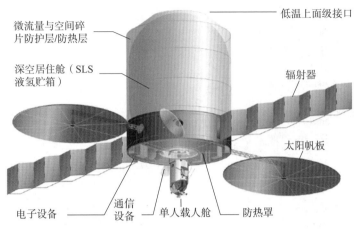

图 2-40 Skylab Ⅱ 居住舱系统方案

(图片来源于《国际太空》)

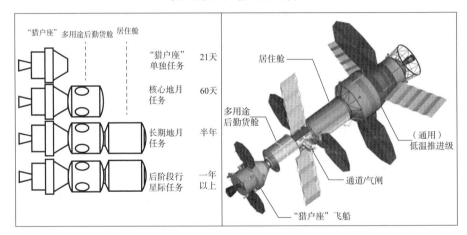

图 2-41 居住系统能力增长路径和马歇尔航天中心提出的 500 天居住系统构型

(图片来源于 NASA 的马歇尔航天中心)

6）月球空间站

从 2000 年开始，NASA 开始研究位于地月系统拉格朗日点（L1、L2）的"门户"（Gateway）空间站，空间站上航天员可对月面机器人实时遥控进行月球基地建设，还可作为空间站储存空间货物，支持载人深空探测任务。Gateway 空间站系统由空间站（模块Ⅰ）、乘员运输飞行器和太阳能发电推进装置（SEP stage）三个部分组成，总质量为 95 t，总长 19.8 m，充气展开后最大直径为 12.8 m，可用容积为 575 m^3，如图 2-42 所示。模块Ⅰ为 30.5 t，SEP stage 模块 17 t，装载化学推进剂 47.5 t。设计寿命为 15 年，支持 4 名乘员驻留几个星期，可从环月低轨自主转移至地月 L1 或 L2 点的飞行。

第 2 章 载人深空探测发展概况

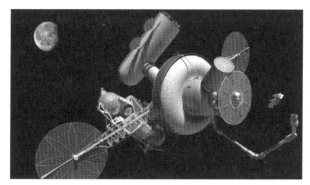

图 2-42 Gateway 空间站

(图片来源于 NASA 官网)

瞄准 ISS 后时代的载人航天持续发展，2012 年美国波音公司与俄罗斯能源公司联合提出了一种拉格朗日点空间站概念，即基于国际空间站的试验平台 (ISS – Experimental Platform，ISS – EP)，旨在拓展国际空间站功能，并尽可能降低月球及后续深空探测任务成本。根据所设计载人登月飞行方案，首先在地月 L2 点建立空间站平台，ISS – EP 携带月球转移飞行器 (Lunar Transfer Vehicle，LTV) 由地月 L2 点转移至 3 200 km 高环月轨道，然后 LTV 与空间站 ISS – EP 分离，并与可重复使用的载人月面着陆器实现交会对接。LTV 的作用是将着陆器由 3 200 km 环月轨道运送至 100 km 环月轨道。图 2 – 43 所示为基于 ISS – EP 空间站的载人登月飞行过程。

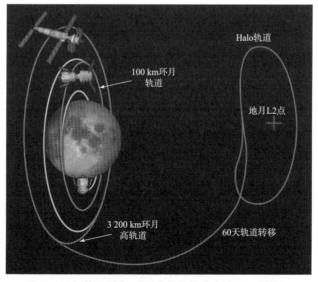

图 2-43 基于 ISS – EP 空间站的载人登月飞行过程

(图片来源于波音公司)

2017年4月，考虑2024年ISS退役后的载人航天发展，NASA经过多方权衡正式提出DSG月球轨道空间站计划，即在月球附近轨道布置一个载人空间站，作为探索月球甚至更远深空目的地（如火星）的中转站，也可作为解决长周期载人深空探测任务中多项技术难题的试验验证平台。

根据NASA公布的方案，DSG计划布置于月球附近的近直线Halo轨道（NRHO）上，由电源和推进系统、居住舱、对接机构、气闸舱和后勤货舱段组成，重约40 t，可支持4名航天员驻留，用大功率电推进进行位置保持和环月轨道上的机动，设计寿命15年。DSG各个部段将在系列探索任务（EM-2~EM-8）中作为与Orion载人飞船同批次有效载荷由SLS发射，计划在2023年开始逐步发射部署。

2017年7月，NASA正式发布DSG核心部件——动力与推进部件（Power and Propulsion Element，PPE）信息征询书，8月在"下一代空间技术探索合作"第二阶段项目中发布了PPE研究指南，11月向5家公司授予了为期4个月的研究合同。2017年9月，NASA与俄罗斯航天集团在第68届国际宇航联大会（68th IAC）上签署协议，俄罗斯正式加入DSG计划。同时，当前参与ISS的加拿大、ESA、日本等国家（机构）也将陆续加入该计划。按照目前分工，美国负责研制电源和推进舱（ESA负责部分组件），ESA和日本负责研制居住舱，俄罗斯负责研制气闸舱，加拿大负责研制机械臂，补给舱有多种过渡方案，目前方案尚未确定。图2-44所示为DSG月球轨道站多国合作分工示意图。

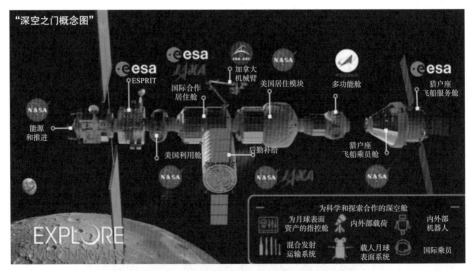

图2-44　DSG月球轨道站多国合作分工示意图

（图片来源于NASA官网）

2. 苏联/俄罗斯

1）N1-L3 计划载人飞行器系统

N1 火箭主要任务是将 L3 飞船组合体送入环月轨道并使用第五级火箭承担月面下降段的主减速功能。由于苏联在液体发动机及运载火箭研制领域多年保持技术优势，设计师系统采用了光杆五级构型方案，使用液氧/煤油推进剂，质量为 3 080 t，起飞推力达 4 620 t，近地轨道运载能力约为 100 t。N1-L3 发射阶段系统构型如图 2-45 所示。

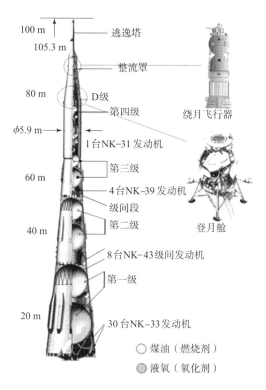

图 2-45 N1-L3 发射阶段系统构型
（图片来源于网络）

N1-L3 计划中的 L3 飞船组合体包括载人飞船（LOK）（含 Block I 推进系统）和登月舱（LK）（含 Block E 推进系统）两部分。LOK 基于早期联盟 A 型飞船改进而来，由生活舱（BO）、再入舱（SA）和仪器-发动机舱（PAO）三部分构成。生活舱（BO）由对接机构（SU）、生活舱发动机系统（DOK）和生活室（BO）三个部分组成。再入舱（SA）在联盟 A 型飞船返回舱的基础上改进完成，如为了适应第二宇宙速度高速再入要求，加大了防热大底的厚度。载人飞船及环月飞行示意图如图 2-46 所示，载人飞船主要参数见表 2-5。

N1-L3 计划中只有 1 名航天员着陆月面，登月舱属于单人飞行器。登月舱规模较小，减轻了整个载人登月运输系统的负担，但 1 名航天员执行月面活动时无法获得其他支持，对航天员自身能力提出了很高要求，执行月面任务的时间也必须控制在最小范围。登月舱采用单舱构型，重约 5.56 t，高 5.2 m，最大直径 4.5 m，可承载 1 名航天员，设计月面工作时间为 3 天。登月舱外形如图 2-47 所示，登月舱主要参数见表 2-6。

图 2-46　载人飞船及环月飞行示意图

（图片来源于网络）

表 2-5　载人飞船主要参数

项目	参数
构成	生活舱 + 再入舱 + 仪器－发动机舱
乘员/人	2
最长飞行时间/天	13
质量/t	9.85
总长/m	10.06
直径/m	2.93
主发动机推进剂	$UDMH + N_2O_4$

图 2-47　登月舱外形

（图片来源于网络）

表 2-6 登月舱主要参数

项目	参数
构型	单舱
组成	月面着陆装置 + Block E 火箭模块 + 乘员舱
乘员/人	1
月面工作时间/天	3
质量/t	5.56

2）超重型运载火箭

俄罗斯联盟-5 运载火箭进展顺利,其一子级 RD-171MV 发动机已完成设计工作,预计 2021 年首飞,将代替安加拉-A5V 火箭用于发射未来的"联邦号"载人飞船。2017 年 5 月,普京总统要求加快超重型运载火箭的研制,目前俄罗斯航天国家集团已经起草了计划书的拟订,低地球轨道运载能力将达到 160 t,能够向月球轨道运送 27 吨的物资,并计划于 2028 年从俄罗斯的东方航天发射场发射首飞,目标是月球、火星等深空探索。该超重型运载火箭计划从 2020 年开始进入研制阶段。

3）载人飞船

俄罗斯提出的新一代载人飞船(PTK NP)可用于近地轨道和月球载人飞行任务,其原型样机已于 2013 年莫斯科航展公开展出,如图 2-48 所示。2016 年新一代载人飞船正式命名为"联邦号",发射质量 20 t,在月球探测以及近地轨道飞行任务中可以多次重复使用,计划使用联盟-5 火箭发射,最多可携带 4 名航天员执行 30 天自主飞行任务,或者在空间站上停靠一年。2017年 3 月,俄罗斯联邦航天局载人航天领域总设计师叶甫盖尼·米克林表示,

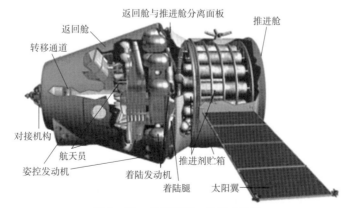

图 2-48 俄罗斯新一代载人飞船

(图片来源于 russianspaceweb.com)

"联邦号"飞船将于2021年进行首次自主无人飞行试验,将搭载"费奥尔多"机器人;首次载人飞行任务计划于2023年执行。

"联邦号"飞船乘员舱被分为指令隔舱(KO)和聚合隔舱(AO),指令隔舱又分为一个加压座舱和不加压的上部转移段(VP)。为降低质量,不加压的上部转移段、聚合隔舱、隔热罩和推进舱(DO)的主承力结构可能采用碳基复合材料。乘员舱采用可重复使用防热瓦,顶部采用可移动空气动力学襟翼,一旦乘员舱到达可辨识大气的区域就可以用来控制乘员舱。内部空间很大,配备卫生间并可储备大量食物和水,为航天员执行长时间载人登月任务创造了良好条件。乘员舱使用中性气态氢+乙醇的推进系统,用于大气层外机动控制。着陆采用"发动机+降落伞+可折叠着陆腿"组合系统,其发动机具有精确推力控制能力,能够更好地控制着陆速度和着陆点位置。聚合隔舱还设置可折叠着陆腿,用于缓冲乘员舱的触地冲击,并可重复使用。

从俄罗斯近年来的火箭及飞船研制情况总体来看,由于受俄罗斯政府经费投入有限的影响,其再次开展载人月球探测的准备并不充分,单独依靠俄罗斯的能力进行载人月球探测的可能性并不大。

2.3.2 载人月球基地

世界各国对载人月球基地任务进行了大量论证研究,可归纳为月球自身科学研究、月球资源开采利用、科学试验平台、月基空间观测站和深空探测中转站五大类型,最终目的是拓展人类的生存空间,探索浩瀚的宇宙。载人月球基地从建造过程上看可以分为刚性、柔性展开式和建造式等类型。

1. 美国月球基地

图2-49所示为美国近年来提出的多种载人月球基地概念示意图,包括刚性月球基地中的固定式和转移式两种方案。2000年,美国John Mankins提出了可居住的机器人概念"Habot",包括居住环境和工作环境两大类模块组,模块采用腿式移动,压力舱为六边形,可以组成一个临时性的月球基地,直径3~5 m。2005年,NASA月球前哨站公布了初步方案,其居住舱采用固定式刚性舱,通过非增压月球车和表面移动运输车扩大探测范围。2007年,NASA对月球基地的建设构想进行了较大改进,从分批次发射建造改进为单次发射一个大型登月舱到达月球。美国的Frassanito等人提出的Wagon Train月球基地由一系列月球车组成,当压力舱模块组装在一起时,车内保持稳定的大气压力,航天员可以在各舱段内自由活动;还可以利用非压力舱的月球车进行局部范围内的探测活动。2006年,美国的Andrew T. Bingham等人提出一种模块化刚性舱月

球基地方案,由六个舱段组成,包括中心舱段、航天员生活区、制造舱段、气闸舱、能源舱和精炼舱。

图 2-49 美国提出的多种载人月球基地概念示意图

(图片来源于《载人月球基地工程》,果琳丽等编著)

(a) NASA 月球前哨站;(b) Habot 移动基地;

(c) Wagon Train 移动基地;(d) 固定模块化基地

图 2-50 所示为美国近年来提出的可充气展开式载人月球基地的概念示意图,包括了建筑式及柔性展开式月球基地的概念设想。圆球形充气式月球基地的居住舱是一个直径 16 m 的大圆球,可供 12 名航天员在里面生活和工作。整个居住舱是一个可充气结构,外面用 1 m 厚的月球土壤覆盖住,作为防辐射屏蔽层。约翰逊航天中心 LSS Habitation Lead 小组设计了一种扁圆形充气式月球基地方案。两个扁圆形的充气式月球基地的单元内直径为 8.5 m,高 3.6 m,体积大约为 174 m^3,可同时供 4 名航天员使用;如果额外增加一个 78 m^3 的充气式载荷后勤保障舱(Payload Logistics Module,PLM),整个月球基地可供 4 名航天员执行 180 天的月球探测任务。美国 ILC Dover 公司研制了一种新型的充气式月球基地,由两个立式圆柱形充气舱构成。较大的充气舱直径为 3.65 m,通过 4 条腿站立;较小的充气舱是气密过渡舱,通过刚性高压舱门与直径为 3.65 m 的充气舱相连,气密过渡舱也通过 4 条腿站立。ILC Dover 公司设计了

卧式半圆柱形充气月球基地，这个完全绝缘和隔热的充气式月球基地可作为健康监控、自愈材料和放射物保护材料等新技术试验平台。

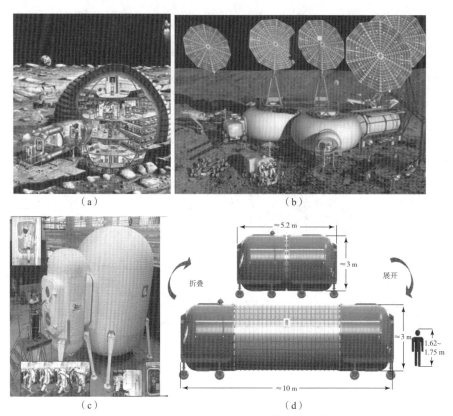

图 2-50 美国近年来提出的可充气展开式载人月球基地概念示意图
（图片来源于《载人月球基地工程》，果琳丽等编著）
(a) 圆球形充气式月球基地；(b) 扁圆形充气式月球基地；
(c) 立式圆柱形充气式月球基地；(d) 卧式完全圆柱形充气式月球基地

此外，美国月球建筑团队（Lunar Architecture Team，LAT）设计了一种卧式圆柱形充气月球基地模型，模型高约 3 m，折叠状态时长约 5.2 m，展开后长约 10 m，折展比接近 2:1，适合 1.62~1.75 m 身高的航天员使用。

在充气展开式载人舱的方案设计基础上，2016 年 4 月美国毕格罗公司研制的充气式太空舱——可扩展式活动模块（Bigelow Expandable Activity Module，BEAM）由 SpaceX 的货运龙飞船发射至国际空间站上，这个充气式太空舱重 1.4 t，原始大小为直径 2.36 m、长 2.4 m，充气后会膨胀至直径 3.2 m、长 3.7 m、内部空间 16 m^3，它将与 ISS 的"宁静号"节点舱对接两年，如图 2-51 所示。在此期间毕格罗公司将测试充气式太空舱的防辐射性能、温度控制能力以及其舱体抗陨石或太空垃圾撞击的性能等。航天员将每年进出太空充气舱三四次以收集数据，但不会在其中生活或居住。

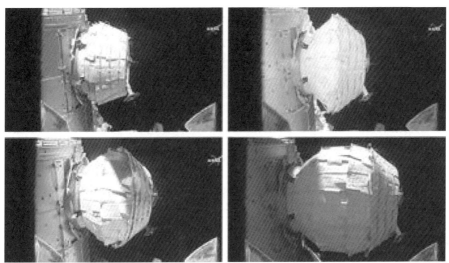

图 2-51　毕格罗公司建造的可充气式太空舱与国际空间站对接示意图
（图片来源于《国际太空》杂志）

毕格罗公司的创始人罗伯特·毕格罗对于将充气式结构用于月球任务充满了信心，他认为毕格罗可扩展式活动模块（BEAM）采用多层碳纤维材料以及专门的微陨石与轨道碎片防护层，完全可以达到由金属圆筒组成的 ISS 舱段的结构强度。在此基础上，NASA 与毕格罗宇航公司签订了 B330 充气模块研制合同。B330 充气后内部空间将达到 330 m^3，与一辆大巴车规模相当，将安装有太阳能电池和热辐射片、半私人床位、一个零重力环境厕所、4 个窗户和 2 套控制推进系统，足够 6 个人在里面居住生活。B330 模块预计 2020 年发射升空，后续用于建造月球基地或者太空酒店，这是向充气式月球基地迈出的关键一步。

2. 俄罗斯月球基地

2008 年，俄罗斯维塔利·谢苗诺夫公布所提出的可移动式刚性舱结构月球基地是一种基于空间站核心舱和节点舱，同时结合了月球车移动和月面着陆器垂直着陆起飞的创新性方案。图 2-52 所示为俄罗斯提出的可移动式刚性舱月球基地设想图，在此基础上俄罗斯并未有实质性进展。

3. ESA 月球村

建造式结构月球基地既可以建造在月面以上，也可建造在月面下，或是半月面下，甚至是建设在熔岩管（指早期月球火山喷发时，熔岩流出形成的管

图 2-52　俄罗斯提出的可移动式刚性舱月球基地设想图
(图片来源于《载人月球基地工程》,果琳丽等编著)

道)里。建造式结构扩展性更强,可以根据需要建造成形式多样的月球基地。由于月球表面环境恶劣,需要进行多重防护,单是银河宇宙射线就要求岩石屏蔽防护的厚度不能小于 2 m(可能10 m或更多)。月壤具有非常好的绝热性能,月表地下 1 m 往下的温度变化较为平缓,月球基地更容易维持一个合适的热环境,因此永久性载人月球基地特别适合建造于月面下。

ESA 提出了一种构建在月面下的月球基地方案,选址于南极的一个月球坑内,主体结构建在月面下,通过挖掘和烧蚀月壤进行构建。月面上密封舱内种植有多种绿色植物,其密封结构采用透明材料,这样便于利用太阳光照射到植物。近年来也有科学家提出在月球上利用岩管建设月球基地的概念,但这项技术首先得确立在月球上是否有岩管的基础上。2013 年,ESA 提出了一种半地下式月球基地概念设想图,建造结构采用月球混凝土。著名建筑公司 Foster + Partners 演示了利用月球土壤实施 3D 打印的可行性,目前已利用模拟的月球土壤建造了 1.5 t 建材模块,如图 2-53 所示。

图 2-53　ESA 提出的半地下建筑式月球基地概念以及混凝土 3D 打印模块
(图片来源于 ESA 官网)

2017 年 ESA 公布了"月球村"的发展设想,通过原位利用月球上的冰、金属及矿物,采用 3D 打印技术来建设"月球村",月球车先着陆月面并搭建充气展开结构,其后再让更多月球车登陆月球并协同开展基地建设。计划 2030 年形成 6~10 个月面定居点,到达月球的科学家和工程师将为后续月面居住打下基础，到 2040 年左右形成 100 人的居住规模。ESA 局长简·维尔纳甚至认为一个永久性的月球基地可以取代预计 2024 年退役的 ISS，成为下一个阶段人类地外生存的基地，并强调了国际合作的重要性。关于月球基地选址，ESA 倾向于在月球两极或永久光照区建设"月球村"。ESA"月球村"初步方案如图 2-54 所示。ESA 提出的基于"月球村"的载人月面探测任务规划如图 2-55 所示。

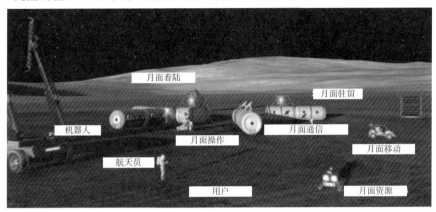

图 2-54 ESA"月球村"初步方案
（图片来源于 ESA 官网）

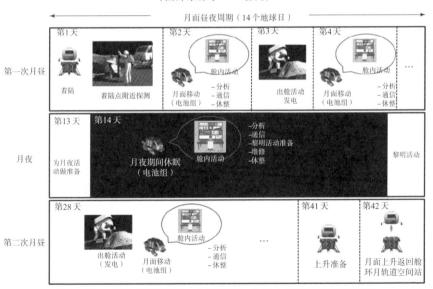

图 2-55 ESA 提出的基于"月球村"的载人月面探测任务规划
（图片来源于 ESA 官网）

2.3.3 载人小行星探测飞行器系统

开展载人小行星探测任务同样需要重型运载火箭、载人飞船及小行星表面附着器等飞行器,这里重点介绍一种独特的载人小行星探测任务的多任务空间探索飞行器(Multi-Mission Space Exploration Vehicle,MMSEV),以及用于抓捕小行星的飞行器ARV。2007年,NASA公布了MMSEV的概念,用于探索近地小行星,分为表面探索型和空间探索型,其加压舱既可用于空间任务又可用于行星表面探索活动。后续公布了若干更新版本,融合众多先进技术,包括燃料电池、再生制动器、轮子、轻型结构和材料、主动悬浮、电子设备和软件、舱外活动航天服端口、热控系统、自动交会对接、高能量密度电池和气氢气氧反作用控制系统。

MMSEV表面探索型底盘上安装加压舱,大小相当于有12个轮的轻型卡车,可载两名乘员执行最长14天的任务,设有睡眠和卫生设施;也可以将加压舱拆下来,底盘用于装载有效载荷或由着航天服的航天员驾驶,其设计特点如图2-56所示。表面探索型MMSEV要求在10年运行寿命中,不需要太多的维护维修工作,能够行驶数千千米,能够越过岩石,攀爬40°的斜坡。该型MMSEV已在2008年进行了地面荒漠的跑车试验。

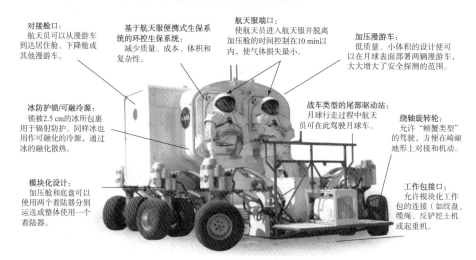

图2-56 MMSEV表面探索型设计特点

(图片来源于NASA官网)

MMSEV空间探索型是在飞行平台上安装加压舱,可载两名乘员执行最多14天的任务,可以装机械臂抓取观测目标,经航天服端口航天员可以更方便地执行出舱活动,提高工作效率。MMSEV空间探索型设计特点如图2-57所示。

MMSEV具有以下设计特点:

(1)探索范围。如果两辆或更多辆MMSEV一同在行星表面行驶,行驶距离将增加到200 km,大大增加了科学探测能力。紧急状况下,即使在最恶劣

第 2 章 载人深空探测发展概况

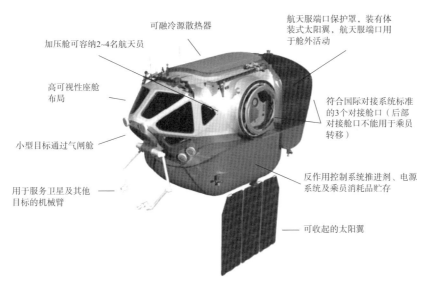

图 2-57 MMSEV 空间探索型设计特点

（图片来源于 NASA 官网）

的地形中央，也可以在 1 h 内得到紧急支援。

（2）航天员防护。MMSEV 的防护层非常强，快速获取的、加压的、防辐射的安全掩体可以为航天员防护最多 72 h 的太阳粒子事件、航天服故障和身体不适等紧急情况。

（3）快速进出。MMSEV 系统的航天服端口可以使航天员非常快速地进行舱外活动，通过"航天服端口"穿脱航天服非常方便，省去了取出航天服、清除航天服内灰尘和其他污染物等程序，并能减少航天服的磨损。航天服端口可以最大化地减少舱内空气的损失，有利于扩展任务周期。

（4）舱内活动能力。加压舱与航天服端口结合，给予航天员前所未有的灵活性，能够在便装和航天服之间方便切换。即使航天员想要走出加压舱近距离观察外面的某个目标，他可以舒服地坐在舱内观察工作站或地质情况，不需要穿着航天服，便于使用计算机、操作机器人、地图，乘员之间也可以方便地交谈。加压舱也可用作流动的科学实验室来研究样品。

（5）对接口。对接口允许乘员从漫游车到达居住舱、下降舱或其他漫游车。

另一种载人小行星捕获飞行器 ARV，是由从上到下分别为头部收缩存储的捕获装置（小行星捕捉袋）、任务模块、中段折叠状态太阳能帆板、太阳能电推进模块（Solar Electric Propulsion，SEP）以及底部的 5 台带有双向侧摆装置的 2 轴 10 kW 霍尔推力器（总共可提供 30 km/s 的速度增量）和交会对接机构组成，如图 2-58 所示。ARV 与运载火箭分离后进入在轨飞行模式，将展开太阳能帆板向电推进系统提供能量。当 ARV 接近目标小行星后，将把收紧存储的捕获袋展开成近似圆柱形进行捕获。ARV 推动小行星到达预定的月球轨道后，载人飞船与其交会对接。

在美国 NASA 停止了载人小行星抓捕任务之后，这两种飞行器也就未见有进一步的实质性进展。

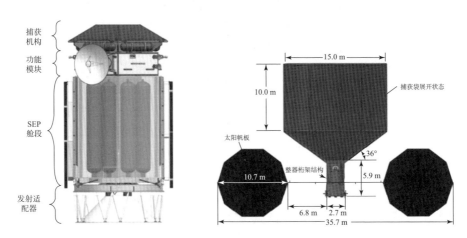

图 2-58　载人小行星 ARV 飞行器系统组成（捕获袋收拢和展开状态）

（图片来源于 AIAA 报告）

2.3.4　载人火星探测飞行器系统

载人火星探测飞行器系统中，除了载人飞船及火星着陆器外，NASA 当前重点开展研究的是 DST 飞行器。2017 年 NASA 载人火星探测规划中提出的深空运输器（DST）是一种可重复利用航天器，采用电力和化学双模推进，用于开展包括火星在内的深空探索目的地载人探索任务。航天员将搭乘 DST 往返于目的地与 DSG 之间，DST 经过维护后还可再次出发。

DST 重约 41 t，具备环境控制和生命保障系统，可通过补给和少量维护重复开展 3 次火星级别任务，支持 4 名航天员开展 1 000 天级别的深空任务，并可在 DSG 进行燃料补给和少量维护维修。

此外，私营航天方面，2016 年 9 月，SpaceX 公司 CEO（首席执行官）伊隆·马斯克公布了瞄准载人登陆火星任务的星际运输系统（International Transportation System，ITS）。ITS 系统的最大亮点是所有系统都能完成复用。ITS 系统包括运载火箭、载人飞船、货运飞船、轨道加油站及推进剂生产火星基地，其中：

（1）运载火箭：直径为 12 m，高 77.5 m，42 个猛禽发动机，最大运载能力为550 t。

（2）载人飞船：直径为12 m，高49.5 m，9个猛禽发动机，最大运载能力为450 t。

（3）货运飞船：直径为12 m，高49.5 m，9个猛禽发动机，最大运载能力为450 t。

（4）轨道加油站：BFR贮箱，可存储150 t推进剂。

（5）推进剂生产火星基地：可以就地取材合成甲烷、液氧等推进剂。

基于ITS系统的载人登陆火星飞行模式如图2-59所示。ITS开发总预算超过100亿美元。

经过一年多的研发，2017年9月，SpaceX宣布提出更先进更经济的ITS，即研发大猎鹰火箭（Big Falcon Rocket，BFR）取代当前的"猎鹰"火箭和"龙"飞船，将二者合一、箭船整体化。

BFR属于总称，包括大猎鹰飞船（BFS）和大猎鹰火箭（BFR），分别对应ITS系统的载人飞船和运载火箭。BFR系统总高度从ITS的122 m缩减到118 m，直径从12 m缩小到9 m。无论是近地轨道还是月球、火星轨道，BFR最大运载能力都可达100 t以上，并具备50 t返回地球的能力。其中：

（1）大猎鹰火箭BFR：高63 m，直径为9 m，配置了31个猛禽发动机。

（2）大猎鹰火箭BFS：高55 m，直径为9 m，配置了7个猛禽发动机。

图2-60所示为SpaceX公司的BFR飞船概念设计图。BFR系统具有载人/货运飞船、卫星发射飞船和燃料加注飞船三种工作模式。在执行不同工作模式的任务时，BFR的外形和总体结构不会发生变化，只会对飞船内的一些模块进行调整。

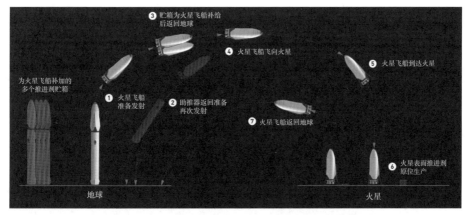

图2-59 SpaceX提出的载人登陆火星飞行模式
（图片来源于SpaceX公司官网）

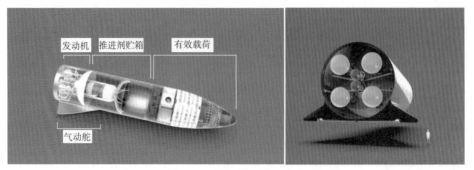

图 2-60　SpaceX 公司的 BFR 飞船概念设计图

（图片来源于 SpaceX 公司官网）

上述这个概念很快又被 SpaceX 公司更新的设计理念所取代，这就是超重鹰（Super Heavy）及星舰（Starship）方案，分别对应原来的大猎鹰火箭（BFR）和大猎鹰飞船（BFS）。这个改变彻底颠覆了对运载火箭、宇宙飞船的刻板印象，如图 2-61 所示。

在这个方案中：

（1）超重鹰火箭（Falcon Super Heavy）：简称 Super Heavy（SH），高 63 m，直径为 9 m，配备 31 个猛禽发动机，基本配置与 BFR 一样，不同的是箭体材质，由碳纤维复合材料全部改为不锈钢合金。

（2）星舰（Starship）：高 55 m，直径为 9 m，配备 7 个猛禽发动机，跟 BFS 大猎鹰飞船一样，关键在于改进处：前后各增加一组机翼。一对前机翼和三个尾翼。尾翼既是飞行机翼，同时用作着陆架。星舰飞船腹部大面积增加了隔热层，能够适应重返地球、月球及火星等多种着陆飞行。

星舰船体与 SH 一样，全部采用不锈钢合金，而不是碳纤维复合材料，星舰可以用作载人飞船，也可用作货运飞船。内部加压空间超过 1 000 m³，比 ISS 加压容积还要大。

图 2-61　SpaceX 公司提出的 Starship 和 Super Heavy 概念图

（图片来源于 SpaceX 公司官网）

为了验证 Starship 的性能，SpaceX 公司又研发了 Starship 的原型飞船，称为"跳虫"（Hopper）。Hopper 高 39 m，直径为 9 m，装备 3 台猛禽发动机，与全尺寸 Starship 相比，显然小很多，也简化得多，如图 2-62 所示。研发 Hopper 验证船仅用 34 个月时间，之所以如此快速建造 Hopper，就是为打造全尺寸星舰（Starship）铺路。2019 年 4 月 3 日，星舰验证机 Starhopper 完成首次点火，起动猛禽发动机，完成了系绳跳跃。后续按照 SpaceX 公司的计划，2020 年进行全尺寸星舰首飞。这是私营航天公司进行载人火星探测任务的重要实践。

图 2-62　猛禽发动机正被装入 Starhopper

2.3.5　载人火星基地

载人火星基地由于任务遥远，真正进行工程实施的并不多，目前大多停留在概念设计阶段。

2012 年，格拉斯哥大学和国家空间大学联合提出了充气展开式载人火星基地 10 方案（Mars Base 10，MB10），"10"表示为 10 名火星航天员提供永久适宜的居所，支持火星生命探测以及气候观测，如图 2-63 所示。MB10 模块由 MTO/30 t 运载火箭发射入轨，地火转移过程中一般为无人状态，自主执行火星进入下降与着陆（Entry Descent and Landing，EDL）。舱体采用可充气展开结构，在着陆火星表面后与太阳能帆板一起展开到位，形成直径为 26 m、高 9.6 m 的舱体结构，结构设计能够适应火星表面 3.711 m/s^2 的重力环境。充气舱顶部有 5°斜面，以降低火星沙尘暴的损害。

此外，私营航天方面，2017 年 9 月，SpaceX 公司公布了其最新的火星基地设计方案，核心为其一体化设计的"火箭+飞船"组合体，如图 2-64 所示。如果一切顺利，第一批任务将建设一座永久性而且可持续城市的"种子"。当然 SpaceX 公司的火星基地方案最终依赖于 Starship 以及 SH 火箭的建造情况。这里需要特别指出的是,无论是 NASA 的载人火星探测任务方案,还是私营公司 SpaceX 公司的方案,都依赖于火星原位资源利用技术,这是确保人类能在火星上生存的关键技术。

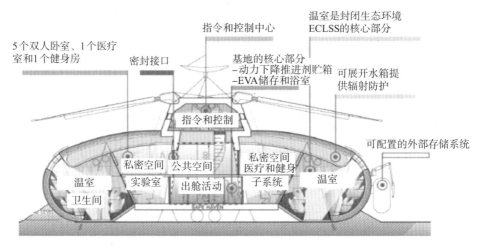

图 2-63 充气展开式载人火星基地 MB10 概念

(图片来源于 42nd International Conference on Environmental Systems)

图 2-64 SpaceX 公司提出的火星基地方案

(图片来源于 SpaceX 公司)

2.4 载人深空探测关键技术发展概况

2018 年,在 ISECG 公布的新版《全球探索路线图》中,按照当前状态(ISS 验证及已有飞行经历)、近期需求(月球附近及表面)及未来需求(火星附近及表面),提出在推进、着陆和返回,自主系统,生命保障,乘员健康及效能,结构及支持系统,以及出舱活动/移动/机器人任务领域共计 31 项技术,如表 2-7 所示。

表 2-7 GER 2018 中提出的优先发展的载人深空探测关键技术

	关键技术	当前状态 (ISS 验证及已有飞行经历)	近期需求 (月球附近及表面)	未来需求 (火星附近及表面)
推进、着陆和返回	空间低温推进剂制造及存储	进行低温推进剂在轨存储试验	微重力条件下低温推进剂零蒸发量控制,低能耗条件下液氢/液氧存储时间>1 年	
	液氧/甲烷低温推进系统	—	月面着陆变推力发动机	火星着陆变推力发动机
	火星进入下降及着陆	美国火星实验室(MSL)着陆质量约 900 kg	对深空环境中的先进技术进行验证	对于无人任务着陆质量>1 t,对于载人任务着陆质量>40 t
	精确着陆及避障	对于月球和火星任务,尚处于技术研究阶段	在任何光照条件下要求 100 m 着陆精度且具备 10 cm 量级障碍识别能力	
	热流隔离及防护	Orion 飞船热防护系统通过了飞行验证(EFT-1)	1 个大气压条件下热流密度约 1 000 W/cm²	0.8 个大气压条件下热流密度约 2 500 W/cm²
	电推进及能源供给	2.5 kW 推力器已通过飞行验证("黎明号"小行星探测器)	单个推力器功率约 10 kW、比冲 2 000 s(部分任务模式下)	单推力器功率为 30~50 kW(部分任务模式下)
	中大型太阳帆板阵列	单个太阳帆板功率已达 7.5 kW	高强度高刚度可展开太阳帆板,功率为 10~100 kW 量级(部分任务模式下)	自主可展开式,功率为 300 kW 量级(部分任务模式下)

续表

关键技术		当前状态 (ISS 验证及已有飞行经历)	近期需求 (月球附近及表面)	未来需求 (火星附近及表面)
自主系统	飞行器系统自主管理	ISS 具备一定的站上自主管理功能，通信时延 <5 s	要求具备系统自主管理能力（通信时延 <5 s）	要求具备系统自主管理能力（通信时延 >40 min）
	自主接近对接与相对导航	ISS 具备自主交会对接能力	全光照条件下高可靠交会对接	
	近地轨道以外乘员自主化	ISS 上具备一定的自主能力	90% 正常工况下可自主开展，需为乘员具备紧急情况下决策的工具	
生命保障	生命支持系统可靠性增强	ISS：平均故障间隔时间（Mean Time Between Failure，MTBF）$<1\times10^{-6}$，在地面控制中心的监视/支持下	更加健壮和可靠的组件（不依赖于地球补给），系统自主性能增长，故障诊断能力，飞行过程中故障修复能力	
	闭环生命支持系统	ISS：42% 的 O_2 基于 CO_2 再生，90% 的 H_2O 再生	深空任务中先进技术的验证	O_2/CO_2 闭环；H_2O 再生，固体废物处理降解存储
	乘员生活环境监视	ISS：采样返回地球	航天器上空气、水和污染分析	
乘员健康及效能	长期宇宙飞行医疗保证	ISS：进行现场救助后返回地球	深空任务中先进技术的验证	乘员接受训练成为医疗专家，持续的监视及决策支持
	长期飞行行为健康及效能	ISS：地面监视	深空任务中先进技术的验证	认识行为监视，行为健康指示和敏感
	反微重力措施	ISS：大型跑步机以及训练装备	深空任务中先进技术的验证	提供训练设备以防止失调，降低微重力不利影响

续表

关键技术		当前状态 (ISS验证及已有飞行经历)	近期需求 (月球附近及表面)	未来需求 (火星附近及表面)
乘员健康及效能	深空探测任务中的人因工程	ISS：较大乘员空间，食物及消耗品正常补给	深空任务中先进技术的验证	降低乘员认知负担、劳累，面向乘员健康优化的系统因素及接口
	宇宙辐射防护	ISS：地球环境可提供部分防护能力，阿波罗任务中辐射风险可接受	先进探测和防护技术，新型生物防治措施	
结构及支持系统	高速通信（前向及返向）	地基：前向256 kb/s，返向10 Mb/s	深空任务中先进技术的验证	前向10 Mb/s，返向（光学）>1 Gb/s
	自适应临近空间通信	ISS：有限能力	深空任务中先进技术的验证	多用户之间同时通信>10 Mb/s，多种通信模式，存储、转发及中继
	空间授时及导航	ISS：局限在GPS（全球定位系统）覆盖范围内，对于深空测控网（Deep Space Network，DSN）局限于（数据平滑网络）覆盖范围内	深空任务中先进技术的验证	提供高精度绝对和相对位置信息，空间时钟分辨率：10x~100xSOA
	低温环境长寿命电池	ISS：锂离子电池，约167(W·h)/kg	月夜期间温度和周期	
	行星尘埃影响减缓	阿波罗：3天任务周期限内	需要多种主动/被动技术，生命周期内有重大进步	
	低温环境结构、机构可靠性	ISS：+121~-157 ℃	最低至-230 ℃（低温推进剂兼容），多年寿命要求	

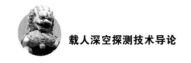

续表

关键技术		当前状态 （ISS 验证及已有飞行经历）	近期需求 （月球附近及表面）	未来需求 （火星附近及表面）
结构及支持系统	ISRU：火星原位资源利用	已开展地面试验	可作为火星任务试平台，在后续月球任务中可以应用	基于火星大气原位生产 O_2/CH_4，基于火星土壤原位生产液氢液氧推进剂
	核电能源（表面探索任务）	技术研究	可作为火星任务试平台，在后续月球任务中可以应用	核反应堆（10 kWe 量级）
出舱活动/移动/机器人任务	深空任务宇航服	ISS：0.3 bar 压力环境下的 EVA（Extra-Vehicle Activity）操作	0.55 bar 压力环境下的 EVA 操作	
	地外行星表面出舱服（月球和火星）	Apollo 任务中最长 3 天（月球）	30 天最小任务周期，关节移动型改善，防尘	1 年以上任务周期，隔热（CO_2 大气环境）
	下一代行星表面移动	面向月球和火星任务的技术尚处于研究中	自主或载人能力、无地球支持、移动距离、速度、载荷	
	时延条件下的机器人遥操作	ISS：地面遥操作 <10 s 时延，月球车或火星车遥操作	几秒到 10 s 量级时延，动态环境	最大 40 min 时延
	人机协同工作	ISS：受限（机器人辅助下的 EVA）	EVA 中机器人控制，无地面支持，国际通行标准和协议	

从这些优先支持的关键技术项目中，可以清晰看出未来载人深空探测任务的突出特征就是人机联合探测，充分发挥人与机器人各自的优势，提高任务的效能。在围绕"人"的存在这条主线上，主要的关键和难点是提高载人航天器推进系统的比冲，提高着陆及再入返回的精度，提高能源的供给能力，采用更先进的生命保障技术及研发新型宇航服，提升乘员健康及效能，在发挥

"机"的优势这条主线上,主要的关键和难点是:进一步提高飞行器的自主智能水平,采用高速大容量、自适应通信技术,利用机器人进行月球/火星的ISRU技术验证,布置核电能源,研发先进的月球/火星表面机动移动系统,发展机器人遥操作技术,进一步改进人机界面及人机协同工作能力。在"人"与"机"的关键技术优先投资取得突破的基础上,形成关键产品和系统,通过地面试验及模拟验证,逐步具备执行载人深空探测任务的能力,从而支持多任务、多类型、多目标的载人深空探测体系工程的实施和发展。

此外,私营航天公司在发展重复使用运输系统,包括重复使用的运载火箭和飞船,降低天地往返运输系统的飞行价格方面,取得的经验十分值得借鉴,同样包括充气式太空舱的飞行验证。Hopper 验证机及 Starship 飞船在关键技术上的大胆创新和实践,都值得进一步借鉴和思考。通过核心关键技术的突破研发新型载人深空探测飞行器,甚至颠覆原有的飞行模式和方案,都正在成为现实并改变人类原有的认知。

思考题

1. 世界载人月球探测任务包括哪三个发展阶段?各个阶段的任务目标是什么?
2. 载人月球探测飞行器系统包括哪些飞行器?各个飞行器的系统组成和任务功能是什么?
3. 载人月球基地包括哪些类型?各个类型的优缺点是什么?
4. 欧洲"月球村"任务发展设想的优缺点是什么?
5. 美国提出重返月球的 Artemis 计划后,欧空局、俄罗斯、日本、加拿大、澳大利亚等国的航天局纷纷加入该计划中,中国在这种国际形势下,该如何推进载人月球探测任务?
6. 美国载人小行星探测飞行器 MMSEV 两种类型的设计特点是什么?
7. 美国载人火星探测飞行器系统的组成和任务功能是什么?
8. 实施载人深空探测任务的关键技术是什么?
9. 美国私营航天公司为推动实施载人深空探测任务做了哪些探索和实践?对我们有什么启示?
10. 航天新经济是指什么?对推动实施载人深空探测任务有何作用?

参 考 文 献

[1] 中国科学院. 中国学科发展战略——载人深空探测 [M]. 北京:科学出版社,2016.

［2］叶培建，果琳丽，张志贤，等．有人参与深空探测任务面临的风险和技术挑战［J］．载人航天，2016，22（2）：143-149．

［3］褚桂柏，张熇．月球探测器技术［M］．北京：中国科学技术出版社，2007．

［4］［美］唐纳德·拉普．面向载人月球及火星探测任务的原位资源利用技术［M］．果琳丽，郭世亮，张志贤，等，译．北京：中国宇航出版社，2018．

［5］果琳丽，王平，朱恩涌，等．载人月球基地工程［M］．北京：中国宇航出版社，2013．

［6］李成智，李建华．阿波罗登月计划研究［M］．北京：北京航空航天大学出版社，2009．

［7］张柏楠．航天员交会对接任务分析与设计［M］．北京：科学出版社，2011．

［8］戚发轫．载人航天技术［M］．北京：国防工业出版社，2003．

［9］郭筱曦，范嵬娜．国外近地以远载人探索能力发展研究［R］．中国空间技术研究院，2013，QBKT2013-512-014．

［10］彭兢，柳忠尧，张熇．月球着陆器方案概念设想［J］．航天器工程，2008，17（1）：18-23．

［11］张有山，果琳丽，王平，等．新一代载人月面着陆器发展趋势研究［J］．载人航天，2014，20（4）：353-358．

［12］朱恩涌，孙国江，果琳丽，等．我国小行星探测发展思路及关键技术探讨［J］．2016，22（6）：750-754．

［13］徐菁．嫦娥-5：尽心独秒的"采样返回"——专访探月工程副总设计师于登云［J］．国际太空，2015（1）：1-6．

［14］郑伟，许厚泽，钟敏，等．月球探测计划进展［J］．地球物理学进展，2012，27（6）：2296-2307．

［15］郭筱曦．《火星之旅：开拓太空探索新篇章》报告分析［J］．国际太空，2016，5：79-83．

［16］王平，梁鲁，果琳丽．载人登月舱概念设计阶段多方案比较方法初探［J］．航天返回与遥感，2013，34（6）：1-10．

［17］梁鲁，张志贤，果琳丽，等．可移动式月球着陆器在载人月球探测活动中的任务分析［J］．载人航天，2015，21（5）：474-478．

［18］朱恩涌，果琳丽，陈冲．有人月球基地构建方案设想［J］．航天返回与遥感，2013，34（5）：1-6．

[19] 孙泽洲, 孟林智. 中国深空探测现状及持续发展趋势 [J]. 南京航空航天大学学报, 2015, 47 (6): 785-791.

[20] 果琳丽, 申麟, 杨勇, 等. 中国航天运输系统未来发展战略的思考 [J]. 导弹与航天运载技术, 2006 (1): 1-5.

[21] 叶培建, 黄江川, 孙泽洲, 等. 中国月球探测器发展历程和经验初探 [J]. 中国科学: 技术科学, 2014, 44 (6): 543-558.

[22] 叶培建, 孙泽洲, 饶炜. 嫦娥一号月球探测卫星研制综述 [J]. 航天器工程, 2007, 16 (6): 9-10.

[23] 叶培建, 黄江川, 张廷新, 等. 嫦娥二号卫星技术成就与中国深空探测展望 [J]. 中国科学: 技术科学, 2013, 43 (5): 467-477.

[24] 黄江川, 王晓磊, 孟林智, 等. 嫦娥二号卫星飞越4179小行星逼近策略及成像技术 [J]. 中国科学: 技术科学, 2013, 43 (5): 478-486.

[25] 嫦娥-3实现中国首次落月探测 [J]. 国际太空, 2013 (12): 1-8.

[26] 王开强, 李志海, 张柏楠. 载人小行星探测的飞行模式 [J]. 载人航天, 2014, 20 (1): 89-93.

[27] 徐伟彪, 赵海斌. 小行星深空探测的科学意义和展望 [J]. 地球科学进展, 2005, 20 (11): 31-38.

[28] 李虹琳. 美国的载人小行星和火星探测 [J]. 中国航天, 2014 (8): 45-50.

[29] 李恩奇, 梁鲁, 张志成, 等. 月面着陆器上升级压力舱结构优化研究 [J]. 载人航天, 2012, 21 (3): 96-100.

[30] 郭双生, 艾为党. 美国NASA高级生保计划实验模型项目研究进展 [J]. 航天医学与医学工程, 2001, 14 (2): 149-154.

[31] 周抗寒, 傅岚, 等. 再生式环控生保技术研究及进展 [J]. 航天医学与医学工程, 2003, 16 (增刊): 566-572.

[32] 陈江平, 黄家荣, 范宇峰, 等. "阿波罗"登月飞行器热控系统方案概述 [J]. 载人航天, 2012, 18 (1): 40-47.

[33] 朱浩, 田辉. 固液推进技术在载人登月中的应用 [J]. 北京航空航天大学学报, 2012, 38 (4): 487-491.

[34] 郑永春, 邹永廖, 付晓辉. 月亮女神探月计划及对我国月球与深空探测的思考 [J]. 航天器工程, 2011, 20 (2): 57-66.

[35] 郑永春, 邹永廖, 付晓辉. LRO和LCROSS探月计划: 科学探测的分析与启示 [J]. 航天器工程, 2011, 20 (4): 117-129.

[36] 杭仁. 盘点"阿波罗"登月工程 [J]. 航天员, 2009, 4: 37-39.

[37] 姚源,屠空."月船1号"英年早逝[J].太空探索,2009(11):25-31.

[38] 李成方."猎户座"载人飞船进行首次飞行试验[J].中国航天,2015(3):55-57.

[39] 程博文,刘伟伟,何熊文,等.猎户座飞船电子系统设计特点分析与启示[J].航天器工程,2016,25(4):102-107.

[40] 张媞媞,予玫."猎户座"飞船研制迎来关键年[J].太空探索,2016(4):36-37.

[41] 齐玢,果琳丽,张志贤,等.载人深空探测任务航天医学工程问题研究[J].航天器环境工程,2016,33(1):21-27.

[42] 曹红娟,赵海龙,蔡震宇,等.登月下降级液氧甲烷发动机方案研究[J].载人航天,2016,22(2):186-190.

[43] 刘登丰,黄仕启,周伟.登月舱用深度变推下降级发动机系统方案研究[J].火箭推进,2014,40(4):22-29.

[44] 李文龙,李平,邹宇.烃类推进剂航天动力技术进展与展望未来[J].宇航学报,2015,36(3):243-252.

[45] 朱洪来,孙沂昆,张阿莉,等.低温推进剂在轨贮存与管理技术研究[J].载人航天,2015,21(1):13-18.

[46] 王岩松,廖小刚,张峰.2014年国外载人航天发展综合分析[J].载人航天,2015,21(1):91-94.

[47] 杨雷,张柏楠,郭斌,等.新一代多用途载人飞船概念研究[J].航空学报,2015,36(3):703-713.

[48] 郭筱曦.2015年国外载人航天发展回顾[J].国际太空,2016,446(2):9-16.

[49] 郭筱曦.NASA《火星之旅:开拓太空探索新篇章》报告分析[J].国际太空,2016,449(5):79-83.

[50] 郭筱曦.美国新型载人飞船"猎户座"首次无人探索飞行试验任务圆满完成[J].国际太空,2015,433(1):40-42.

[51] 郭筱曦.再见,"小行星重定向任务"[J].国际太空,2018,475(7):55-59.

[52] 王霄,张杰.美国重启登月计划解析[J].载人航天,2018,24(1):136-141.

[53] 张蕊.国外新型可重复使用飞船特点分析和未来发展[J].国际太空,2010(12):31-38.

[54] 庞之浩. 美国研制中的几种载人天地往返系统 [J]. 国际太空, 2014 (7): 70-71.

[55] 李志杰, 果琳丽, 张柏楠. 可重复使用航天器任务应用与关键技术研究 [J]. 载人航天, 2016, 22 (5): 570-575.

[56] 李一帆. 载人深空探测关键技术研究 [J]. 导弹与航天运载技术, 2018, 359 (1): 24-31.

[57] 张政, 李海阳. 载人深空探测虚拟生活舱概念研究 [J]. 载人航天, 2018, 24 (2): 171-177.

[58] 王悦, 刘欢, 王开强, 等. 载人探测小行星的目标星选择 [J]. 航天器工程, 2012, 21 (6): 30-36.

[59] 姚成志, 胡古, 赵守智, 等. 火星表面核反应堆电源方案研究 [J]. 原子能科学技术, 2016, 50 (8): 1449-1453.

[60] 叶建设, 宋世杰, 沈荣骏. 深空通信 DTN 应用研究 [J]. 宇航学报, 2010, 31 (4): 941-949.

[61] 李志杰, 果琳丽, 张柏楠. 国外可重复使用载人飞船发展现状与关键技术研究 [J]. 航天器工程, 2016, 25 (2): 106-112.

[62] 王平, 梁鲁, 果琳丽. 载人登月舱概念设计阶段多方案比较方法初探 [J]. 航天返回与遥感, 2013, 34 (6): 1-10.

[63] 张志贤, 梁鲁, 果琳丽, 等. 轮腿式可移动载人月面着陆器概念设想 [J]. 载人航天, 2016, 22 (2): 202-209.

[64] 梁鲁, 张志贤, 果琳丽, 等. 可移动式月球着陆器在载人月球探测活动中的任务分析 [J]. 载人航天, 2015, 21 (5): 472-478.

[65] 田林, 安金坤, 彭坤, 等. 美国梦神号行星着陆器原型系统发展及启示 [J]. 航天器工程, 2015, 24 (5): 105-112.

[66] The global exploration roadmap [R]. International Space Exploration Coordination Group, 2018.

[67] The global exploration roadmap [R]. International Space Exploration Coordination Group, 2013.

[68] Donald Rapp. Human Missions to Mars [M]. UK: Springer, 2008.

[69] Stephen Kemble. Interplanetary Mission Analysis and Design [M]. UK: Springer, 2006.

[70] Carol Norberg. Human Spaceflight and Exploration [M]. UK: Springer, 2013.

[71] Mark Lupisella. The ISECG global exploration roadmap as context for robotic and human exploration operations [R]. Fucino.

[72] Komuves R. Configuration analysis of ascent propulsion subsystem [R]. LED-550-18; NASA-CR-118587 79N76554. 1979.

[73] Burry R V. High performance Apollo propulsion system study. Volume 2 – Propellant survey final report [R]. NASA-CR-117535; R-5446-VOL-2 79N76547. 1979.

[74] Lunar module subsystem assembly and installations [R]. Grumman Aircraft Engineering Corporation Manufacturing Engineering, 1967.

[75] Christopher J Johnson, Robert A Hixson. Orion vehicle descent, landing, and recovery system level trades [C]. AIAA SPACE Conference & Exposition, 2008.

[76] George Edward Rains, Cynthia D Cross. Use of heritage hardware on Orion MPCV exploration flight test one [C]. 42nd International Conference on Environmental Systems, 2012.

[77] Bret G Drake. Human exploration of mars design reference architecture 5.0 [R]. NASA Johnson Space Center, 2009.

[78] Thomas Sinn, Ondrej Doule. Inflatable structures for Mars Base 10 [C]. 42nd International Conference on Environmental Systems, 2012.

[79] Johnson W L, Jurns J M, Bamberger H H, et al. Launch ascent testing of a representative Altair ascent stage methane tank [J]. Cryogenics, 2012, (52): 278-282.

[80] Marc M Cohen. From Apollo LM to Altair – design environments infrastructure missions and operations [C]. AIAA SPACE 2009 Conference & Exposition, 2009.

[81] John D Baker, Daniel E Yuchnovicz, David J Eisenman, et al. Constellation program (CxP) crew exploration vehicle (CEV) project integrated landing system [R]. NASATM-2009-216165, 2009.

[82] Steven C Fisher, Shamim A Rahman. Remembering the Giants – Apollo Rocket Propulsion Development [M]. NASA History Division Office of External Relations, Washington DC, 2009.

[83] Keith Reiley, Michael Burghardt, Jay Ingham, et al. Boeing CST-100 commercial crew transportation system [C]. AIAA SPACE Conference & Exposition, 2010.

[84] Schlutz J, Vangen S, Haese M, et al. Assessment of technology developments for the ISECG global exploration roadmap [C]. Global Space Exploration Conference, 2012.

[85] Scott D Norris, Larry A Price. Orion project status [C]. AIAA SPACE Confer-

ence & Exposition, 2009.

[86] Kathleen C Laurini, John F Connolly. Altair lunar lander development status: enabling lunar exploration [R]. 20090035549, America, Johnson Space Center, 2009.

[87] Christopher J Johnson, Robert A Hixson. Orion vehicle descent, landing, and recovery system level trades [C]. AIAA SPACE Conference & Exposition, 2008.

[88] Claudia Herrera, Adam Harding. Orion pad abort 1 crew module mass properties test approach and results [C]. 53rd AIAA/ASME/ASCE/AHS/ASC Structures, Structural Dynamics and Materials Conference, 2012.

[89] Thomas Sinn, Ondrej Doule. Inflatable structures for Mars Base 10 [C]. 42nd International Conference on Environmental Systems, 2012.

[90] Petrov G, Park K S, Adams C. Optimization of inflatable spacecraft interior volume using constraints driven design [C]. Proceedings of the 40th International Conference on Environmental Systems (ICES), AIAA 2010 – 6070, 2010.

[91] Sinn T, Vasile M, Gunnar T. Design and development of deployable self – inflating adaptive membrane [C]. 13th AIAA Gossamer Systems Forum as part of 53rd Structures, Structural Dynamics, and Materials and Co – located Conferences, 2012.

[92] Curtis D Peters. A 50 – 100 kWe gas – cooled reactor for use on Mars [R]. New Mexico: Sandia National Laboratory, 2006.

[93] Miguel Hagenfeldt, Juan L Cano, Luis F Peñín, et al. GNC design for asteroid orbit modification missions [C]. AIAA Guidance, Navigation, and Control (GNC) Conference, 2013.

[94] Grush L. NASA will put humans on the Moon again, Mike Peuce tells space council [J/OL]. NASA, 2017. https://www.thererge.com/2017/10/5/16429598/nasa – vice – president – notional – space – council – moon – mars.

[95] Hambleton. Deep space. gateway to open oppor tunities for distant destinations [N/OL]. NASA, 2017. http://www.nasa.gov/feature/deep – space – gate – way – to – open – opportunities – for – distant – destinations.

[96] Wilks J. How to build a village on the Moon [N/OL]. Euronews, 2017. http://www.euronews.com/2016/02/25/how – to – build – a – village – on – the – moon.

[97] Cofield C. NASA's Mars plan may include yearlong mission to the Moon

[N/OL]. Space, 2017. https://www.space.com/36781 – nasa – yearlong – crew – moon – mission – ahead – of – mars. html.

[98] Reufers. Russia & VS to create new space station in Moon's orbit [N/OL]. Reuters, 2017. https://www.rt.am/news/404733 – russia – us – new – space – station/.

[99] Harwood W. Trump budget blueprint focuses on deep space exploration, commercial partnerships [R/OL]. Spaceflight Now, 2017. https://spaceflight now.com/2017/03/16/trump – budget – blueprint – focuses – on – deep – space – exploration – Commercial – partnerships/.

[100] Miller D W, Chandler F, Ambrose R, et al. NASA technology roadmaps: introduction, crosscutting technologies, and index [R]. 20546 – 0001, 2015.

[101] Ghassabian G Hady, Calzada Diaz Abigail, Hettrich Sebastian, et al. ALCIDES: A novel lunar mission concept study for the demonstration of enabling technologies in deep – space exploration and human – robots interaction [J]. Acta Astronautica, 2018 (151): 270 – 283.

[102] Jeffrey CsanK, James Soeder, Jeffrey Fello, et al. Autonomous power controller for the NASA human deep space gateway [C]. International Energy Conversion Engineering Conference, 2018.

[103] Melissa L MoGuire, Steven R Oleson, Laura M Burke. NASA GRC Compass Team Conceptual Point Design and Trades of a Hybird Solar Electric Propulsion (SEP)/Chemical Propulsion Human Mars Deep Space Transport (DST) Vehicle [C]. AIAA SPACE and Astronautics Forum and Exposition, 2018.

[104] Jody Singer, Jerry Cook. The Mars generation – building the future success of deep space human exploration [C]. Space Ops Conference, 2018.

[105] Gatens R L, Anderson M S. Evolution of the international space station life support and habitation systems for deep space exploration [C]. International Astronautical Congress(IAC), 2017.

[106] Morgan E E. Utilizing the international space station as a simulation platform for deep space travel [C]. International Astronautical Congress (IAC), 2017.

[107] Terry D Haws, Joshua S Iimmerman, Michael E Fuller, et al. Space launch system: near term missions on the journey to Mars [C]. IEEE Aerospace Conference, 2018.

[108] Matthew Duggan, James Engle, Jraris Moseman. A crewed lunar launder concept utilizing the SLS, Orion, and the cislunar deep space gateway [C]. IEEE Aerospace conference, 2018.

[109] Mattew Duggan, Trans Moseman. Deep space gateway architecture to support multiple exploration & demonstration goals [C]. IEEE Aerospace Conference, 2018.

[110] Marshall Smith R, Michele Gates, Amy Cassady, et al. An overview of NASA'S exploration Mission 2 (EM-2) [C]. IEEE Aerospace Conference, 2018.

第 3 章
科学目标及探测载荷

无人深空探测任务中探测最多的目的地就是月球、火星和小行星。月球是地球的天然卫星，是离地球最近的天体，研究月球可以探索地月系的起源及演化等诸多方面的信息。小行星是46亿年前太阳系形成初期的行星体，其独特的物理、化学和矿物质特性，成为揭示太阳系起源及演化等重大科学问题的关键。火星被认为是地球的未来，研究火星上水的存在及其消失过程，对地球生态圈的演变具有重要的启示意义。

　　对月球、火星及其卫星、小行星开展无人或载人探测，不仅有助于了解地球、太阳系乃至整个宇宙的起源和演变，更有助于理解空间现象和地球自然现象之间的关系，极大地丰富人类对地球、太阳系以至整个宇宙起源和演变及其特性的认识。在月球和火星上建立基地，也可更好地开展天文观测和各类科学试验等科学活动；在月球、小行星及火星上开发和利用资源，可以作为人类向更远的深空目标探索提供中转站，为飞向更遥远的星际飞船提供建造材料甚至提供推进剂。此外，实施载人深空探测工程，可以有效地发挥航天员的能动性和在轨服务的优势，完成在轨安装、维修和操作等任务，延长航天器的寿命，提升科学目标，取得更丰盛的科学成果。

3.1 月球探测的科学目标

2019 年是 Apollo 载人登月工程成功实现人类登陆月球的 50 周年，美国特朗普政府也宣布将在 2024 年实现重返月球的战略目标，探测月球南极的水冰并开展月球原位资源利用，为后续建立长期月球基地及载人登陆火星奠定科学和技术基础。可以说，人类的第二轮载人月球探测高潮已经来临。那么人类为什么不惜耗费巨资去探测月球呢？分析其原因可以概括成认识月球、利用月球和月面生存等方面，主要表现为：

（1）通过人机联合探测的方式进行月球科学考察，可以获得大量的实地探测数据和丰富的月球样品，有助于加深人类对月球形成、演化及当前状态的认识。

（2）在月球弱重力、无磁场、高真空等特殊环境条件下开展有人参与的物理、化学、天文、地质和原位资源利用等多项科学试验，建立月球综合科学实验站和观测平台，探索月面资源利用的途径。

（3）探索月球环境的生物学效应与内在机制。

（4）研究月球环境对生命活动的宏观过程和微观机理。

（5）利用月球科学实验平台开展生命科学前沿领域探索。

（6）发展空间生物技术，为推动载人深空探测任务而先期开展生命科学研究进行技术验证。

截至 2019 年 10 月底，世界月球探测计划的概貌详见附表 A。下面重点介绍以美国 Apollo 载人登月工程和"星座计划"为代表的载人月球探测工程的科学主题和科学目标。

3.1.1 Apollo 载人登月工程对月球科学的贡献

Apollo 载人登月工程是人类历史上最伟大的国家战略性科技工程，也是迄今为止人类唯一成功登陆地外天体的载人任务。美国从 1969 年 7 月 16 日到 1972 年 12 月 19 日共进行了 7 次登月任务，只有 Apollo-13 登月任务失败。表 3-1 是 Apollo 载人登月工程中历次登月的基本情况。

表 3-1 Apollo 载人登月工程的科学探测活动

任务	飞行日期	出舱次数、人数与月面停留时间	主要科学探测活动
Apollo-11	1969.7.16—1969.7.24	1 次，2 人，2 小时 31 分	进行地理测量、科学考察和采样；安装科学仪器
Apollo-12	1969.11.14—1969.11.24	第 1 次，2 人，3 小时 56 分 第 2 次，2 人，3 小时 49 分	回收"勘测者 3 号"的飞船部件；安装核能源装置；开展地球观测和采样
Apollo-14	1971.1.31—1971.2.9	第 1 次，2 人，4 小时 48 分 第 2 次，2 人，4 小时 35 分	进行地理测量、科学考察和采样；安装科学仪器
Apollo-15	1971.7.26—1971.8.7	第 1 次，1 人，33 分 第 2 次，2 人，6 小时 33 分 第 3 次，2 人，7 小时 12 分 第 4 次，2 人，4 小时 50 分	首次使用月球车扩大考察范围；在月球轨道释放小卫星；在返回地球图中完成一次出舱活动；科学考察、采样和安装实验站；从服务舱回收胶卷
Apollo-16	1972.4.16—1972.4.27	第 1 次，2 人，7 小时 11 分 第 2 次，2 人，7 小时 23 分 第 3 次，2 人，5 小时 40 分	在月球轨道释放小卫星；使用月球车扩大考察范围；科学考察、采样和安装科学实验站；从服务舱回收胶卷
Apollo-17	1972.12.6—1972.12.19	第 1 次，2 人，7 小时 12 分 第 3 次，2 人，7 小时 16 分	使用月球车；科学考察、采样和安装科学实验站；从服务舱仪表室回收胶卷

根据开展科学探测活动的区域和性质，Apollo 载人登月工程的科学探测活动可分为月表及环月轨道的科学探测和实验两个方面。

1. 月球表面的科学探测和试验

开展科学探测是 Apollo 载人登月工程的重要任务，航天员的 6 次登月活动在月球表面共开展了近 30 项科学试验项目，主要包括：

（1）科学探测仪器的安装和调试：安装激光反射器、天文望远镜、月震仪、磁力仪、空间环境探测包和其他探测仪器等。

（2）月球野外地质考察：对月海、高地、峡谷和火山口等特殊地区的形貌考察和综合地质调查。

（3）月球内部物理探测：月球热流试验，月表重力场、磁场和电场测量，主动和被动月震测量。

（4）月球环境探测：月球表面气体、月尘、太阳风光谱、超热离子、带电离子、宇宙线等的探测，极紫外照相和光谱仪、流星流量检测、中子探测。

（5）月球样品采集：采集月球岩石和土壤样品。

2. 环月轨道的科学探测和试验

航天员除了完成从 Apollo 载人飞船指令舱及服务舱释放小卫星的技术试验外，还利用轨道器环绕月球期间开展科学探测，主要包括：

（1）利用手持相机、全景相机和绘图相机对月成像，利用激光高度计测量月球地形高程。

（2）开展对地球和月球的紫外照相，以及月球尘埃反射的对日照相。

（3）开展月球伽马射线测量和 X 射线荧光分析，反演月表物质成分。

（4）利用阿尔法粒子谱仪测量月球表面氡的含量，研究月球气体释放作用；利用质谱仪分析月球表面的气体来源、沉降和运输机制。

（5）利用 S 波段异频雷达，测量月球形貌和次表层结构。

（6）从 Apollo 飞船指令舱及服务舱窗口进行流星体观测。

3. Apollo 载人登月工程获得的月球科学认识

Apollo 载人登月工程在月球科学方面取得了巨大成就，获取了大量的遥感和就位探测数据，航天员共采回 381.7kg 的月球样品。为利用好这些探测数据和月球样品，NASA 成立了专业机构负责保存和处理月球样品，并开展月球科学应用与研究，美国共计 200 多所大学和科研机构参与了这项研究工作。中国国家天文台的研究人员通过资料分析后认为：美国通过实施 Apollo 载人登月工程，对月球的地形地貌、表面环境、地质构造、内部结构、化学成分、岩石组成和分布、起源与演化历史等方面的科学认识有了革命性的改变，奠定了迄今为止人类对月球的绝大多数科学认识，主要包括：

（1）月球是一个经历过地质演化和分异的类地行星，不是原始未分异天体，月球具有和地球相似的内部结构。在实施 Apollo 载人登月工程之前，人类对月球的很多认识来自猜测，通过实施 Apollo 载人登月工程，人类首次确证月球是由固体岩石物质组成的，认识到月球曾经历过部分熔融、火山喷发、小天体撞击等地质过程；月球有相对较厚的月壳（厚 60 km）、相对均一的岩石圈（深 60~1 000 km）、部分液态的软流圈（深 1 000~1 740 km）、软流圈底部可能存在一个铁质金属核；岩石剩磁表明月球曾经有过全球性的古磁场。

（2）月球保留着太阳系最早期 10 亿年的撞击历史，而地球由于地质活动强烈，已经遗失了这些历史记录。月球的早期撞击历史对类地行星具有普遍意义，对研究地球和太阳系的早期历史具有重要的科学价值。通过月球上的撞击坑分布与 Apollo 载人登月工程采集的月岩样品绝对地质年龄的对比，建立了月球的地质时标，为利用水星、金星和火星的环形构造建立各自的地质时标提供了重要依据。而在实施 Apollo 载人登月工程之前，月球环形构造的成因尚不明确，科学界对地球上类似环形构造的成因存在很大争议；类地行星遥感影像的地质解译在很大程度上也是立足于月球的经验。

（3）月球上最年轻的岩石比地球上最古老的岩石还要古老。在月球上才能发现决定类地行星体的早期地质过程和地质事件，板块活动、大陆侵蚀等活跃的地质活动已经多次、彻底地改变了地球表面，而 Apollo 载人登月工程探测发现，月岩的年龄从月海玄武岩的 32 亿年到月陆岩石的 46 亿年不等，32 亿年来月球表面几乎不受扰动。

（4）月球的起源和地球的起源存在密切关系，可能形成于太阳星云的同一区域。Apollo 载人登月工程探测发现，月岩和地球上的岩石具有极为相似的氧同位素组成，表明月球和地球具有相似的成因；相对地球生命所需的碳、氢、氧、氮元素而言，月球上高度欠缺碳和氢元素，以及形成大气所需的挥发性元素。

（5）月球上没有任何形式的生命，没有活的有机体，没有古生物化石，没有原生的有机化合物。大量分析月球样品也没有发现月球上过去和现在存在生命的任何证据，即使非生物的有机化合物也不存在，痕量的有机物是由小天体撞击带来的。

（6）所有的月球岩石都经历过没有水参与的高温过程。月球岩石类型包括玄武岩、斜长岩和角砾岩。玄武岩是充填月海盆地的暗色熔岩，总体上与组成地球洋壳的熔岩相似，但更古老；斜长岩是形成月陆高地的亮色岩石，总体上与地球上的斜长岩相似，但比地球上最古老的岩石还要古老；角砾岩是由其他岩石类型通过小天体撞击导致的粉碎、混合、烧结等形成的复合岩。月球上没有发现砂岩、页岩和石灰岩等证明水存在过的岩石类型。

（7）在月球的早期地质历史中曾经历较大深度的熔融，形成岩浆洋。月陆的斜长岩就是早期岩浆洋中上浮的、低密度的、富含长石物质的残留物。月陆形成于距今44亿～46亿年，厚度达数十公里。月球地质形成历史中曾有无数的小天体撞击月陆，在月球盆地间形成一系列的弓形山脉。

（8）在岩浆洋事件之后，月球受到一系列小天体的巨大撞击而形成了盆地。由于月球重力只有$1/6g$，这意味着月球火山熔岩的流动阻力较地球更小，熔岩行进更为流畅，因此月球阴暗区的表面大都平坦而光滑。同时，流畅的熔岩流很容易扩散开，形成巨大的玄武岩平原。大型的暗色盆地形成于月球地质历史早期，并在32亿～39亿年前被后期岩浆充填，如雨海就是一个巨大的撞击盆地。月球拥有一个火山活动活跃的过去，月球火山活动主要为岩浆的泛滥，火山喷发形成了一些橘黄色和鲜绿色的玻璃珠体。

（9）熔岩管是由火山喷发时流动的熔岩形成狭长结构，但熔岩管和岩脉为何具有如此强的磁性？答案在于在30亿年前的古代火山喷发时，月球所处的环境可能是独一无二的。科学家发现Apollo载人飞船带回的月球岩石也是有磁性的，试验发现这些岩石在无氧环境受热超过600℃时磁性会增高。这是因为某些矿物质在高温下分解并释放金属铁，如果附近有足够强的磁场，新形成的铁就会沿着磁场方向被磁化。这对于研究早期月球磁场环境意义重大。

（10）月球总体上存在不对称性，背面的月壳比正面的更厚，月海和质量瘤大多数分布在月球正面，这种不对称性可能是月球在地球引力影响下的演化结果。月球内部的质量分布并不均衡，大型的质量密集体（质量瘤）多隐伏于大型月球盆地以下，可能是高密度岩浆集聚区。相对于月球的几何中心，月球的质量中心偏向地球方向数千米。

（11）月球表面覆盖着一层由岩石和矿物碎片、尘埃组成的风化层，也称为月壤。月壤是月球表面在地质历史中遭受无数的小天体撞击形成的。月壤中包含着独特的太阳辐射变化历史，对研究地球的气候变化具有重要意义。由于太阳风的注入，表面的岩石和矿物颗粒富集来自太阳风的化学元素和同位素。月球表面完整记录了40亿年以来的太阳活动历史，记录的完整性在太阳系其他天体上很难找到。

3.1.2 "星座计划"提出的月球科学探测主题和科学目标

2009年美国提出重返月球的"星座计划"，提出了新世纪月球探测的科学主题和主要科学问题,确定了"星座计划"的科学探测发展战略,并详细规划了无人月球探测阶段和载人月球探测阶段的科学目标。

1. 月球探测的四大科学主题

"星座计划"提出月球探测是一项涵盖众多科学问题和凝集最新科技成果的伟大工程。月球科学与相关学科的密切结合和相互渗透,使月球科学的研究领域不断扩大,主要包括四大科学主题:

(1)早期地月系统科学。大碰撞学说是有关月球成因的一种假说,认为一个火星大小的行星体撞击早期地球,撞击而成的碎片聚集形成了现在的月球。但是45亿年前具有相似物质组成和热状态的月球和地球,为何沿着不同方向演化,并具有完全不同的演化史,是什么因素控制着月球和地球演化方向?

(2)类地行星的分异和演化。月球作为一颗类地行星,在其形成之后的几百年里演化形成了月壳、月幔和月核的圈层结构。岩浆洋假说认为在月球演化早期,曾经存在广泛熔融的岩浆海洋,现在的月壳和月幔就是岩浆洋结晶分异的结果。但目前对月球的岩浆演化过程知之甚少,岩浆洋假说是否适用于其他类地行星也未可知。

(3)内太阳系撞击记录。月球形成于45亿年前,在地质历史中长期遭受小天体撞击。月球表面存在的较大撞击坑都是早期形成的,这一时期的月球和地球都遭受太阳系内小天体的猛烈撞击,这些撞击作用可能直接影响了地球上的生命起源和演化,但遗憾的是地球上的早期大型撞击记录绝大部分已经被后期地质作用改造和破坏。在月球形成之后,撞击频率整体上逐渐降低,只有部分时期撞击频率升高,而且至今仍然保存着这些撞击记录。通过对月球撞击坑的研究,将揭示太阳系的撞击历史。

(4)月球环境。月球环境非常特殊,但这些环境特征对月球探测任务非常关键。月球表面接近真空状态,在太阳辐射的作用下,表面的痕量气体产生电离,与太阳系内一些天体相似。由于月球缺乏整体磁场的屏蔽,月壤遭受宇宙射线和太阳风粒子的持续照射,月壤中累积的气体和其他辐射记录对于研究太阳的成分演化有非常重要的意义。

月球探测的四大科学主题对了解月球的特殊环境、认识月球和地月系统的起源与演化有重要意义,而且对揭示地球的演化和生命的起源同样有重要的启示意义。

2. 月球探测的主要科学问题

"星座计划"提出了月球探测应重点关注的八个方面的主要科学问题:

（1）通过对月球撞击坑的研究，揭示内太阳系的撞击历史。
（2）月球内部的结构和组成为研究分异型行星体的演化提供重要信息。
（3）研究月壳岩石的多样性，揭示行星演化过程。
（4）研究月球极区环境经历的挥发性物质逸散，揭示太阳系后期演化史。
（5）研究月球上的火山作用，分析月球内部热演化和物质成分演化。
（6）研究月球撞击作用，探讨太阳系早期天体撞击的过程、机制和影响。
（7）研究月表月壤层的形成，揭示无大气层天体表面的太空风化作用。
（8）研究月表稀薄大气和月尘的运动过程，探讨其他天体上的原始环境特征。

3. "星座计划"的科学探测发展战略

根据月球探测的八个方面的主要科学问题，美国 NASA 制定了"星座计划"开展月球探测的科学目标，并根据科学价值的重要性进行了排序。经过论证，"星座计划"提出的科学探测发展战略有：

（1）深化月球科学的认识：探测月球本身，研究月球的起源与演化。
（2）月球作为科学试验平台：利用月球的特殊环境，以月球为试验平台开展高真空、低重力条件下的科学试验，测试新型航天技术，为载人深空探测奠定基础。
（3）月球作为深空探测的中转站：以月球为跳板，开展对火星和太阳系其他天体的探测。
（4）深化月面环境与近月环境科学的认识：研究月球表面和近月空间的主要环境特征。

论证规划中的"星座计划"包括无人月球探测和载人重返月球两个阶段。无人月球探测的任务实施时间集中在 2008—2014 年；载人重返月球的任务实施时间集中在 2018 年之后开展，包括短期、中期和长期载人月球探测任务。

4. 无人月球探测阶段的主要科学目标

"星座计划"中无人月球科学探测的重点是：实施绕月探测和机器人登陆月球等探测任务，为未来载人登月提供月表精细地形地貌等基本信息，同时开始发展和试验月球资源原位利用、就位发电和自主智能系统所需的技术。

无人月球探测阶段的主要科学目标有：

（1）确定月面适宜的登陆区，为机器人登月和载人登月任务做准备。获取月球表面高分辨率影响和精细三维地形；确定月球的基本环境参数；对优选的登陆区域成像，分析载人登月的可能风险；分析月球特殊环境（高辐射、低重力等）对航天员可能造成的伤害。

（2）为月球资源原位利用做准备。勘探和估算月球上可供开采和长期利用的资源；圈定月球水冰富集区，估算水冰资源量。

（3）发展和测试重返月球的技术手段。发展月表特殊环境的防护技术，保证硬件系统和航天员的安全；发展月球水冰资源的就位利用、月球上氧气的生产技术。

（4）建立起重返月球必需的基础设施。建立起完善的通信设施；在月表试验建立能源供应设施；建立起与后续任务相关的其他系统和设备。月球先锋机器人计划是"星座计划"的第一步，包括月球勘察轨道器（Lunar Reconnaissance Orbiter，LRO）、月球坑观测和遥感卫星（Lunar Crater Observation and Sensing Satellite，LCROSS）两个探测器，2009年6月19日这两颗卫星发射成功。

LRO探测器的科学目标是：探测月球表面精细三维地形，搜寻月球表面适宜载人登月的地点，勘察月球资源，探测月球辐射环境以及测试新的月球探测技术。LRO携带激光高度计、高分辨率相机、多光谱相机、中子探测器、月球辐射计、紫外成像光谱仪、宇宙射线辐射效应望远镜、X波段和S波段合成孔径雷达等有效载荷。利用LRO的探测数据，绘制了高分辨率三维月球地形图、月球昼夜温度图、全月球矿物分布图以及月球的紫外线反照率图等。

LCROSS探测器的科学目标是：探测月球表面永久阴影区内是否有水存在，如果有水存在则确定月壤中水的含量；确定撞击坑中的月壤成分。LCROSS携带5台相机、3台光谱仪和1台光度计等有效载荷，所有科学载荷都是围绕在月球极区找水这个核心目标而设计的。

这两颗卫星的科学发现，为美国Artemis计划的登月点最终确定为登陆月球南极做出了重要的贡献。

5. 载人月球探测阶段的主要科学目标

"星座计划"提出可将4名航天员送至月球表面停留7天，除实现美国重返月球的战略目标外，还可进一步开展月球资源的勘探和原位利用，在月球上生产出可以利用的水、氧气、推进剂和其他必需品，建设长期的载人月球基地。

在科学探测方面，重返月球计划不是重复Apollo工程的探测内容，而是重点开展月球资源的就位开发和利用，为建设载人月球基地做准备，主要包括勘测月球地形和地质，寻找水和矿产资源，建造与载人月球基地相关的能源供应、通信设施、采矿设备、基地建筑等。

第 3 章　科学目标及探测载荷

　　在建设载人月球基地和月面实验室后，航天员可以在月面上开展空间生物学、天文学和物理学等科学试验，同时评估人类对低重力、强辐射等恶劣空间环境的耐受力，研究和论证航天员在地外天体长期驻留的方式，这对未来实施载人登陆火星工程非常重要。

　　以月基天文学研究为例，天文学家经过反复论证后发现，以月球为基地开展天文观测有着天文观测卫星所不能比拟的优点。月球为天文望远镜提供了一个巨大、稳定而又极为坚固的观测平台，因而可以采用结构简单、造价低廉的安装、指向和跟踪系统。这一点是处于失重状态的天文卫星所望尘莫及的。同时，月球表面的重力只及地球表面重力的 1/6，因而在月球上建造任何巨大的建筑物都要比地球上容易得多。月球上没有空气，因而也没有风，其表面环境实际上处于超真空状态，故而开展天文观测不会受到大气因素的影响。经过充分开发利用后的月球，能够提供各种必需的原材料，这对于在月球上安装理想的天文望远镜（特别是大口径的天文望远镜），以及建设与之相配的观测站将是十分有利的。

　　从天文观测工作本身来讲，由于月球远离地球，它所受到的人类活动的影响和地球本身各种活动的影响要比人造卫星小得多。此外，由于月球的自转周期和它绕地球的公转周期恰好相等，因而它总是以同一面面对着地球。如果我们把观测仪器（特别是射电望远镜）放在月球的背面，则地球对天文观测的不利影响就更小了。月球的天空即使在白天也是全黑的，而且它的自转周期长达近一个月，这就使得我们能够观测到望远镜视线所及的全部天空，并对暗弱的天体进行充分长时间的积累观测。

　　同其他各种空间天文技术相比，在月球上开展天文工作的最大优点很可能是：随着载人月球基地的发展，人力、物力的支援可以就近提供。人们在月球上建造大型的、复杂的天文望远镜不仅成本低廉，安装简便（与在轨组装同类天文卫星相比），而且所有部件都能由熟练的技术人员就近进行维修和更换。尽管天文观测设备将实现全自动化，但航天员发挥的人类智力的现场支援作用无疑会使天文观测仪器变得更高效、更智慧。

　　尽管 Apollo 载人登月工程的成功实施表明，人类有能力登上月球，并对月球和它的表面环境有了许多新的认识，但这些认识对于后续建设月球基地来说还是很不够的。许多细节问题还有待于进一步探究。例如，人怎样才能在真空和尘埃条件下有效地工作？如何防止宇宙射线和微陨星对人和仪器形成的威胁？怎样应对月球表面昼夜温度的剧烈变化？等等。为此美国在重返月球的"星座计划"中提出在月球上建设月基天文台的设想，其天文学目标如表 3-2 所示。

表3-2 美国重返月球计划确定的月基天文学科学目标

编号	任务	描述
1	宇宙星图	利用射电天文学绘制宇宙星图,并观测其他天文目标。地球表面上的低频射电都被大气吸收,而高频射电又受控于无线电广播和电视广播。月球的背面将提供一个免受无线电干扰的环境
2	重力波	探测由特大质量黑洞与双致密物体融合而引起的重力波,但是月球上剧烈的温度变化将是一项挑战
3	宇宙射线	对宇宙射线与高能太阳粒子进行长期测量
4	异常物质	通过在月球上部署测震仪网络来寻找物质的异常状态,如奇异夸克物质。虽然科学家预测奇异夸克物质存在于中子星,但它从未被直接探测到。灵敏的测震仪也许能够在奇异夸克粒子经过月球时获取信号
5	检验广义相对论	通过对月球与地球相对位置的精确测量,检验爱因斯坦的广义相对论。NASA将在面对地球的月面安置激光转发器,这将能够以毫米精度测量出地球与月球间的距离
6	深度冻结	用干涉测量法以紫外线、光学及红外线波长观测宇宙。月球上有很多地方适合安放干涉计。红外探测仪需要在低温下操作。因此可以在月球环形山中放置红外望远镜,这样永远都不会见到阳光。例如位于月球南极的沙克尔顿环形山,它常年的温度都在30 K以下
7	寻找外行星	寻找太阳系外行星
8	探测轨道	探测近地小行星及彗星并跟踪其轨道
9	月球天文台	确定月球天文台的最佳位置

毫无疑问,真正实现以载人月球基地为基础的天文观测还需要很长一段时间,载人月球基地的开发和建设更为耗资巨大,工程技术难度更大。月基天文台的建设也必然要经历螺旋式发展的过程,然而它对天文学发展所能带来的光辉前景正鼓励着人们朝着这个目标前进。

3.2 小行星探测的科学目标

小行星是指沿椭圆轨道绕太阳公转的岩石或者金属小天体，它的体积和质量比行星要小得多，但是与流星体的界限还不是很明确。英国皇家天文学学会将小行星与流星体的分界线定义为 20 m，而维基百科全书将其分界线定义为 50 m。到目前为止，太阳系内一共发现了约 127 万颗小行星，而直径超过 240 km 的小行星大约有 16 个。小行星的大小差异很大，微型小行星只有鹅卵石般大小，而最大型的小行星现在被定义为矮行星。国际天文学联合会目前承认的矮行星有 5 颗：谷神星、冥王星、妊神星、鸟神星和阋神星。绝大多数的小行星集中在火星与木星轨道之间的小行星带，称为主带小行星；少数小行星的运行轨道与地球轨道相交，曾有某些小行星与地球发生过碰撞，这类小行星称为近地小行星，它们会对地球和人类的生产、安全构成潜在的危险。小行星是 46 亿年前太阳系诞生初期形成的行星体，也有人认为小行星是由一个大行星在亿万年前被撞击碎裂后的遗留物，现在大多数理论支持前者。事实上，如果将所有小行星的质量加起来考虑成一个"大行星"，这个"大行星"的直径也只有 1 500 km 左右，还不到月球直径的 1/2。

小行星是靠反射太阳光才被观测到的，其亮度与其相对太阳和地球的距离、相位角和本身的反照率有关系。为比较各小行星的亮度，常把观测得到的视星等换算成绝对星等，即小行星距离地球为 1 AU 且相位角为 0°时呈现的视星等。大多数小行星的绝对星等为 11～19 等，平均值为 16 等。

小行星的表面性质和物质成分可用光谱法、多色测光法、偏振法、红外及射电辐射法、雷达探测等方法进行探测研究。衡量小行星表面性质的一个重要参数是反照率，包括球面反照率和几何反照率，跟小行星表面物质的性质（成分、颗粒大小、表面结构等）有关。最初小行星被划分为反照率小的碳质（C 型）小行星和反照率大的石质（S 型）小行星；后来科学家结合反射光谱等特征将小行星划分为多类（C、B、F、G、P、D、T、S、M、E、A、Q、R、V 型等）；最新的分类研究应用发射光谱和反照率，把小行星分为 S、C、X 三大类以及一些次要的异常类型，每个大类下面又可分出亚类，共 26 个光谱型。

小行星表面的反射光谱反映了它本身的物质组成，如 S 型小行星的表面主要成分为硅酸盐与金属铁；M 型小行星的表面主要成分为金属铁；C 型小行星的表面化学成分与太阳大气的平均组成很相似（挥发性组分除外），富含碳质和有机质成分，类似于碳质球粒陨石。不同类型的小行星是由于其内部发生了不同程度的熔融分异的结果，反映了太阳系的演化历史。小行星在漫长的太阳系演化过程中，相互发生碰撞并破裂成众多碎片，有些碎片进入地球重力场而陨落成为陨石。因此陨石是研究小行星以及太阳系的珍贵样品。图3-1给出了近地小行星的概念示意图，根据人类对火星轨道以内的近地小行星的认识，目前将近地小行星分为以下四类：

（1）阿坦型（Aten）：半长轴小于1 AU、远日距略大于0.983 AU（地球近日距），与地球轨道类似，与地球相撞的可能性最大，据估计平均1亿年会有一颗小行星撞击地球。目前，对地球威胁程度最高的阿坦型小行星，是于2004年发现的小行星（99942）阿波菲斯（Apophis），该天体有可能于2036年前撞上地球，酿成灾难。

（2）阿波罗型（Apollo）：半长轴大于1 AU、近日距小于1.017 AU（地球远日距），这些小行星的偏心率较大，能够穿越地球轨道，据估计平均每10亿年会有三颗撞击地球。大约50%的近地小行星属于此类。

（3）阿莫尔型（Amor）：近日距在1.017～1.3 AU，由于受到大行星的引力摄动影响，其轨道发生变化有可能与地球交叉，因此存在撞击地球的危险，据估计平均每10亿年会有一颗撞击地球。大约40%的近地小行星属于此类。

（4）阿迪娜（Atira）：又称为阿波希利（Apohele）小行星，其轨道完全在地球轨道内部，因此又称为地内小行星。阿迪娜型小行星很难被探测到。

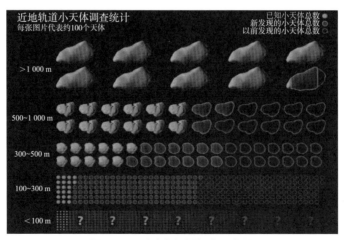

图3-1 近地小行星概念示意图
（图片来源于《月球与深空探测工程》）

目前，人类开展的小行星探测活动主要是近地轨道的小行星，发射的著名小行星探测器包括美国近地小行星交会（NEAR）探测器和"黎明号

(Dawn)"小行星探测器、欧洲的"罗塞塔号"探测器、日本的"隼鸟号"小行星探测器等。截至 2019 年 10 月底,无人小行星探测计划的概况详见附表 B。对近地轨道小行星的探测、捕获、资源开发利用以及小行星的防御是当前小行星探测的重点,载人小行星探测任务主要是美国提出的小行星重定向任务(Asteroid Redirect Mission,ARM)。开展无人及载人小行星探测的科学目标包括以下几类:

1. 研究小行星轨道演化机制,评估近地小行星撞击地球的威胁

小行星撞击地球事件已经是无可争辩的事实,直径 1 km 大小的小行星撞击地球时释放出的能力相当于地球上所有核武器爆炸产生的破坏力,这将对地球文明造成毁灭性灾难。那么这些近地小行星是怎样从小行星主带迁移到近地轨道来的呢?未来近地小行星撞击地球的概率是多少?这是小行星探测领域研究的重要课题。例如,4660 Nereus 小行星将在 2060 年 2 月 14 日距离地球仅为 0.008 AU,有很大的概率撞击地球,目前全世界都在加强对这颗小行星的观测。行星科学家研究发现,小行星的自转速率、自转轴的指向、密度、形状、磁场强度是影响小行星轨道演化的重要因素,然而地面上的天文观测很难准确测定这些物理参数,特别是对那些直径在亚公里以下的小行星,地面观测更加困难。这些小行星的数目比直径大于 1 km 的小行星多很多,因此它们对地球的潜在威胁更大。只有通过深空近距离探测,才能全面准确了解这些小行星的物理特征,改进对小行星的长期轨道演化研究,及时预测未来小行星碰撞地球的概率。

2013 年 12 月 5 日,《Science》杂志公布了 NASA 通过地面雷达对 6489 号近地小行星 Golevka 连续 12 年的观测结果,结果发现亚尔科夫斯基效应(Yarkovsky 效应)①导致该小行星的轨道偏移了 16 km,这对精确预测小行星,特别是近地小行星的长期轨道提出了新的要求。因此,小行星探测的科学目标之一就是测量小行星群的物理性质,包括大小、质量、形状、自转特征、密度、表面状态、反照率、反射光谱等;通过测量小行星的大小、质量可以推测小行星的体积密度及多孔性程度,进一步对小行星的表面化学成分和矿物组成进行评估;通过测量表面物质的光学特性和辐射能力、磁场强度等信息,从而确定小行星表面不均匀热辐射产生的加速度,才有可能精确测定小行星的运行路径,进而为确定预防近地小行星撞击方案提供关键数据。

---

① 亚尔科夫斯基效应(Yarkovsky 效应)是指当小行星吸收阳光和释放热量时,对小行星产生的微小推动力。准确来说,既是一个旋转物体由于受在太空中的带有动量的热量光子的各向异性放射而产生的力。

2. 测定小行星的内部结构和组成成分，建立小行星和陨石之间的直接关系

小行星是太阳系形成早期的产物，由于其体积较小，形成之后没有发生重大的地质变化，较完整地保留了太阳系形成早期的状态，反映了形成过程的物理化学变化，它们的化学成分和矿物组成对研究太阳系的起源有很重要的意义。

通过高精度测量小行星的表面形态，包括撞击坑、裂痕、凹槽、突起等，记录撞击坑和溅射物的丰度和分布，测量表面风化层的厚度，进而研究小行星演化过程中所处的空间环境变迁，表面物质所经历的空间风化作用程度，以及空间风化作用对表面风化层的反射光谱的影响。

目前除了少数月球和火星陨石，绝大多数陨石都来自小行星碎片。目前全世界收集到的3万多块陨石样品中，80%是普通球粒陨石，其余为碳质球粒陨石、顽火辉石球粒陨石和分异陨石（无球粒石陨石、石铁陨石和铁陨石）。原始球粒陨石代表了太阳系最原始的物质组成，而分异陨石的化学成分和矿物组合变化很大，从玄武质无球粒石陨石，到石铁陨石和铁陨石，它们是太阳系早期小行星内部岩浆熔融分异的产物。要充分认识陨石的特性以及它们在太阳系形成过程中的作用，必须首先了解陨石的来源和陨石母体的特性。长期以来，人们试图建立小行星和陨石之间的关系，通过研究陨石来确定小行星的形成，内部熔融分异和演化的历史。按照常理，常见的普通球粒陨石的小行星母体应该存在于小行星带内，然而长期的天文观测并没有在小行星带内找到与普通球粒陨石的反射光谱相同的小行星，这是当今行星科学面临的较大困惑。因此，找寻普通球粒陨石的小行星母体也成为行星科学的重要科学目标。

3. 研究小行星有机成分对地球生命起源的意义，以及水在小行星形成和演化过程中的作用

氨基酸是地球生物圈的重要组成单元，地球上的生命大多具有左旋手性的氨基酸，这是探测生命起源的重要基础。有理论认为，生命起源于无手性的有机分子，而生物在长期演化过程中有选择性地利用了特定手性的有机分子[①]。另

---

① 特定手性的有机分子：手性（chirality）一词源于希腊语，在多种学科中表示一种重要的对称特点。如果某物体与其镜像不同，则被称为"手性的"，且其镜像是不能与原物体重合的，就如同左手和右手互为镜像而无法叠合。手性及手性物质只有两类：左手性和右手性。有时为了对比，另外加了一种无手性（也成"中性手性"）。左手性用learus或者L表示，右手性用dexter或者D表示，中性手性用M表示。手性分子是化学中结构上镜像对称而又不能完全重合的分子。镜面不对称性是识别手性分子与非手性分子的基本标志。生物分子都有手性，即分子形式的左撇子和右撇子（或左旋、右旋）。手性是生命过程的基本特征，构成生命体的有机分子绝大多数都是手性分子。

一种理论认为，在生命起源之前，地球上就已存在大量左旋手性的有机分子，生命就是从这些有机物中发展和演化而成的。然而，在早期的地球环境下发生的化学反应却不能产生适量的具有左旋手性的有机分子。因此，也有人认为组成生命的左旋手性有机分子（如氨基酸）是由陨石、彗星和宇宙尘埃带入地球的。

在地球上观测到的富含挥发性成分的碳质球粒陨石含有多种有机分子，包括氨基酸、咖啡碱、嘧啶磷等生命起源所需的重要有机分子。C 型小行星的反射光谱与碳质球粒陨石相似，表面物质富含碳和水，有机物含量也很高，但是其相对密度却只有碳质球粒陨石的一半，它们可能含有 20% 的水。然而，S 型小行星的反射光谱并不显示真有水的存在，但其相对密度却很低，这是否说明所有小行星都含有水？还是小行星内部具有特殊的结构，它们比地球上最松散的砂岩还要松散？水在生命起源和演化过程中起到了非常重要的作用，另一方面水又是重要的自然资源，可以作为人类深空探测的资源补给站。

目前，全世界收集到的 3 万多块各种类型的陨石，大多数来自 S 型、C 型和 M 型小行星，但是还有很多类型的小行星（如 T、D、O、Ld 型等），与其对应的物质却不在陨石之列。这些类型的小行星物质的化学成分和矿物组成有什么特性？是否代表了太阳系最原始的物质？有没有经历过水变质和热变质作用的影响？

为解决这些科学问题，仅仅依靠实验室的陨石分析和地面望远镜的小行星天文观测是远远不够的。需要对小行星进行近距离和零距离观测。通过携带近红外光谱仪和 γ 射线光谱线，可能寻找到表面风化层的含水矿物，综合表面物质光谱学数据来研究小行星所经历的水变质过程，以及水变质过程对小行星反射光谱变化的影响。此外，C 型小行星占小行星总数的 75%，从这类小行星上直接采集样品返回地球，对研究生命的起源具有重大意义。

4. 探索小行星的起源和形成机制，以及恒星演化和恒星与行星形成的关系

太阳系形成于 45 亿年前，星云学说认为原始太阳在星云中产生，有以下几个阶段：首先慢速旋转的气态星云由于自引力而塌缩；其后星云中心逐渐冷却而发生凝聚，且其自转速度加快而变得愈发扁平；最后原始太阳在星云中心生成，且周围伴有旋转的气态星周盘。量子假说进而指出，当行星盘冷却后，微米大小的岩石和冰状混合凝结颗粒落在盘中央的平面上，进而固态小颗粒经过相互碰撞，从很薄的尘埃层生长为公里级的星子，接着星子之间发生了大规模的相互碰撞而形成千公里级的行星胚胎，最后由行星胚胎形成目前的大行星，残存的尚未发生吸积的星子即组成太阳系小行星（小天体），如主带小行

星和柯伊伯带的天体。但是关于小行星的形成机制还存在许多未解之谜。

此外，同位素分析表明，有些陨石含有短周期放射性元素（^{26}Al、^{40}Ca、^{53}Mn、^{60}Fe等），还有些陨石含有前太阳恒星尘埃（如碳化硅、石墨、氧化铝和氧化钛等颗粒）。这些由原始太阳星云附近的恒星向太阳系抛入的物质，它们有可能是星际介质的分子，也有可能是恒星的尘埃，因此蕴含了大量恒星形成和演化过程的"密码"。然而，想在陨石中寻找恒星物质非常困难，目前只在少数原始球粒陨石中找到了恒星物质。通过对不同类型小行星的采样返回探测，可以提供新的恒星物质类型，对深入认识恒星形成和演化历史以及恒星在太阳系形成中所起的作用至关重要。

5. 开展小行星高价值样品的采样返回及原位资源利用

开展小行星探测，可分析近地小行星的内部结构及其成分（整体结构还是碎石堆），描述表面热和电属性，测量整体物理属性（质量、形状、密度、孔隙度、自旋、强度），描述表面机械属性（运动碰撞的动量系数、地形地貌特征对运动的影响），并确定影响近地天体重力场的系数。通过载人小行星探测任务，可以充分发挥航天员智能优势，现场采集价值较高的样本，通过研究表岩屑属性（如细颗粒、碎石、卵石）和颗粒结构，确定小行星表面演化情况并描述其特征。

近地小行星具有微重力环境，它们的内部结构也差异很大，有的是整体结构，有的是松散的碎石堆，所以在近地小行星表面运动难度很大。采取什么样的链接措施（锚固、结网）合适，取决于目标的特征。另外，只有了解近地天体的特征，才能量化和启动针对近地天体资源的原位资源利用与勘探。此外，可根据近地小行星的成分，原位制造推进剂或者生保消耗品，或用作制造工艺或屏蔽装置的原材料，这对于实施载人火星探测等复杂任务具有重要的作用和意义。

3.3 火星探测的科学目标

火星是太阳系八大行星之一，属于类地行星。火星基本上是沙漠行星，地表沙丘、砾石遍布且没有稳定的液态水体。火星上以二氧化碳为主的大气既稀薄又寒冷，沙尘悬浮其中，每年常有尘暴发生。火星两极皆有水冰与干冰组成的极冠，会随着季节消长。

人类探测火星的目的除了探索宇宙的奥秘之外，还在于火星是地球的近邻，它的特征在很多方面与地球极为相似。从火星演化程度来看，火星正好处于地球和月球之间（地球是演化的壮年期，月球已经死亡，而火星是老年期）。因此，开展火星探测研究，将为类地行星乃至太阳系的演化提供重要的补充和启示。此外，对于认识人类居住的地球环境，特别是认识地球的长期演化过程，是十分重要的。截至2019年10月底，无人火星探测计划的概况详见附表C。

总体来看，人类开展火星探测的主要科学目标有：

1. 寻找火星生命存在的痕迹

从20世纪中期至今，人类开展了火星的空间探测，其中包括火星是否存在生命的探测。到目前为止，所有的火星探测结果都证明火星现在没有任何生命活动的迹象。尽管如此，人类并没有放弃对火星生命活动信息的搜索。从火星独特的地形地貌特征（如河网体系、海洋盆地、极区冰盖的消失等）和接近地球的表面环境，仍有理由认为火星的过去存在生命的活动。关于地外生命存在的探寻，不仅反映了人类的好奇心，更是人类探索太空的动力和社会责任。因此，探寻火星生命存在的征程才刚刚开始。

美国发射的"凤凰号"火星探测器用左旋乳酸和右旋丙氨酸的细胞培养液与火星上的土壤混合时，发现混合样本释放出的部分气体具有独特的手性特征，大部分的测试结果表明，火星的释放气体都是右旋性。众所周知，组成地球生命体的氨基酸几乎都是左旋性，而没有右旋性。因此，部分科学家认为火星表面的土壤样品没有地球生命构成的基本物质。

2. 了解火星上水的存在及其消失过程

人们根据观测结果推论，火星上有干枯的河川，在远古时期，火星表面大部分地区覆盖着水，也可能存在过生命。火星表面水的消失可能是生命消失的主要原因。那么地球上的水会不会消失？地球上的生命会不会也最终消失？这是需要通过火星探测来进行比较研究的一个问题。关于火星表面水的消失过程的理论机制问题，科学界主要有两种观点：一种认为火星表面的水以沉积岩的形式存在于火星的地表以下；另一种则认为水是通过蒸发和电离，变成带电粒子沿着火星的磁力线逃逸出了火星的大气。第一种观点的研究，需要对火星的地质进行进一步的探测，从而研究火星的地质成分以及火星上的岩石形成机制。第二种观点的研究，需要对火星磁场的长期变化进行探测。通过探测火星岩石中的剩余磁场，从而研究火星上组成水的离子成分如何在不同历史时期的不同强度磁场控制之下进行逃逸的过程。这两种观点的证明都需要对火星上的水与挥发机制进行系统研究，包括存在形式、分布、总量、逃逸过程以及与其他类地行星或陨石进行比较。

尽管探测器从各个方面发现了一些证明火星有水存在的证据,但是火星地外生命探测还是遇到了一些难题,包括:

(1) 火星大气中甲烷气体目前无法确定是有机成因还是无机成因。

(2) 火星表面发育过海洋盆地、湖泊和河网体系,但至今火星表面没有发现活动的水体,那么水体埋藏的部位、深度与分布有待深入探测。

(3) 如何从火星沉积岩中寻找含有古老信息的化石并精细圈定火星表面沉积岩的分布?

尽管在火星陨石的研究中发现了一些火星可能曾经发育过生命的"证据",但在火星上如何从沉积岩中寻找到含有古老信息的化石仍是个重大挑战。探寻和圈定含有化石的火星沉积岩将是探测火星过去存在生命的突破点,是未来火星着陆器寻找火星过去曾经发育过生命的重大科学任务。

3. 了解火星大气和气候的演化过程

如果火星上曾经存在过类似地球上的生命的话,那么火星在远古时期应该有一个类似于地球那样的大气层来保护生命的存在。现在火星上的大气条件根本不适合生命的存在,火星的大气是如何演化成今天的状态,主要控制因素是什么?地球的大气经过长期的演变会不会像火星现在一样,也是需要通过火星探测来进行比较研究的一个重要科学问题。

"海盗号"、"哈勃"太空望远镜、"火星探路者"、"火星全球勘探者"等探测器对火星大气层进行了详细的探测,大量探测数据显示火星大气稀薄(700~900 Pa)。其大气的主要成分有 CO_2、He、^{14}N 与 ^{13}N、^{40}Ar、O_2,其中 CO_2 的体积分数为 95%;微量气体有 H、N^{2+}、CO、CO^{2+}、CO^+、Kr、Xe 等。火星的大气层不是原生大气层,而是在火星演化过程中,火星内部的脱气过程而形成的次生大气层。

火星大气的演化是一个非常复杂的过程,综合作用因素很多,可能与太阳的距离和相对位置关系、火星表面温度、火星的整体化学成分及其热演化,以及火星水体的演化等因素相关。为了能准确地了解火星大气演化的过程及特征、气候的变化和过去生命活动的历史及其相互关系,还需要对火星大气层的成分、密度、结构与成因开展综合的探测和研究,包括火星大气的起源、成分演化历史,以及大气的质量和动力学,也有必要开展类地行星大气层的形成与演化的比较研究。

4. 了解火星固有磁场的演变

探测研究结果表明,目前火星的固有磁场比地球固有磁场弱得多,但在火星表面局部地区观测到了很强的剩余磁场。这说明火星在远古时代有很强的固有磁场，经过长期演变，火星的固有磁场已经变得很小。火星的固有磁场使得火星大气与太阳风相互作用的结果发生改变。这无疑对火星大气演化、对火星上水的消失过程都有重要作用。除了火星磁场外，还需对火星重力场、电学和波速特征以及火星内部结构的精确推演进行研究。

5. 掌握火星的地貌和地质特征

通常对火星的表面进行直接成像来研究火星的地貌。研究结果表明，火星表面分布着大峡谷和高山，高差 12～14 km，有水流过的痕迹。初步探测资料分析表明，火星表面大部分地区覆盖着土壤。火星岩石元素成分中，氧元素含量最高，其次是硅，然后依次为铁、镁、钙和硫。探测火星的岩石成分，除了对研究火星表面水的消失过程、火星本体磁场的长期变化以及火星大气和气候的长期演化过程具有重要意义外，还对于研究火星的形成过程、火星地质及表面成分的长期演变过程以及岩石的结构构造、化学组成以及成因，特别对是否存在沉积岩，火星表面岩石的形成年龄与地壳的演化、岩石和空气的相互作用、岩石和水的相互作用过程，火星地貌的长期变化，都具有重要的科学意义。

6. 开展对火星进行适宜人类居住改造的探索研究

火星是地球的"孪生姐妹"，两者有许多相似之处。例如，地球上的一天是 23 小时 56 分钟，火星上的一天是 24 小时 37 分钟，两者有几乎相同的昼夜长短；地球公转的轨道面和赤道面的夹角是 23°27′，火星轨道面和赤道面的夹角是 25°11′，二者有几乎相同的季节变化。这些相似性都表明，火星是适宜人类居住改造的最好候选行星。但火星不利于人类生存的条件也非常明显：一是火星比地球寒冷得多，其平均温度为 -40～-60 ℃；二是火星表面比地球表面具有较强的宇宙高能粒子辐射；三是火星引力只有地球的 38%；四是火星大气压力仅为地球的 1%。

载人登陆火星将是 21 世纪最宏伟、最复杂的航天工程，也是未来 30 年世界航天大国实施载人航天技术的最高愿景，因此成为当前航天科学技术领域发展的关注焦点。美国在犹他州的沙漠试验场开展的火星改造探索研究工作，目的就是期望能够通过国际合作，实施火星登陆、火星改造和火星利用，在未来几个世纪内将火星改造成一个适宜人类生存和发展的绿色星球，将火星作为人类移民地外星球的试验场。此外，一旦地球环境变得不再宜居，或者遭遇 6 500 万年前恐龙的灭顶之灾，在这种情况下，火星将成为保留人种及人类文明的避难圣地。

然而改造火星必将面临一系列复杂的科学技术难题，如提高火星表面温度；增加火星大气浓度，改变大气组分；建立火星表面生态环境；建立火星农牧业，解决粮副食品自给；建设能源和原材料工业设施；建设人类生活基础设施。一旦把火星环境改造到人类可以耐受的程度内，火星基础设施建设、原位资源利用技术成熟后，就可以考虑大规模的火星旅游或者移民。

3.4 太阳系天体探测的科学载荷

对太阳系中天体的探测主要是靠探测器上搭载的有效载荷。一类为电磁波成像观测，用于高分辨率成像，主要针对行星的地形地貌、天体表面物理性质和化学成分等进行观测；另一类为粒子探测，深空探测对低能离子和中性原子关注比较多；还有一些针对磁场、电场、重力场和声波的探测，磁场多用于对天体的磁场、磁层分布的研究，电场多用来作为行星大气中等离子体的探测载体，重力场探测多借助多普勒重力场试验仪器等，声波探测可以用类似雷达发射接收延迟的方法，探测天体地下的构造特征。太阳系天体（除太阳外）探测的基本方法如表 3-3 所示。

表 3-3 太阳系天体（除太阳外）探测的基本方法

探测项目	探测载荷	获取信息	探测方式
磁层	磁力计	行星的磁层和磁场	轨道器、着陆器
大气层	多波段成像设备	图像	探测器、轨道器、着陆器
	偏振测量设备	通过偏振特性分析得到云质点的成分和性质，大气压力	探测器、轨道器、着陆器
	紫外光谱仪	从反射太阳光的紫外光谱仪，得到大气成分	轨道器、着陆器
	红外辐射强度	通过热辐射强度，得到温度、成分、动力学等信息	探测器
	微波辐射	通过探测大气发射的微波，得到大气结构以及动力学特征	探测器、轨道器
	射电掩星	通过探测器和地面前信号频率和强度变化，得到大气结构信息	探测器、轨道器

续表

探测项目	探测载荷	获取信息	探测方式
表面地貌	多波段成像设备	地质地貌信息	探测器、轨道器、着陆器
	激光高度计	通过发射与反射脉冲的延迟，得到地形信息	轨道器
	雷达	通过反射脉冲的强度和延迟，得到表面高程、土壤性质等信息	探测器、轨道器
表面物理特性	光度测量设备	通过反射太阳光强度，得到表面的物质性质	探测器、轨道器、着陆器
	辐射密度计	通过反射γ射线，得到表面密度等信息	轨道器
	红外辐射测量设备	通过测量热辐射强度，得到表面的性质	探测器
	采样返回设备	通过采样测量，得到物理性质	着陆器
表面化学组成	可见光谱仪	通过可见光谱，得到表面化学、矿物和土壤等信息	探测器、轨道器、着陆器
	红外光谱仪	通过红外光谱，确定物质种类，如岩石、冰、氨冰、甲烷冰等	探测器、轨道器、着陆器
	γ射线谱仪	通过射线谱，得到钾、铀、钍等元素的丰度	轨道器、着陆器
	X射线荧光谱仪	通过荧光作用，得到表面成分信息	轨道器、着陆器
	粒子探测设备	通过质谱仪、能谱仪、阿尔法粒子探测设备、中心粒子探测设备等，得到化学成分作用	轨道器、探测器
	采样返回	通过携带返回的样品进行化学分析	着陆器
内部磁场	磁力计	内部磁场信息	轨道器、着陆器
内部电场	电场探测设备	内部电场信息	轨道器、着陆器

续表

探测项目	探测载荷	获取信息	探测方式
内部结构	声波探测设备	通过声波反射的强度和延迟,得到内部构造信息	轨道器、着陆器
	雷达	通过反射波的强度和延迟,得到内部结构信息	轨道器、着陆器
内部重力场	重力计	得到重力分布信息	探测器、轨道器、着陆器

3.4.1 常用的科学载荷

1. 成像探测仪器

环绕天体的探测器多用于探测天体地表的地形地貌,多进行成像观测、多波段观测、立体成像观测或成像光谱。成像光谱仪在获取图像的同时,还能得到光谱信息。这种高分辨率的成像可以直接揭示天体的大气特征、表面地质构造、表面性质和成分随空间的分布变化。激光高度计在可见光波段工作,通过测量发射激光的反射信号,记录两者之间的延迟情况,得到地形高度等信息,还可以构造出三维的地形分布。利用类似的原理,人们还制造了雷达和声波探测装置。雷达装置采用射电波,用于测量地形高度和粗糙程度以及土壤的某些物理性质。

2. 环境探测仪器和土壤及矿物分析仪器

近距离的观测可以详细记录天体上的环境条件和地质条件。能量最高的电磁波——γ射线的探测主要分为两类:一类相当于光度测量,叫做辐射密度测量,一般用来探测天体表面的反射γ射线,得到天体表面密度等信息;另一类相当于光谱测量,叫做γ射线谱测量,得到γ射线谱,可以计算出钾、铀、钍元素的丰度,这对于行星形成的历史研究大有益处。X射线的波长比γ射线长,能量相对较低,但X射线有一种特殊的性质:当岩石受到X射线照射后,会吸收X射线的能量,然后再以其他波段的电磁波辐射出去,这种效应叫做荧光效应。因此,通过测量X射线波段的光谱,就可以知道究竟是什么物体在发荧光,也就可以知道行星表面的成分。

3. 低能离子能谱仪和低能离子质谱仪

深空探测和地基观测最大的不同是：它可以通过探测粒子来获得地质数据。例如阿尔法粒子探测器用来测量氡气的含量，从而测定出铀等放射性元素的含量。另外，还有中子谱仪、等离子体成像仪、带电粒子光谱仪、等离子体分析仪、高能粒子与等离子体谱仪等仪器，这些都是针对不同类型粒子而设计的探测器。低能离子能谱仪可以测量空间中能量在几电子伏至几万电子伏离子的分布，并具有很宽的动态范围及较高的角分辨率。如果在低能离子能谱仪多通道板后面加上飞行时间测量系统，还可以具有分辨粒子成分的能力，这时低能离子能谱仪就成为低能离子质谱仪。

4. 中性原子探测器

中性原子探测技术一般有三种：第一种是直接探测没有电离的中性原子，第二种是利用超薄碳膜将中性原子电离后进行探测，第三种是通过表面转换使中性原子带电后进行探测。在美国深空探测器上，考虑不同能量段的中性原子具有不同特性，同时考虑避免紫外光子或极紫外光子的影响，可对低能中性原子、中能中性原子和高能中性原子分别进行探测。

5. 磁场探测器

对行星际空间和行星空间磁场的探测主要是利用磁通门磁强计和感应式磁力仪。其中，磁通门磁强计用于测量静态的直流磁场，主要测量弱磁场；感应式磁力仪用于测量动态的交流磁场，主要测量几赫兹至几万赫兹频率范围的磁场扰动信号。

6. 电场探测器

测量等离子体介质中的空间电场主要有两种方法：第一种是双探针法，即直接测量空间两点间的电位差，由此求出沿探针连线方向的电场；第二种是测量空间电子束的运动，空间电子束运动的变化与电场和磁场有关，如果已经测得了磁场，就可以推断出电场。

3.4.2　嫦娥月球探测器的有效载荷

嫦娥月球探测工程推动了中国行星科学领域探测有效载荷的快速发展。

1. "嫦娥一号"和"嫦娥二号"探测器

中国"嫦娥一号"月球探测器首次实现了对月球的探测活动,它的科学目标包括:获取月球表面三维立体影像,分析月球表面元素含量和物质类型的分布特点,探测月壤特性,探测地月空间环境等。"嫦娥一号"探测器共配置了8种科学探测有效载荷。其中CCD立体相机和激光高度计共同完成了月球表面三维影像获取,干涉成像光谱仪、γ射线谱仪和X射线谱仪完成了元素及物质类型的含量和分布探测,微波探测仪完成了月壤厚度探测,高能粒子探测器和太阳风离子探测器完成了地月空间环境探测。

"嫦娥二号"的科学目标和有效载荷配置类似于"嫦娥一号",如表3-4所示。"嫦娥二号"的CCD相机分辨率从120 m/200 km大幅度提高到了7 m/100 km及1.05 m/15 km,绘制了全月球7 m分辨率影像图和"嫦娥三号"预选着陆区虹湾的1 m分辨率高清图像,为后续实施"嫦娥三号"和"嫦娥四号"任务奠定了基础。

表3-4 "嫦娥一号"和"嫦娥二号"探测器的有效载荷配置

"嫦娥一号"的有效载荷	"嫦娥二号"的有效载荷	科学目标
CCD立体相机	CCD立体相机	获取月球表面三维影像
激光高度计	激光高度计	
干涉成像光谱仪	—	分析月球表面有用元素含量和物质类型的分布特点
γ射线谱仪	γ射线谱仪	
X射线谱仪	X射线谱仪	
微波探测仪	微波探测仪	探测月壤特性
高能粒子探测器	高能粒子探测器	探测地月空间环境
太阳风离子探测器	太阳风离子探测器	

2. "嫦娥三号"和"嫦娥四号"探测器

"嫦娥三号"首次实现了中国月球软着陆和月面巡视探测,有三个主要的科学探测任务:月表形貌与地质构造调查,着陆区与巡视区的矿物组成与化学成分的综合就位分析,日地月空间环境探测与月基天文观测。"嫦娥三号"探测器由着陆器和巡视器组成。着陆器配置了地形地貌相机、月基光学望远镜、极紫外相机和降落相机4种有效载荷。巡视器配置了全景相机、测月雷达、红外成像光谱仪和粒子激发 X 射线谱仪 4 种有效载荷。"嫦娥三号"探测器的有效载荷配置如表 3-5 所示。

表 3-5 "嫦娥三号"探测器的有效载荷配置

有效载荷	探测任务
地形地貌相机	获取着陆点周围区域的月表地形地貌光学图像,对巡视器及其在月表的移动过程进行观测
极紫外相机	工作波长为 30.4 nm,探测目标是地球等离子体层 He^+ 对 30.4 nm 太阳辐射的共振散射,能够连续跟踪探测
月基光学望远镜	工作在近紫外谱段,对各种天体的亮度变化情况进行观测,能够连续跟踪观测
降落相机	着陆器降落过程中,在各个高度连续获取降落区域的月表光学图像
全景相机	获取着陆器和巡视区域周围的月表地形地貌光学图像,对着陆器进行成像
测月雷达	在巡视器行驶过程中,探测行驶所经路线的月壤厚度和结构、月亮浅层结构
红外成像光谱仪	获取巡视区域周围的月表红外光谱和图像,用于月表矿物组成和分布分析
粒子激发 X 射线谱仪	对巡视区域周围的月表物质主要元素的含量进行现场分析,用于识别、鉴定岩石全岩成分、月壤全岩成分和矿物成分

"嫦娥三号"任务不同于"嫦娥一号"及"嫦娥二号"任务,其采用着陆探测和巡视探测,有效载荷要求更加轻小型化,此外红外光谱仪、测月雷达、极紫外相机、月基光学望远镜等都是全新设计的。首次使用了声光可调滤光器,实现光谱探测、时间域探测雷达探测月壤厚度、基于单球面反射和球面光子计数成像探测器的地球等离子体层观测,以及极紫外波段的月基自主天文观测等。

"嫦娥四号"探测器由中继星、着陆器和巡视器组成,着陆于月球背面艾特肯盆地,通过中继星的通信支持,开展对月球背面着陆巡视区的就位探测和巡视勘测。"嫦娥四号"的科学目标为:月基低频射电天文观测研究、月球背面巡视区浅层结构探测研究、月球背面巡视区形貌与矿物组分探测研究。

"嫦娥四号"探测器共配置 8 台有效载荷设备来完成这三项科学目标:着陆器上配置 4 台设备,分别是降落相机、地形地貌相机、低频射电谱仪和中子与辐射剂量探测仪；巡视器上配置4台设备，分别是全景相机、测月雷达、红外成像光谱仪和中性原子探测仪，详见表3-6。

表3-6 "嫦娥四号"探测器的有效载荷配置

有效载荷	探测任务
低频射电谱仪	在甚低频频段内同时获得频率连续的射电巡天图像，从而对宇宙的大尺度结构及射电辐射的频率相关性进行研究
降落相机	在"嫦娥四号"探测器降落过程中进行连续成像，进行降落区定位并可重构精细降落轨迹
地形地貌相机	获取着陆器高分辨率地形和图像数据，研究着陆区形貌和地质构造
中子与辐射剂量探测仪	测量月表的综合粒子辐射剂量和LET谱；测量月表快中子能谱和热中子通量
测月雷达	获取巡视器行走路线上月球浅层结构厚度分布，提供科学数据进行月球地形和地质结构研究
全景相机	对月球巡视区表面进行立体成像，进行地形、结构、地质特性、火山坑调查，并可监视着陆器状态
红外成像光谱仪	分析月球表面矿物组成和分布，确定岩石类型
中性原子探测仪	在月表上测量太阳风和月表相互作用之后产生的中性原子，包括太阳风本身的离子获得电子后产生的中性原子，和月球表面被溅射出的中性原子。

3. "玉兔一号"和"玉兔二号"月球车

2013年，"嫦娥三号"探测器和"玉兔一号"月球车着陆在月球正面的雨海宽阔的平原地带，这里形成一种独特的火山玄武岩石。"玉兔一号"月球车在穿过雨海的紫微撞击坑附近时进行了采样，通过勘测，发现月球表面一种玄武岩样本非常特殊，与此前美国 Apollo 载人登月工程发现的样本很不一样。通过对该地点的测量分析发现这里形成于近期，可能是月球表面"最年轻"的区域。虽然月球表面多数区域被认为形成于30亿~40亿年前的火山喷发过程，但"玉兔一号"月球车发现的独特玄武岩样本形成于29.6亿年前。该岩石样本包含着独特的矿质混合物，具有较高的二氧化钛含量，同时还有一种叫做橄榄石的绿色矿物质。科学家们认为这种多样性岩石样本说明，上月幔成分均质性低于地球，同时关联化学成分年代，这有助于研究随着时间变迁，来解释月球火山活动是如何发生变化的。

2019年，中国科学院国家天文台团队利用"玉兔二号"携带的可见光和近红外光谱仪的探测数据，证明了"嫦娥四号"落区月壤中存在以橄榄石和低钙辉石为主的月球深部物质。"玉兔二号"月球车携带的可见光和近红外光谱仪在两个探测点获得了质量良好的光谱数据。通过初步分析发现，"嫦娥四号"着陆区的月壤成分明显不同于"嫦娥三号"着陆区的月海玄武岩，这一区域月壤中橄榄石含量最高，低钙辉石次之，并含有很少量的高钙辉石。科学界关于月幔物质组成的推论一直没有被很好地证实。中国科学院的科研人员认为，"玉兔二号"巡视器探测到的这些物质是从冯·卡门撞击坑东北部的一个直径为72 km的芬森撞击坑溅射出的。他们认为南极–艾特肯盆地在形成后，继续遭到小天体撞击形成更多的小撞击坑。而当芬森撞击坑形成时，有可能撞穿了月壳，将月幔物质挖掘出来并抛射到了冯·卡门撞击坑。

当前无论是美国、苏联采回的月球样品，还是环月探测器的遥感数据，都还没有发现与月幔准确物质组成相关的直接证据。这是中国嫦娥月球探测工程对月球科学研究做出的重要贡献。

3.4.3 载人空间站的有效载荷

在天空实验室、"礼炮号"空间站、"和平号"空间站、空间实验室及国际空间站等载人实验室或空间站项目中均携带了空间天文载荷，在伽玛射线、X射线、紫外、可见光和红外等各波段获取了大量数据和影像，取得了技术突破和开创性成果。21世纪，国际空间站大规模组合体长期在轨运行，也成为高能天体物理探测的理想场所，开展了阿尔法磁谱仪、X射线和伽玛射线、紫外等多个探测项目。

美国的天空实验室（Skylab）携带了阿波罗观测台（Apollo Telescope Mount，ATM），包括：白光日冕仪（White Light Coronograph，WLC）、X射线光谱望远镜（X-Ray Spectrographic Telescope，XRST）、紫外光谱仪（Ultraviolet Spectrometer，UVS）、双能X射线望远镜（Dual X-Ray Telescope，DXRT）、紫外光谱仪/日光仪（Ultraviolet Spectrometer/Heliograph，UVH）等。天空实验室进行了一系列的空间天文科学试验，开启了空间X射线天文观测的新阶段。其X射线望远镜采用胶片记录，由航天员带回地面，进行地面处理。

国际空间站（International Space Station，ISS）是迄今为止最大的载人空间设施，从1998年开始，经13年多次组装完成，总计达400余吨，初建至今已在轨运行17年。ISS在近地轨道长期稳定运行，搭载了以阿尔法磁谱仪为代表的多项科学载荷，用于长期测量宇宙线，寻找反物质和暗物质。日本"希望号"实验舱安装了多个高能天文探测装置,如全天 X 射线检测仪(Monitoring All Sky X – Ray Images,MAXI),在 4 年时间里从 22 个活跃恒星观测了 64 个较大闪耀现象,4.5 年里发现了 6 个新黑洞。欧洲建造的哥伦布舱安装的科学载荷有太阳变化与辐射检测仪(SOlar Variability and Irradiance Monitor,SOVIM)、太阳光谱辐射测量仪(SOLar SPECtral irradiance measurement,SOLSPEC)、自动校准极紫外与紫外光谱仪(SOLar Auto – Calibrationg Extreme Ultraviolet and Ultraviolet Spectrometers,SOLA – CES)。俄罗斯建造的"星辰号"服务舱安装的科学载荷,能够探测银河系宇宙线元素组成与精细能谱、太阳宇宙线粒子,检测空间站附近的微粒子,寻找低能重粒子的太阳和银河系起源等。

基于 ISS 长期在近地轨道运行的优势,天文学家还提出了多种载荷构想和方案,如表 3 – 7 所示,有些已经发射,有些正在研制,计划后续安装在空间站上执行科学探测任务。

表 3 – 7　国际空间站 ISS 上后续计划安装的科学载荷

科学载荷	国家	科学目标
中子星内部成分探测器 NICER:Neutronstar Interior Composition Explorer	美国	研究中子星奇特引力、电磁和核物理环境,探索中子星内部物质状态,软 X 射线(0.2~12 keV)高灵敏度探测内部结构等
国际空间站上的宇宙射线能量及质量测量仪 ISS – CREAM:Cosmic Ray Energetics And Mass for the International Space Station	美国、韩国、墨西哥、法国等	将宇宙线直接测量能量范围拓展至最高,探测宇宙线起源、加速与传播
日本实验舱段上的极高能宇宙天文观测台 JEM – EUSO:Extreme Universe Space Observatory on Japanese Experiment Module	日本等 13 国家	研究极高能宇宙线起源,观测大气簇射荧光
宽视场 X 射线全天监视器 IWF MAXI:Iseep Wide Field MAXI	日本	探测软 X 射线源、伽玛暴、引力波对应体、超新星、新星等
伽马宇宙射线成像光谱仪 GRIS:Gamma – Ray Imaging Spectrometer	俄罗斯	探测太阳耀斑硬 X 射线与伽玛射线(50 keV~200 MeV)、30 MeV 以上太阳中子、伽玛暴或地球伽玛射线闪探测等

在美国推动实施 Artemis 任务后，关于如何建造地月空间站及能够开展哪些科学研究项目，目前正处于全球国际合作征求项目阶段。可以预计，充分利用好这个平台将对未来行星科学及天文学的发展产生重要的推动作用。

思考题

1. 美国成功实施的 Apollo 登月工程对月球科学研究有哪些贡献？
2. 美国在提出的以重返月球为目标的"星座计划"中，论证的载人月球探测任务的科学目标是什么？
3. 太阳系内的小行星是如何分布的？小行星通常可以分成哪几类？
4. 小行星探测的科学目标通常包括哪些内容？
5. 火星探测的科学目标通常包括哪些内容？
6. 太阳系天体探测常用的科学载荷有哪些？
7. 嫦娥月球探测器上携带有哪几类科学载荷？实现了哪些科学目标？
8. 载人空间站的有效载荷有哪些？未来的载人深空空间站的科学目标有哪些？

参 考 文 献

[1] 焦维新，邹鸿. 行星科学[M]. 北京：北京大学出版社，2009.

[2] 胡中为. 普通天文学[M]. 南京：南京大学出版社，2003.

[3] 果琳丽，王平，朱恩涌，等. 载人月球基地工程[M]. 北京：中国宇航出版社，2013.

[4] 欧阳自远，邹永廖，李春来. 月球——人类走向深空的前哨站[M]. 北京：清华大学出版社，2002.

[5] 中国科学院月球与深空探测总体部. 月球与深空探测[M]. 广州：广东科技出版社，2014.

[6] [美] Nadine G. Barlow. 火星关于其内部、表面和大气的引论[M]. 吴季，赵华，等，译. 北京：科学出版社，2010.

[7] [美] 阿尔瑟·M·杜勒. 外空矿物资源——挑战与机遇的全球评估[M]. 张振军，译. 北京：中国宇航出版社，2017.

[8] 侯建文，阳光，周杰，等. 深空探测——火星探测[M]. 北京：国防工业出版社，2016.

[9] 侯建文，阳光，满超，等. 深空探测——月球探测[M]. 北京：国防工业出版社，2016.

［10］［美］唐纳德·拉普. 面向载人月球及火星探测任务的原位资源利用技术［M］. 果琳丽，郭世亮，张志贤，等，译. 北京：中国宇航出版社，2018.

［11］姜景山，金亚秋. 中国微波探月研究［M］. 北京：科学出版社，2011.

［12］欧阳自远，邹永廖. 火星科学概论［M］. 上海：上海科技教育出版社，2015.

［13］中国科学院地球化学研究所. 月质学研究进展［M］. 北京：科学出版社，1977.

［14］陈善广. 载人航天技术［M］. 北京：中国宇航出版社，2018.

［15］徐波，雷汉伦. 探测小天体［M］. 北京：科学出版社，2018.

［16］［英］大卫·M·哈兰德. 月球简史［M］. 车晓玲，刘佳，译. 北京：人民邮电出版社，2018.

［17］孙泽洲，叶培建，张洪太，等. 深空探测技术［M］. 北京：北京理工出版社，2018.

［18］廖新浩. 行星科学和深空探测研究与发展［J］. 中国科学院院刊，2011，26（5）：504-509.

［19］肖龙，GREELEY Ronald，曾佐勋，等. 比较行星地质学的研究方法、现状和展望［J］. 地质科技情报，2008，27（3）：1-13.

［20］郑永春，欧阳自远. 太阳系探测的发展趋势与科学问题分析［J］. 深空探测学报，2014，1（2）：83-92.

［21］欧阳自远. 太阳系探测的进展与比较行星学的主要科学问题［J］. 地学前缘（中国地质大学（北京）；北京大学），2006，13（3）：8-18.

［22］欧阳自远. 我国月球探测的总体科学目标与发展战略［J］. 地球科学进展，2004，19（3）：351-358.

［23］欧阳自远. 月球探测进展与我国的探月行动（上）［J］. 自然杂志，2005，27（4）：187-190.

［24］欧阳自远. 月球探测进展与我国的探月行动（下）［J］. 自然杂志，2005，27（5）：253-257.

［25］欧阳自远，李春来，邹永廖，等. 我国月球探测一期工程的科学目标［C］. 中国宇航学会飞行器总体专业委员会2004年学术研讨会，2005：1-5.

［26］欧阳自远，李春来，邹永廖，等. 我国月球探测二期工程的科学目标［C］. 中国宇航学会深空探测技术专业委员会第一届学术会议，2005：417-424.

[27] 欧阳自远, 邹永廖. 月球的地质特征和矿产自远及我国月球探测的科学目标 [J]. 国土资源情报, 2004 (1): 36-39.

[28] 郑永春, 王世杰, 刘春茹, 等. 月球水冰探测及其进展 [J]. 地学前缘, 2004, 11 (2): 573-578.

[29] 郑永春, 邹永廖, 付晓辉, 等. 月亮女神探月计划的有效载荷与科学探测综述 [J]. 航天器工程, 2011 (3): 108-119.

[30] 刘剑, 欧阳自远, 李春来, 等. 中红外光谱在月球探测中的应用 [J]. 矿物学报, 2006, 26 (3): 435-440.

[31] 邓连印. 月球探测技术的历程及发展态势研究 [D]. 哈尔滨: 哈尔滨工业大学, 2009.

[32] 孔维刚. 月球及火星科学中的三个矿物学问题 [D]. 济南: 山东大学, 2011.

[33] 郑永春, 邹永廖, 张锋, 等. 月球上的水: 探测历程与新的证据 [J]. 地质学报, 2011, 85 (7): 1069-1078.

[34] 郑永春, 邹永廖, 付晓辉. LRO 和 LCROSS 探月计划: 科学探测的分析与启示 [J]. 航天器工程, 2011, 20 (4): 117-129.

[35] 邓湘金, 贾阳. 月球详查探测的载荷配置分析 [J]. 航天器工程, 2007, 16 (6): 77-81.

[36] 吴季, 朱光武, 赵华, 等. 中俄联合探测火星计划萤火一号科学目标综述 [C]. 第二十二届全国空间探测学术讨论会论文, 2009: 1-10.

[37] 吴季, 朱光武, 赵华, 等. 萤火一号火星探测计划的科学目标 [J]. 空间科学学报, 2009, 29 (5): 449-455.

[38] 侯建文, 赵晨, 常立平, 等. 未来月球探测总体构想 [J]. 载人航天, 2015, 21 (5): 425-434.

[39] 林杨挺. 月球形成和演化的关键科学问题 [J]. 地球化学, 2010, 39 (1): 1-10.

[40] 安恒, 杨生胜, 薛玉雄, 等. 国外月球探测有效载荷进展状况 [J]. 真空与低温, 2012, 18 (4): 194-200.

[41] 欧阳自远, 李春来, 邹永廖, 等. 嫦娥一号卫星的科学探测 [C]. 中国空间科学学会第七次学术年会, 2009.

[42] 赵葆常, 杨建峰, 常凌颖, 等. 嫦娥一号卫星成像光谱仪光学系统设计与在轨评估 [J]. 光子学报, 2009, 38 (3): 479-483.

[43] 王建宇, 舒嵘, 陈卫标, 等. 嫦娥一号卫星载激光高度计 [J]. 中国科学: 物理学力学天文学, 2010, 40 (8): 1063-1070.

[44] 孙辉先，吴季，张晓辉，等. 嫦娥二号卫星科学目标和有效载荷简介 [C]. 第二十三届全国空间探测学术交流会论文, 2010.

[45] 贾瑛卓，代树武，吴季，等. 嫦娥三号着陆器有效载荷 [J]. 空间科学学报, 2014, 34 (2): 219 – 225.

[46] 代树武，吴季，孙辉先，等. 嫦娥三号巡视器有效载荷 [J]. 空间科学学报, 2014, 4 (3): 332 – 340.

[47] 贾瑛卓，邹永廖，薛长斌，等. 嫦娥四号任务科学目标和有效载荷配置 [J]. 空间科学学报, 2018, 38 (1): 118 – 130.

[48] 赵海斌，徐伟彪，马月华，等. 小行星深空探测的科学目标与探测计划 [C]. 中国宇航学会深空探测技术专业委员会第一届学术会议, 2005: 473 – 479.

[49] 徐伟彪，赵海斌. 小行星深空探测的科学意义和展望 [J]. 地球科学进展, 2005, 20 (11): 1183 – 1190.

[50] 李伟，孙越强，朱光武，等. 俄罗斯福布斯探测器有效载荷介绍 [J]. 上海航天, 2013, 30 (4): 43 – 44.

[51] 欧阳自远，肖福根. 火星探测的主要科学问题 [J]. 航天器工程, 2011, 28 (3): 205 – 217.

[52] 欧阳自远，肖福根. 火星及其环境 [J]. 航天器环境工程, 2012, 29 (6): 591 – 601.

[53] 刘建忠，欧阳自远，李春来，等. 火星探测的科学目标及优先原则初探 [C]. 2006 年中国科协年会, 2006.

[54] 袁子，王慧，王立，等. 火星探测有效载荷概述 [C]. 中国宇航学会深空探测技术专业委员会第七届学术年会论文集, 2015: 643 – 649.

[55] 张宇烽，王红杰，朱永红，等. 火星相机研制 [J]. 红外与激光工程, 2016, 45 (2): 1 – 7.

[56] 朱岩，白云飞，王连国，等. 中国首次火星探测工程有效载荷总体设计 [J]. 深空探测学报, 2017, 4 (6): 510 – 514.

[57] 赵佳，李欢，钟晓明. 火星大气探测载荷现状与展望 [C]. 中国空间科学学会空间探测专业委员会第二十六届全国空间探测学术研讨会, 2013.

[58] 缪秉魁，林杨挺，陈宏毅. 小行星探测研究现状与展望 [C]. 中国矿物岩石地球化学学会第 14 届学术年会, 2013: 617 – 618.

[59] 徐伟彪，赵海斌. 小行星深空探测的科学意义和展望 [J]. 地球科学进展, 2005, 20 (11): 1183 – 1190.

[60] 季江徽. 开展小行星彗星及深空探测的科学意义及启示 [J]. 国防科技工业, 2011 (4): 54-55.

[61] 孙辉先, 李慧军, 张宝明. 中国月球与深空探测有效载荷技术的成就与展望 [J]. 深空探测学报, 2017, 4 (6): 495-509.

[62] 王建宇, 何志平, 徐睿. 基于AOTF成像光谱技术在深空探测中的应用 [C]. 2013年上海遥感与社会发展国际学术研讨会, 2013.

[63] 杨建峰, 阮萍. 轻小型化全景相机 [C]. 第八届全国空间化学与陨石学学术研讨会, 2006.

[64] 会庭. 日本"辉夜姬"月球探测器的有效载荷 [J]. 中国航天, 2007 (10): 28-33.

[65] 王馨悦, 孙越强, 李永平, 等. 质谱仪在行星系统与小天体探测中的应用 [J]. 深空探测学报, 2017, 4 (6): 522-527.

[66] 周志权, 吕浩, 张栋, 等. 质谱仪在深空探测中的应用 [J]. 质谱学报, 2015, 36 (6): 492-505.

[67] 张九星, 张伟, 李绪志. 载人航天空间天文领域发展综述 [J]. 载人航天, 2017, 23 (5): 670-679.

[68] Andolz F J. Lunar Prospector Mission Handbook [M]. Ames Research Center, 1998.

[69] Ouyang Z Y. Introduction of Lunar Science [M]. Beijing: China Astronautic Publishing House, 2005.

[70] Pyle R. Destination Mars, New Exploration of the Red Planet [M]. Prometheus Books, 2011.

[71] Hubbard S. Exploring Mars, Chronicles from a Decade of Discovery [M]. The University of Arizona Press, 2011.

[72] Harland D M. The Earth in Context: A Guide to the Solar System [M]. Chichester: Springer, 2011.

[73] Grego P. What are Comets and Asteroids [M]. Heidelberg: Springer International Publishing, 2014.

[74] Vondrak R, Keller J, Chin G. Lunar reconnaissance orbiter (LRO): observations for lunar exploration and science [J]. Space Sci Rev, 2010 (150): 7-22.

[75] Keller J. LRO instrument suite and measurements [C]. AIAA Annual Technical Symposium (ATS), 2006.

[76] Vondrak R, Keller J, Chin G, et al. Lunar reconnaissance orbiter (LRO):

observations for lunar exploration and science [J]. Space Science Reviews, 2010, 150: 7 - 22.

[77] Kato M, Sasaki S, Tanaka K, et al. The Japanese lunar mission SELENE: science goals and present status [J]. Advances in Space Research, 2008 (42): 294 - 300.

[78] Goswami J N, Annadurai M. Chandrayaan - 1: India's first planetary science mission to the Moon [J]. Curr. Sci., 96 (4): 486 - 491.

[79] Goswami J N, Thyagarajan K, Annadurai M. Chandrayaan - 1: India mission to Moon [J]. Lunar and Planetary Science, 2006: 1567 - 1577.

[80] NASA. Science summary [EB/OL]. 2006 - 03 - 22 [2006 - 04 - 01]. http://mars.jpl.nasa.gov/mro/science/.

[81] NASA. Overview summary [EB/OL]. 2006 - 03 - 22 [2006 - 04 - 01]. http://mars.jpl.nasa.gov/mro/overview/.

[82] NASA. Spacecraft parts: instruments [EB/OL]. 2006 - 03 - 22 [2006 - 04 - 01]. http://mars.jpl.nasa.gov/mro/sc_instru_hirise.html/.

[83] NASA. Spacecraft & Instruments [EB/OL]. 2006 - 03 - 22 [2006 - 04 - 01]. http://lunar.gsfc.nasa.gov/missions/scandinst.html/.

[84] NASA. Spacecraft & Instruments: LOLA [EB/OL]. 2006 - 03 - 22 [2006 - 04 - 01]. http://lunar.gsfc.nasa.gov/missions/lola.html/.

[85] Mailin Space Science System. Lunar reconnaissance obiter (LRO) Lunar reconnaissance orbiter camera (LROC) [EB/OL]. 2006 - 03 - 22 [2006 - 04 - 01]. http://www.msss.com/lro/lroc/index.html.

[86] Zellner B. Polarimetric albedos of asteroids [J]. Bulletin of the American Astronomical Society, 1973, 5: 388.

[87] Bus S J, Binzel R P. Phase II of the small main - belt asteroid spectroscopic survey: A feature - based taxonomy [J]. Icarus, 2002, 158: 146 - 177.

[88] Zuber M T, David E S, Andrew F C, et al. The shape of 433 Eros from the NEAR - Shoemaker Laser rangefinder [J]. Science, 2000, 289: 2097 - 2101.

[89] Meibom A, Clark B E. Evidence for the insignificance of ordinary chondritic material in the asteroid belt [J]. Meteoritics & Planetary Science, 1999, 34: 7 - 24.

[90] Clayton D D, Nittler L R. Astrophysics with presolar stardust [J]. Annual Review of Astronomy and Astrophysics, 2004, 42: 39 - 78.

[91] Russell C T, Coradini A, De Sanctis M C, et al, Dawn mission: a journey in

space and time [C]. Lunar and Planetary Science Conference, 2003, XXX-IV: 1473.

[92] Russell C T. A journey to the beginning of the solar system [C]. Proceedings of Asteroids, Comets, Meteors, 2002: 63 – 66.

[93] Sears D W G. The HERA mission: sample return from three Near – Earth asteroids [C]. 34th COSPAR Scientific Assembly, The Second World Space Congress, 2002.

[94] Kawaguchi J, Kuninaka H, Fujiwara A. Muses – C, its launch and earth orbit operations [C]. Proceedings of the Fifth IAA International Conference on Low – Cost Planetary Missions, 2003.

[95] Nagy A F. The plasma environment of Mars [J]. Space Sci. Rev, 2004, 111: 33 – 114.

[96] Cheng A F, Atchison J, Kantsiper B, et al. Asteroid impact and deflection assessment mission [J]. Acta Astronautica, 2015, 115 (19): 262 – 269.

[97] Michel P, Cheng A, küppers M, et al. Science case for the asteroid impact mission (AIM): A component of the Asteroid Impact & Deflection Assessment (AIDA) mission [J]. Advances in Space Research, 2016, 57 (12): 2529 – 2547.

[98] Cheng A F, Michel P. Asteroid impact and deflection assessment: the double asteroid redirection test (DART) [C]. Lunar and planetary Science Conference, 2016.

[99] Abell P A, Rivkin A S. The asteroid impact and deflection assessment mission and its potential contributions to human exploration of asteroids [J]. Mineralogy & Petrology, 2014, 55 (1 – 3): 53 – 69.

[100] Mazanek D D, Merrill R G, Belbin S P, et al. Asteroid redirect robotic mission: robotic boulder capture option overview [C]. AIAA Space 2014 Conference and Exposition, 2014: 4432.

[101] Belbin S P, Merrill R G. Boulder capture system design options for the asteroid robotc redirect mission alternate approach trade study [C]. AIAA Space 2014 Conference and Exposition, 2014: 4434.

[102] Reeves D M, Naasz B J, Wright C A, et al. Prosimity operations for the robotic boulder capture option for the asteroid redirect mission [C]. AIAA Space 2014 Conference and Exposition, 2014: 4433.

[103] Acuna M H, Connerney J E P, Wasilewski P J, et al. Magnetic field and

plasma observations at Mars: initial results of the Mars global surveyor mission [J]. Science, 1998, 279: 676-1670.

[104] Wong M, Kangas J A, Ballard C G, et al. Mars science laboratory propulsive maneuver design and execution [C]. 23rd International Symposium on Space Flight Dynamics, 2012.

[105] Gendrin A, Mangold N, Bibring J P, et al. Sulfate in Martian layered terrains: the OMEGA/Mars Express view [J]. Science, 2005, 307 (5717): 1587-1591.

[106] Bibring J P, Langevin Y, Gendrin A, et al. Mars surface diversity as revealed by the OMEGA/Mars Express observations [J]. Science, 2005, 307 (5715): 1576-1581.

[107] Veverka J, Burns J A. The moons of Mars [J]. Annual Review of Earth Planer Science, 1980, 8: 527-558.

[108] Mahaffy P R, Benna A M, King T, et. al. The neutral gas and ion mass spectrometer on the Mas atmosphere and volatile evolution mission [J]. Space Science Reviews, 2015 (195): 49-73.

[109] Paul R M, Richard R H, Benna M, et al. The neutral mass spectrometer on the lunar atmosphere and dust environment explorer mission [J]. Space Science Reviews, 2014 (185): 27-61.

[110] Nieman H, Atreya S, Bauer S J, et al. The gas chromatograph mass spectrometer aboard Huygens [C]. Huygens: Science, Payload and Mission, Proceedings of an ESA Conference, 1997, 1177: 85-108.

[111] Lawson S L, Jakosky B M. Luar surface thermophysical properties derived from Clementine LWIR and UVVIS images [J]. Journal Geophysical Research, 2001, 106 (11): 27911-27932.

[112] Neefs E, Vandaele A C, Drummond R, et al. NOMAD spectrometer on the ExoMars trace gas orbiter mission: Part1 - design, manufacturing and testing of the infrared channels [J]. Applied Optics, 2015, 54 (28): 8494-8520.

[113] Gendrin A, Mangold N, Bibring J P, et al. Sulfate in Martian layered terrains: The OMEGA/Mars Express view [J]. Science, 2005, 307 (5717): 1587-1591.

[114] Bibring J P, Langevin Y, Gendrin A, et al. Mars surface diversity as revealed by the OMEGA/Mars Express observations [J]. Science, 2005, 307 (5715): 1576-1581.

[115] Thuillier G, Foujols T, Bolsée D, et al. SOLAR/SOLSPEC: Scientific objectives, instrument performance and its absolute calibration using a blackbody as primary standard source [J]. Solar Phys., 2009, 257: 185 – 213.

[116] Thuillier G, Harder J W, Shapiro A, et al. The infrared solar spectrum measured by the SOLSPEC spectrometer on board the international space station [J]. Solar Phys., 2015, 290: 1581 – 1600.

[117] Park J M. Status of the top and bottom counting detectors for the ISS – CREAM experiment [C]. 17th International Conference on Calorimetry in Particle Physics, 2017.

[118] Scotti V, Osteria G. The JEM – EVSO time synchronization system [J]. Nuclear Instruments and Methods in Physics Research A, 2013, 718: 248 – 250.

[119] Kotov Y D, Yurov V N, Trofimov Y A, ea al. Solar gamma – ray spectrometer GRIS onboard the International Space Station [J]. Advances in Space Research, 2015, 56: 1797 – 1804.

第 4 章

长期深空探测任务对人的影响

> 载人航天的发展对解决人类在太空中如何长期生存和工作做出了巨大的贡献，美国 Apollo 载人登月工程使得人类首次获得飞出地球轨道和登陆月球的经验。迄今为止，航天员在近地轨道空间站上的生活和工作时间最长已经达到了 438 天。有 16 个国家参与建造的国际空间站代表全球航天合作关系，标志着当今人类长期驻留空间的能力

进入鼎盛时期。但这仅仅是载人航天的开始,未来载人航天将面临三个方面的重大挑战:第一是普通人作为旅游者进行空间旅游;第二是人类重返月球并在月球上建立基地,进行太空资源的开发和利用;第三是人类离开地月空间开始远征火星。在这三方面的挑战中,航天器的工程技术实现能力问题是基础,但限制性因素是实施载人深空探测任务后,乘组成员将远离地球进行长期深空飞行,需遭受到包括空间粒子辐射、变重力、弱磁、星体表面环境等多重危害,同时又面临新的心理精神问题的严峻挑战,这是未来乘员健康保障领域的重要研究方向。

4.1 深空探测任务中人类的基本需求

4.1.1 人对基本物质消耗品的需求

人作为生物体是一个开放的系统,为维持人体正常的生理活动,需不断与环境进行物质和能量的交换。人类维持生命的基本物质是空气、食物和水。人如果没有食物供应最多可生存一个月左右,没有水最多活几天,没有氧气则只能生存几分钟。在人类正常的生理活动中还会产生二氧化碳及排泄废物。

水对人体的新陈代谢是至关重要的,一个成年男子身体的 61%~65% 是由水组成的。脱水会产生严重的生理改变,1% 脱水会影响一些器官的功能,10% 脱水会导致严重的生理代谢问题,20%~22% 的脱水会导致死亡。维持人体内水的平衡所需水的量与环境参数、代谢产热及饮食有关。

航天员食品中的营养物质包括蛋白质、脂肪和碳水化合物,比例大约是 1∶1∶4。在机体的生化反应中,食物发生氧化作用释放出人生命活动所需要的能量,用于内部器官(心、肺)的工作和肌肉的机械性工作,将大部分能量最终转化为热量,由机体排放至周围环境中。据统计,航天员在长期外太空的飞行任务中,一年时间一名体重 75 kg 的航天员所需的物质,通常包括 4 倍体重的氧气、3 倍体重的食物和 17 倍体重的饮用水,此外还需要更多的水用于生理卫生的需求,这部分需求远远超过营养方面的需求。表 4-1 所示为长期航天飞行任务中人对消耗品的需求预估量，本表数据来源于参考文献［3］，数据包含消耗品的包装质量，用于计算 IMLEO。其中，卫生用水占据较大比重，这与载人深空探测任务飞行周期、居住系统设计要求及乘员保障系统的具体方案紧密相关。

表 4-1 长期航天飞行任务中人对消耗品的需求预估量

项目	需求/(kg·人$^{-1}$·天$^{-1}$)
口腔卫生用水	0.4
洗手/洗脸用水	4.1
冲小便用水	0.5
洗衣用水	12.5
淋浴用水	2.7
餐具清洗用水	5.4
饮用水	2.0
水的总需求	27.6
氧气	1.0
缓冲气体（N_2）	3.0
食物	1.5
废物处理用品	0.5
消耗品总需求	33.6

注：饮用水用于制作饮料及食品；卫生水用于个人卫生、冲洗马桶、清洗衣物及餐具。人体与环境的物质和能量交换与人体负荷、体重、食物结构和性别有密切关系。

根据表 4-1 数据，一名航天员每天所需的基本能量消耗（Basic Energy Expenditure，BEE）（卡路里）可以由以下公式算得：

女性：基本能量消耗(BEE) = 65 + (9.6 × 体重) + (1.7 × 身高) - (4.7 × 年龄)

男性：基本能量消耗(BEE) = 66 + (13.7 × 体重) + (5 × 身高) - (6.8 × 年龄)

根据航天员的地面正常活动水平，所需的能量范围为每天 2 300 ~ 3 200 kcal，如果在太空中开展出舱活动，每天需要增加 500 kcal。航天飞行任务食谱中的能量摄入量一般是根据地面正常活动所需制定的。地面正常活动所需的能量水平见表 4-2。通常以此为基准，确定航天员在太空活动的基本能量需求及制定航天飞行任务中的食谱能量摄入量。

对于持续 30 天到 1 年的飞行任务，各种生物成分提供的能量如下：

（1）蛋白质：12% ~ 15%。

(2) 碳水化合物：50%～55%。

(3) 脂肪：30%～35%。

(4) 植物纤维：每天 10～25 g。

(5) 液体：1.5 mL/kcal（每天 > 2 L）。

表 4-2　地面正常活动所需的能量水平

营养成分	数量
蛋白质	每天每千克体重 0.8 g（最小需求）
碳水化合物	每天 350 g
脂肪	每天 77～103 g（热量 < 30%）
热量/kcal	2 300～3 100

注：本表数据只表示需摄入营养成分的数量，未考虑消耗量。

　　通过对国际空间站长期飞行任务的观察，航天员们在太空的进食一般是不足量的，只能达到 60%～70% 的能量需求，因此观察中发现航天员的体重通常是下降的。当前还没有关于微量元素代谢对航天飞行的影响研究，因此对航天员营养标准中没有提出对微量元素的要求。在长期飞行中起重要作用的是维生素 D，封闭的载人航天器环境阻止了人体皮肤中维生素 D 前体向维生素 D 的转化。在地面我们需要每天将身体暴露在阳光下 20～30 min，以促进维生素 D 的吸收和转化。因此在长期飞行任务中给航天员补充维生素 D 是十分必要的，航天员使用的剂量是每天 10 mg，在地面则是每天 5 mg。通过国际空间站项目的研究和数据积累，为未来载人登陆火星 500 天的任务积累了充分的食品选择和储存的方法。

　　表 4-3 所示为载人月球探测任务（在月球表面停留 180 天）对生命保障系统的需求，本表数据来源于参考文献 [4]。从中可知，如此大规模的需求需要配备自主生命保障支持系统，它可以提供大气、水和食物，可以处理废弃物和排泄物并提供可能的医疗处理。迄今为止，生命保障系统的功能都是由物理化学过程来实现的，如对水的循环处理。但是对于长期的载人深空探测任务而言，由地球不断供应支持生命保障系统的需求几乎是不可能的，因此学者们开始考虑使用微生物和植物系统，这就是生物式再生生命保障系统（Bioregenerative Life-support System，BLS），它能够提供植物食物，同时对大气和水进行循环利用。此外，还可以考虑发展地外天体原位资源利用技术，利用当地的资源来制造航天员生命保障所需的大气和水，从而降低从地球出发的补给需求。

表 4-3 载人月球探测任务（在月球基地停留 180 天）对生命保障系统的需求

需求和排除废物	地球—月球—地球飞行需求	在月球停留 180 天的需求
O_2/kg	32.6	734.4
舱外活动气闸所需空气/kg		144.0
水（总质量）/kg	**147.2**	**18 876.0**
清洁卫生用水/kg	57.6	16 560.0
饮用水/kg	89.6	2 016.0
舱外航天服用水/kg		300.0
食物/kg	85.4	1 922.4
特殊需要/kg	62.3	541.1
人体代谢废物		
CO_2/kg	39.7	892.8
水蒸气/kg	94.4	2 124.0
能量/kJ	462 080	10 396 800
其他人类产生的废物		
固体（粪便、气袋、手纸、衣物）/kg	67.1	1 509.1
液体（尿、呕吐物、卫生废物）/kg	92.4	17 209.6

4.1.2 人对适居环境的需求

除了维持生命的必需品之外，人的生存还需要有适居的环境条件，这对于保证航天员工作和生活的舒适性，维持健康的心理状态是十分重要的。对于短期的载人航天任务，适居的环境条件主要指大气条件、噪声、振动、过载、冲击、辐射、卫生条件及居住空间容积要求等。图 4-1 所示为 NASA 的人-系统集合标准（NASA-STD-3000）中人均居住空间容积与任务天数的关系，作为载人航天器设计基本需求的参考标准。对于较长期的载人航天任务而言，适居的环境条件所包含的内容更广泛，涉及人际关系、隐私权等。表 4-4 所示为载人航天飞行适居环境的指标。

环境大气条件是保证适居性的重要指标，对于保证乘员的舒适性和安全性具有重要意义。环境大气参数主要包括大气成分、压力、温度、湿度、微量污染物等。载人航天器舱内大气环境参数设计值见表 4-5，国际空间站通用、降额与应急环境条件对比值见表 4-6。

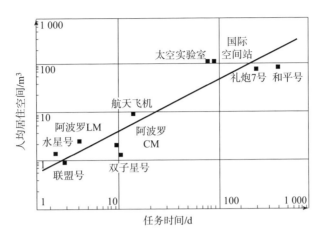

图 4-1 NASA 标准中人均居住空间容积与任务天数的关系图

表 4-4 载人航天飞行适居环境的指标

基本的适居性指标		长期的适居性指标	
气候	气味	乘员组组成	隐私
照明	噪声	人际关系	心理
色彩	振动	矛盾处理	娱乐
装饰	加速度	工作动力	健康
辐射	内部空间	人际交流	餐饮
污染控制	卫生条件	进食周期	—
居住空间容积	食品	—	—

表 4-5 载人航天器舱内大气环境参数设计值

大气参数	设计值	大气参数	设计值
总压/kPa	99.9~102.7	温度/℃	18.3~26.7
氧气分压/kPa	19.5~23.1	相对湿度/%	25~70
氮气分压/kPa	79	空气流速/(m·s^{-1})	0.076~0.203
二氧化碳分压/kPa	0.4		

表 4-6　国际空间站通用、降额与应急环境条件对比值

因素	单位	通用条件	90 天降额条件	28 天应急条件
温度	℃	18.3 ~ 26.7	18.3 ~ 26.7	15.6 ~ 29.4
露点（饱和温度）	℃	5 ~ 16	1 ~ 21	1 ~ 21
空气流速	m/s	0.08 ~ 0.2	0.05 ~ 0.5	0.05 ~ 1.0
大气总压	kPa	99.9 ~ 102.7	99.9 ~ 102.7	99.9 ~ 102.7
二氧化碳分压	kPa	0.40 max	1.01 max	1.60 max
氧分压	kPa	19.5 ~ 23.1	16.6 ~ 23.8	15.9 ~ 23.8

1. 大气成分

对航天员生理需求来说，氧气是最重要的大气成分，在地球上海平面的氧分压为 21.19 kPa，航天飞机环境控制系统维持氧分压在（22.06 ±1.72）kPa，位于海平面氧分压的正常范围以内。在航天器舱内和航天服中需要控制二氧化碳气体的含量，正常航天飞机飞行期间，二氧化碳分压限值为 1.03 kPa。载人飞行任务要求规定当氧分压降到 16.13 kPa 以下时，或者二氧化碳分压超过 2.07 kPa 时应当戴上氧气面罩。

2. 气压

在地球海平面上 1 个标准大气压下的大气压力为 101.3 kPa，实际上维持生命最重要的是氧气分压，总的大气压力可以在一定范围内波动。在航天器设计选择大气总压时，需要考虑合适的氧分压、合适的气体成分以减少材料的可燃性，合适的气体密度以满足电子设备冷却的需求，适当的舱内气压与航天服压力比值，还需考虑舱体结构强度及密封性的要求。

3. 温度和水蒸气（湿度）

温度和相对湿度共同作用影响人的舒适感，空气流通能起到一定的作用。"水星号""双子星号""阿波罗"飞船的舱内环境温度变化范围是 18 ~ 24 ℃，相对湿度是 30% ~ 70%。航天飞机和国际空间站的温度变化范围是 19 ~ 27 ℃，可以增高 1 ℃。在 NASA - STD - 3000 中对航天员接触器物表面温度的规定是：接触裸露皮肤的器物表面温度指标不超过 40 ℃，持续接触的最高温度为 45 ℃，短时接触的最高温度为 46 ~ 49 ℃，同时指出在 45 ℃时也可

能引起烫伤，这取决于接触的时间、表面粗糙度和散热性，以及碰触力度和接触面积的大小等。美国的天空实验室要求航天员与器物的接触温度为 12.8～40 ℃，裸露皮肤的最低（冷）允许接触温度为 4 ℃，以避免致伤。

水蒸气分压在高湿度时可能导致舱内微生物和真菌生长，在低湿度时可能引发眼睛、皮肤、鼻喉黏膜干燥和嘴唇皲裂，保护呼吸道的纤毛失去活性，导致增加呼吸器官感染的发病率。除直接的生理影响外，湿度还影响热散失和热平衡。1.31 kPa 的水蒸气分压是适居环境的最佳值，美国航天飞机适居环境的水蒸气压力控制在 0.83～1.86 kPa 范围内。

4. 有害气体

由于航天器材料脱气、制冷剂和推进剂挥发产生的气体、食物准备再生生保系统分解及航天员生理代谢均可能产生污染物，可造成载人密封舱内存在一氧化碳、氨气、甲胺、乙酸、甲醇、硫化氢等多种有害气体。例如，经检测"阿波罗"飞船和"和平号"空间站中的污染气体有 300 多种，航天飞机有 152 种污染气体。为满足航天员的生理需求，航天器环控生保系统必须针对不同类型的污染物采取不同的控制措施。表 4-7 所示为中国神舟飞船舱内主要有害气体的最大允许浓度。

表 4-7 中国神舟飞船舱内主要有害气体的最大允许浓度

有害气体名称	最大允许浓度/($mg \cdot m^{-3}$)	有害气体名称	最大允许浓度/($mg \cdot m^{-3}$)
一氧化碳	25	乙酸	5
氨	10	甲醇	25
甲胺	1	乙二醇	100
硫化氢	1	醛	0.5
甲硫醇	0.5	乙醛	20
吲哚	1	苯酚	2.5
3-甲基吲哚	0.5	苯	5
丙酮	240	甲苯	50
乙醇	200	二氯甲烷	85

4.2 深空环境及对人体生理的影响

载人深空探测活动通常都是长周期的空间飞行任务，与近地轨道航天飞行任务相比，除了真空环境、热环境、微重力环境等对人体有显著影响外，影响航天员健康的主要因素有变重力环境所引起的生理失调、空间辐射环境的生物效应、星球特殊环境对人体的影响，以及长期飞行中孤独封闭环境下航天员产生的心理和行为障碍。下面重点介绍深空飞行环境中的变重力环境、空间辐射环境、星球特殊环境对人体生理的影响。

4.2.1 变重力环境对人体的影响

微重力环境是指在地球重力的影响下系统的表观重量小于其实际重量的环境。主要是指在近地轨道飞行时，载人航天器受到稀薄空气阻力的影响，表观重力在 $10^{-6} \sim 10^{-4}g$ 内波动，因此称为微重力环境。变重力环境是指在载人深空探测飞行过程中，需要经历发射阶段（约$3g$）与降落（约$6g$）时的超重环境，地月、地火往返飞行途中的微重力环境，停留在月球和火星上的低重力环境（月球$1/6g$，火星$1/3g$），这种重力变化飞行过程称为变重力环境。变重力环境对人体的影响问题是比较前沿的科学问题，也是未来人类能否实现自由安全星际航行的关键问题。

地球上的生物是在$1g$的重力环境中生存的，在长期的进化过程中已经形成了适应$1g$重力环境的组织结构和功能调节机制。当生物进入低重力或者微重力环境时，重力的变化必将引起机体生理功能乃至形态、结构的变化，以适应新的重力环境。科学家在航天医学领域多年的研究结果表明，微重力可导致航天员出现运动病、肌肉萎缩、骨质疏松、心血管功能失调、水和电解质代谢紊乱、免疫功能下降等改变，而引起航天员生理功能发生改变的主要原因是感觉传入冲动改变、体液头向分布及运动负荷减少等因素。图4-2所示为载人月球探测及火星探测任务中的变重力过程示意图。

到目前为止全世界已进行了300多人次的太空飞行，在轨飞行时间最长约438天。研究结果表明，微重力条件下生理系统的改变是机体适应环境的变化而出现的自我调节，这一变化是部分可逆的，即返回地球后大部分变化可以减轻或消失，但潜在的疾病风险尚属未知，同时人们对长期飞行后出现的生理症状及病理机制也知之甚少。借鉴微重力环境下人体生理系统的变化影响，初步

第 4 章 长期深空探测任务对人的影响

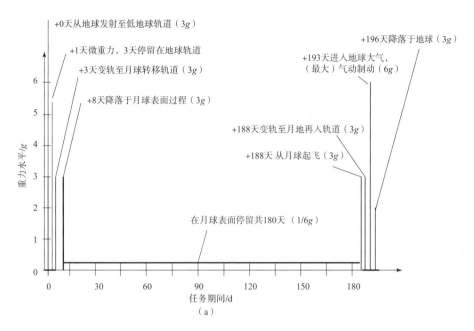

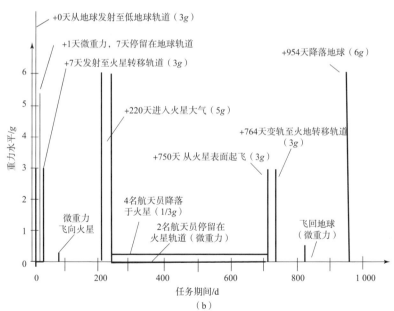

图 4-2 载人月球探测及火星探测任务中的变重力过程示意图

(a) 载人月球探测任务;(b) 载人火星探测任务(长周期类型)

(图片来自《宇宙生物学》,Gerda Horneck、庄逢源编著)

分析变重力环境下的机体生理改变主要有感觉和前庭系统、循环系统、肌肉和骨骼系统、免疫和内分泌系统等几个方面。

1. 感觉和前庭系统

航天医学研究结果发现，长期空间飞行时，航天员视力下降5%～40%，对颜色亮度的感觉变化很大。味觉功能也发生较大变化，并且出现定向错觉、视性错觉等感知功能改变。航天员在运动或作业时常常出现用力过度、运动协调能力下降、失定向、肌肉紧张等现象，从而导致工作能力下降。

在进入太空的最初几天，航天员有可能发生眩晕、恶心、呕吐或空间定向障碍等类似地面运动病的症状，称为空间运动病或空间适应综合征，严重影响航天员的健康和工作效率。空间运动病的特点是发病快。最早在发射后15 min便出现症状，高峰期是在24～48 h，以后症状逐渐消失，不再重复出现。表4-8所示为美国航天飞机航天员运动病症状发生率。空间运动病具有发病率高、发病机制不清、地面难以预测等特点，是航天医学研究的重要课题之一。

表4-8 美国航天飞机航天员运动病症状发生率

症状	发生率/%
呕吐	86
厌食	78
头痛	64
胃感觉不适	58
嗜睡	51
恶心	50
困倦	22
失平衡	19

2. 循环系统

微重力环境下由于血液流体静压消失，在地球上存在的下肢血液回流难和头向射血难的现象也消失，身体各部位的血压也不同于地面，表4-9所示为不同重力状态下人体血压值。人体的循环系统调节功能对于失重情况具有良好的适应性，尽管在功能上发生各种适应性改变，但仍能保证整个循环系统在新的条件下维持正常的活动。

表 4-9　不同重力状态下人体的血压值

重力	最大血压/最小血压/kPa		
	脑	脑底	大动脉根
地球 1g	8.8/3.47	12.67/7.47	15.6/10.67
月球 0.17g	11.47/6.133	15.47/10.13	15.6/10.67
轨道航行 0g	12/6.67	15.6/10.67	15.6/10.67

3. 肌肉和骨骼系统

肌肉萎缩和骨骼矿物质流失是长期深空飞行需要解决的重点问题。在低重力和微重力环境下，肌肉发生萎缩，下身肌肉质量减少，特别是小腿肌肉的质量减少，肌肉的强度降低，肌肉收缩力及肌肉硬度下降。下身的血液减少也会导致肌肉纤维得不到足够的氧气，肌肉细胞和神经受到较大损害。骨骼矿物质表现为钙负平衡、骨矿盐含量下降、骨质疏松等。在苏联"和平号"空间站上，经过数月飞行的美苏航天员下肢肌肉的萎缩幅度高达 15%。据统计，空间飞行时每个月将引起骨盆部位骨密度 2% 的降低，由此推断载人火星探测任务约 500 天的空间飞行中，股骨密度在飞行后将降至原来的 50%。而人类骨密度下降 15% 将极易引发骨折，所以骨质丢失将是载人深空飞行的重要障碍。近年来已经研发了一些对抗骨质丢失的措施，但这些措施尚缺乏有效性验证。

4. 免疫系统和内分泌系统

航天飞行中的多种因素如失重、超重、昼夜节律、振动、噪声等都可以引起免疫系统的变化。微重力对免疫系统的影响主要表现为免疫器官的萎缩性变化，非特异性免疫功能降低，对细菌的抵抗能力降低、白细胞改变，唾液中溶菌酶活性下降、干扰素改变等。内分泌系统如甲状腺素、血管紧张素、性激素分泌等均发生明显改变。同时，深空飞行还可能诱发微生物基因表达发生改变，毒力增加，如 EB 病毒、巨细胞病毒、水痘-带状疱疹病毒可能被重新激活，从而增加航天员罹患感染、肿瘤、过敏和自身免疫性疾病的风险。目前在微重力和变重力环境下，免疫系统和内分泌系统变化的原因还不清楚。

表 4-10 所示为微重力环境对人体各生理系统的影响研究。在 40 多年的载人航天实践中，美国和苏联/俄罗斯都投入了大量的人力和物力进行有关微重力及变重力对抗措施研究，包括空间站自行车功量计、跑台、抗阻力锻炼装

置、企鹅服、下体负压、神经肌肉电刺激、套带及抗荷服等常用对抗措施，虽然在飞行前、中、后采用了综合防护措施，飞行任务中也占用了航天员大量时间和空间资源，但长期飞行实践表明，失重生理效应仅得到一定缓解，收效并不大，没有几种对抗措施具有非常肯定的显著效果。如果说保证未来人类火星探测长期飞行成功的关键是航天医学工程问题，那么研究长期飞行中生理失调的对抗措施就是关键中的关键。针对上述变重力生理效应重点问题，在传统防护措施研究的基础上，更应关注多生理系统、多因素及其他生理失调对抗措施之间的相互影响和关系，研究综合性与针对性相结合的防护技术；此外，可进行人工重力专题研究，针对人体适应的程度和耐受的时间、人工重力的指标和效率、人工重力的生物学和遗传学研究等方面重点开展工作。

表4-10 微重力环境对人体各生理系统的影响研究

生理系统	病征	分子机制
运动系统	空间运动病 失重性骨丢失 肌肉萎缩	细胞微管骨架有序性下降，排列紊乱 细胞增殖与分化异常 信号通路，非编码RNA测控改变，蛋白泛素化调控变化
消化系统	消化道分泌失衡，消化不良 肠黏膜损伤 消化道菌群微生态改变	胃黏膜瘦素及受体含量增加 NF-κB信号转导通路激活 大肠杆菌耐热性肠毒素表达上调等
呼吸系统	肺微循环受阻 肺组织结构损伤 肺炎致病菌生长加快	肺微血管管壁增厚，阻力升高 肺微血管内皮细胞自噬体增加 肺泡上皮细胞核体积减小，线粒体肿胀 肺组织趋化因子及受体表达增加
泌尿系统	肾质量增大 肾小管受损、重吸收功能下降 肾血液循环变化	肾小管细胞水肿、空泡样变 AQP2表达降低 Ca^{2+}非依赖性信号通路激活
生殖系统	睾丸萎缩，睾酮水平降低 卵母细胞体外受精能力受损 卵母细胞成熟缓慢、成熟率降低	睾酮合成相关基因表达下调 卵母细胞凋亡 卵母细胞微管骨架解聚增加

续表

生理系统	病征	分子机制
内分泌系统	激素失调、皮质醇综合征 血浆儿茶酚胺、皮质醇水平升高、甲状腺分泌细胞活性降低、性激素功能下降	细胞氧化应激响应 HIF-2α、c-myc、PPAR-γ 等基因表达水平上调
免疫系统	外周血粒细胞、单核细胞、巨噬细胞等数量减少 白细胞介素、干扰素等含量降低	人 T 细胞蛋白激酶 PKC 活性及相关信号通路受抑制，T 细胞增殖受抑制，T 细胞骨架成分含量变化，ACTH、CT、GH 等激素水平调控
神经系统	发育前庭神经元体积增大 运动、感觉等神经元兴奋性降低 睡眠障碍、记忆力衰退	ECF 适配蛋白 c-fos 和 Shc 表达水平降低 脊髓运动神经元氧化酶活性下降 大脑皮质神经元蛋白羰基化 海马体神经元下调 NR2A 表达，上调 Caspase-3 表达
循环系统	心血管压力失常、心肌萎缩 肺循环血管平滑肌细胞功能改变 淋巴管管内压力降低	PI3KAkt-eNOS 通路激活 CKIP-1 表达下调，HDAC4 磷酸化水平升高 凋亡通路激活，炎症因子和黏附因子水平改变

人体作为一个有机整体，各生理系统之间紧密联系，相互影响，后续可开展微重力及变重力环境下人体各系统间协同生物学效应研究。可将当代系统生物学研究手段如代谢网络分析、通量平衡分析等系统模型，科学地应用到变重力环境下健康效应研究中，对生物代谢网络和代谢通量基因表达与调控网络进行整合分析，为解析变重力环境下各生理系统间相互调节机制提供新思路。

4.2.2 空间辐射环境的生物效应

空间辐射测量和防护一直是航天医学专家极为关注的问题。多年的研究结果表明，航天员所接受的空间电磁辐射剂量可以降低，但不能完全避免。航天员在执行任务期间必然会受到空间电磁辐射的照射，而失去了地球磁场和浓密大气层保护的火星之旅，受辐射的风险性将更大，而累积的辐射剂量有可能是人类太空探险中的最大限制因素。在载人深空探测任务中，航天员将长期暴露在各类宇宙射线辐射粒子中，如果不考虑防护措施，长期的粒子辐射有可能造成人体累积剂量超过健康耐受阈值。飞行任务周期越长，受到宇宙辐射剂量越大,患各种辐射损伤和癌症的风险就越高。因此解决宇宙辐射防护问题,是航天医学领域的重要任务。

辐射通常是指波动(电磁波或机械波)或大量微观粒子(如质子或α粒子等)从它们的发射体发射到空间或介质中并向各个方向传播的过程,也可指波动能量或微观粒子本身。例如,电磁辐射既可指电磁场能量以波的形式向外辐射的过程,也可指所发射的电磁波。根据辐射的构成,可分为电磁辐射和粒子辐射;根据能量大小,又可分为电离辐射和非电离辐射。

1. 空间辐射环境

载人深空探测任务中按照飞行目的地的不同,典型的辐射环境包括自由空间电离环境、月球和火星表面的辐射环境。众所周知,自由空间电离辐射主要有三个来源:银河宇宙射线(Galactic Cosmic Radiation,GCR),即来自银河系的高能带电粒子,经过长距离的空间相互调制作用,基本上呈现出各向同性特点;此外还有地球捕获质子和电子辐射(Van Allen 辐射带)以及随机发生的太阳宇宙射线,即在太阳爆发过程中释放出来的大量高能带电粒子流,也称太阳质子事件(Solar Particle Events,SPE),呈现出以太阳为中心的放射状。

能够进入航天器舱体对航天员构成危险的银河宇宙射线主要是 30 MeV 以上的高能粒子,这些粒子先受到太阳耀斑的加速,而后受到太阳风磁场约束驱动飞行。太阳风速度在 200~800 km/s 变化,冻结的磁力线较为稳定。

太阳耀斑爆发导致太阳质子事件的粒子通量迅速增加,在数小时相同能段内增加到相对于背景银河宇宙射线的 10^4 倍以上,并持续数天。在太阳平静时期,可以观测到背景银河宇宙射线,而当太阳爆发观测到辐射粒子通量急剧增加。图 4-3 所示为国际监测平台 -4(International Monitoring Platform -4,IMP -4)卫星在地球静止轨道观测到的高能粒子通量比值变化,辐射粒子通量采用年度积分,显示太阳质子事件的高能粒子通量大于银河宇宙射线的高能粒子通量。图 4-3 中横虚线表示宇宙射线的辐射粒子总通量与从

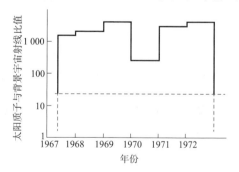

图 4-3 IMP-4 卫星在地球静止轨道观测到的高能粒子通量比值变化

20~80 MeV 范围的通量的比值,这项比值相对变化较小;而图 4-3 中显示 IMP-4 发射以后观测统计到的太阳质子事件粒子总通量持续地比背景宇宙射线的通量高,上升和下降曲线表示的是探测器观测统计数据的开始与结束

过程。

使用银河宇宙射线模型，计算载人飞船在不受地球磁场防护的银河宇宙射线的氢、氦及铁核离子的积分能谱分布，可以发现银河宇宙射线的带电粒子谱相对较硬，高能质子丰度占了总量的 85%~90%，而氦核占了约 10%，其余重离子占比较小。使用太阳质子事件模型，计算不受地球磁场防护的情况下太阳活动高年期的 1 年内太阳宇宙射线的空间氢、氦及铁核离子的总能谱分布，相对于银河宇宙射线的能量较低，但是单次通量较大。将两类宇宙射线的粒子能谱进行比较，如图 4-4 所示，从中可以看出深空飞行遭受到的银河宇宙射线能谱宽且硬，而太阳质子事件粒子能谱较窄且较软，太阳质子事件造成的危害效果更明显。

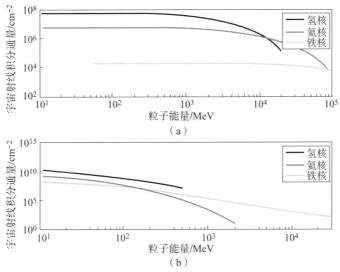

图 4-4　深空飞行过程遭受的宇宙射线能谱
(a) 银河宇宙射线；(b) 太阳质子事件

在载人登月任务中，载人航天器穿过地球辐射带的时间较短，地球捕获辐射的影响不大，主要是受银河宇宙射线（尤其是重离子和次级粒子）的影响；太阳质子事件粒子辐射是影响航天员安全的主要危险源。月球表面的太阳辐射和地球大气层外的相同，即 1 390 W/m^2；月球表面的紫外辐射大约为地球表面的 2 倍，因此橡胶材料和某些植物都需设置防护措施；月球的磁场可以忽略不计，月球没有大气层，因此月球表面主要受到太阳风和银河宇宙射线辐射的影响。在太阳活动最弱时，月球表面的离子辐射为：太阳风每年 0.5 Sv，银河宇宙射线每年 0.2 Sv，每次太阳耀斑时月球表面的离子辐射为 1~50 Sv。

在载人登火任务中，由于来回飞行需要 26 个月的时间，银河宇宙射线

（尤其是重离子）和太阳质子事件粒子辐射是最主要辐射威胁，由于持续飞行时间长，遇到大的太阳质子事件的概率将增加。火星表面太阳辐射的平均值为 615 W/m^2，在近日点时太阳辐射的最大值为 718 W/m^2，在远日点时，最小值为 493 W/m^2；紫外辐射的通量为 10 J/(m^2·s)；火星表面主要受到太阳风和银河宇宙射线的辐射，离子辐射随太阳质子事件而加强，火星大气层对离子辐射有一定的防护作用。当大气压力较低时（例如 590 Pa），大气层在垂直方向提供约 16 g/cm^2 的防护作用；当大气压力较高时（例如 780 Pa），防护作用约为 22 g/cm^2。

2. 电离辐射的生物效应

空间辐射粒子对人体的危害主要是辐射生物剂量效应，粒子通过电离辐射造成生物 DNA（脱氧核糖核酸）分子的单链或双链断裂，导致生物细胞受到伤害。辐射生物学效应包括躯体效应与遗传效应，躯体效应是指受照者本身的效应；遗传效应是指影响受照者后代的效应，也可以分为近期效应和远期效应，近期效应又分为急性效应与慢性效应，可引起恶心呕吐、腹泻、便血、脱水及休克等急性反应，甚至导致死亡；远期效应一般发生在受辐射后几年到几十年之间，如辐射所致肿瘤、白内障、中枢神经损伤以及辐射遗传效应等。按效应发生规律也可分为随机效应和非随机效应。

人在受到电离辐射后，可发生急性与慢性放射病，以及远期的影响。急性放射病是短期内大剂量辐射所致；慢性放射病是由于较长时间内多次受到超过允许剂量的照射所致，表现为局部和全身性损害。局部损害最常见，如皮肤发红、萎缩、毛发脱落甚至导致恶性肿瘤。全身性损害主要表现为神经系统功能与器质性的改变，如反射功能减退、感觉障碍及神经衰弱等症状。远期影响主要表现为致癌作用和对遗传的影响。人体急性全身辐射暴露的一般效应见表 4 - 11。

表 4 - 11 人体急性全身辐射暴露的一般效应

吸收剂量/Gy	临床表现
0 ~ 0.25	一般察觉不到临床症状，可能有迟发的效应
0.25 ~ 1	一般性淋巴细胞及中性白细胞减少，一般无失能症状，可能发生继发反应，但不严重
1 ~ 2	恶心及疲劳，在 1.25 Gy 以上可能有呕吐，淋巴细胞、红细胞及中性白细胞减少并恢复缓慢

续表

吸收剂量/Gy	临床表现
2~3	开始数小时内即发生恶心、呕吐及疲劳，严重的骨骼功能降低、发热、无食欲、咽喉发炎，有出血点，除非并发感染或体质虚弱，一般3个月内可恢复
3~5	开始数小时内发生恶心、呕吐及腹泻和肠绞痛，潜伏期可达1周，第二周有脱发、无食欲及发烧，第三周则有严重且难以恢复的骨髓功能降低、出血、口腔及咽喉发炎，腹泻及消瘦，2~6周有可能死亡，存活者有继发症
>5	开始数小时内发生恶心、呕吐及腹泻，第一周末出现脱发、无食欲、发烧、口腔及咽喉发炎、出血，表现出明显的中枢神经损伤、严重的造血功能降低，第二周发生迅速消瘦及死亡，死亡率达到100%

辐射可引起生物体发生物理性质、化学性质和生物学功能的改变，这些变化很大程度上取决于辐射能量在物质中沉积的数量与分布，通常用照射量（Exposure）、吸收剂量（Absorbed Dose）和剂量当量（Dose Equivalent）来表示物体受到的辐射剂量。

电离辐射对机体的作用不仅取决于总剂量，也取决于吸收剂量率以及身体暴露部位和范围。身体的不同部位对电离辐射的敏感性也不同，而且存在个体差异。一般来说，对电离辐射最敏感的有淋巴组织、骨髓、脾脏、生殖器官及胃肠道。中等敏感的有皮肤、肺和肝脏，而肌肉、神经和成人骨骼最不敏感。电离辐射作用于人体可发生一些确定性效应，如白细胞减少、产生白内障、造血机能低下、胃肠道反应等，这一类效应发生的严重程度随接受剂量增大而加重。表4-12所示为辐射症状发生概率与剂量的关系，表4-13所示为一些辐射效应的剂量当量阈值。

表4-12 辐射症状发生概率与剂量的关系

症状	不同发生概率的剂量值/Gy		
	10%	50%	90%
食欲减退	0.4	1.0	2.4
恶心	0.5	1.7	3.2
呕吐	0.6	2.2	3.8

表 4 – 13　一些辐射效应的剂量当量阈值　　　　　　　　　　Sv

组织和效应		单次短时间照射	分次或迁延照射
睾丸	暂时不育	0.15	
	永久不育	3.5 ~ 6.0	
卵巢	不育	2.5 ~ 6.0	6.0
眼晶体	浑浊	0.5 ~ 2.0	5.0
	视力障碍	5.0	>8.0
骨髓	造血机能降低	0.5	

美国、欧洲、日本等国都制定了各自的危害限制标准，重点关注人体内的三项敏感器官剂量当量：骨髓、晶状体及皮肤。美国辐射防护与测量委员会依据低轨道空间站制定的不同辐射暴露时间，不同组织器官耐受的剂量当量限值见表 4 – 14。

表 4 – 14　不同辐射暴露时间不同组织器官耐受的剂量当量限值　　Sv

暴露时间	骨髓	晶状体	皮肤
长期	—	4.0	6.0
1 年	0.5	2.0	3.0
30 天	0.25	1.0	1.5

美国 2011 年发射的"火星科学实验室"（Mars Science Lab，MSL）的辐射评估探测仪（Radiation Assessment Detector，RAD）观测结果显示，航天员由地球至火星的往返旅程，如不采取屏蔽将可能遭受 0.926 Sv 辐射剂量，接近甚至超过了表 4 – 15 所示的某些年龄段的职业航天员的辐射限值，而造成罹患致死癌症的概率增加 3%。

表 4 – 15　长期暴露人员致死癌症风险为 3% 的职业剂量当量限值　Sv

性别	25 岁	35 岁	45 岁	55 岁
男性	0.7	1.0	1.5	2.9
女性	0.4	0.6	0.9	1.6

3. 非电离辐射的生物效应

对于载人深空探测任务，非电离辐射主要是紫外线和射频辐射，此外如在月球和火星上建设基地时采用核电源，还会产生相应的核辐射，这些辐射作用于人体时也会产生不同程度的损伤。紫外线来源于太阳辐射，射频辐射来源于基地、空间站或者飞行器的通信和遥测设备，核辐射主要来源于核电站。

紫外辐射能够使细胞和病毒失活。紫外辐射在人体组织中的贯穿能力很低，外部辐射引起的生物效应局限于皮肤和眼睛，产生红斑和皮肤老化以及角膜炎等症状。射频辐射的特点是频率高、波长短，照射到人体时一部分被吸收一部分被反射。吸收能量的多少与射频电磁场的频率和组织的含水量有关。

4. 载人航天辐射安全限制

为对抗辐射对人体造成的影响，美国制定了对空间站上的辐射危害进行评估和防护的标准，见表 4 - 16；苏联制定了飞行时间持续 3 年的安全标准，见表 4 - 17，该标准还规定了航天员从事航天事业的总限值为 4 Sv，一次暴露的剂量当量不应超过 0.5 Sv。我国规定的近地轨道短期飞行的航天员剂量限值为：1 个月飞行造血器官的剂量限值为 0.2 Sv，总体来看是低于美国标准而高于苏联的一般限值。

表 4 - 16　美国航天员的剂量当量限值　　　　　　　　　　　　Sv

限值	造血器官（5 cm）	眼晶体（0.3 cm）	皮肤（0.1 cm）
一个月最大剂量	0.25	1.0	1.5
一年最大剂量	0.5	3.0	2.0
从事航天事业的总限值	1~4	4.0	6.0

表 4 - 17　苏联载人航天安全限值

飞行时间/月	危险/($\times 10^{-4}$)	剂量当量限值/Sv	剂量当量率/(mSv·h^{-1})
1	0.6	0.105	0.146
3	1.8	0.215	0.100
6	3.6	0.370	0.085
12	7.2	0.665	0.076
18	10.8	0.735	0.071
24	14.4	1.185	0.068
30	18.0	1.405	0.065
36	21.5	1.625	0.062

5. 空间辐射的防护方法

深空飞行的航天员辐射防护采取多种措施：屏蔽防护、选用合适药物、选择最佳飞行时间及设置太阳粒子事件预警系统。其中选用合适药物、选择最佳飞行时间及建立太阳粒子事件预警系统三个方面是在任务顶层设计层面采取的措施，而屏蔽防护是在航天器设计层面采取的防护措施，屏蔽防护也可以分为被动屏蔽防护和主动屏蔽防护。

1）被动屏蔽防护

带电粒子穿过材料等物质的过程中，会逐渐损失能量，当物质的厚度大于带电粒子的穿透射程时，粒子将不能通过而被阻止在物质中。被动屏蔽主要是由载人航天器、着陆器及航天服的结构材料或其他防辐射材料构成，利用材料与粒子相互作用消减粒子能量并被材料吸收。随着需要屏蔽的质子能量不断增加，材料吸收粒子能量与其穿透路径成正比，需要耗费材料的厚度和质量也将不断增加。载人航天中普遍采用的就是利用物质的质量厚度方法来进行空间辐射防护，这种被动屏蔽技术简单、可靠性高、造价低廉，但缺点是笨重、发射成本高。

如图 4-5 所示，吸收不同能量质子可用铝、铁及铅作为防护材料，随着质子能量增加，各种防护材料质量急剧增加。铝厚度增加最迅速，而铅增加最慢。虽然铅吸收厚度小，但其密度大，因此质量增加大，当需要吸收 500 MeV 的质子时甚至需要达到 1 917.2 kg/m^2 的面密度。航天器如果完全采用被动防护方法，则防护材料质量极大，如防护标准座舱容积为 20~25 m^3 时，按照被动防护层的平均面密度为 10 g/cm^2 的标准，防护层的最小质量就达到 10 000 kg，因此仅靠质量防护层进行被动防护是非常不现实的。更为合理的方案是利用航天器舱内各种仪器、设备、燃料等物质科学地进行布局，尽量使舱内各个方向的质量屏蔽厚度大致均匀。例如美国阿波罗飞船的指挥舱，主要结构是铝合金、不锈钢和环氧树脂，防护层的平均厚度为 7.5 g/cm^2，舱的前方较薄，仅为 1.75 g/cm^2，后方有服务舱、防热层和重型设备，防护层厚度达 212 g/cm^2。

质量防护方式存在的另一个问题是在吸收粒子过程中又会产生次级粒子和光子辐射，随着质量屏蔽厚度的增加，次级辐射的剂量厚度也会逐渐增大，因此需结合主动防护方法进行联合防护。

2）主动屏蔽防护

主动屏蔽防护方法是指利用诸如静电场、静磁场或等离子体等偏转驱离或吸能驱离空间带电辐射粒子进行防护，使辐射粒子偏离深空飞行的乘员居住舱。主动屏蔽的缺点是结构复杂、操控难度大，但优点是质量小、发射成本相对较低。

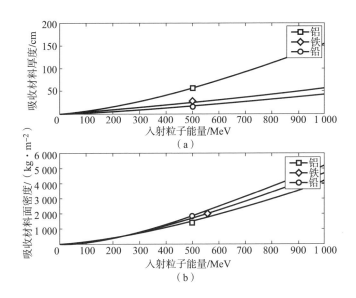

图 4-5　不同能量粒子吸收材料的厚度和面密度
(a) 材料厚度；(b) 材料面密度

（1）电场屏蔽。电场驱离辐射粒子的方法是指在航天器周围产生电场，利用电场降低辐射粒子的电场能量，从而降低碰撞航天器的能量，减轻对航天器的危害。电场屏蔽需要在航天器的外部架设大型结构，由导线、电极及支架构成，导线与电极和航天器电气系统连接，支架用于支撑并隔离导线和电极，电气系统对电极进行高压加载，电极暴露在空间并与空间等离子体环境间形成大面积电场分布。如果驱离 100 MeV 量级的辐射粒子，则用于产生电场的电极长度将在 100 m 量级，电极的电压将需要加载到 MV 量级，将耗费大量电量进行维持。

（2）磁场屏蔽。磁场驱离辐射粒子方法是指在航天器周围产生磁场，对辐射粒子产生的洛伦兹力使其运动方向改变，从而降低威胁程度，这种方法犹如地球磁场对于宇宙射线的屏蔽防护。根据磁场构成形式，又可分为紧凑型磁场结构、稀疏型磁场结构或平面型和立体型磁场结构等。磁场屏蔽需要在航天器外部架设大型结构，由导线及支架构成，导线和航天器电气系统连接，支架用于支撑并隔离导线，导线内加载电流从而产生磁场。由于常规导线内电阻的存在将导致热功耗非常大，因此需尽可能地采用超导材料构成导线，从而降低对电气系统的功耗要求。

（3）等离子体屏蔽。等离子体屏蔽方法也属于磁场屏蔽，但磁场设计成绕轴线旋转，同时在航天器周围释放等离子体叠加磁场旋转，再与太阳风等离子体作用形成"迷你"磁层。由于等离子体的流动而形成类似环电流结构，附加地增强磁场，"迷你"磁层及其磁场对高能带电粒子进行调制从而实现对高能粒子的驱离，最终实现对航天器的防护。等离子体屏蔽无须在航天器外部架设大型结构，只需旋转磁场，但需安装大型等离子体产生和喷射的装置，从而极大地降低结构的复杂度。等离子体产生装置需消耗工质和电能，用于实现喷射等离子体产生电流环。

将这三种主动屏蔽防护方法进行比较，假设都采用电源作为主动控制，采用大尺度构型作为支撑，对比分析对资源供应的要求，可以得到表 4 – 18。

表 4 – 18　三种主动屏蔽防护方法对比

屏蔽方法	优点	需要克服的问题
电场屏蔽	不需要电流，功耗低	会吸引异性电荷粒子
磁场屏蔽	所有电荷粒子都可以偏转	需要大电流、功耗大
等离子体屏蔽	驱离更高能量粒子	大功耗、工作物质消耗

航天员在执行载人月球及火星探测任务时，除受到银河宇宙辐射连续持久的影响外，也会受到太阳粒子事件的辐照。这种太阳粒子事件的爆发虽然是偶发行为，但它产生的辐射剂量很高。在考虑不同被动屏蔽防护能力的情况下，表 4 – 19 所示为载人月球飞行以及 180 天月球基地停留时对航天员造血器官处辐射等效剂量的估值，本表数据来源于参考文献 [4]。这些数据表明，一旦处于最坏太阳粒子事件时，航天员接受照射的剂量大大超过 LEO 轨道上目前确认可以耐受的剂量。

表 4 – 19　载人月球飞行以及 180 天月球基地停留时
对航天员造血器官处辐射等效剂量的估值

	太阳活动	屏蔽		
银河宇宙辐射剂量 /Sv		$1\ g/cm^2$	$5\ g/cm^2$	$10\ g/cm^2$
	活动低年	0.195	0.177	0.161
	活动峰年	0.074	0.070	0.066
	地点	屏蔽		
最坏的太阳粒子事件辐射剂量/Sv		$0.3\ g/cm^2$	$1\ g/cm^2$	$10\ g/cm^2$
	地月空间飞行	4.21	3.52	1.26
	月球表面	2.11	1.76	0.63

续表

①NCPR 对 LEO 的极限辐射剂量/Sv	30 天	年	终生
	0.25	0.50	0.4~4.0

①作为参照，同时列出美国国家辐射防护委员会（National Council Radiation Protection，NCRP）制定的低地球轨道可以耐受的辐射剂量极限。

航天员在执行载人火星探测任务时受到的辐照剂量将会更大，如表 4-20 所示。即使在太阳活动低年时执行任务，银河宇宙辐射剂量也会超过原来规定的极限剂量，因此针对载人火星探测这样的长期深空飞行任务，采用类似磁场偏转防护等主动防护措施，综合考虑防护效果和发射质量、功耗等参数的约束，对于工程实现而言具有重要意义，这类试验可以在近地或深空轨道空间站，或者发射验证卫星至火星轨道进行在轨防护措施验证。表 4-20 的数据来源于参考文献 [4]。

表 4-20 载人火星探测 500~1 000 天任务时航天员造血器官可能受到的等效辐射量

	太阳活动	任务期	屏蔽	
			1 g/cm²	10 g/cm²
银河宇宙辐射剂量/Sv	活动低年	1 000 天	0.993	0.852
		500 天	0.828	0.687
	活动峰年	1 000 天	0.420	0.364
		500 天	0.317	0.280
	地点	屏蔽		
		0.3 g/cm²	1 g/cm²	10 g/cm²
最坏的太阳粒子事件辐射剂量/Sv	地火空间飞行	4.21	3.52	1.26
	火星表面	0.32	0.31	0.25

6. 空间辐射风险的评估

一般将处于空间辐射环境中的生物系统（如细胞、组织、器官等），因受辐照而导致的损伤概率称为空间辐射风险。当考虑长期在轨和舱外活动时，迫切需要对空间辐射风险进行有效的评估，这是确保载人航天飞行中辐射安全的重要工作。

目前国际上一般采用模拟计算或试验测量两种方法，获取空间飞行中所接受的空间辐射的物理量。模拟计算法中有的借助于统计物理学中玻耳兹曼输运方程的思想，利用数值方法确定粒子在材料或者生物组织中的能量沉积过程；有的利用蒙特卡洛（Monte Carlo，MC）方法模拟粒子在这些材料中的运动，以及碰撞的过程等。空间辐射风险评估的一般流程如图4-6所示。

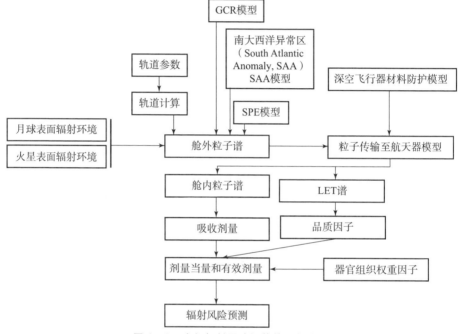

图4-6　空间辐射风险评估的一般流程

国际主要航天组织认为，空间辐射风险的决定因素主要有：辐射类型（粒子谱）、辐射强度[线性能量传输（Linear Energy Transfer，LET）以及吸收剂量等]、飞行时期太阳活动情况、辐照时间以及受照对象（组织权重）等。具体地说，其主要采用图4-6所示的方法或流程进行航天员空间辐射风险评估，其输入的参数主要是轨道参数和空间辐射场模型计算舱外空间辐射环境；在此基础上根据载人飞船材料防护模型计算舱内的粒子谱和LET谱等以及航天员所接受的吸收剂量；继而根据辐射品质因子计算剂量当量，根据器官的组织权重因子计算航天员的有效剂量；最后通过分析单位希弗（Sv）下癌症发生/致死率进行空间辐射风险评估。

对辐射风险进行预警，对轨道辐射环境、舱内辐射环境、航天员个人接受的辐射剂量进行监测是辐射防护的重要工作项目，应从以下几个方面开展：建立辐射风险性分析与预警模型，进一步分析辐射效应和分子机理；构建生物模型，作为空间辐射生物剂量计应用于中长期深空飞行活动的剂量测量和辐射危险评估；轨道环境和舱内环境的实时辐射监测，尽管选择在太阳活动极小年进行载人月球和火星探测飞行，但也不能完全排除遇到太阳粒子事件的可能性，因此应建立轨道辐射环境预警系统；另外，还应针对舱内环境进行辐射监测和预警，建立个人辐射剂量预警系统，航天员还应装备个人剂量仪进行辐射剂量监测和报警，以便及时评估人体所受辐射剂量和损害，为进一步采取防护措施提供依据。

7. 空间辐射防护剂

采用航天辐射防护剂进行防护是辐射防护必不可少的部分，研制高效低副作用的航天辐射防护剂是长期载人航天辐射防护的基本任务之一。辐射防护剂主要分为抗辐射药和生物防护药两类，抗辐射药能降低辐射危害，但均存在不同程度的毒副作用，且只有在接受大剂量照射后才能发挥最大效果；生物防护药能够提高人体抵抗力且增加抗辐射能力，无毒副作用，但目前已研发的抗辐射防护剂还远不能满足载人航天的需要。因此，对质子、重离子、γ射线和X射线均有较好的防护作用，使用效果好且毒副作用低的辐射防护剂是当前研究的重点。

4.2.3 星球特殊环境对人体的影响

1. 尘埃及风暴环境

月球和火星都覆盖有尘埃，火星还有较强烈的沙尘暴运动，火星尘埃可以到处移动。Apollo载人登月工程中登月回来的航天员报告了月尘对航天员有影响的飞行证据，如"当脱掉头盔时，闻到明显的火药样气味，像石墨一样"；"指挥舱和登月舱中都有月尘污染，登月舱非常脏，我几乎看不见东西，就像这里飘浮着一片细灰组成的云"；"无法处理靠近指挥舱背部系统的月尘，它不断地弥漫到飞船中"；"我们周围飘浮着碎粒和月尘，我们尽可能待在航天服的空气循环环境中"；"在登月舱有月尘和碎片飘浮的环境下生活是十分危险的，大部分时间我的眼睛有灰尘和颗粒，我感觉有一次擦伤了我的眼睛"；"当我取下头盔后，我感到月尘刺激我的眼睛和喉咙，我品味着这些月尘，将它吃下去"。通过登月回来航天员的描述可知，月尘是载人登月及月球基地工程必须重点考虑的一个星体环境因素。月尘颗粒非常细小，外形不规则，平均直径只有 $70~\mu m$，非常容易附着在暴露的表面上；月尘也会渗透到登月舱内或登月服内，可能伤害眼睛、喉咙、皮肤和肺部，给航天员带来健康问题，需采取措施防止其对人体造成伤害。在月面低重力环境下,航天员行走、踢、跳、月球车碾压都可能卷起月尘,形成尘埃流,且要传播很长距离,持续时间也会很长。月面灰尘会污染服装表面、外部显示装置和水升华器等;月尘也可能污染和磨损头盔光学面窗,影响视野;月尘还可能进入登月服导管、拉链、腕部关节,降低其灵活性和密封性。航天员从月面返回登月舱,有可能将月尘带进舱内,污染舱内环境。因此,需重点研究登月服和登月舱的防尘、除尘措施,以及月尘对人体的危害及防护问题。

通过 Apollo 载人登月工程的实践,人们认识到月尘对人体的影响主要是可吸入颗粒,即粒径在 10 μm 以下的颗粒物,可吸入颗粒对人体的危害程度取决于颗粒物的理化性质及其来源。颗粒物的理化性质包括成分、浓度、状态、粒径、吸湿性和可溶性等。颗粒物成分是主要致病因子;颗粒物的浓度和暴露时间决定了颗粒物的吸入量和对机体的危害程度;颗粒物的粒径和状态与其在呼吸道内沉着滞留和消除有关。颗粒物的直径越小,进入呼吸道的部位越深。可吸入颗粒将导致人体生理功能下降,引发疾病和加重原有的疾病,其中对呼吸系统的影响最大,容易引发支气管和肺部炎症,并长期持续作用,最终诱发慢性阻塞性肺部疾患并出现继发感染,最终导致因肺心病的死亡率增高。因此美国 NASA 把月尘问题列入重返月球的关键问题之一,每年至少召开一次全国性的学术研讨会重点研讨月尘防护问题。

根据最新的研究结果,火星上极有可能广泛分布着高氯酸盐物质,这种物质已被证实易对人体甲状腺造成损伤。高氯酸盐物质最早在 2008 年是由美国 NASA 的"凤凰号"探测器在火星近北极地区发现的。2012 年年末,"好奇号"探测器的火星样品分析仪对采样自火星地表的尘土样品进行了加热并分析了成分,再次发现含有高氯酸盐物质。由于尘埃会在火星地表到处迁移,因此应当考虑到这种物质对人体健康可能产生的影响。此外"好奇号"在其所在地发现了矿脉,初步分析显示很有可能是石膏脉体,这同样让人感到担忧。石膏本身并没有什么毒性,但是如果空气中存在石膏微粒粉尘,吸入这样的粉尘就容易形成类似矿工易得的尘肺病,这将严重影响肺部的功能。因此,美国国家职业健康安全与健康研究所将石膏粉尘归为"危险粒子"。石膏粉尘也可能是火星尘埃的组成成分,会刺激人体的眼部、皮肤和呼吸系统等。

2. 微流星与空间碎片

在航天员登陆月球/火星的途中有可能会遭遇到微流星或者空间碎片的袭击。微流星直径在 10^{-6} m 到数百米不等,它们在宇宙空间的飞行速度很高。据统计,百年航天飞行任务中极有可能会遭遇一次。例如苏联"火星一号"

在距离地球 64 万公里高度上曾遇到微流星群，在每平方米面积上平均每 2 min 遇到一次冲击，但是幸好未穿透舱壁。在近地轨道空间飞行，常遇到的是微流尘（$10^{-6} \sim 10^{-7}$ g），平均速度约为 30 km/s。这些微流尘将探测器的舱体表面打得斑斑点点，但还不至于穿透舱壁。

据统计，以 50～70 km/s 高速飞行的流星粒子可穿透 8～20 倍于自身直径的金属板，如直径 1 mm 的粒子可以穿透厚度为 20 mm 的舱壁，因此深空飞行的载人飞船座舱需要有足够的厚度。在月球上由于没有大气层的屏蔽，极易受到流星和空间碎片的撞击，也有可能会遇到速度已经减少到 1～1.5 km/s 的流星碎片（二次流星），但仍具有一定的破坏能力，故登月服的外套层必须采用特殊的防护材料。

在火星上除了有微流星、空间碎片的影响外，还有沙尘暴的影响，环境会更加恶劣，因此无论是保护航天员的登火服，还是火星登陆舱及火星基地，都需要有防尘防撞的特殊防护措施。

4.3 长期深空探测任务对人体心理精神的影响

美国、俄罗斯和欧洲在近地轨道航天飞行任务中积累了大量关于心理问题影响飞行任务的实践经验。俄罗斯曾报道了三次长期飞行任务提前结束的情况，其中部分原因就是乘组中出现了心理困境。例如，联盟 21（1976）原计划飞行 54 天，但在第 49 天中止，飞行中止前的乘组内部人际关系已变得难以维持；联盟 T-14（1985）在原计划飞行 216 天任务的第 56 天中止，原因是任务期间乘组情绪、行为障碍与医疗问题综合导致的；联盟 TM-2（1987）是第一次"和平号"长期飞行任务，原计划 11 个月的任务却在 6 个月时被中止，主要原因也是乘组间的人际关系问题。天空实验室Ⅲ（1974）的乘组表示，与地面控制人员意见分歧和工作干扰导致了过量的工作负荷，令其航天员非常反感。美、俄在"和平号 18"第一次联合航天飞行（1995）中见证了大量的心理反应，事后美国航天员曾表示，各种心理因素对长期飞行任务是最具影响力的。

长期深空飞行主要是指脱离地球轨道以外长期深空探测的飞行任务，已有的航天心理学研究成果能不能满足未来任务的需求？载人深空探测任务中地球开始脱离了航天员的视线，通信也会长时间滞后，乘员的心理和精神影响的问题该如何考虑？在深空环境中又该如何营救一个发病的病人呢？这些问题都是未来载人深空探测任务中心理学必须考虑的问题。

4.3.1 不同航天飞行任务与南极越冬的心理因素比较

当前获得的航天心理学知识主要来自美俄航天员的报告，以及在近地轨道空间站和模拟近地空间环境下进行的研究与试验的基础上得到的。这些知识能否适用于未来的长期深空探测飞行任务呢？可以预计，飞往月球和火星的航天任务涉及的心理问题与风险范围和近地轨道空间是同样的，但是将面临新的挑战，比如载人登陆火星的飞行任务中会显著提高与社会心理问题有关的风险。表 4-21 所示为不同航天飞行模式与南极越冬的心理相关因素的比较，本表数据来源于参考文献 [9]。

表 4-21 不同航天飞行模式与地球南极越冬的心理相关因素的比较

相关因素	国际空间站近地轨道飞行任务	地球南极越冬	月球探测任务	火星探测任务
持续时间/月	4~6	9~12	6	16~36
距离地球/km	300~400	—	$(350~400)\times 10^3$	$(60~400)\times 10^6$
乘组人数/人	3~6	15~100	4	6
隔离和社会单调程度	低到高	中	高	极高
乘组自治性	低	高	中	极高
紧急情况下撤返飞行中保障措施的有效性	能	不能	能	不能
外部监测	有	有	有	非常有限
双向通信	有	有	有	非常有限
电子邮件上/下链路	有	有	有	有
国际互联网的接入	有	有	有	无
娱乐	有	有	有	有
再补给	有	无	有限	无
访客	有	无	无	无
对地球的目视链路	有	有	有	无

1. 载人月球任务的适应性

从表 4-21 中载人月球飞行任务来看，与近地轨道空间站任务和地球南极越冬任务相差并不大。首先是飞行任务周期与近地轨道空间站任务和地球南极越冬任务不相上下，甚至不如在地球南极越冬任务的时间长；乘组人数与近地轨道任务相当，万一有生命危险或严重身心疾病时可以应急返回，而在地球南极越冬任务中应急撤离是相当危险的。其次，Apollo载人登月工程表明，登月乘组的心理问题风险不会超过近地轨道任务和地球南极探险任务。目前在近地轨道空间站上使用的维持乘组的工作绩效、心理健康和乘组凝聚力等对抗措施大多可以应用于月球探测任务，即使月球探测任务会因为昂贵的成本问题限制再补给飞行的次数。但是月球探测任务有两个特殊性：其一是乘组人数相比近地任务和南极任务都减少，会造成高度社交单调，这个显著区别于地球南极越冬任务，如果地月之间通过小卫星星座技术建立起高速网络通信，将有助于弥补这种单调，防止月球乘组人员在情绪、行为和工作绩效上出现严重的衰退；其二是远离地球，月球乘组人员的自治感和孤独感会大大提高，月球的荒漠与寂静，昼夜规律与地球相差很大，以及没有黎明和黄昏，昼夜温差也大，这些都会影响航天员的生物节律、睡眠及心理健康，甚至影响行为和认知能力；但月球正面始终能看见地球，如月球基地建在月球正面将有助于减少心理问题带来的风险。

2. 载人火星任务的适应性

载人登陆火星任务对心理问题的挑战将超过以往任何的航天任务。在太空中人类的生活完全依赖载人航天器的生命保障系统，飞往火星的任务由于距离地球遥远，任务周期长，隔离、限制和社会单调的程度大大加深，一旦出现紧急情况应急返回变得不现实，而且没有快速营救措施。目前俄罗斯航天员的最长438天飞行纪录是在有乘组调换和访问乘组的情况下创造的，还没有经历极端社会单调的情况。如果是飞往火星或者在火星表面居留期间，预计乘员要忍受更长时间与极端严峻的限制和隔离，这个任务周期有可能长达500~1 000天；此外，地火之间的声音、图像或者其他数据的单向传输将延迟5~22 min，这取决于地球和火星的相对轨道位置关系。当地球和火星分别位于太阳的两端时，通信还会中断。再者，如果载人登陆火星任务没有再补给或者快速营救的任务规划，那么在当前长期飞行任务中采用的振奋和提高乘组士气与心理健康的保障措施也将彻底无效。因此，总体来说，载人火星飞行任务中因为乘员心理和人际关系问题而给任务的成功与安全带来的风险将显著增大。

4.3.2 长期深空探测任务中可能发生的精神性障碍

在飞往月球及火星的长期深空探测任务中，由于航天器故障、旅途中人际关系问题、远离地球带来的心理影响，以及航天器的环境狭小、感觉刺激减少、缺乏独处空间、活动受限等因素，易引发航天员睡眠障碍、食欲下降、疲劳、情绪不稳、易怒、焦虑不安、衰弱、抑郁、敌意以及工作能力下降等心理问题。据 NASA 统计数据表明，对于一次任务周期为 14 天的飞行任务来说，心理行为问题的发生率为 11%，一般表现为轻度躁狂、抑郁、烦躁和焦虑等；通常航天员不愿意报告自己出现过的心理不适症状，实际的发生率可能会更高。长期载人深空探测任务中可能发生的精神性障碍主要包括以下几个方面：

1. 中毒性精神障碍

在长期深空探测任务中可能出现有毒化学物质累积于乘员舱内的情况，潜在的污染源包括载人航天器使用的塑料等材料的脱气；载人飞船生保系统逸散出来的液体或气体等化学物质；载人飞船推进系统燃烧，热分解导致某些材料挥发产生的化学物质；乘员代谢产生的副产物等。这些有毒物质有可能会导致航天员精神、行为或者人格方面出现障碍。例如，美国 1973 年 5 月 14 日发射"天空实验室 I 号"（不载人），发射后由于防护罩破坏，轨道舱的舱壁直接暴露在阳光下，朝阳面外壁温度达到 146 ℃，舱内平均温度峰值达到 51 ℃。如果温度继续上升，舱内物体将释放出一氧化碳、二氧化碳等气体，甚至可能引起聚乙烯绝热材料释放出甲苯和二异氰酸盐等有毒物质。所幸在后续发射的 Apollo 载人飞船任务中，由三名航天员对天空实验室进行了修复，恢复了正常的载人环境。在 1975 年 7 月 17 日 Apollo 载人飞船与"联盟 19 号"的对接联合飞行试验中，Apollo 载人飞船在返回时曾出现由于故障导致四氧化二氮进入返回舱的情况，三名航天员在四氧化二氮中的暴露时间为 4 分钟 40 秒，四氧化二氮浓度峰值达到 750 ppm①，均值达到 250 ppm，这个故障导致指挥舱驾驶员丧失意识，采用应急供氧装置后才恢复意识。返回地面后三名航天员在医院治疗两周才恢复健康，其中两名航天员从此不再执行太空飞行任务。在苏联的"礼炮 6/7 号"空间站上也都发生过因二氧化碳浓度过高，航天员感到头痛、乏力和精神匮乏等症状。

2. 精神病性障碍

虽然航天员都在飞行前经过严格的应激训练考验，使得精神病性障碍得以排除，但是在压力集中排泄途径不足的长期飞行环境下，仍会出现一些精神病性症状，如短暂的反应性精神病、精神分裂症样障碍、偏执性障碍等。因为在

---

① 百万分比浓度，$1 \text{ ppm} = 10^{-6}$。

某些易感人群中,心理社会应激源会导致精神病性反应,目前还没有更好的办法来确定易感人群。

3. 情感性障碍

在成年普通人群中,情感性障碍(不单指抑郁症,还包括躁狂症以及双向情感障碍)女性占18%~23%,男性为8%~11%;估计男性3%,女性6%的严重程度需要住院治疗。一些有危险因素的个体(有精神障碍家族史者)虽然可以识别和在航天员选拔中筛选掉,但一些遗传性和生物学因素以及航天中的心理社会应激因素也都可以引起抑郁或者其他情感性障碍。

4. 焦虑障碍

在载人长期飞行任务中出现焦虑障碍的可能性比较大,可以单独症状形式出现,也可作为一种功能缺陷出现。恐惧障碍(焦虑障碍的一种)即使在飞行员中也不少见,例如常见的飞行员突发恐飞症;虽然目前没有足够的事实证明,黑寂浩瀚的宇宙会成为导致航天员焦虑障碍的因素之一,造成恐空间症(恐飞症和广场恐怖症的结合),但有理由相信载人长期飞行容易造成航天员的焦虑障碍,此外还有个例表明有强迫倾向个性的飞行员容易发展为强迫性神经症。

4.3.3 长期深空探测任务中心理社会问题及其对策

1. 心理社会学问题及研究重点

航天员的心理和社会问题被认为是长期深空探测任务的重要障碍之一。长期深空探测任务的周期长、与社会隔离、环境狭小、活动受限、特殊的人际关系以及潜在的各种风险等都会给航天员造成极大的心理压力。国外航天经验已经表明长期飞行中可能会出现不利的心理反应,如焦虑、抑郁、思乡病、人格改变、人际关系紧张、敌意等,并与记忆注意障碍、疲劳、神经衰弱、睡眠障碍等医学问题具有不可分割的关系,直接影响航天员的身心健康。尤其是未来的航天员在历时2~3年的长期飞行到达火星或其他行星时,这种漫长的隔离、通信的滞后,使得航天员乘组不得不自行解决心理及精神方面的问题,因为不可能应急撤出一个发病人员。因此在未来的载人深空探测任务中必须增加心理和社会科学的研究和投入。在长期飞行建立的狭小、孤立而又充满危险的半自主微型社会中,应重点关注以下几点:

1）个体心理问题

长期飞行中影响航天员之间相容性、能力、满意度及工作效率的心理特征及其变化规律；多种复杂的行为因素如何影响个体的行为。

2）人际关系问题

长期飞行中的人际关系问题较短期飞行更加复杂，包括乘组成员之间的关系、个人与集体之间的关系、乘组人员与地面保障人员的关系等，应针对具体问题进行系统的观察和研究。

3）社会心理学问题

种族、文化、性、道德以及其他社会因素对小集体及个体的影响，包括密闭空间及个人空间对个体心理特征的影响；多重文化差别对航天员心理及行为的影响；混合性别因素对长期飞行小群体的社会心理学影响；等等。

2018年8月30日凌晨俄罗斯的"联盟MS-09号"飞船对接在国际空间站后，根据空间站舱内传感器信息，发现空间站气体微量泄漏和气压降低的事件，值守空间站的6名航天员稍后在空间站对接的联盟飞船轨道舱壁发现一处穿孔，直径为1.5 mm。随后轨道舱的舱壁出现近2 mm的裂缝，航天员进行紧急修补。

当时在国际空间站有2名俄罗斯航天员、3名美国航天员和1名德国航天员。目前俄当局正在排查出现事故的原因，航天员出身的俄罗斯议员马克西姆·苏拉耶夫提出不排除空间站上航天员蓄意破坏的可能性。他推测，那些航天员中可能有人心理出现问题，想早日返回地面，因而试图以破坏飞船的方式达到目的。2018年12月底，联盟飞船返回舱成功返回地面，航天员带回了轨道舱裂缝部位样品，包括一些金属屑。后续俄航天局将通过实验分析这些金属屑的来源，调查人员将在失重条件下在原有裂缝附近进行金属钻孔实验，以观察产生的金属屑的移动情况。一旦确证人为蓄意破坏，将成为载人航天史上航天员心理社会学问题研究的典型案例。

2. 心理健康保障

苏联航天员能够创造在轨438天的最长纪录，这与他们对航天员的选拔、训练及飞行中心理社会支持等各方面的保障有关。欧洲、加拿大和日本航天局的工作重心也从仅关心生理问题，逐渐转移到关心人的心理、行为和工作效率相关的问题上。长期载人航天飞行，心理健康保障尤为重要，需从乘组选拔和组成、乘员和地面关键人员的心理训练、适居性、心理干预与支持以及飞行后心理保障等各个方面入手，做好心理保障工作。具体包括以下内容：

1）乘组构成

乘组构成是从领导力、内聚力、合作性及互补性等方面研究不同任务特点、不同个体特点条件下组建最佳乘组的方法。尤其是针对国际合作情况下,例如月球基地及火星基地任务中,来自不同国家、不同种族、不同宗教信仰的多个乘组之间的关系构成问题。

2）适居性

航天服、航天器和乘员居住地（居住舱）的适居性设计影响乘员的安全、健康和体能。适居性设计原则是指从人体测量学、生物学、生理学、心理学和社会学等方面,对长期航天飞行的舱室居住空间大小、色调、照明、隐私、工作和生活用具的尺寸、色彩、数量和形状、人际关系以及人群的休息和娱乐等进行研究和设计,还包括对环境因素暴露限制,如化学物质、细菌、真菌和火星尘埃等。此外还包括航天食品,不仅提供营养可口的膳食,还需承受太空飞行的严峻考验,易烹饪并且产生最少的废物。

3）医疗护理

近地轨道载人任务具备治疗一名受伤或生病的乘组成员的能力,可以通过远程医疗来实现,也可与地面支持团队实时通信,具备各种硬件解决方案,并保证如果出现只能在地面解决的紧急情况,可利用逃逸系统应急返回。但是对于长期深空飞行任务,与地面支持团队间的通信延迟,利用飞行器应急返回地球的周期长,及时送回地球医治的机会有限,因此需要增加自主医疗能力。

4）心理干预和心理支持措施

丰富长期飞行的心理干预和心理支持措施,研究针对不同飞行阶段不同心理活动特征的心理问题干预方法和心理支持措施,尤其是针对未来的载人月球及火星基地任务多乘组间的心理干预及支持问题。

5）长期飞行后心理保障工作

美苏航天员均曾发生过飞行后性格改变、影响人际关系、造成婚姻失败等情况的案例,这些变化可能是由于久居太空重返地面不适应所致,因此应从减少影响转变的负性因素入手,研究促进个体心理康复的支持措施。

4.4 案例：载人火星探测任务对人体的风险分析

长期载人深空探测任务分析中通常采用对人体的风险综合分析方法来评估乘员健康和绩效风险的严重性,并将风险综合分析的评估结果反馈到整个项目决策和系统方案的设计中去。通过针对某一种特定的飞行任务场景,对每个乘员的健康和绩效风险进行评估，从而理解人体面临的风险，改进载人深空探测任务所需的飞行器和居住舱的设计及操作需求，并以此制定标准及减缓策略。

在 NASA – STD – 3001 第一部分中制定了乘员健康标准，目的是确保为乘员提供一个健康和安全的环境，并为乘员在航天飞行的所有阶段提供健康保障和医疗计划。建立这些标准用于优化乘员健康和绩效，确保任务成功，并防止航天飞行对乘员健康造成的长期负面影响。第二部分是人的因素、适居性与环境健康，涉及航天飞行系统在其寿命周期各个阶段对所有乘员活动的设计和操作。要求设计过程以人为中心，以确保在所有设计阶段充分考虑人的能力和局限性。

4.4.1 火星探测任务中乘员风险分析的相关因素

随着人类深空探测的距离越远、飞行时间越长，需要对如何更好地为探测器提供保障做出风险决策，为此需重点研究在载人深空探测任务期间对人体健康和绩效带来的最大风险。

通常载人深空探测任务会使用 4 种类型的任务来进行对比分析，分别是：为期 12 个月的国际空间站任务、月球基地任务、近地小行星探测任务和火星及其卫星探测任务。虽然这些任务类型都涉及乘员健康和绩效方面的挑战，但每一项任务性质和进度的不同也包含独特的挑战。人体的风险分析与任务设计的内容紧密相关，通常会依据风险项目的组合为每项风险做出风险评估。下面以载人火星探测任务为例来进行详细分析。

在本书第 5 章的 5.3 节中综合分析了载人登陆火星及环绕火星探测任务飞行模式，其中与乘员风险相关的内容分析如下：

（1）乘组规模。该乘组由包含男性和女性航天员在内的共 6 名乘员组成。

（2）任务周期。火星探测任务通常考虑为长期驻留任务，特点是既需要最大限度减少乘员在深空辐射和零重力环境中的任务周期，又需要获得较高的科学回报。这样的任务是利用地—火之间的最优往返轨道，以及调整火星驻留时间而实现的，不是强制使用非最优轨道。这样做可以使乘组通过相对较快的轨道往返火星（单程约 6 个月），并且允许乘组在任务的大部分时间驻留在火星表面（驻留约 18 个月）。假定从发射至乘员返回总的任务周期约 900 天。

（3）任务早期中止。一旦出现故障，乘组人员无法及早返回地球。

（4）地面支持/任务控制中心的作用。考虑地火通信延迟时间长的情况，以及完成关键操作的实时控制能力不足，如类似国际空间站专用灵巧机械手和远程机械臂系统的操作,地面支持系统将处于"批处理模式",而非实时指挥控制。飞行中地面医生也将在批处理模式下提供医疗评估;地面支持系统也将以批处理模式发送乘员培训材料,进行实时互动培训是不可能的。在乘员睡眠期间,地面支持系统也无法实时监控。当发生意外情况时,乘组人员需在没有任何地面援助的情况下保持任务稳定。

(5)乘员居住。任务周期内满足全部任务对乘员居住能力的需求。载人飞船的乘员居住舱需为所有乘员提供生活和工作所需的居住空间,此外还包括提供乘员在整个任务期间所需的货物资源。居住空间必须足够大,以利于执行任务,并提供乘员长期在轨驻留期间心理可接受的居住空间。居住空间要求如图 4-1 所示。乘员居住舱需具备以下功能:①感官刺激(如可变照明和虚拟现实),可缓解心理孤独和单调的社会环境。②监控系统,跟踪乘员认知能力障碍,监控压力、疲劳、行为健康、任务绩效和团队绩效。③减压设备,具备能够减轻疲劳、昼夜颠倒,以及超负荷工作效果的装置。④通信工具,需考虑通信延迟可从数秒到数分钟的情况。

(6)乘员时间表/活动。乘员往返火星涉及两类活动:第一类活动聚焦于乘员在太空中的日常活动:乘员就寝、就寝前/后的活动(如厨房操作和个人卫生)、运动,以及执行计划中的乘员活动;第二类活动主要集中于科学/载荷操作、航天器系统管理与维护,以及与地面控制中心的交互。飞行任务期间,暂不考虑计划外的或应急舱外活动。

在火星表面执行任务期间,乘组将有充足的时间来规划如何处理在火星表面的活动及故障应对问题。这一阶段科学和探测活动是工作的重点内容。乘员活动大纲应在发射前准备完毕,但在整个任务期间会被更新。该大纲应包含详细的表面活动任务规划,包括定期检测航天器系统,以及一定数量出舱活动的计划。在火星表面执行任务期间,乘员将对规划具体活动起到至关重要的作用。

(7)通信延迟。考虑乘组与地面控制中心之间的通信延迟,将从近地轨道的 0 上升至抵达火星的 6~8 min,由于火星任务存在较长时间通信延迟,乘员将根据需要自主规划任务操作。

(8)火星表面作业。着陆火星时,载人着陆器将以全自动方式进行,对乘员驾驶技能和手动控制能力要求较低。在进入、下降/减速和着陆操作中,乘员将处于卧位。目前人体健康数据表明,着陆后乘员需数星期的时间来适应火星的 $1/3g$ 重力。乘员适应火星环境后,初期火星表面活动将从"着陆模式"过渡为"火星表面居住模式"。在 18 个月的火星表面驻留期间,6 名乘组人员将执行多次火星表面出舱活动。火星表面任务中的一个关键目标是让乘组乘员进入火星现场考察，通过舱外活动，并配合加压和非加压的火星车在火星基地附近开展实地探测作业。火星表面的舱外活动将由2~4人来执行。如果使用非加压火星车，将给舱外活动团队增加额外的作业限制。如果使用一辆火星车，舱外活动小组会被限制在火星基地救援范围内进行作业。如果使用多辆火星车，可使舱外活动小组扩大作业范围，因为这些火星车能够相互支持，从而处理更广范围的意外情况。

（9）乘员后勤/食品。乘员消耗品和备件必须在任务开始时准备好并可从居住舱内方便获得。船载食物应包含往返所需的消耗品和应急消耗品。乘员被迫返回时，环绕轨道飞行的轨道器将被用作应急"安全港"，直至火地返回轨道的返回窗口出现。任何船上剩余的应急食物将在再入返回地球之前被抛弃。生活舱设有一个厨房，可供乘员准备菜肴，所需食品储存在货舱中。

（10）再补给和取样返回。不是任何任务都考虑再补给，真如此则需要修改乘员的后勤需求。必须在船上监控所有微生物或毒性危害物质；取样返回是不可能的。

（11）锻炼装备。乘组人员必须按 NASA – STD – 3001 第一部分所定义的生理健康要求进行锻炼。

人体研究计划的要求包括以下几点：①在进入火星大气层期间（$5g$），乘员需保持卧位，直至着陆操作完成。飞行器的设计要求乘员在进入火星大气层时不能采取直立姿势。②当发生直立不耐受相关事件（如进入火星大气层）时，将提供不能耐受直立的应对措施。③飞行器或居住舱的屏蔽、辐射量测量和操作应设计合理，以防止暴露超过30天的允许剂量限值。④按照 NASA – STD – 3001 第一部分的护理五级标准，对乘员的培训将遵循考虑火星任务独一无二的自主性，护理人员应按医师标准进行培训并达到相应标准。

4.4.2 风险等级的含义

通常将长期航天飞行任务中人体面临的风险分为四个等级，分别是：可控、可接受、不可接受、数据不足。美国 NASA 将人体风险等级的定义如下。

等级：可控（C）——绿色。

基于现有的认识，飞行任务设计（指具体的飞行器设计和操作限制）符合保持乘员健康和绩效的标准，有控制健康风险的对策，则该风险的等级评估为可控。可持续进行提高相关能力的研究或技术开发，降低工程和任务风险，提升乘员健康保障。

等级：可接受（A）——黄色。

基于现有的认识，飞行任务设计（指具体的飞行器设计和操作限制）提供所需的能力，符合保持乘员健康和绩效的标准，但风险并不能完全被控制，则该风险的等级评估为可接受。若能容忍这种不确定性，会导致在任务的某些阶段乘员健康和体能风险高于预期水平，继续进行研究或技术开发有望改善相关能力或证实乘员健康标准。

等级：不可接受（U）——红色。

基于现有的认识，飞行任务设计（指具体的飞行器设计和操作限制）不能提供所需的能力，不符合保持乘员健康和绩效的标准，则该风险的等级评估为不可接受。需要开展研究以获得更多的信息，发展必要的能力和制定相应策略，以使风险达到可接受状态。

等级：数据不足（I）——灰色。

没有足够的证据来评估飞行任务设计（指具体的飞行器设计和操作限制），是否符合保持乘员健康和绩效的标准，或者是该标准尚待开发，则该风险的等级评估为数据不足。需要开展研究进一步了解并定义该风险，使其研究等级达到可控、可接受或不可接受，这一等级主要是针对尚不能确定研究等级的新风险。

风险等级与工程任务风险管理措施的关系如下：

（1）不可接受 = 现在"不通过"。

（2）可接受 = 现在有保留地"通过"。

（3）可控 = 现在无重大保留地"通过"。

（4）数据不足 = 未来评估后再确定。

4.4.3　登陆火星任务的风险等级判定

NASA 在 DRA5.0 任务设计中将载人火星探测任务中与登陆火星任务相关的，对人体有重大风险的研究结果列出，见表 4 – 22。在人体研究项目（Human Research Program，HRP）中，研究等级最终确定为"不可接受"的有 7 项风险。例如在 DRA 5.0 火星任务研究中，对于登陆火星任务的辐射暴露风险判断，是根据地球上类似情况（如跨越整个冬季的南极探险）进行推断，并考虑到任务持续时间长和距离地球遥远的距离，最终判定为"不可接受"；还有对食品保质期的要求为 30 个月，但是明显火星表面缺乏食品供给系统，因此将食物和营养风险都判定为"不可接受"。

表 4-22 登陆火星任务（DRA 5.0）人体风险研究等级

HRP 要素	风险项	HRP 研究等级
HHC	直立不耐受	A
HHC	骨质疏松	A
HHC	营养	U
HHC	舱外活动健康和绩效	A
HHC	肌肉	U
HHC	肾结石形成	C
HHC	骨折	A
HHC	椎间盘伤害	I
HHC	心律失常	I
HHC	有氧运动能力	U
HHC	免疫能力	A
HHC	感觉运动能力	A
HHC	药理	U
HHC	视障	U
HHC	减压病	C
HHC	乘员保护	I
SHFH	食品	U
SHFH	人的因素——电脑	C
SHFH	人的因素——培训	A
SHFH	人的因素——机器人	A
SHFH	人的因素——任务设计	C
SHFH	尘埃或挥发性暴露	I
SHFH	人的因素——飞行器/居住舱	A
SHFH	宿主——微生物相互作用	A
ExMC	飞行中医疗能力	U
BHP	行为健康	U
BHP	睡眠	C
BHP	团队	A
SR	辐射——癌症	U
SR	辐射——急症	C
SR	辐射——中枢神经系统	I
SR	辐射——退行性	I

注：HHC：Human Health Coping Strategies，人体健康应对策略；SHFH：Spatial Human Factors and Habitability，空间人因和适居性；BHP：Behavior Health and Performance，行为健康和绩效；SR：Space Radiation，空间辐射；ExMC：Exploration Medical Capability，探索医疗能力。

在综合医学模型评估中，由于医疗条件导致乘员损失的概率为10%。另外两项风险，即肌肉能力和有氧能力，被评估为"不可接受"，这是基于国际空间站的经验结果，证明目前应对这些风险的措施不够有效。此外还有10项风险数据不足，无法提供人体风险评估等级。例如尘埃和药物对于人体健康和绩效面临的挑战，目前还无法判定。火星尘埃和挥发物的物理与化学性质，目前理解得还很不充分，也不知道哪些药物在火星任务过程中能保持稳定和有效。辐射对人体中枢神经系统和心血管疾病的终身影响也仍然是未知。对于其余6项风险，通过为期6~12个月的国际空间站任务中积累的经验，去判定为期30个月的火星任务，也充满太多的不确定性。

4.4.4 环绕火星任务的风险等级判定

环绕火星任务是指环绕火星及其卫星的探测任务，并不实施登陆火星，详细分析见5.3节的介绍。表4-23所示为环绕火星任务人体风险等级。需要特别强调的是，风险相对增加或者减少不会导致风险等级的变化。

表4-23 环绕火星任务人体风险等级

HRP要素	风险项	火星DRA 5.0任务	环绕火星任务	基本原理（论据）
HHC	直立不耐受	A	↑	处于失重状态的时间↑[1]
HHC	骨质疏松	A	↑	处于失重状态的时间↑[1]
HHC	营养	U	↔	假设非真空，冷冻，谷物
HHC	舱外活动健康和绩效	A	↓	更少的出舱活动，出舱活动处于失重状态
HHC	肌肉	U	↑	处于失重状态的时间↑[1]
HHC	肾结石形成	C	↓	处于失重状态的时间↑[1]
HHC	骨折	A	↓	处于失重状态的时间↑[1]，着陆过程
HHC	椎间盘伤害	I	↑	处于失重状态的时间↑[1]
HHC	心律失常	I	↑	处于失重状态的时间↑[1]
HHC	有氧运动能力	U	↑	处于失重状态的时间↑[1]
HHC	免疫能力	A	↑	隔离、幽闭和极端环境（Isolation、Claustrophobia、Extreme, ICE）时间↑
HHC	感觉运动能力	A	↑	月球氧气净化系统（Oxygen Purification System, OPS）；ICE 时间↑（认知↓）

续表

HRP 要素	风险项	火星 DRA 5.0 任务	环绕火星任务	基本原理（论据）
HHC	药理	U	↓	任务时间和药物稳定性↓
HHC	视障	U	↓	处于失重状态的时间↑
HHC	减压病	C	↓	更少的舱外活动；舱外活动将处于失重状态
HHC	乘员保护	I	↑	处于失重状态的时间↑[1]
SHFH	食品	U	↔	假设非真空，冷冻，谷物
SHFH	人的因素——电脑	C	↑	ICE 时间↑（认知↓）
SHFH	人的因素——培训	A	↑	ICE 时间↑（认知↓）
SHFH	人的因素——机器人	A	↑	ICE 时间↑（认知↓）
SHFH	人的因素——任务设计	C	↑	ICE 时间↑（认知↓）
SHFH	尘埃或挥发性暴露	I	↓	在深空居住舱中，无暴露
SHFH	人机因素——飞行器/居住舱	A	↑	ICE 时间和行为健康↑
SHFH	宿主——微生物相互作用	A	↑	ICE 时间↑
ExMC	医疗保健	U	↓	无行星舱外活动
BHP	行为健康	U	↑	ICE 时间↑
BHP	睡眠	C	↓	无昼夜夹带
BHP	团队凝聚力	A	↑	ICE 时间和行为健康↑
SR	辐射——癌症	U	↑	辐射暴露↑[2]
SR	辐射——急症	C	↑	辐射暴露↑[2]
SR	辐射——中枢神经系统	I	↑	辐射暴露↑[2]
SR	辐射——退行性	I	↑	辐射暴露↑[2]

注：HHC：人体健康应对策略；

U 不可接受的风险，将使任务无法继续进行；

A 可接受风险，但风险不确定性高，建议采取进一步风险减缓措施；

C 通过采取现有的控制措施，风险可接受；

I 对风险了解甚少，缺少标准，数据不充分；

↔ 没有预测的变化趋势；

↑ 预计情况会恶化；

↓ 预计情况会得到改善；

[1] 由于骨骼、肌肉、心脏技术的发展，关键等级有可能降低；

[2] 详细情况和到达与接近火星及其卫星的轨迹密切相关。

从表 4-23 可知，只进行环绕火星轨道的探测任务系统面临的风险比着陆火星表面任务要大。从初步评估结果来看，在只进行环绕火星轨道探测任务的情况下，有 21 项风险指标提高，2 项风险指标无变化，9 项风险指标降低。其中：

（1）风险级别增加项。关于辐射的风险级别有 4 项是增加的，这主要是由考虑环绕火星探测任务中在轨飞行时间长、飞行器的辐射屏蔽防护能力低导致的。另外有 9 项风险级别增加是由于环绕火星探测飞行中人员处于隔离、幽闭的极端环境（Isolated and Confined Environment，ICE），包括乘组被局限在载人飞船、深空居住舱等飞行器内，不能进入行星基地和载人星球车内，也不能执行星体表面探测任务，居住环境的限制使得确保乘组人员的健康与绩效的压力比较大，最终导致团队风险和居住风险被升级至"不可接受"级别。同时 ICE 对人体生理的影响，也增加了免疫和寄生微生物、人体的感觉和运动功能与认知能力的影响的风险级别。还有 8 项风险级别增加是因为长期置身于微重力及变重力环境中，在近地轨道国际空间站项目中积累的经验和应对策略可以用于这类风险，但还需开发适应环绕火星任务飞行器质量、功率和体积限制的健康保障应对策略。

（2）风险级别持平项。比较火星着陆任务 DRA 5.0 与环绕火星探测任务，仅有食品和营养两项风险是不敏感的，这是基于假设两种任务的食物系统是完全相同的前提。

（3）风险级别减少项。在环绕火星探测任务中，有 9 个风险项的风险级别降低。其中医疗保健风险、舱外活动健康和绩效风险，以及减压病项风险级别降低，是因为环绕火星任务中乘员出舱活动总量减少而降低；同时因没有在火星表面上执行出舱活动，从而降低了火星尘埃暴露风险；由于不需要形成火星天规律，故轨道任务的睡眠风险降低；由于没有着陆火星表面任务，环绕火星轨道任务航天员遭受的骨折风险项的风险几乎消失，因此骨折风险级别显著降低。

4.4.5 风险点及减缓策略

由于在环绕火星轨道探测任务中，乘组在居住舱封闭而有限空间里停留 600~900 天的时间，因此轨道任务中另外两项风险变得"不可接受"，包括团队凝聚力和人机因素——飞行器/居住舱设计。由于不确定性以及缺乏超长期零重力飞行任务的相关研究数据，因此在 600 天冲型任务和 900 天合型任务中所面临的风险并没有大的区别。这两种方案在深空零重力环境下都要停留很长时间，超出了人类目前的经验。通过 30 天、60 天、180 天、360 天的深空暴露试验获得相关的人机系统性能数据，是降低 HRP 团队确定的这些风险的关键策略，这些暴露试验将在地球防护环境以远逐步开展辐射效应、行为和可居住性测试。

除了人体保障风险外，火星任务所面临的其他方面的风险，包括乘员伤亡和任务失败，也必须给予考虑。可采用高层次的风险建模工作，对环绕火星轨道探测和表面探测任务进行风险评估。风险模型利用了 NASA 制定 DRA 5.0 时采用的评估方法，模型中的数据根据"最佳匹配"原则来自多种渠道，包括国际空间站、航天飞机、"星座计划"、其他空间计划（卫星或运载火箭）以及其他相关分析（乘员医疗、辐射等）。在风险建模的早期，目的不是确定绝对的风险值，而是了解各种类型的任务、任务各个阶段以及任务要素所面临的风险驱动因素。图 4-7 所示为 NASA 在 DRA 5.0 任务中提出的未来载人火星探测所面临的关键挑战和风险，显示了环绕探测的火星轨道任务在人体保障及深空运输方面所面临的更大挑战。对只进行环绕探测任务的方案来说，由于人体保障带来的挑战增加，因此重点应放在改进运输系统性能以缩短任务周期，但这同时也增加了 IMLEO 质量。登陆任务从另一个角度来说通常包含了更多的挑战，这是由于增加了 EDLA 过程带来了飞行器的系统数量和质量的增加。

	火星轨道任务*	火星表面任务
人体健康和机能		
零重力自由空间中的时间/天	600~900	180/180
火星表面停留时间/天	0	180/180
宇宙射线防护	√√	√
600~900天人的行为健康	√√	√
关键能力		
130 t SLS 大容量火箭发射	√√	√
"猎户座" 900天休眠，6名乘员	√	√
900天深空居住	√√	√
先进的深空推进技术（如NTP、NEP）	√√	√
20~40 t（有效载荷）着陆器	N/A	√
30 kW级连续聚变表面发电站	N/A	DRA 5.0
技术开发		
空间捕获	√	DRA 5.0
自主交会和对接	√	√
零汽化低温推进	√	√
火星上升甲烷-氧推进	N/A	√
高速地球再入	√√	√
基于大气的 ZSRU	N/A	DRA 5.0
系统更可靠	√	√
高可靠性密闭生命保障系统	√	√

图 4-7 未来载人火星探测所面临的关键挑战和风险

第4章 长期深空探测任务对人的影响

	火星轨道任务*	火星表面任务
关键先导知识		
大气动力学	√	√√
表面物质特性	√	√√
行星保护	√	√
任务模式（短期/长期驻留）	√	DRA 5.0
预部署的任务货物		DRA 5.0
用于从火星表面上升的ISRU	N/A	√
目的地探索运行方案	√	√
发射准备和发射有效性	√√	√
集成和计划		
综合战略/计划	√	√
多个大规模技术计划	√	√√
多个并行系统开发	√	√
基础设施投资	√	√
缩比验证	√	√
多个开发的连续性	√	√

注：* 假设执行冲型任务（短驻留时间），降低乘员在深空环境下的暴露时间；
　　√ 适用的关键挑战；
　　√√ 关键挑战领域难度增加；
　　DRA 5.0 表示NASA对每项火星设计参考架构5.0的决策（NASA-SP-2009-566）；
　　N/A 不适用

图4-7 未来载人火星探测所面临的关键挑战和风险（续）

一旦明确了面临挑战的主要因素，应确定为减小风险因素而采取的策略。表4-24所示为载人火星探测任务风险的风险减缓点，这为后续优化载人火星探测任务的顶层设计提供了依据。

表4-24 载人火星探测任务风险的风险减缓点

风险领域	风险减缓点				
	地球	国际空间站	地月空间	深空	火星机器人
航天器硬件可靠性	√	√	√	√	
人体保障	√	√	√	√	
"猎户座"载人飞船可靠性	√		√		
再入、下降和火星着陆	√				√
ISRU 和火星上升	√				√
先进推进系统	√			√	

值得一提的是，2019年特朗普政府明确提出了Artemis任务，航天员将在2024年登陆月球南极，2030年前后将宇航员送往火星的战略目标。针对载人登陆火星长期飞行面临的风险问题，根据表4-24的风险减缓措施建议，NASA同步确定了以下技术途径：

（1）充分利用ISS开展乘员模拟验证试验。虽然ISS在地球近地轨道运行期间承受的宇宙辐射影响、易于得到来自地球的补给以及与地球的通信时延小等方面与载人飞往火星任务有很大不同，但是ISS在模拟载人火星飞行器的乘员舱内的狭窄封闭空间环境、社交单调，对研究乘员心理及生理变化等方面却是最适宜的设施。为了分析载人火星飞行过程中人体的变化情况，美国用一对同卵孪生双胞胎兄弟Kelly和Mark开展的天地对比试验显示，弟弟Kelly在340天的太空飞行之后，相对于哥哥，他的基因改变了7%，且不可恢复。后续NASA计划在ISS上继续开展10个为期一年期左右的任务，充分利用私营商业航天的天地往返运输能力，将更多的航天员送往ISS，逐步积累更多的数据。

（2）考虑利用地月空间站（Lunar Gateway）开展模拟验证活动。目前正在论证如何利用Artemis任务中多国共同建造的地月空间站，在月球引力环境下开展长期低/微重力条件下的飞行试验，进一步模拟航天员在载人飞往火星过程中的生理和心理变化，研究相应的对策，为最终制定载人飞往火星任务的人体策略奠定基础。

（3）此外，还在同步论证如何利用地球南极科考站、月球基地等开展火星长期生存的模拟验证活动。

思考题

1. 在载人月球探测任务中，假设乘组人员是12名，在月球基地停留时间为270天，需要的基本消耗品总量是多少？产生的废物总量是多少？

2. 在载人火星探测任务中，假设飞行任务周期为900天，乘组人员是6名，那么按照NASA的人均居住空间标准，人均需要的生存空间体积是多少立方米？假设载人火星飞行器能够提供的有效活动空间为航天器总容积的20%~30%，那么载人火星飞行器的总容积至少是多少立方米？

3. 如何才能控制和减少载人飞行器中的有害气体？

4. 在长期载人深空飞行任务中，变重力及空间辐射等环境会对人体产生什么影响？

5. 如何对深空飞行中航天器及航天员进行辐射防护？

6. 特殊的地外天体环境会对人体产生什么样的影响？试举例说明。

7. 长期深空探测任务会对航天员产生什么样的心理及精神影响？分析相

应的应对措施。

8. 分析载人火星探测任务中（含环绕及登陆任务）乘员面临的风险项，以及相应的减缓风险的措施。

9. 试述如何利用ISS、地月空间站及月球基地等设施模拟载人登陆火星任务中乘员面临的各项风险？

参 考 文 献

[1] [法] 吉勒斯·克莱芒. 航天医学基础 [M]. 陈善广, 等译. 北京: 中国宇航出版社, 2008.

[2] [俄] A·C·卡拉杰耶夫. 载人火星探测 [M]. 赵春潮, 王苹, 魏勇, 译. 北京: 中国宇航出版社, 2010.

[3] [美] 唐纳德·拉普. 面向载人月球及火星探测任务的原位资源利用技术 [M]. 果琳丽, 郭世亮, 张志贤, 等译. 北京: 中国宇航出版社, 2018.

[4] 格尔达·霍内克, 庄逢源. 宇宙生物学 [M]. 北京: 中国宇航出版社, 2010.

[5] 黄伟芬. 航天员出舱活动医学基础 [M]. 北京: 中国宇航出版社, 2008.

[6] [美] 克里斯托弗·D·威肯斯. 工程心理学与人的作业 [M]. 张侃, 孙向红, 等, 译. 北京: 机械工业出版社, 2014.

[7] 林贵平, 王普秀. 载人航天生命保障技术 [M]. 北京: 北京航空航天大学出版社, 2006.

[8] 张其吉, 白延强. 航天心理学 [M]. 北京: 国防工业出版社, 2001.

[9] [美] 尼克·卡纳斯, [德] 迪特里希·曼蔡. 航天心理学与精神病学 [M]. 白延强, 王爱华, 译. 北京: 中国宇航出版社, 2009.

[10] [美] 帕特里夏·A·桑蒂. 航天员必备心理素质的鉴别——航天员心理选拔 [M]. 陈善广, 王爱华, 译. 北京: 中国宇航出版社, 2010.

[11] 黄伟芬. 航天员选拔和训练 [M]. 北京: 国防工业出版社, 2006.

[12] 肖玮, 苗丹民. 航空航天心理学 [M]. 西安: 第四军医大学出版社, 2013.

[13] 胡文东, 文治洪. 航空航天医学工程学 [M]. 西安: 第四军医大学出版社, 2013.

[14] 商澎. 空间生物学与空间生物技术 [M]. 西安: 西北工业大学出版社, 2016.

[15] [德] Hanns – Christian Gunga. 人类极端环境生理学 [M]. 商澎, 译. 北京：科学出版社, 2018.

[16] 陈善广, 王跃. 火星500"王"者归来 [M]. 北京：中国科学技术出版社, 2011.

[17] 刘红, I. I. Gitelzon, 胡恩柱, 等. 生物再生生命保障系统理论与技术 [M]. 北京：科学出版社, 2009.

[18] 孙喜庆, 姜世忠. 空间医学与生物学研究 [M]. 西安：第四军医大学出版社, 2010.

[19] 陈善广. 航天医学工程发展60年 [M]. 北京：科学出版社, 2009.

[20] 高耀南, 王永富. 宇航概论 [M]. 北京：北京理工大学出版社, 2018.

[21] 陈善广. 载人航天技术 (上、下) [M]. 北京：中国宇航出版社, 2018.

[22] [美] 肯内斯·托马斯, 哈罗德·麦克曼. 美国航天服 [M]. 舒承东, 译. 北京：中国宇航出版社, 2017.

[23] 祁章年. 航天环境医学基础 [M]. 北京：国防工业出版社, 2001.

[24] 俞尧荣. 航天员医学监督与医学保障 [M]. 北京：国防工业出版社, 2001.

[25] 马治家. 航天工效学 [M]. 北京：国防工业出版社, 2003.

[26] 沈自才. 空间辐射环境工程 [M]. 北京：中国宇航出版社, 2013.

[27] 胡文瑞. 空间微重力概论 [M]. 北京：科学出版社, 2010.

[28] 齐玢, 果琳丽, 张志贤, 等. 载人深空探测任务航天医学工程问题研究 [J]. 航天器环境工程, 2016, 33 (1)：21 – 27.

[29] 陈金盾, 刘伟波, 姜国华. 载人登月的航天医学工程问题 [J]. 载人航天, 2010, 3：44 – 51.

[30] 王跃, 陈善广, 吴斌, 等. 长期空间飞行任务中航天员出现的心理问题 [J]. 心理技术与应用, 2013, 1：42 – 47.

[31] 张其吉, 白延强. 载人航天中的若干心理学问题 [J]. 航天医学与医学工程, 1999, 12 (2)：144 – 148.

[32] 白延强, 吴大蔚. 长期载人航天中的医学挑战与对策 [J]. 航天医学与医学工程, 2008, 21 (3)：210 – 214.

[33] 王峻, 白延强, 秦海波, 等. 空间站任务航天员心理问题及心理支持 [J]. 载人航天, 2012, 18 (2)：68 – 73.

[34] 秦海波, 白延强, 王峻, 等. 载人航天飞行对认知能力影响的研究进展 [J]. 中华航空航天医学杂志, 2010, 2：5 – 9.

[35] 白延强, 刘朝霞. 长期载人航天飞行医学保障面临的挑战 [J]. 空军医

学杂志. 2011, 27 (1): 12-23.

[36] 江丕栋. 载人火星探测计划的生物医学准备 [J]. 国际太空, 2009 (10): 16-22.

[37] 孙喜庆, 张舒, 耿捷, 等. 对长期飞行任务中航天员医学防护问题的思考 [J]. 载人航天, 2013, 19 (4): 69-80.

[38] 李勇枝. 航天员医学监督与医学保障 [J]. 科学, 2007, 59 (4): 32-36.

[39] 李常银, 孙野青, 杨谦. 空间生物学研究进展 [J]. 哈尔滨工业大学学报, 2003, 35 (4): 385-388.

[40] 任维, 魏金河. 空间生命科学发展的回顾、动态和展望 [J]. 空间科学学报, 2000, 20 (增刊): 48-55.

[41] 沈力平. 载人航天工程的后续目标与航天医学工程的研究方向 [J]. 航天医学与医学工程, 2003, 16 (增刊): 475-481.

[42] 沈自才, 代巍, 白羽, 等. 载人深空探测任务的空间环境工程关键问题 [J]. 深空探测学报, 2016, 3 (2): 99-107.

[43] 沈自才. 深空辐射环境及其效应的分析与比较 [J]. 航天器环境工程, 2010, 27 (3): 313-341.

[44] 杨彪, 胡添元. 空间站微重力环境研究与分析 [J]. 载人航天, 2014, 20 (2): 178-183.

[45] 童靖宇, 李蔓, 白羽, 等. 月尘环境效应及地面模拟技术 [J]. 中国空间科学技术, 2013, 33 (2): 78-83.

[46] 许峰, 白延强, 吴大蔚, 等. 载人航天空间辐射主动防护方法 [J]. 航天医学与医学工程, 2012, 25 (3): 225-229.

[47] 袁明, 姜世忠. 中国航天医学进展 [J]. 空间科学学报, 2005, 25 (4): 273-279.

[48] 顾逸东. 我国空间科学发展的挑战和机遇 [J]. 中国科学院院刊, 2014, 29 (5): 575-582.

[49] 郭英华, 刘长庭. 空间生命科学与展望 [J]. 解放军医学杂志, 2011, 36 (4): 416-417.

[50] 钟国徽, 李玉恒, 凌树宽, 等. 太空微重力环境对人体的影响及防护措施 [J]. 生物学通报, 2016, 51 (10): 1-4.

[51] 苗治平, 仇伍霞, 马小莉, 等. 空间微重力环境对骨代谢影响的研究进展 [J]. 宇航学报, 2017, 38 (3): 219-229.

[52] 韩忠宇, 贾懿劼, 田京. 失重状态造成肌萎缩的研究与进展 [J]. 中国

组织工程研究，2013，17（28）：5249-5254.
[53] 李莹辉，曲丽娜，陈海龙. 航天应激损伤与防护措施［J］. 生理科学进展，2013，44（5）：354-358.
[54] 王春慧，陈晓萍，蒋婷，等. 航天工效学研究与实践［J］. 航天医学与医学工程，2018，31（2）：172-181.
[55] 邹明，何思扬，赵琦，等. 模拟月球重力对人体心血管系统的影响及其自主神经调控特征［J］. 航天医学与医学工程，2018，31（1）：7-11.
[56] 孙永彦，张紫燕，黄晓梅，等. 微重力环境人体健康效应研究进展［J］. 军事医学，2018，42（4）：317-321.
[57] 高英，孙野青. 空间辐射与微重力的协同生物学效应研究［D］. 大连：大连海事大学，2015.
[58] 薛玉雄，马亚莉，杨生胜，等. 火星载人探测中辐射防护综述［J］. 航天器环境工程，2010，27（4）：437-443.
[59] 杨垂柏，张斌全，薛彦杰，等. 载人深空长期飞行辐射粒子的磁场防护探讨［J］. 航天器工程，2016，25（6）：109-115.
[60] 沈羡云. 载人登月的危险因素——月尘［J］. 中国航天，2011，3：29-35.
[61] 何小英，贺碧蛟，蔡国飙. 探月过程中的粉尘干扰效应［J］. 载人航天，2012，18（6）：29-35.
[62] 商澎，呼延霆，顾逸东，等. 中国空间站生命科学研究展望［J］. 载人航天，2015，21（1）：29-35.
[63] 赵磊. 空间辐射风险评估理论与应用研究［D］. 大连：大连海事大学，2016.
[64] 呼延奇，钟秋珍. 空间天气事件对空间站的工程影响分析［J］. 载人航天，2013，19（4）：30-37.
[65] 董海胜，赵伟，臧鹏，等. 长期载人航天飞行航天营养与食品研究进展［J］. 食品科学，2018，39（9）：280-285.
[66] NASA Space Flight Human Systems Standard, Volume 1: Crew Health, NASA-STD-3001, 5 March 2007.
[67] NASA Space Flight Human Systems Standard, Volume 2: Human Factors, Habitability, and Environmental Health, NASA-STD-3001, 10 January 2011.
[68] Human Integration Design Handbook, SP-2010-3407, 27 January 2010.

[69] Stenger M B, Evans J M, Knapp C F, et al. Artificial gravity training reduces bed rest – induced cardiovascular deconditioning [J]. Eur J Appl Physiol, 2012, 112 (2): 605 – 616.

[70] Stenger M B, Brown A K, Lee S M, et al. Gradient compression garments as a countermeasure to post – spaceflight orthostatic intolerance [J]. Aviat Space Environ Med, 2010, 81 (9): 883 – 887.

[71] Coats B W, Sharp M K. Simulated stand tests and centrifuge training to prevent orthostatic intolerance on Earth, Moon, and Mars [J]. Ann Biomed Eng, 2010, 38 (3): 1119 – 1131.

[72] Lucas R A, Ainslie P N, Morrison S A, et al. Compression leggings modestly affect cardiovascular but not cerebrovascular responses to heat and orthostatic stress in young and older adults [J]. Age (Dordr), 2012, 34 (2): 439 – 449.

[73] Vakoch D. A Psychology of space exploration [R]. NASA, 2009.

[74] White R J, Averner M. Humans in space [J]. Nature, 2001, 409 (6823): 1115 – 1118.

[75] Ball R J, Evans C H. Safe Passage: Astronaut Care for Exploration Missions [M]. Washington D C: National Academy Press, 2011.

[76] de La Torre GG, van Baarseh B, Fertazzo F, et al. Future perspectives on space psychology: Recommendations on psychosocial and neurobehavioural aspegts of human spaceflight [J]. Acta Astronautica, 2012.

[77] Durante M, Cucinotta F A. Heavy jon carcinogenesis and human space exploration [J]. Nat Rev Cancer, 2008, 8 (6): 465 – 472.

[78] Schneider S, Abeln V, Popova J, et al. 111e influence of exercise on prefrontal cortex activity and cognitive performance during a simulated space flight to Mars (MARS500) [J]. Behav Brain Res, 2013, 236 (1): 1 – 7.

[79] Basner M, Dinges D F, Mollicone D, et al. Mars 520 – d mission simulation reveals protracted crew hypokinesis and alterations of sleep duration and timing. Proc Natl Acad Sci U S A, 2012. http://www.ncbi.nlm.nih.gov/pubmed/23297197/.

[80] Hasler D M, Zeitlin C, Wimmer – Schweingruber R F, et al. The radiation assessment detector (RAD) investigation [J]. Space Sci Rev, Published online, 2012, 14: 503 – 558.

[81] Hassler D M, Zeitlin C, Wimmer – Schweingruber R F, et al. Mars' surface radiation environment measured with the Mars Science Laboratory's Curiosity rov-

er [J]. Science, 2014, 343 (2): 1-11.

[82] Susan M. The SG 3.19/1.10 team. Feasibility study of astronaut standardized career dose limits in LEO and the outlook for BLEO [J]. Acta Astronautica, 2014, 104: 565-573.

[83] Pallnkas L A, Keeton K E, Shea C, et al. Psychosocial Characteristics of Optimum Performance in Isolated and Confined Environments [DB/OL]. NASA, 2011, http: www. sti. nasa. gov.

[84] Townsend LW. Implications of the space radiation environment for human exploration in deep space [J]. Radiat Prot Dosimetry, 2005, 115 (1-4): 44-50.

[85] Li Yinghui. The demands and challenge of space medicine in China's intending manned space flight [J]. Manned Spaceflight, 2007 (23): 4-7.

[86] Shen xianyun. Expectation of the study of weightlessness physiology in the 21st century [J]. Space Medicine & Medica Engineering, 2003, 16 (S): 573-576.

[87] Horneck G, Comet B, Humex. A study on the survivability and adaptation of humans to long duration exploratory missions, part II: missions to Mars [J]. Advances in Space Research, 2006, 38 (4): 752-759.

[88] Psychology and Culture During Long-Duration Space Missions, International Academy of Astronautics Study Group on Psychology and Culture During Long-Duration Space Missions, Final Report, December 17, 2007.

[89] Baevsky B M, Baranov V M, Funtora II, et al. Autonomic cardiovascular and respiratory control during prolonged spaceflights aboard the International Space Station [J]. Jappl Physiol, 2007, 103 (1): 156-161.

[90] Stewart L H, Trunkey D, Rebagliati G S. Emergency medicine in space [J]. JEmevg Med, 2007, 32 (1): 45-54.

[91] Moore E C, Ryder J. Planning for crew exercise for deep space mission scenarios [R]. NASA, 2014.

[92] Rvcker M A, Anderson M. Issues and design drivers for deep space habitats [R]. NASA, 2012.

[93] Clowdsley M S, Nealy J E, Wilson J W, et al. Radiation protection for Lunar mission scenarious [R]. AIAA, 2005.

[94] Wilsony J W, Shinn J L, Tripathi R K, et al. Issues in deep space radiation protection [J]. Acta Astronautica, 2001, 49 (3-10): 289-312.

[95] Wang Y, Jing X L, Lv K, et al. During the long way to Mars: effects of 520 days of confinement (Mars 500) on the assessment of affects stimuli and stage alternation in mood and plasma hormone levels [J]. Pols One, 2014, 9 (4): 107-114.

[96] Carole T, Alla V, Angelina C, et al. Correlation of etho-social and psycho-social data from "Mars-500" interplanetary simulation [J]. Acta Astronautica, 2015 (111): 19-28.

[97] Ling S, Li Y, Zhong G, et al. Myocardial CKIP-1 overexpression protects from simulated microgravity-induced cardiac remodeling [J]. Front Physiol, 2018, 9: 40.

[98] Drake, Bret G. Human exploration of Mars, design reference architecture 5.0 [R]. National Aeronautics and Space Administration, NASA-SP-2009-566, July 2009.

[99] NASA. Human research program 2016 fiscal year annual report [R]. http://www.nasa.gov/sites/defauct/files/atoms/files/hrp-fy2016-annual-report-web-version.pdf.[2018-02-01].

[100] NASA. Human research program plan [R]. HRP-4705 ID, PCN-1, October 12, 2017, https://hrp.sp.jsc.nasa.gov/HRP%20Pages/HRP%20Document%20Management%20System.aspx.

[101] NASA. Human research program, integrated research plan, HRP-47065, PCN-1 (3-6-15), March 2015, https://sashare.jsc.nasa.gov/sites/HRP/HRP%20Pages/HRP%20Document%20Management%20system.aspx.

[102] Kathryn A, Worden-Buckner, Jennifer L Rhatigan, et al. Reduahg human radiation risks on deep space missions [C]. IEEE Aerospace Confereuce, 2018.

[103] Horneck G. The microbial case for Mars and its implication for human expeditions to Mars [J]. Acta Astronautica, 2008 (63): 1015-1024.

[104] Horneck G, Comet B. General human health issues for Moon and Mars missions: Resucts from the HOMEX Study. Adv. Space Res. 2006 (37): 100~108.

[105] Kim Binsfed, Ryam L Kobrick, Marc óGriofa, et al. Human factors research as part of a Mars exploration analogue mission on Devon Island [J]. Planetary and Space Science, 2010 (58): 994-1006.

[106] John Flores – McLaughlin. Radiation transport simulation of the Martian GCR Surface flux and dose estimation using spherical geometry in PHITS compared to MSL – RAD measurements [J]. Life Sciences in Space Research, 2017 (14): 36 – 42.

[107] Ieltlin C, et al. Measurements of energetic particle radiation in transit to Mars on the Mars Science Laboratory [J]. Science, 2013 (340): 1080 – 1084.

第 5 章
载人深空探测飞行模式

由于载人深空探测任务飞行轨道复杂、任务周期长,载人深空探测飞行器的总质量规模巨大,难以通过单次发射任务完成,因此通常采用多次发射多个飞行器形成飞行器组合体的方式来完成不同轨道间的人员及货物运输任务。为降低单个载人深空探测飞行器的质量规模,可按照单枚运载火箭的最大运载能力上限,采用多次发射的方式,在某个空间位置或轨道上通过交会对接和在轨组装的方式形成飞行器组合体。飞行模式的分析和设计决定了单个飞行器的质量规模、火箭运载能力需求、任务可靠性,以及工程研制难度和实施风险。

  本章重点介绍了两大类(基于直接登月和基于空间站)共计12种载人登月模式,以及6种载人小行星探测飞行模式、多种载人火星探测模式,并分别进行了对比分析。本章是开展载人深空探测任务顶层任务分析与设计的基础。

5.1 载人月球探测飞行模式

纵观美、俄等国载人登月方案可知,早期载人登月飞行模式主要采用直接载人登月飞行模式,其核心是奔月过程中通过空间交会对接轨道和次数的选择,来设计不同质量规模的飞行器。近年来随着空间站工程技术的成熟和实施,载人登月飞行模式还可选择基于空间站的设计模式,其核心是空间站所处不同轨道位置的选择。

5.1.1 直接载人登月飞行模式

美国Apollo载人登月工程采用的就是直接奔月飞行模式。其登月飞行器由指令舱、服务舱和登月舱三部分构成,由"土星Ⅴ号"重型货运火箭一次性将30 t级的载人飞船(服务舱和指令舱)和15 t级的登月舱送入地月转移轨道,然后载人飞船到达月球附近进行近月制动,之后登月舱实施登月。参考这种飞行模式,在直接载人登月飞行模式中需要使用重型载人火箭、重型货运火箭、载人飞船、月面着陆器(相当于登月舱)和推进飞行器(相当于运载火箭上面级)。

按照飞行器实施交会对接轨道的不同,可将载人登月交会对接飞行模式分为近地轨道对接模式、环月轨道对接模式,以及近地+环月轨道对接模式。如果在奔月过程中无交会对接,则称该模式为一次发射直接奔月飞行模式。通常近地轨道交会对接次数不超过 3 次。近地轨道对接次数越多,对发射场保障要求越高,发射窗口约束越强,任务周期也越长,近地轨道交会对接可分为近地轨道 1 次对接模式、近地轨道 2 次对接模式和近地轨道 3 次对接模式。

1. 一次发射直接奔月飞行模式

一次发射直接奔月飞行模式是指由 1 枚重型载人火箭将载人飞船及月面着陆器组合体直接送入地月转移轨道,再完成近月制动、月面下降、月面上升、环月轨道交会对接,最终返回地球的奔月飞行模式。

一次发射直接奔月模式的主要飞行过程如下:①月面着陆器和载人飞船组合体由重型载人火箭发射进入地月转移轨道;②登月飞行器组合体在地月转移期间利用载人飞船或月面着陆器进行 2~3 次轨道中途修正;③到达近月点附近,载人飞船或月面着陆器进行制动减速,将登月飞行器送入环月轨道;④航天员从载人飞船进入月面着陆器,月面着陆器与载人飞船分离,并在月球表面着陆,同时载人飞船留在环月轨道上自主飞行;⑤航天员完成月面任务后,月面着陆器的上升级从月面发射,进入环月轨道与载人飞船进行对接,航天员进入载人飞船;⑥月面着陆器的上升级与载人飞船分离,载人飞船加速进入月地转移轨道,其间进行 2~3 次轨道中途修正;⑦载人飞船抛掉轨道舱和推进舱,返回舱进入地球大气层,安全着陆。

一次发射直接奔月飞行模式仅需 1 枚重型载人火箭,月地返回过程需要 1 次环月轨道交会对接,发射载人飞船和月面着陆器组合体至环月轨道,其任务剖面如图 5-1 所示。直接奔月模式具有任务周期短、飞行模式简单、任务可靠性高等优点;但其缺点是重型载人火箭的运载能力要求高、起飞质量大、任务风险高,百吨级重型载人运载火箭的研制难度大,研制周期长。美国 Apollo 载人登月工程采用的就是一次发射直接奔月飞行模式,可乘坐 3 名航天员,2 名登陆月球中低纬度地区,"土星 V 号"重型载人火箭的低轨运载能力约 120 t。

2. 近地轨道 1 次对接模式

近地轨道 1 次对接模式是指由重型货运火箭和载人火箭分别将月面着陆器+推进飞行器组合体与载人飞船送入近地轨道进行 1 次对接,再完成奔月、近月制动、月面下降、月面上升、环月轨道交会对接,最终返回地球的奔月飞行模式。美国"星座计划"中提出的重返月球任务就采用近地轨道 1 次对接模式。与 Apollo 载人登月工程的直接奔月飞行模式相比,近地轨道 1 次对接模式虽增加了 1 次火箭发射和 1 次近地轨道交会对接,但人货分运的方式最大限度地保障了航天员的安全,降低了任务风险。

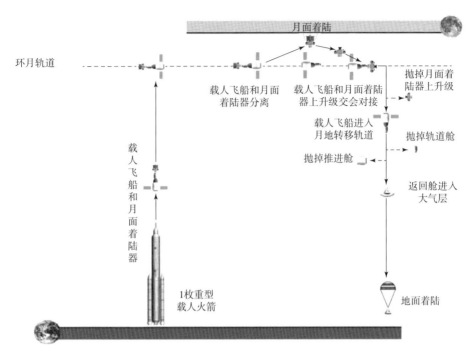

图 5-1　直接奔月飞行模式示意图

近地轨道 1 次对接模式的主要飞行过程如下：①月面着陆器和推进飞行器组合体由货运火箭发射进入近地轨道；②载人飞船由载人火箭发射入轨，与月面着陆器和推进飞行器组合体进行对接，完成登月飞行器的在轨组装；③登月飞行器完成地月转移加速前的姿态调整，进行地月转移加速，达到预定速度后关机，推进飞行器分离，地月转移期间利用月面着陆器进行 2~3 次轨道中途修正；④到达近月点附近，月面着陆器进行制动减速，将登月飞行器送入环月轨道；之后的飞行过程与一次发射直接奔月飞行模式相同。

近地轨道 1 次对接模式奔月过程需要 1 次发射重型货运火箭，1 次发射载人火箭；需要 1 次近地轨道交会对接，月地返回过程需要 1 次环月轨道交会对接，如图 5-2 所示。

近地轨道进行 1 次对接组装模式需研制百吨级的重型货运火箭，技术难度大，研制周期长。但其飞行模式简单，对接次数相对较少，任务可靠性相应较高。美国"星座计划"采用近地轨道 1 次交会对接飞行模式，载人火箭近地轨道运载能力 25 t，重型货运火箭的运载能力 188 t（含末级入轨质量），可将 4 名航天员送入月球表面，具备全月面到达能力。

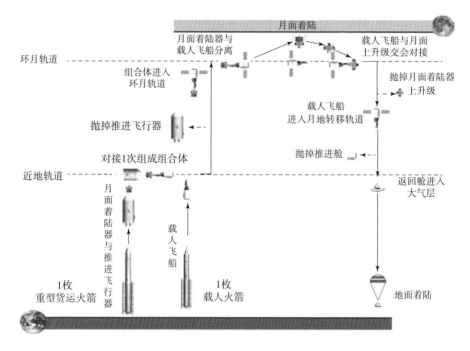

图 5-2　近地轨道 1 次对接奔月飞行模式示意图

3. 近地轨道 2 次对接模式

近地轨道 2 次对接模式是指由 2 枚重型货运火箭和 1 枚载人火箭分别将推进飞行器第一级、月面着陆器+推进飞行器第二级组合体,以及载人飞船送入近地轨道进行 2 次对接,再完成奔月、近月制动、月面下降、月面上升、环月轨道交会对接,最终返回地球的奔月飞行模式。

近地轨道 2 次对接模式主要飞行过程如下:①推进飞行器第二级和月面着陆器的组合体由重型货运火箭发射到近地轨道;②推进飞行器第一级单独由重型货运火箭发射入轨,进行变轨和姿态控制,从后端与推进飞行器第二级进行第 1 次对接;③载人飞船由载人火箭发射入轨,与月面着陆器进行第 2 次对接,完成登月飞行器的在轨组装;④登月飞行器完成地月转移加速前的姿态调整,加速进入地月转移轨道,推进飞行器第一级和第二级工作完后分离,地月转移期间利用月面着陆器进行 2~3 次轨道中途修正;⑤到达近月点附近,月面着陆器进行制动减速,将登月飞行器送入环月轨道;之后的飞行过程与 1 次发射直接奔月飞行模式相同。

近地轨道 2 次对接模式奔月过程需要 2 次发射重型货运火箭,1 次发射载人火箭，需要 2 次近地轨道交会对接，月地返回过程需要 1 次环月轨道交会对接，如图 5-3 所示。与近地轨道 1 次对接模式相比，近地轨道 2 次对接模式对运载火箭的运载能力要求相对较低，研制难度相对较小。其缺点是不如近地轨道 1 次对接模式简单，短时间内需完成 3 次发射（2 次零窗口发射）和 2 次近地轨道交会对接，组织实施难度较大，风险较高。此外，近地轨道 2 次交会对接后形成的登月组合体，长度较长，在地月转移及加速动力飞行过程中动力学控制难度大。如果采用低温高比冲氢氧发动机，在轨蒸发量控制的难度较大。发射场需建设 2 个重型货运火箭发射工位，才能确保零窗口发射。

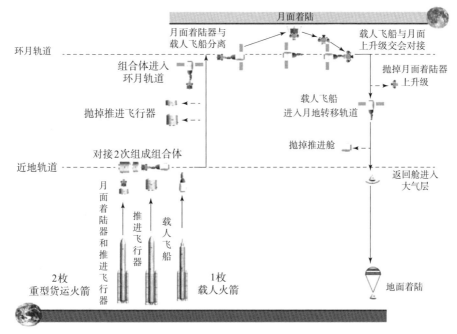

图 5-3 近地轨道 2 次对接奔月飞行模式示意图

4. 近地轨道 3 次对接模式

近地轨道 3 次对接模式是指由 3 枚重型货运火箭和 1 枚载人火箭分别将推进飞行器第一级、推进飞行器第二级、月面着陆器 + 推进飞行器第三级组合体，以及载人飞船送入近地轨道进行 3 次对接，再完成奔月、近月制动、月面下降、月面上升、环月轨道交会对接，最终返回地球的奔月飞行模式。

近地轨道 3 次对接模式的主要飞行过程如下：①月面着陆器和第三级推进飞行器的组合体由重型货运火箭发射到近地轨道；②第二级推进飞行器由重型货运火箭发射入轨，进行变轨和姿态控制，从后端与第三级推进飞行器进行第

1次对接;③第一级推进飞行器由重型货运火箭发射入轨,进行变轨和姿态控制,从后端与第二级推进飞行器进行第2次对接;④载人飞船由载人火箭发射入轨,与月面着陆器进行第3次对接,完成登月飞行器的在轨组装;⑤登月飞行器完成地月转移加速前的姿态调整,加速进入地月转移轨道,第一级、第二级、第三级推进飞行器完成工作后分离,地月转移期间利用月面着陆器进行2~3次轨道中途修正;⑥到达近月点附近,月面着陆器进行制动减速,将登月飞行器送入环月轨道;之后的飞行过程与1次发射直接奔月飞行模式相同。

近地轨道3次对接模式奔月过程需要3次发射重型货运火箭,1次发射载人火箭,需要3次近地轨道交会对接,月地返回过程需要1次环月轨道交会对接,如图5-4所示。该模式的优点是对重型货运火箭运载能力要求较低,技术继承性好,可利用现有火箭进行技术改进。其缺点是飞行模式相对复杂,对接次数相对较多,任务可靠性相应降低,需要连续发射4枚火箭(其中3次零窗口发射),连续3次近地交会对接,组织实施难度大,任务风险高。此外,同样由于多次交会对接形成组合体长度较长,地月转移过程动力学控制及低温推进剂蒸发量控制技术难度大。发射场需要新建设3个重型货运火箭发射工位才能确保零窗口发射,这种方案的建设规模较大。

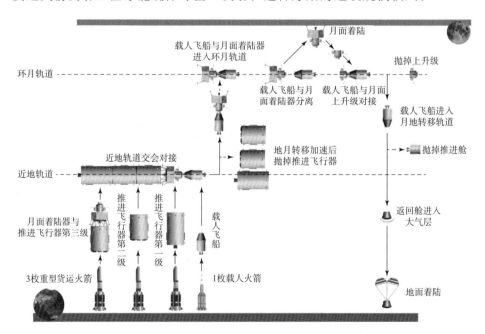

图5-4 近地轨道3次对接奔月飞行模式示意图

5. 环月轨道对接模式

环月轨道对接模式是指由重型货运火箭和重型载人火箭分别将月面着陆器与载人飞船送入地月转移轨道，分别进入环月轨道后进行一次环月轨道交会对接，再完成落月、上升、环月轨道交会对接，最终返回地球的奔月飞行模式。

环月轨道对接模式的主要飞行过程如下：①月面着陆器由重型货运火箭发射进入地月转移轨道；②地月转移期间月面着陆器进行2~3次轨道中途修正；③到达近月点附近，月面着陆器进行制动减速，进入环月轨道；④载人飞船由重型载人火箭发射进入地月转移轨道；⑤地月转移期间载人飞船进行2~3次轨道中途修正；⑥到达近月点附近，载人飞船进行制动减速，进入环月轨道；⑦月面着陆器和载人飞船完成环月轨道交会对接，航天员从载人飞船进入月面着陆器，月面着陆器与载人飞船分离，并在月球表面着陆，同时载人飞船留在环月轨道上自主飞行；之后的飞行过程与1次发射直接奔月飞行模式相同。

环月轨道对接模式需要1次发射重型货运火箭，1次发射重型载人火箭；2次环月轨道交会对接，如图5-5所示。该模式的优点是载人飞船和月面着陆器的飞行过程独立、人货分运、发射灵活性较强。其缺点是奔月过程环月轨道交会对接难度较大，对自主控制能力要求强，对重型载人火箭的要求高。与研制重型货运火箭相比，重型载人火箭的安全性和可靠性要求更高，其研制难度大、研制周期长和研制经费需求高。发射场需建设2个重型运载火箭发射工位，保障实施难度相对较大。这种模式的另一个优点是重型货运火箭与重型载人火箭的运载能力规模基本相当，可以将基础级设计得基本相同，通过重型货运火箭的发射增加火箭发射的可靠性子样，从而有助于提高重型火箭的可靠性指标。

6. 近地+环月轨道对接模式

近地+环月轨道对接模式是指由第一枚重型货运火箭将月面着陆器送入地月转移轨道，第二枚重型货运火箭和载人火箭分别将推进飞行器组合体与载人飞船送入近地轨道进行一次对接，月面着陆器和载人飞船组合体进入环月轨道后进行一次环月轨道交会对接，再完成落月、上升、环月轨道交会对接，最终返回地球的奔月飞行模式。

近地+环月轨道对接模式的主要飞行过程如下：①月面着陆器由重型货运火箭发射进入地月转移轨道；②地月转移期间月面着陆器进行2~3次轨道中途修正；③到达近月点附近，月面着陆器进行制动减速，进入环月轨道；④推

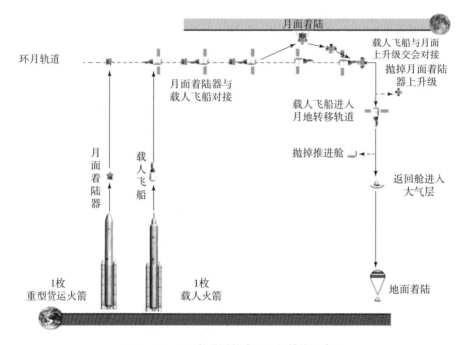

图 5-5 环月轨道对接奔月飞行模式示意图

进飞行器第一级与第二级组合体由重型货运火箭发射进入近地轨道；⑤载人飞船由载人火箭发射进入近地轨道；⑥推进飞行器第一级与第二级组合体从后端与载人飞船进行近地轨道交会对接，完成载人飞船的在轨组装；⑦载人飞船利用推进飞行器第一级加速，进入地月转移轨道后与推进飞行器第一级分离，地月转移期间利用推进飞行器第二级进行 2~3 次轨道中途修正；⑧到达近月点附近，推进飞行器第二级进行制动减速，进入环月轨道；⑨月面着陆器和载人飞船完成环月轨道交会对接，航天员从载人飞船进入月面着陆器，月面着陆器与载人飞船分离，并在月球表面着陆，同时载人飞船留在环月轨道上自主飞行；之后的飞行过程与 1 次发射直接奔月飞行模式相同。

近地+环月轨道对接模式共需要 2 次发射重型货运火箭，1 次发射载人火箭；1 次近地轨道交会对接，2 次环月轨道交会对接，如图 5-6 所示。该模式的优点是人货分运发射，航天员发射阶段安全性相对较高；对重型货运火箭研制要求相对较低，可实现性较好；避免了近地轨道大质量飞行器的对接难题。其缺点是飞行任务阶段较多，任务规划复杂，在短时间内需完成 3 次发射，发射关联性较强，任务组织实施难度相对较大，奔月过程环月轨道交会对接难度较大。发射场需建设 2 个重型货运火箭发射工位，保障实施难度相对较大。

第 5 章　载人深空探测飞行模式

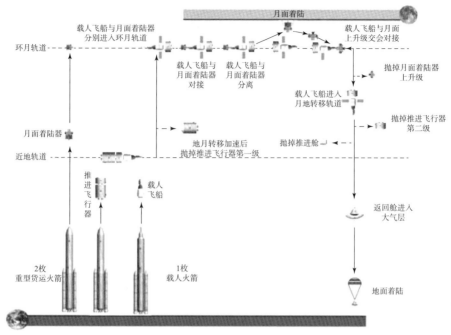

图 5-6　近地+环月轨道对接奔月飞行模式示意图

5.1.2　基于空间站的载人登月飞行模式

近地轨道空间站的建设与应用是人类近年来载人航天活动的重点。将空间站作为地月空间运输的中转站，可把载人天地往返任务和登月任务解耦：先将人员运输到空间站上等待，时机合适时再进行月面探测，遇到突发情况还可迅速实施月面上升返回空间站，从而增加任务的灵活性和安全性。其次易于实现多次登月重复探测，假设月面着陆器是可重复使用的，那么在货运飞船给空间站补给满推进剂和货物之后，可从空间站向月面着陆器进行补给，从而实现多次往返登月，有利于全月面的深度探测。虽然从工程实施角度来看，除了载人飞船、月面着陆器、推进飞行器之外，又增加了地月空间站和货运飞船，但是随着登月次数增多，整个系统的效率反而是更经济高效的，因此美国提出联合欧、俄、日等国共同建设月球"深空之门"（Deep Space Gateway，DSG），不仅用于载人月球探测，更可使日后的载人火星探测任务作为中转站。

根据空间站所处轨道位置的不同，基于空间站的载人登月飞行模式主要有 6 种：基于近地轨道（Low Earth Orbit，LEO）空间站飞行模式、基于地球静止轨道（Geostationary Earth Orbit，GEO）空间站飞行模式、基于地月循环轨道空间站飞行模式、基于地月 L1 点空间站飞行模式、基于地月 L2 点空间站飞行模式，以及基于环月轨道（Low Lunar Orbit，LLO）空间站飞行模式。

在上述的基于地月平动点空间站飞行模式中通常只考虑基于 L1 及 L2 点放置空间站的飞行模式。由于地月系中共有 5 个平动点（图 5-7），其中 L1、L2、L3 称为共线平动点，L4、L5 称为三角平动点，它们是圆形限制性三体问题的平衡点，相对地月大天体是静止的。研究表明，三角平动点 L4、L5 是稳定的，而共线平动点 L1、L2、L3 是不稳定的。处在共线平动点上的物体，在受到小扰动后即按指数规律远离这一平衡位置。由 L3 点的位置可知，其处在地月连线上且位于地球一侧，远离月球。假若利用 L3 点登月，则其登月飞行方案先要向 L3 飞行，然后再飞向月球，其飞行方案速度增量和飞行时间均比 L1 与 L2 点登月大，故一般不采用 L3 点。由 L4 点和 L5 点的位置可知，其与地月形成一个等边三角形，登月飞行方案为先向 L4 点或 L5 点飞行，然后向月球飞行，相当于飞行 2 个地月距离。因此，L4 点和 L5 点任务的飞行时间比 L1 点和 L2 点任务的飞行时间长。同时 L4 点和 L5 点的逃逸和制动速度比 L1 点和 L2 点大，故不宜采用 L4 点和 L5 点放置地月空间站进行载人登月。综上所述，对于地月平动点空间站飞行模式，主要考虑 L1 点空间站飞行模式和 L2 点空间站飞行模式。

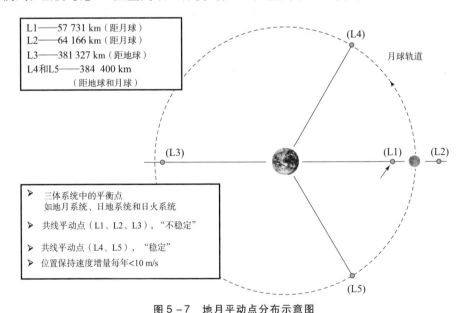

图 5-7 地月平动点分布示意图

下面分别介绍这 6 种基于空间站的载人登月飞行模式。

在后续所有的基于空间站的载人登月飞行模式分析中，均假设空间站已处于运营模式，空间站和月面着陆器已提前发送到指定轨道上，飞行过程从载人飞船发射开始，执行 1 次登月任务，直至返回地面。其中载人飞船负责 LEO

到空间站和空间站到地面的往返运输，月面着陆器负责空间站到月面和月面到空间站的往返运输。

1. 基于 LEO 空间站飞行模式

基于 LEO 空间站飞行模式是指载人飞船先与 LEO 空间站进行交会对接，航天员转移到空间站，通过停泊在空间站上的月面着陆器完成登月任务后返回空间站，航天员转移进入到载人飞船，最后返回地球。

基于 LEO 空间站飞行模式的主要飞行过程如下（图 5-8）：①用载人火箭将载人飞船发送到 LEO 轨道；②载人飞船从 LEO 轨道飞向空间站所在轨道，并与空间站对接，航天员从载人飞船转移到空间站；③航天员从空间站转移到月面着陆器，月面着陆器离开空间站飞向 LLO；④月面着陆器进行月面下降，并着陆月面；⑤完成月面任务后，月面着陆器整体上升返回 LLO；⑥月面着陆器从 LLO 飞向空间站；⑦月面着陆器与空间站对接，航天员从月面着陆器转移到空间站；⑧航天员从 LEO 空间站转移到载人飞船上，载人飞船离轨机动，返回地球，并再入大气层，最终着陆地面。

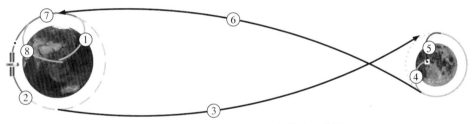

图 5-8 基于 LEO 空间站飞行模式示意图

基于 LEO 空间站飞行模式的变轨任务包括：①LEO 交会对接；②近地加速；③近月制动；④环月降轨；⑤动力下降；⑥月面上升；⑦月地转移加速；⑧进站制动；⑨近程交会；⑩离轨机动。总速度增量需求约为 12 700 m/s。由于完成登月任务后需要返回 LEO 空间站，登月飞行器需要约 3 150 m/s 的速度增量进行制动进入 LEO（也称为近地制动），故导致整个任务总速度增量大。

该模式下空间站运行于 LEO 上，存在大气阻力，空间碎片撞击概率相对较大。空间辐射环境较好，不会遭遇地球辐射带带电粒子，太阳宇宙射线和银河宇宙射线影响较小。由于空间站的 LEO 空间位置一定，故其每月与月球轨道的交点为 2 个，即每月有 2 次登月窗口。该模式中涉及的交会对接主要有：①载人飞船与空间站在近地轨道上交会对接；②月面着陆器与空间站在近地轨道上交会对接。第 1 次交会对接是近地轨道交会对接，技术比较成熟；第 2 次交会对接也为近地轨道交会对接，其难度主要体现在从月地转移轨道到 LEO

进行近地制动的精度和代价。如果没有月球 ISRU 技术的支持，用于近地制动的推进剂将从地球携带上去，这将显著增加近地轨道出发初始总质量（IM-LEO），代价较大。理论上该模式也可支持载人小行星和载人登火星任务。

2. 基于 GEO 空间站飞行模式

基于 GEO 空间站飞行模式是指载人飞船先与 GEO 空间站进行交会对接，航天员转移到空间站，通过停泊在空间站上的月面着陆器完成登月任务并返回空间站，最后航天员回到载人飞船，返回地球。

基于 GEO 空间站飞行模式的主要飞行过程如下（图 5-9）：①用载人火箭将载人飞船发送到 LEO 轨道；②载人飞船从 LEO 轨道飞向 GEO 空间站所在轨道；③载人飞船与空间站对接，航天员从载人飞船转移到空间站；④航天员从空间站转移到月面着陆器，月面着陆器离开空间站飞向 LLO；⑤月面着陆器进行月面下降，并着陆月面；⑥完成月面任务后，月面着陆器整体上升返回 LLO；⑦月面着陆器从 LLO 飞向空间站；⑧月面着陆器与空间站对接，航天员从月面着陆器转移到空间站；⑨航天员从空间站转移到载人飞船上，载人飞船 GEO 离轨机动，返回地球，并再入大气层，最终着陆地面。

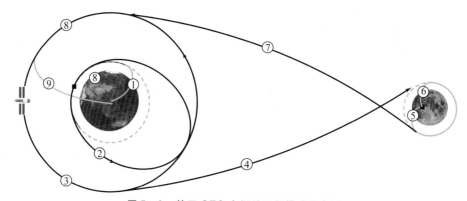

图 5-9 基于 GEO 空间站飞行模式示意图

基于 GEO 空间站飞行模式的变轨任务包括：①LEO 向 GEO 轨道转移；②GEO 轨道交会对接；③近地加速；④近月制动；⑤环月降轨；⑥动力下降；⑦月面上升；⑧月地转移加速；⑨进站制动；⑩近程交会；⑪离轨机动。总速度增量需求约为 14 750 m/s。该飞行模式下，与 GEO 空间站对接前需要从 LEO 向 GEO 转移，登月任务后需要制动返回 GEO 空间站，以及 GEO 离轨机动。这三项变轨任务导致整个任务总速度增量非常大。

该模式下空间站运行于 GEO 上，不存在大气阻力，空间辐射环境较近地恶劣，处于外辐射带，将遭遇辐射带捕获电子。由于空间站的 GEO 空间位置一定，故其每月与月球轨道的交点为 2 个，即每月有 2 次登月窗口。该模式中涉及的交会对接主要有：①载人飞船与空间站在 GEO 轨道上交会对接；②月面着陆器与空间站在 GEO 轨道上交会对接。这两次交会对接都是在 GEO 轨道上进行交会对接，第 1 次交会对接可通过 LEO 向 GEO 轨道转移进行调相和调平面，技术难度较低；第 2 次交会对接的难点主要体现在从月地转移轨道到 GEO 轨道进行近地制动的精度和代价。同 LEO 空间站模式一样，如没有月球 ISRU 技术的支持，代价较大。理论上该模式也可支持载人小行星和载人登火星任务。

3. 基于地月循环轨道空间站飞行模式

地月循环轨道是指周期性往返于地球和月球之间，在行星附近绕飞而不停留的轨道。暂取地月循环轨道的远地点约为 48 万公里，近地点为 1 万公里，轨道平面靠近月球公转平面，如图 5-10 所示。

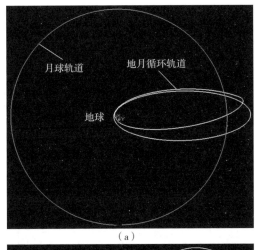

(a)

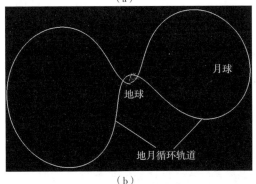

(b)

图 5-10 地月循环轨道飞行轨迹示意图
(a) 地心惯性系轨迹；(b) 地月旋转系轨迹

基于地月循环轨道空间站飞行模式是指载人飞船先与地月循环轨道空间站进行交会对接,航天员转移到空间站,再进入停泊在空间站上的月面着陆器,待登月任务完成后返回空间站,航天员再转移到载人飞船,最后返回地球。

基于地月循环轨道空间站飞行模式的主要飞行过程如下(图 5 - 11 ~ 图 5 - 14):①用载人火箭将载人飞船发送到 LEO 轨道;②载人飞船从 LEO 轨道飞向地月循环轨道空间站所在轨道;③载人飞船与空间站对接,航天员从载人飞船转移到空间站;④航天员从空间站转移到月面着陆器,在空间站向月球飞行较近时月面着陆器离开空间站飞向 LLO;⑤月面着陆器进行月面下降,并着陆月面;⑥完成月面任务后,月面着陆器整体上升返回 LLO;⑦月面着陆器从 LLO 飞向空间站;⑧月面着陆器与空间站对接,航天员从月面着陆器转移到空间站;⑨航天员从空间站转移到载人飞船上,载人飞船地月循环轨道离轨机动,返回地球,并再入大气层,最终着陆地面。

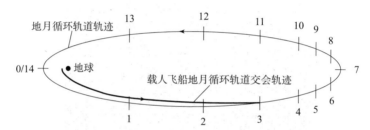

图 5 - 11 载人飞船从地球飞向空间站轨迹示意图

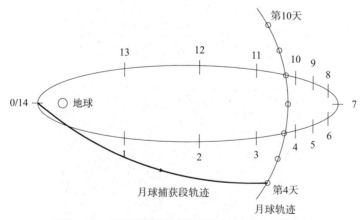

图 5 - 12 月面着陆器从空间站飞向 LLO 轨迹示意图

基于地月循环轨道空间站飞行模式的变轨任务包括:①近地加速;②飞船地月循环轨道进入;③飞船地月循环轨道近程交会;④着陆器地月循环轨道离轨;⑤月球捕获机动;⑥环月降轨;⑦动力下降;⑧月面上升;⑨月球逃逸机

动；⑩着陆器地月循环轨道进入；⑪着陆器地月循环轨道近程交会；⑫飞船离轨机动。该模式总速度增量需求较小，约为 10 100 m/s。

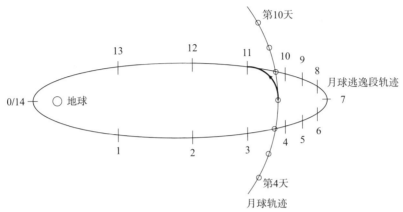

图 5-13　月面着陆器从 LLO 飞向空间站轨迹示意图

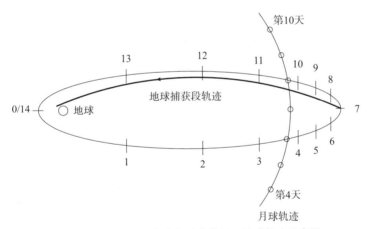

图 5-14　载人飞船从空间站离轨返回地球轨迹示意图

该模式下空间站运行于地月循环轨道上，不存在大气阻力，光照条件良好，热环境稳定，微流星/空间碎片撞击概率相对较小。空间辐射环境较近地恶劣，将一次穿越内辐射带和外辐射带，其间将遭遇辐射带捕获电子和捕获质子；地月飞行期间持续遭遇银河宇宙射线和太阳风粒子，太阳爆发期间还会遭遇太阳宇宙射线。地月循环轨道的轨道周期约为 14 天，其中在约第 7 天位置与月球、地球共线。地月循环轨道与月球交会的周期为 2 个地月循环轨道周期，约为 28 天。在每 28 天内，一个 14 天周期与月球交会，地月空间站与月球处于地球同侧；另一个 14 天周期远离月球，地月空间站与月球分处地球两侧。故其登月窗口为每月 1 次。该模式中涉及的交会对接主要有：①载人飞船与空间站在地月循环轨道上交会对接；②月面着陆器与空间站在地月循环轨道上交会对接。这两次交会对接都属于地球大椭圆轨道交会对接，登月飞行器通过 2 次脉冲变轨进入空间站附近区域，进行自主控制段飞行并完成对接。其难度主要体现在 2 次脉冲变轨的精度，登月飞行器的自主导航和控制精度，大椭圆轨道各点速度的不一致性。总体来看，其交会对接难度大。该模式可支持载人小行星和载人登火星任务，可支持地月空间的科学研究以及深空长期飞行技术验证。

4. 基于地月 L1 点空间站飞行模式

基于地月 L1 点空间站飞行模式是指载人飞船先与地月 L1 点空间站进行交会对接，航天员转移到空间站，通过停泊在空间站上的月面着陆器完成登月任务并返回空间站，航天员转移到载人飞船，最后再返回地球。

基于地月 L1 点空间站飞行模式的主要飞行过程如下（图 5 - 15）：①用载人火箭将载人飞船发送到 LEO 轨道；②载人飞船从 LEO 轨道飞向地月 L1 点空间站所在轨道；③载人飞船与空间站对接，航天员从载人飞船转移到空间站；④航天员从空间站转移到月面着陆器，月面着陆器离开空间站飞向 LLO；⑤月面着陆器进行月面下降，并着陆月面；⑥完成月面任务后，月面着陆器整体上升返回 LLO；⑦月面着陆器从 LLO 飞向地月 L1 点空间站；⑧月面着陆器与空间站对接，航天员从月面着陆器转移到空间站；⑨航天员从空间站转移到载人飞船上，载人飞船地月 L1 点离轨机动，返回地球，并再入大气层，最终着陆地面。

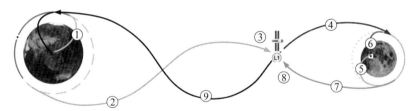

图 5 - 15　基于地月 L1 点空间站飞行模式示意图

基于地月 L1 点空间站飞行模式的变轨任务包括：①近地加速；②飞船 L1 点进入；③飞船 L1 点近程交会；④着陆器 L1 点离轨；⑤月球捕获机动；⑥环月降轨；⑦动力下降；⑧月面上升；⑨月球逃逸机动；⑩着陆器 L1 点进入；⑪着陆器 L1 点近程交会；⑫飞船 L1 点离轨。该模式下总速度增量需求约为 10 900 m/s。该飞行模式下，登月飞行器需要在地月 L1 点进行制动和加速，整个任务总速度增量较大。

该模式下空间站运行于地月 L1 点，不存在大气阻力，光照条件良好，热环境稳定。由于处于月球内侧，其微流星/空间碎片撞击概率相对较小。空间辐射持续遭遇银河宇宙射线和太阳风粒子，在太阳爆发期还会遭遇太阳宇宙射线。由于在地月旋转系中 L1 点相对月球的位置固定不变，其随时可以登月。该模式中涉及的交会对接主要有：①载人飞船与空间站在 L1 点上交会对接；②月面着陆器与空间站在 L1 点上交会对接。这两次交会对接都属于地月空间平动点交会对接，登月飞行器通过 2 次脉冲变轨进入 L1 点附近区域，进行自主控制段飞行并完成对接。由于空间站处于 L1 点，故交会对接无须相位调整；同时 L1 点处于力平衡位置，自主控制速度增量消耗小。另外，L1 点区域非线性强，测控和控制稍有误差就会产生很大的位置和速度误差。其难度主要体现在深空飞行的导航精度和登月飞行器的自主导航与控制精度。该模式可支持载人小行星和载人登火星任务，支持地月 L1 点区域的科学研究以及深空长期飞行技术验证。

5. 基于地月 L2 点空间站飞行模式

基于地月 L2 点空间站飞行模式是指载人飞船先与地月 L2 点空间站进行交会对接，航天员转移到空间站，通过停泊在空间站上的月面着陆器完成登月任务并返回空间站，最后航天员返回到载人飞船，再入返回地球。

从地球出发去 L2 点空间站有两种方式，如图 5-16 所示。为节省速度增量，一般选择月球借力去 L2 点。L2 点始终位于月球背面，其与地球通信和测控被月球本体挡住。因此需将空间站置于较高高度的 Halo（晕）轨道上（详见 6.1.2 节的高度为 8 000 km 的 Halo 轨道的设计方案），以解决通信和测控容易被遮挡的问题。

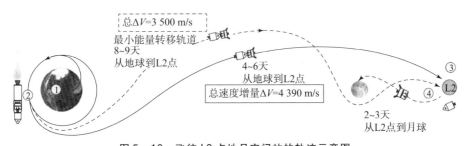

图 5-16 飞往 L2 点地月空间站的轨迹示意图

因此，基于地月 L2 点空间站飞行模式的主要飞行过程如下（图 5-17）：①用载人火箭将载人飞船发送到 LEO 轨道；②载人飞船从 LEO 轨道飞向月球，进行月球借力后到达地月 L2 点空间站所在轨道；③载人飞船与空间站对接，航天员从载人飞船转移到空间站；④航天员从空间站转移到月面着陆器，月面着陆器离开空间站飞向 LLO 轨道；⑤月面着陆器进行月面下降并着陆月面；⑥完成月面任务后，月面着陆器整体上升返回至 LLO 轨道；⑦月面着陆器从 LLO 轨道飞向地月 L2 点空间站；⑧月面着陆器与空间站对接，航天员从月面着陆器转移到空间站；⑨航天员从空间站转移到载人飞船上，载人飞船地月 L1 点离轨机动，返回地球，并再入大气层，最终着陆地面。

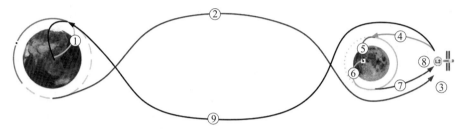

图 5-17 基于地月 L2 点空间站飞行模式示意图

基于地月 L2 点空间站飞行模式的变轨任务包括：①近地加速；②飞船 L2 点进入（含月球借力）；③飞船 L2 点近程交会；④着陆器 L2 点离轨；⑤月球捕获机动；⑥环月降轨；⑦动力下降；⑧月面上升；⑨月球逃逸机动；⑩着陆器 L2 点进入；⑪着陆器 L2 点近程交会；⑫飞船 L2 点离轨。该模式下总速度增量需求约为 10 000 m/s。由于采用月球借力的方式，该飞行模式的总速度增量较小。

该模式下空间站运行于地月 L2 点，空间环境与地月 L1 点相近，由于处于月球外侧，其微流星/空间碎片撞击概率相对较大。由于在地月旋转系中 L2 点相对月球的位置固定不变，理论上随时可以登月，但其登月窗口还受 Halo 轨道相位影响。该模式中涉及的交会对接主要有：①载人飞船与空间站在 L2 点 Halo 轨道上交会对接；②月面着陆器与空间站在 L2 点 Halo 轨道上交会对接。这两次交会对接都属于地月空间平动点 Halo 轨道交会对接，登月飞行器通过轨道转移进入 L2 点 Halo 轨道附近区域，进行自主控制段飞行并完成对接。其难度主要体现在 Halo 轨道进入精度、Halo 轨道进入相位，以及登月飞行器的自主导航和控制精度。其总体交会对接难度略大于 L1 点交会对接。该模式可支持载人小行星和载人登火星任务，也支持地月 L2 点区域的科学研究以及深空长期飞行技术验证任务。

6. 基于 LLO 空间站飞行模式

基于 LLO 空间站飞行模式是指载人飞船先与 LLO 空间站进行交会对接，航天员转移到空间站，通过停泊在空间站上的月面着陆器完成登月任务并返回空间站，航天员转移到载人飞船，最后返回地球。

基于 LLO 空间站飞行模式的主要飞行过程如下（图 5-18）：①用载人火

箭将载人飞船发送到 LEO 轨道；②载人飞船从 LEO 轨道飞向 LLO 轨道；③载人飞船与 LLO 轨道空间站交会对接，航天员从载人飞船转移到空间站；④航天员从空间站转移到月面着陆器，月面着陆器进行月面下降，并着陆月面；⑤完成月面任务后，月面着陆器整体上升返回 LLO 轨道；⑥月面着陆器在 LLO 轨道与空间站交会对接，航天员从月面着陆器转移到空间站；⑦航天员从空间站转移到载人飞船上，载人飞船进行 LLO 轨道离轨机动返回地球，并再入大气层，最终着陆地面。

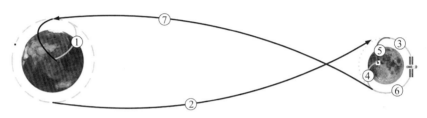

图 5-18 基于 LLO 空间站飞行模式示意图

基于 LLO 空间站飞行模式的变轨任务包括：①近地加速；②近月制动；③登月前环月轨道交会对接；④环月降轨；⑤动力下降；⑥月面上升；⑦登月后环月轨道交会对接；⑧月地转移加速。总速度增量需求约为 9 650 m/s。该模式类似于直接登月飞行模式，其总速度增量与环月轨道对接奔月飞行模式近似，整个任务总速度增量小。

该模式下空间站运行于 LLO 上，不存在大气阻力，热环境变化较大（受月球红外辐射影响），微流星/空间碎片撞击概率比 L1 点大。空间辐射持续遭遇银河宇宙射线和太阳风粒子，在太阳爆发期还会遭遇太阳宇宙射线。环月轨道始终围绕月球转动，随时可以进行月面下降和着陆月面，即可随时登月，登月窗口主要受登月点的位置约束。该模式中涉及的交会对接主要有：①载人飞船与空间站在环月轨道上交会对接；②月面着陆器与空间站在环月轨道上交会对接。其中第 2 次交会对接类似于 Apollo 载人登月工程中月面上升后的环月轨道交会对接，第 1 次交会对接是奔月过程的环月轨道交会对接，包括远程导引和自主控制。其难度主要体现在环月轨道进入精度、远程导引定轨精度，以及登月飞行器的自主导航和控制精度。该模式可支持载人小行星和载人登火星任务，以及深空长期飞行技术验证。

5.1.3 多种载人登月飞行模式比较

上述介绍了两大类共计 12 种载人登月飞行模式，其中直接登月的飞行模式比较适合于初期月球探测，能够实现小规模、快速登月。这六种直接载人登月飞行模式的主要区别在于对运载火箭的运载能力需求不同。表 5-1 所示为六种直接载人登月飞行模式的飞行器和运载火箭系统规模比较，其中假定载人飞船返回舱和月面着陆器上升级质量相同。通过比较可知，各种模式总的速度增量需求越少，飞行器质量规模越小，对运载火箭的运载能力规模需求就越小；在同样满足任务要求的前提下，登月飞行器的质量规模越小越好，代表系统效率越高。

表 5-1 六种直接载人登月飞行模式的飞行器和运载火箭系统规模比较 t

飞行器质量和运载火箭的运载能力规模		1 次发射直接奔月飞行模式	近地轨道 1 次对接模式	近地轨道 2 次对接模式	近地轨道 3 次对接模式	环月轨道对接模式	近地+环月轨道对接模式
载人飞船质量	返回舱	12	12	12	12	12	12
	推进舱	11	11	11	11	22	11
月面着陆器质量	上升级	7	7	7	7	7	7
	下降级	38	38	38	38	27	27
推进飞行器质量		—	—	35+80	5+50+50	—	11
重型货运火箭运载能力		—	63×1 (LTO)	80×2 (LEO)	50×3 (LEO)	34×1 (LTO)	34×2 (LTO)
载人火箭运载能力		68×1 (LTO)	23×1 (LEO)	23×1 (LEO)	23×1 (LEO)	34×1 (LTO)	23×1 (LEO)

基于空间站的载人登月飞行模式更适合于大规模、深度探测开发利用月球资源任务，也能为后续的载人小行星探测及火星探测奠定基础。基于空间站的各类载人登月飞行模式的特点综合比较如表 5-2 所示。

对于基于空间站的载人登月飞行模式，可从速度增量需求、空间运行环境、任务周期、任务支持能力、可靠性和安全性等方面进行比较。从结果来看，LEO 轨道空间站模式不支持月面着陆器重复使用，若采用月面着陆器重复使用，则需进行近地制动，速度增量大，不适合作为登月任务飞行方案；地月循环轨道空间站模式登月窗口少，交会对接难度大，不适合作为登月任务飞行方案；相对于 L1 点和 L2 点空间站，环月轨道空间站模式的地面发射窗口少，环月轨道交会对接难度大，对深空探测任务支持小。因此，基于地月 L1 点和地月 L2 点空间站飞行模式较优。相比之下，基于地月 L2 点空间站飞行模式的优点是任务总速度增量小，可支持月球背面任务；缺点是任务周期长，测控通信条件受一定限制。

表5-2 基于空间站模式的各类载人登月飞行模式的特点综合比较

项目		地月L1点空间站	地月L2点空间站	环月轨道(100 km)空间站	近地轨道空间站	地月循环轨道空间站	GEO空间站
任务支持		支持登月任务(全月面);支持小行星探测任务;支持火星探测任务	支持登月任务(全月面,更好地支持月球背面探测任务);支持小行星探测任务;支持火星探测任务	支持登月任务(特定区域)	支持登月任务(特定区域);支持小行星探测任务;支持火星探测任务	支持登月任务(全月面);支持小行星探测任务;支持火星探测任务	支持登月任务(速度增量大);支持小行星探测任务;支持火星探测任务
		支持深空长期飞行技术验证	支持深空长期飞行技术验证	支持深空长期飞行技术验证	部分支持深空长期飞行技术验证	支持深空长期飞行技术验证	支持深空长期飞行技术验证
		支持科学研究范围中(L1点轨道)	支持科学研究范围中(L2点轨道)	支持科学研究范围小(月球轨道)	支持科学研究范围小(近地轨道)	支持科学研究范围大(地月空间)	支持科学研究范围小(GEO轨道)
空间运行环境		光照条件良好	光照条件良好	月球遮挡光照条件一般(月球辐射)	地球遮挡光照条件一般	光照条件良好	光照条件良好
		热环境稳定	热环境稳定	热环境不稳定	热环境较稳定	热环境稳定	热环境稳定
		无大气阻力微流星/空间碎片少	无大气阻力微流星/空间碎片少	无大气阻力微流星/空间碎片少	有大气阻力微流星/空间碎片多	无大气阻力微流星/空间碎片少	无大气阻力微流星/空间碎片少
		空间辐射环境恶劣	空间辐射环境恶劣	空间辐射环境恶劣	空间辐射环境较好	空间辐射环境恶劣	空间辐射环境恶劣

续表

项目	地月 L1 点空间站	地月 L2 点空间站	环月轨道（100 km）空间站	近地轨道空间站	地月循环轨道空间站	GEO 空间站
从 LEO 到达空间站速度增量	4 040 m/s	3 450 m/s	4 400 m/s	180 m/s	3 470 m/s	4 400 m/s
从空间站到达月面速度增量	3 100 m/s	3 100 m/s	2 230 m/s	6 300 m/s	3 400 m/s	4 530 m/s
从 LEO 到达空间站时间	4 天	11 天	3 天	2 天	7 天	2 天
从空间站到达月面时间	3 天	3 天	70 分钟	3 天	4 天	3 天
登月任务窗口	每天	每天	每天	每月 2 次	每月 1 次	每月 2 次
交会对接难度	难度大	难度大	难度大	难度较低	难度大	难度较低

续表

项目	地月L1点空间站	地月L2点空间站	环月轨道(100 km)空间站	近地轨道空间站	地月循环轨道空间站	GEO空间站
优点	发射、登月窗口安排灵活，支持全月面到达能力较强。飞行任务周期少于L2点轨道空间站模式	发射、登月窗口安排灵活，支持全月面到达能力较强。相比L1点，可通过月球借力飞行，到达速度增量较小，能更好地支持月球背面探测，不需要单独部署中继通信星。从L2点出发到达火星所需的速度增量更小	距离月面较近，应急能力较强	近地轨道进行交会对接的难度较低，测控条件好	更好支持地月空间环境长期探测	测控条件好。兼顾GEO在轨服务任务
缺点	到达L1点所需速度增量高于L2点	任务周期从地月出发到达时间多约7天（在有中转站支持的情况下，消耗品的增加对飞行器规模影响较小）	地面发射窗口少。空间热环境较差。对深空探测任务支持能力较差	空间碎片/微流星环境较差。部分支持深空探测技术验证	地月循环轨道稳定性较差。登月窗口少。交会对接难度大	GEO轨道空间站登月任务所需速度增量远大于其他模式

229

参考附表 D 给出的飞行模式评价指标体系，载人登月的两大类多种飞行模式的综合比较详如表 5-3 所示。

表 5-3　多种载人登月飞行模式综合比较

项目		直接载人登月飞行模式				基于空间站的飞行模式				
		一次发射直接奔月	近地交会对接	环月交会对接	近地+环月交会对接	LEO空间站	GEO空间站	地月循环轨道空间站	平动点空间站	LLO空间站
系统组成[1]		载人火箭 月面着陆器 载人飞船	载人火箭 货运火箭 月面着陆器 载人飞船	载人火箭 货运火箭 月面着陆器 载人飞船 推进飞行器	载人火箭 货运火箭 月面着陆器 载人飞船	空间站 载人火箭 月面着陆器 载人飞船 货运飞船	空间站 载人火箭 月面着陆器 载人飞船 货运飞船	空间站 载人火箭 月面着陆器 载人飞船 货运飞船	空间站 载人火箭 月面着陆器 载人飞船 货运飞船	空间站 载人火箭 月面着陆器 载人飞船 货运飞船
飞行器系统规模		最小 ☆	最小 ☆	最小 ☆	最小 ☆	☆☆☆	最大 ☆☆☆☆☆	☆☆☆	☆☆☆	☆☆
运载火箭运载能力需求	载人	最大 ☆☆☆☆☆	最小 ☆	☆☆☆	最小 ☆	最小 ☆	☆☆☆	☆☆☆	☆☆☆	☆☆☆
	货运	无	最大 ☆☆☆☆☆	☆☆☆	☆☆☆	无	无	无	无	无
建设空间站运载火箭需求		无	无	无	无	☆	最大 ☆☆☆☆☆	☆☆	☆☆☆	☆☆☆
研制/建造难度		☆☆☆	☆☆	☆☆	☆	☆☆☆☆ ☆	☆☆☆ ☆☆	☆☆☆☆ ☆☆	最大 ☆☆☆☆☆	☆☆☆☆ ☆☆
任务复杂度		☆	☆☆	☆☆☆	☆☆☆	☆☆☆☆ ☆	☆☆☆ ☆	最大 ☆☆☆☆ ☆	☆☆☆☆ ☆	☆☆☆☆ ☆
任务窗口灵活性		☆☆☆☆	☆☆	☆☆☆	☆☆☆	☆☆☆ ☆	☆☆☆	☆☆☆	最大 ☆☆☆☆☆	☆☆☆☆
飞行器可重复利用性		无	无	无	无	☆☆	☆☆☆	☆☆☆☆	最大 ☆☆☆☆☆	最大 ☆☆☆☆☆

续表

项目	直接载人登月飞行模式				基于空间站的飞行模式				
	一次发射直接奔月	近地交会对接	环月交会对接	近地+环月交会对接	LEO空间站	GEO空间站	地月循环轨道空间站	平动点空间站	LLO空间站
研制/建造成本	☆☆☆	☆☆	☆☆☆	☆☆	☆☆☆☆☆	☆☆☆☆	最大 ☆☆☆☆☆	☆☆☆☆☆	☆☆☆☆☆
维护成本	无	无	无	无	☆☆☆☆☆	最大 ☆☆☆☆☆☆	☆☆☆☆☆	☆☆☆☆	☆☆☆☆
适用范围	早期载人登月任务	中小规模月球探测任务	中小规模月球探测任务	中等规模月球探测任务	大规模月球探测任务	大规模月球探测任务	大规模月球探测任务	大规模月球探测任务	大规模月球探测任务

注：1. 该系统组成以一次航天员运输任务为例，基于空间站的载人登月飞行模式中假设月面着陆器和空间站已处于运行轨道上。

2. 五角星数量表示程度的深浅，数量越多表示程度越深，越少则反之。

5.2 载人小行星探测飞行模式

与载人登月任务类似，载人小行星探测任务由于飞行距离远、速度增量大、任务周期长，系统规模较大，采用单级飞行器很难直接完成探测任务，因此探测器需要采用多舱段交会对接的方式来实现探测任务。访问式小行星探测模式的基本任务流程为：探测器系统在近地轨道附近完成交会对接，进行转移飞行，与小行星交会，对小行星开展探测任务，完成任务后返回地球。

由于从地球到小行星的往返航行段和小行星探测段的飞行方案较固定，对系统速度增量变化影响较小，因此本节重点介绍在地球影响球内轨道段飞行模式，不同的交会对接和逃逸方式将影响飞行模式的选择。目前，小行星探测的飞行模式可分为近地组装发射飞行模式、日地L2点停泊飞行模式、双曲线交会对接飞行模式、大椭圆轨道交会对接飞行模式、地月L1/L2点停泊飞行模式。

5.2.1 近地组装发射飞行模式

近地组装发射飞行模式是指利用两枚或两枚以上运载火箭将航天员和探测

器所需载荷与燃料分别送入近地轨道，通过一次或多次对接形成组合体，从而满足探测任务所需的速度增量需求。该模式可降低任务对单枚运载火箭运载能力的过高需求，从而降低重型载人运载火箭的技术风险、研制成本与研制难度。

针对不同的目标星，小行星探测任务时间和探测距离均不同，可采用多次发射、多次近地轨道交会的方式。但随着交会次数的增加，对发射窗口要求更高，同时短时间连续发射增加了对发射场任务保障能力的要求。

近地组装发射飞行模式的飞行方案如下（图5-19）：①推进舱（第一级、第二级、第三级）、生活舱、探索飞行器等由重型货运运载火箭从发射场发射，进入近地停泊轨道；②载人飞船由1枚载人运载火箭从发射场发射，进入近地停泊轨道；③载人飞船作为主动飞行器与其他舱段组合体完成近地轨道交会对接，构成探测飞行器组合体；④到达预定的转移窗口，推进舱第一级、第二级先后点火，进行地球逃逸，达到逃逸速度后与探测器分离；⑤轨道转移飞行阶段利用推进舱第三级进行中途修正；⑥到达小行星附近，采用推进舱第三级进行制动与小行星实现交会，将探测飞行器（载人飞船+探索飞行器+生活舱）送入环小行星轨道后分离；⑦探索飞行器开展探测任务，探索飞行器与组合体分离，并着陆或附着在小行星表面，对小行星采样；⑧探索飞行器上升与组合体对接，完成航天员与货物转移后分离，载人飞船与生活舱组合体加速从小行星引力场附近逃逸，轨道转移段进行轨道中途修正；⑨再入返回地球段，载人飞船与生活舱分离，航天员进入返回舱后，抛掉生活舱，月地再入变轨后，完成中途修正，抛掉推进舱、返回舱。进入地球大气层，在着陆场安全着陆。

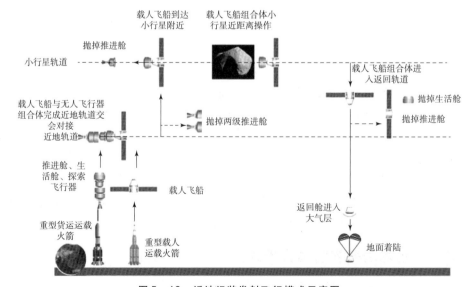

图5-19 近地组装发射飞行模式示意图

5.2.2 日地 L2 点停泊飞行模式

日地 L2 点停泊飞行模式是指将探测器组合体（推进舱、生活舱、探索飞行器等）无人舱段长期停泊于日地 L2 点，需要执行任务时利用不变流形轨道返回至地球附近，与从地球发射的载人飞船（返回舱、推进舱 2）完成交会对接后实现地球引力场逃逸，开展小行星探测任务。在探测器组合体进入返回地球轨道时，载人飞船与探测器组合体分离，再入地球；其余舱段通过少量速度修正借助不变流形返回 L2 点停泊轨道，等待下一次探测任务。此外，利用无人补给飞行器对探测器组合体补充燃料和生活物资。

日地 L2 点停泊飞行模式充分利用日地 L2 点的物理特性，可以节省探测器组合体交会对接后所需的逃逸速度增量，同时仅需重型货运火箭进行一次发射，即可满足多次任务需求，实现重复利用。在开展多次探测任务的背景下，可以节约探测任务的成本，降低发射场连续发射的压力。但载人飞船与其余舱段进行交会对接时速度较大，增大了交会对接的难度和危险性。且探测器组合体虽然从日地 L2 点附近周期轨道借助不变流形可以实现低能量转移，但转移时间较长，初次入轨的能量消耗较大。

日地 L2 点停泊飞行模式的飞行方案（图 5-20）如下：①推进舱 1、生活舱、探索飞行器等探测器组合体长期停泊于日地 L2 点附近周期轨道，执行探测任务时利用不变流形轨道返回地球；②载人飞船由一枚重型载人运载火箭从发射场发射，进入近地停泊轨道；③载人飞船作为主动飞行器在探测器组合体靠近地球时，与其完成交会对接；④载人飞船与探测器组合体根据发射窗口，

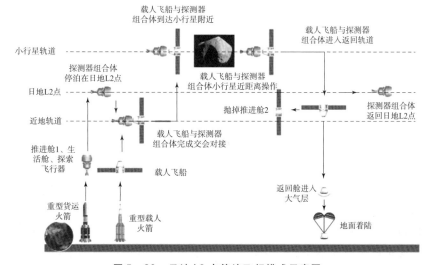

图 5-20 日地 L2 点停泊飞行模式示意图

施加逃逸脉冲,实现地球逃逸;⑤星际航行阶段利用推进舱 2 进行中途修正;⑥到达小行星附近,采用推进舱 2 进行制动,与小行星实现交会,将载人飞船与探测器组合体送入环小行星轨道;⑦探索飞行器开展探测任务,探索飞行器与载人飞船与探测器组合体分离,并着陆或附着在小行星表面,对小行星采样;⑧探索飞行器返回,与探测器组合体对接,完成航天员与货物转移后分离,推进舱 2 加速从小行星附近逃逸,进入地球返回轨道,返回期间进行轨道中途修正;⑨载人飞船返回舱在地球附近与推进舱 2 和生活舱、探索飞行器组合体再次分离,载人飞船返回舱再入大气层,在着陆场安全着陆;探测器组合体施加速度修正,进入稳定流形,返回日地 L2 点待命,等待下一次任务;⑩重型货运运载火箭发射补给飞行器,为日地 L2 点的探测器组合体补充燃料和物资。

5.2.3 双曲线交会对接飞行模式

双曲线交会对接飞行模式是指将探测器的交会对接和地球逃逸两个阶段合二为一,采用在逃逸轨道上实现交会对接的方式。无人的探测器组合体(含推进舱 1、生活舱、探索飞行器)采用重型货运运载火箭发射,通过连续脉冲小推力持续加速,达到逃逸速度。载人飞船(含推进舱 2、返回舱)采用载人运载火箭发射,利用火箭上面级施加逃逸速度。选择合适的逃逸窗口,使探测器两部分轨道在离开地球影响球处相交,探测器组合体在相交点交会对接,开展小行星探测任务。

双曲线交会对接中推进舱和生活舱采用连续小推力加速,虽然增加了飞行时间,但推进效率高,降低了对运载火箭能力的要求,同时可携带更大质量的载荷。但探测器在逃逸轨道完成交会对接,交会速度大,交会时间窗口小,交会难度大,对飞船测控系统要求高。

双曲线交会对接飞行模式的飞行方案(图 5-21)如下:①推进舱 1 和生活舱、探索飞行器等探测器组合体由重型货运运载火箭从发射场发射,进入近地停泊轨道;②探测器组合体利用推进舱 1 的推进装置施加连续小推力,达到地球逃逸速度,实现地球逃逸;③载人飞船由一枚重型载人运载火箭从发射场发射,进入近地停泊轨道;④推进舱 2 为载人飞船加速,使其进入地球逃逸轨道,随后与载人飞船分离;⑤载人飞船与探测器组合体在逃逸轨道交点处实现交会对接,逃离地球影响球;⑥星际航行阶段利用推进舱 1 进行中途修正;⑦探索飞行器开展探测任务,探索飞行器与载人飞船和探测器组合体分离,并着陆或附着在小行星表面,对小行星采样;⑧探索飞行器与载人飞船和探测器组合体对接,完成航天员与货物转移后分离,载人飞船加速从小行星附近逃逸,返回期间进行轨道中途修正;⑨载人飞船与生活舱分离,航天员进入返回舱后,抛掉生活舱,月地再入变轨后,完成中途修正,抛掉推进舱 2、返回舱进入地球大气层,在着陆场安全着陆。

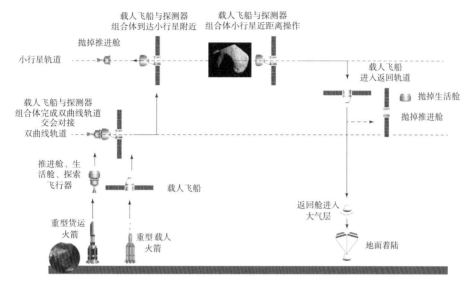

图 5-21 双曲线交会对接飞行模式示意图

5.2.4 大椭圆轨道交会对接飞行模式

大椭圆轨道交会对接模式可以看作近地交会对接的优化方案,探测器组合体(含探索飞行器、推进舱1、生活舱等)采用重型货运运载火箭发射至近地轨道,然后充分利用火箭上面级的能量,将探测器组合体轨道转移至近地点在地球停泊轨道,远地点在地球高轨的大椭圆轨道,载人飞船(含推进舱2、返回舱)采用重型载人运载火箭发射至地球停泊轨道,当组合体经过近地点时加速实现交会对接,然后探索飞行器在大椭圆轨道上施加脉冲实现地球逃逸。

大椭圆轨道交会对接飞行模式中探测器组合体采用连续小推力加速,虽然增加了飞行时间,但提高了推进效率,降低了对运载火箭能力的要求,同时可以携带更大质量的载荷。同时仍选择在近地点附近实现交会对接,交会对接速度相对双曲线交会要小,但探测器组合体的轨道周期较长,实现交会对接的窗口少,交会难度较近地交会要大,对测控系统要求高。

大椭圆轨道交会对接飞行模式的飞行方案(图5-22)如下:①探测器组合体(推进舱1、生活舱、探索飞行器等)由重型货运运载火箭从发射场发射,进入近地停泊轨道;②探测器组合体利用推进舱1的推进装置施加连续小推力,转移至近地点在地球停泊轨道附近,远地点在地球高轨的大椭圆轨道;③载人飞船(返回舱、推进舱2)由一枚重型载人运载火箭从发射场发射,进入近地停泊轨道;④在探测器组合体经过近地点时,与载人飞船进行交会对接；⑤在椭圆轨道上，根据发射窗口，由推进舱 1 施加逃逸脉冲，载人飞船与探测器组合体逃离地球影响球；⑥轨道转移段利用推进舱 1 进行中途修正；⑦到达小行星附近，采用推进舱 1 进行制动，与小行星实现交会，将载人飞船与探测器组合体送入环小行星轨道；⑧探索飞行器开展探测任务，探索飞行器与组合体分离，并着陆或附着在小行星表面，对小行星采样；⑨探索飞行器与组合体对接，完成航天员与货物转移后分离，载人飞船加速从小行星附近逃逸，返回期间进行轨道中途修正；⑩载人飞船与生活舱分离，航天员进入返回舱后，抛掉生活舱，月地再入变轨后，完成中途修正，抛掉推进舱 2，返回舱进入地球大气层，在着陆场安全着陆。

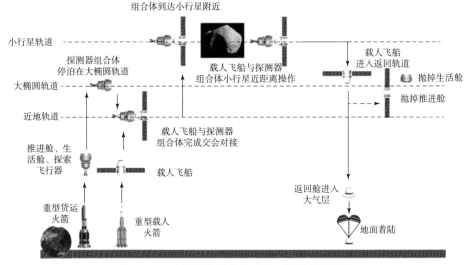

图 5-22 大椭圆轨道交会对接飞行模式示意图

5.2.5 地月 L1/L2 点停泊飞行模式

地月 L1/L2 点停泊飞行模式与日地 L2 点停泊飞行模式相似，选择地月的 L1/L2 点作为停泊点，探测器在该点附近保持与地球和月亮的相对位置不变。探测器组合体（含推进舱 1、生活舱和探索飞行器）需要执行任务时利用流形从地月 L1/L2 点返回至地球附近，与从地球发射的载人飞船（含推进舱 2、返回舱）完成交会对接后实现地球逃逸，开展小行星探测任务。探索飞行器在完成小行星探测任务后返回地球，载人飞船返回舱与推进舱 2、生活舱等分离，再入地球；其余舱段通过少量速度修正借助不变流形返回地月 L1/L2 点停泊轨道，等待下一次探测任务，利用补给飞行器对探测器组合体补充燃料和生活物资。

地月 L1/L2 点停泊飞行模式的系统组成和功能以及主要阶段与日地 L2 点

相同。相比日地 L2 点,地月 L1/L2 点距离地球较近,停泊在地月 L1/L2 点除可完成小行星探测任务外,对月球探测也可提供中转和系统支持。但由于地月 L1/L2 点相对于地月旋转系静止,而在日地系下运动,因此探测器组合体再入地球,返回 L1/L2 点时受星历约束较大,可能无法找到低能量的转移轨道。且由于 L1/L2 点的不稳定流形距离地球最近距离较远,需要增加中间脉冲才能接近近地轨道,相比于日地 L2 点飞行模式优势较小。

地月 L1/L2 点停泊飞行模式的飞行方案(图 5 - 23)如下:①推进舱 1、生活舱、探索飞行器等探测器组合体长期停泊于地月 L1/L2 点附近周期轨道,执行探测任务时利用不变流形轨道返回地球;②载人飞船由一枚重型载人运载火箭从发射场发射,进入近地停泊轨道;③载人飞船作为主动飞行器,靠近地球时,完成与探测器段组合体的交会对接;④载人飞船与探测器组合体根据发射窗口,施加逃逸脉冲,实现地球逃逸;⑤轨道转移阶段利用推进舱 1 进行中途修正;⑥到达小行星附近,采用推进舱 1 进行制动,与小行星实现交会,将载人飞船与探测器组合体送入环小行星轨道;⑦探索飞行器开展探测任务,探索飞行器与载人飞船与探测器组合体分离,并着陆或附着在小行星表面,对小行星采样;⑧探索飞行器上升与载人飞船与探测器组合体对接,完成航天员与货物转移后分离,推进舱 2 加速从小行星附近逃逸,进入地球返回轨道,返回期间进行轨道中途修正;⑨载人飞船返回舱在地球附近与推进舱 2 和生活舱、探索飞行器再次分离,载人飞船返回舱再入大气层,在着陆场安全着陆;其余组合体施加速度修正,进入稳定流形,返回地月 L1/L2 点待命,等待下一次任务;⑩重型货运运载火箭发射补给飞行器,为地月 L1/L2 点的探测器组合体补充燃料和物资。

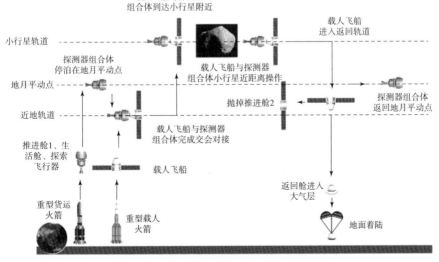

图 5 - 23 地月平动点停泊飞行模式示意图

5.2.6 多种飞行模式对比分析

从上述五种飞行模式可以看出,载人小行星探测可分为直接奔向小行星的飞行模式和基于高势能点的飞行模式,其中近地轨道组装发射飞行模式属于直接奔向小行星的飞行模式,其余四种属于基于高势能点的飞行模式。基于高势能点的飞行模式可通过小推力连续变轨将无人飞行器舱段送入高势能点,从而大大降低探测器系统规模。综合分析比较可知:

(1)近地轨道组装发射飞行模式实现难度较低,技术继承性、安全性较好,如果重型货运火箭研制难度大,可采用多次近地轨道交会对接的方式,该模式是未来10~15年内实现载人小行星探测任务的合理选择。

(2)双曲线轨道交会对接模式交会对接难度大,且探测器返回地球很难重复使用,在其他方面也不具优势。

(3)大椭圆轨道交会对接模式,由于探测器返回地球制动难度大,较难实现大部分探测器的重复使用,在其他方面不具有优势。

(4)日地L2点停泊飞行模式系统规模小,任务窗口灵活,并且主要舱段可重复使用,对于多次小行星探测任务,运行成本相对较低,可支持火星探测任务,是载人深空探测小行星探测路线的合理选择,任务实施过程中可作为近地轨道组装发射飞行模式的后续任务,支持逐步拓展的小行星探测范围和未来火星探测任务,如果在日地L2点建设空间站,可作为载人深空探测的基地,支持各种探测任务。

(5)地月L1/L2点停泊飞行模式虽然支持多种载人深空探测飞行任务,但其任务窗口灵活性差,对行星际探测约束大,此外相对于日地L2点停泊飞行模式其速度增量相对较大,系统规模以及后续运营成本都将大幅增加。

综上所述,载人小行星深空探测路线可以近地轨道组装飞行模式为先导,易于实现;这种基于高势能点的探测飞行模式有可能成为未来载人深空探测任务的重要趋势。后续任务可不断拓展探测范围,以日地L2点作为未来载人深空探测的支点,开展更广泛的载人小行星探测任务。

5.3 载人火星探测飞行模式

载人火星探测任务的主要飞行阶段包括地火转移加速、火星制动、火星进入下降与着陆、火星上升与交会对接、火地转移加速再入返回地球等阶段,总速度增量需求十分巨大，约 26.4 km/s，如图 5-24 所示，相应的载人火星飞行器系统的质量规模更大。如果采用类似直接登月式的直接往返火星的飞行模式，初步估计近地轨道组装后登火飞行器系统的质量规模需达到千吨级以上，需要数十枚百吨级重型货运火箭才能完成一次往返火星的载人飞行任务，这样的工程实施和保障难度相当巨大，难以实现。类似的分析如载人月球及小行星探测飞行模式，不再赘述。

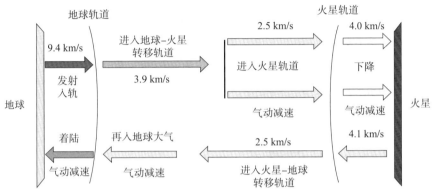

图 5-24　载人火星探测往返轨道及速度增量估计

载人火星探测任务的另一个难点是任务周期的敏感性。由于航天员长期处于深空变重力环境及空间辐射环境中，会对航天员的生理及心理产生较大的影响，因此需在任务设计时尽量缩短飞行时间，但缩短飞行时间就意味着需要进一步增加整个飞行任务的速度增量。为降低任务总发射质量和运载火箭的发射次数，需采用先进的推进技术，然而当前能够广泛工程应用的还是化学推进技术，大功率的电推进技术、核推进技术都尚处于研发阶段，技术成熟度较低，离真正工程化应用实施阶段还有相当差距。

在进行载人火星探测任务分析时，不难发现，上述缩短飞行任务时间、降低推进技术难度的需求，与降低近地轨道出发初始总质量（IMLEO）的需求是相互矛盾的，寻求平衡力图整体效益最优的目标是难以实现的。但如果将封闭任务转化为开放任务设计，采用 ISRU 技术的方式在火星表面制造推进剂及生保消耗品，补加到火星上升级中可以降低速度增量总需求，ISRU 就成为化解这个难题的重要选项。

5.3.1　火星探测参考任务的演变

从 20 世纪 90 年代开始，美国约翰逊航天中心（Johnson Space Center，JSC）就开始火星设计参考任务（Design Reference Mission，DRM）的论证，陆续提出了包括 DRM-1、DRM-3、DRM-4、DRA-5.0（Design Reference

Architecture 5.0）等几个系列的方案，这些方案的显著特点都是基于原位资源利用 ISRU 技术。

1993 年美国提出了 DRM–1.0 方案，其设计原则是采用"任务分割"策略，即将一次庞大的载人火星探测任务分解成小规模的多次飞行任务，而无须在近地轨道对接或组装成庞大的飞行器。这个策略要求这几组飞行器能够在火星表面进行对接，因此需要它们精确着陆到火星表面的同一个地点，或者这几组飞行器能够在火星表面进行机动，以便它们在火星表面机动后能够连接组装起来。"任务分割"策略的另一个优势是，在把乘组人员从地球发射入轨之前，可先将货物发射到无人的火星表面，这样货物运输可以采用低能量、较长周期的转移轨道，而载人发射任务可以采用高能量、短周期的转移轨道，从而将单次任务分解成两次或者多次任务，在把航天员发射入轨之前，可对货运基础设施提供更多的机会进行例行检查，这也为后续多次发射任务提供更高的可靠性，也可为早期的发射任务提供备份服务。这种"任务分割"的策略也可在载人月球及小行星探测任务上广泛使用，例如在美国"重返月球"计划中使用的近地轨道一次交会对接模式，实际上就采用了"任务分割"的策略。

DRM–1.0 任务设计为连续三次飞行任务，大约每隔 26 个月发射一组飞行器，如图 5–25 所示。第一期发射 4 个飞行器：地球返回飞行器（Earth Return Vehicle，ERV）、火星上升飞行器（Mars Ascent Vehicle，MAV）、居住舱（Habitat）、乘员着陆器（Crew Lander，CL），前三个货运飞行器在乘员着陆器发射之前 26 个月沿最小能量轨道飞向火星。登陆火星后，核反应系统自动展开，在航天员离开地球之前，火星上升飞行器燃料贮箱内已注满燃料。第一期航天员 6 人，乘坐载人飞船沿 180 天的快速转移轨道到达火星表面，与前面到达的上升飞行器及居住舱会合。第二期和第三期任务均发射 2 个货运任务载荷，地球返回飞行器、火星上升飞行器；以及发射 1 次载人任务载荷，即乘员着陆器。第一期任务发射的居住舱留在火星表面供以后的航天员重复使用，航天员可以按部就班地在火星表面建设基地，在第三期航天员完成任务后，火星基地的基础设施可以支持长期居住的需求。每个居住舱上都带有 ISRU 设备，核反应堆在距离 MAV 数百米的地方展开，用以产生上升到火星轨道的推进剂，在航天员完成表面探测任务后，MAV 的推进剂贮箱被填满，MAV 上升与停留在火星轨道上的 ERV 对接，然后航天员返回地球。

1997 年提出 DRM–3.0 方案，是 DRM–1.0 方案的改进版，对原有体系结构进行了一系列精简，如采用轻质的结构材料，从而减小了近地轨道初始出发质量（IMLEO），不需研制 200 t 以上的重型运载火箭，而是采用 80 t 级的运载火箭在近地轨道多次对接。DRM–3.0 包括 4 批飞行任务，如图 5–25 所示。

第 5 章　载人深空探测飞行模式

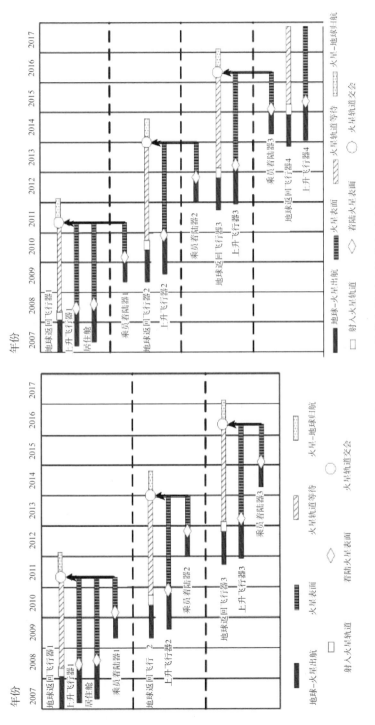

图 5-25　DRM-1.0 与 DRM-3.0 的载人火星探测任务序列对比

DRM-4.0方案包括核热火箭（Nuclear Thermal Rocket，NTR）和太阳能电推进（Solar Electric Propulsion，SEP）两种子方案，目的是希望能通过采用先进推进技术降低任务周期。NTR子方案采用核反应装置提供整个空间转移过程中需要的变轨冲量和电能。SEP子方案的太阳能电推进转移飞行器（Solar Electric Transfer Vehicle，SETV）采用小推力变轨的模式，需要6~12个月时间才能从300 km的近地圆轨道进入300 km×400 000 km的大椭圆地球轨道。此时化学发动机点火，把有效载荷（货运飞船）送入奔火星轨道，之后SETV通过螺旋形轨道不断降低远地点重新回到300 km圆轨道，重复上一过程把第二批货物送入大椭圆轨道。在货运飞船进入奔火星轨道之前，航天员乘坐使用化学推进的小型载人飞行器，迅速从地面发射到大椭圆轨道，与货运飞船对接，避免了在漫长的上升过程中，航天员遭受微重力和辐射伤害。

2009年提出DRA-5.0任务，其方案继承了以往DRM的一些基线设计，包括共3批次的载人火星任务，任务时间大约需要10年。任务假设在执行3次载人火星任务之前，已经在地面、国际空间站（International Space Station，ISS）、地球轨道、月球和火星上（由机器人先驱任务）进行过充分的试验与验证。DRA-5.0中单次往返任务的飞行模式如图5-26所示，前两批次流程简图如图5-27所示。DRA-5.0对推进系统的设计从前几次任务的热核推进变化到综合考虑热核推进和化学推进。在飞行器体系架构设计上，也将原来用

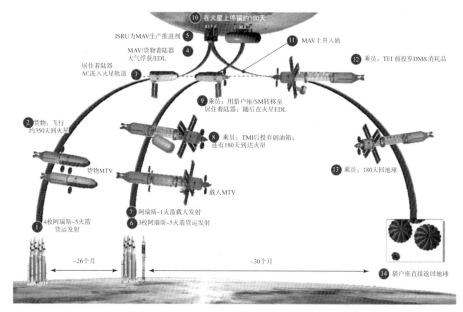

图5-26　DRA-5.0中单次往返任务的飞行模式
（图片来源于NASA报告，NASA-SP-2009-566）

于乘员地球火星转移的 CL 和火星地球转移的 ERV 两者功能合并，采用火星转移飞行器（Mars Transfer Vehicle，MTV）用于乘员往返转移。

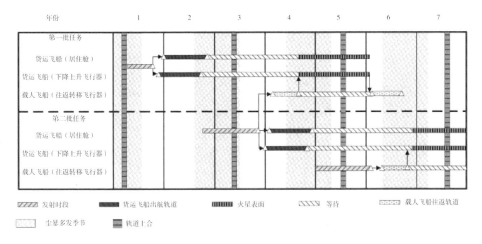

图 5-27　DRA-5.0 的载人火星探测任务流程时间表
（图片来源于 NASA 报告，NASA-SP-2009-566）

从轨道设计角度来看，地火往返任务是一个日心空间的双交会问题。第一次交会是由地球飞出与火星交会，必须考虑从火星飞回地球的第二次交会的影响。这两条交会轨道相对于太阳处于不同的平面上，因此导致了两种不同的任务类型：冲型短停留类型任务和合型长停留类型任务。按照返回地球的能量效率可以分为冲型任务和合型任务，冲型任务一般为短期停留任务，大约 560 天，需要 8.3~14.1 km/s 的速度增量；合型任务则是长期停留任务，采用最小能量的轨道类型，大约 950 天，需要 6.5~7.9 km/s 的速度增量。冲型短停留类型任务（图 5-28）的特征是在火星附近停留的时间相对较短，通常为 30~60 天。这类任务由于在火星停留的时间短，没有足够的时间重新规划应对意外事件或意料之外的新发现，必须严格按照计划表执行任务。

合型长停留类型任务（图 5-29）的特征是在火星附近停留的时间长，通常为 330~560 天，整个任务时间为 900 天以上。这类任务为在火星表面重新安排任务操作提供了充足的时间，但代价是增加了乘员在深空零重力和辐射环境中的暴露时间。在这类任务的设想中，探测器一旦到达火星，将按照原计划的探测方案进行，但鉴于人类对火星的认识有限，任务的不确定性增加，航天员可以灵活调整为更适合的火星表面探测任务规划。在 DRA-5.0 任务中，每次任务都将采用合型的飞行方案。

冲型短停留任务：
- 非最优转移，将导致更多的能量需求；
- 在火星停留时间短（通常30~60天）；
- 总转移能量随停留时间增加而增加

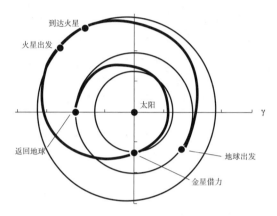

图5-28　冲型短停留载人火星探测任务

合型长停留任务：
- 往返火星的轨道都属于最小能量转移；
- 调整火星停留时间（通常为500天）以最小化转移轨道的能量

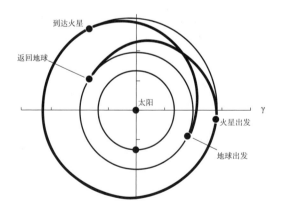

图5-29　合型长停留载人火星探测任务

总之，作为同一系列方案，从DRM-1.0到DRA-5.0的飞行任务方案和任务流程都较为相似，只是不同任务方案在一些具体细节设计上各具特色。按时间先后，下一个方案往往是对上一个方案的改进与优化，体现了美国载人火星探测飞行模式的整体演变过程。从表 5-4 中可以清晰地看出这五个方案的共同之处是都采用了基于 ISRU 的飞行模式，即基于火星原位资源可利用的前提。

表 5-4 美国火星设计参考任务方案对比分析

项目	DRM-1.0	DRM-3.0	DRM-4.0（NTR）	DRM-4.0（SEP）	DRA-5.0
计划中首次发射年份	2007	2007	2011	2011	2035
轨道类型	合型	合型	合型	合型	合型
飞行体系	分模块	分模块	分模块	分模块	分模块
推进类型	热核推进	热核推进	核热推进	太阳能/电推进	化学推进/热核推进
出航时间/天	150	150	180	180	174
火星表面停留时间/天	610	610	570	570	537
归航时间/天	120	120	150	150	201
任务总时间/天	880	880	900	900	914
IMLEO/t	900	419	400	400	849
着陆火星有效载荷质量/t	63	44	33	33	40.4
航天员人数/人	6	6	6	6	6
总发射次数	10	18	18	18	10
运载火箭	DRM1	—	—	—	Ares I/Ares V
对火箭近地运载能力需求/t	240	80	75	75	25/130
飞行任务批次	3	4	3	3	3
火星制动方式	大气制动	大气制动	大气制动	大气制动	大气制动+发动机制动
原位资源利用	是	是	是	是	是

5.3.2 基于 ISRU 飞行模式的优势

在美国国家航空航天局（NASA）喷气推进实验室（Jet Propulsion Laboratory，JPL）出版的《面向载人月球及火星探测任务的原位资源利用技术》一书中指出：ISRU 技术是指利用月球/火星上的大气、水冰、土壤、矿物等资源来制造人类长期生存所需的氧气、水、食物及推进剂等的技术，如果能够在月球/火星上制造出推进剂并对飞行器进行补给，或者原位制造出人类生存所需的生命保障物质，将显著减少从地球发射时飞行器的初始质量规模，从而降低发射任务成本。下面从利用 ISRU 技术制造火星上升级推进剂及火星表面生保消耗品两个方面，介绍基于 ISRU 飞行模式的优势。

1. 火星上升级推进剂

ISRU 对载人火星任务至关重要，原因是当乘组需返回地球时，可以把在火星表面制造出的推进剂补加至火星上升级，用于从火星表面上升并与返回舱在环火轨道交会对接。从火星表面上升所需的液氧推进剂总质量是由以下因素决定的：①负责完成上升段和交会对接阶段任务的上升级质量；②乘组人员数量；③交会对接轨道类型及高度；④与氧化剂发生反应的燃料剂类型。在载人火星探测任务设计中，通常使用液氧作为上升级推进系统的氧化剂，如液氧－甲烷推进剂组合，其中液氧质量占推进剂总质量的 75%~80%。如果从地球出发时携带甲烷而利用 ISRU 技术在火星上原位制造出液氧，ISRU 就可以负担 75%~80% 的上升级推进剂需求。如果某些火星 ISRU 设备不但可以制造液氧推进剂，还能制造甲烷推进剂，这样 ISRU 系统就能负担 100% 的火星上升级推进剂。因此，利用 ISRU 技术制造推进剂的优势有降低火星着陆质量、降低地球返回飞行器（ERV）进入火星轨道所用推进剂质量、降低飞行器离开火星轨道时需要的推进剂质量。

在 NASA 的 DRMs 任务设计中，带有核动力和 ISRU 设备的上升级先于航天员乘组 26 个月离开地球飞往火星，上升级推进剂贮箱在航天员从地球出发前就会被加满。即便使用最小型的 ISRU 设备，假设每周 7 天每天 24 h 不停地工作 1 年时间，也可制备出上升级所有的推进剂需求。为减少能源需求，如果考虑火星上昼夜环境 1 天有效时长 12 h，那么仅需 2 年时间，也可制备出上升级所需推进剂，在航天员到达后具备提供补加的能力。

在附表 F 中详细分析了使用 ISRU 的情况和不使用 ISRU 的情况下，进入、上升和离轨过程中的推进剂质量与 IMLEO 值的情况。从附表 E-2 和附表 E-3 的对比情况来看，在使用 ISRU 的情况下，为提供在火星上升、火星轨道进入与离轨所需的推进剂折合到 IMLEO 质量,采用椭圆轨道情况减少了 648 – 269 = 379(t)。如果采用圆轨道,这个数值将减少 707 – 568 = 139(t)。

如果火星上升飞行器(MAV)在上升到轨道后不与地球返回舱(ERV)交会对接,而是直接由火星表面进行起飞并返回着陆地球,那么利用 ISRU 进行原位制造节约的推进剂量将会更为可观。在 Robot Zurblin 博士提出的"火星直击任务"设想中即采用了这种方案,麻省理工学院(Massachusetts Institute of Technology,MIT)的研究结果表明,从火星表面直接进行起飞上升返回地球所需的推进剂总量(甲烷+液氧)大于 100 t,如果在任务中没有使用 ISRU,这表示在 LEO 轨道需要至少大于 900 t 的 IMLEO 质量(采用气动捕获方式),或者大于 3 100 t 的 IMLEO 质量(采用反推制动方式)。由此可以看出,ISRU 在火星任务中是必不可少的关键技术。

2. 火星表面生保消耗品

通过火星 ISRU 也可同时生产出用于生命保障系统的消耗品,从而减少必须送到火星表面的物质质量,如附录 F 的分析,假设 6 人乘组执行 600 天的火星表面作业任务,6 人乘组每人每天用水量约 167 kg,600 天算下来总用水量就是 100 t。假设环控生保系统每天进行一次循环,每次循环损失水量为 $(1-\eta) \times 167$ kg/天,η 为水的每次再循环使用的效率。NASA 预估环控生保系统的质量大约是 10 t。另外,对循环中损失水资源提供补给的储存量为 $B = 600 \times (1-\eta) \times 167/1\,000$ t。如果 η 取 0.94,B 就等于 6 t。这就是 NASA 给出环境控制与生命支持系统(Environmental Control and Life Support System,ECLSS)每次循环可达 94% 的回收率,总的水资源再生利用系统的总质量为 16 t 的原因。

如果 ECLSS 确实可以达到上述效率,ISRU 系统的最主要潜在目标就是提供水资源补给,从而大大降低了系统风险指数。另外,利用 ISRU 代替单纯的再生循环系统,在航天员离开地球前就开始给航天员乘组补给一年半的水资源,这将具有突出的价值。然而是否能建立长寿命和高可靠性的高效 ECLSS 目前还是一个难题,因此可以确信,能够生产氧气和水的 ISRU 系统作为 ECLSS 的备份将具有无法替代的价值。

3. 火星 ISRU 的优势

如前所述,使用 ISRU 制造火星上升级的推进剂,会使 IMLEO 减少约 379 t。如果不采用 ISRU,我们需要将这部分质量直接运往火星。假设向近地轨道 LEO 运输 1 t 物质需要花费 2 200 万美元,每次载人火星任务运送和返回的可节省费用约为 100 亿美元，三次系列任务总共可以节省 300 亿美元。在目前的阶段，我们难以估量 ISRU 探索和开发所需的支出，但 NASA 分析应该不会超过 100 亿美元。而 ISRU 在生命保障方面的价值难以估量，且至少能省下数十亿美元。因此总体来看，生产火星上升级所需的液氧推进剂和作为 ECLSS 系统水与氧气的备份资源，这两项潜在的应用使得 ISRU 技术对载人火星探测任务而言优势明显，不可缺少。关于 ISRU 技术的具体分析，详见第 9 章。

5.3.3 火星及卫星探测的飞行模式

根据探测目标星的不同，载人火星探测的飞行模式可分为载人登陆火星探测飞行模式和载人火星及卫星环绕探测飞行模式。

1. 载人登陆火星探测飞行模式

图 5-30 所示为典型的载人登陆火星探测的飞行模式示意图。该任务描述了载人登陆火星探测任务的飞行模式：首先利用两组货运飞行器，采取较低能量的转移轨道，提前将货物部署在环绕火星轨道上；然后将一个乘组送往环绕火星轨道，到达环火轨道后，该乘员飞行器将与在前一个轨道转移窗口送到火星的两个货运飞行器中的一个对接。另一个货运飞行器将在计划的火星表面探测地点着陆，在火星着陆之后，将自动建立太阳能发电站和原位推进剂制备站。当所有确保乘组生命安全必要的系统处于运行状态、具备条件之后，乘组将启动着陆程序。乘组在火星表面着陆后，他们将花费大约 500 天的时间从预定的火星基地开始，进行一系列长距离的穿越探测任务（预计数百千米）。在完成表面探测任务之后，乘组将利用在基地制造的推进剂（液氧或甲烷）从火星表面基地上升，返回等待在环火轨道的乘员飞行器中。在适当的时候，乘组将离开火星，进入火地返回轨道，用大约 6 个月的时间返回地球。

2. 载人火星及卫星环绕探测飞行模式

图 5-31 所示为典型的载人火星及卫星环绕探测的飞行模式示意图。首先将货运飞行器在乘组人员从地球出发前的一个发射窗口提前部署到环火轨道，可以采用低能量转移轨道，减少推进剂携带量，从而降低任务规模。在载人任务发射前，需对货物飞行器进行检查以确保其安全到达和如期运行，这与登陆火星探测飞行模式类似。

火星及卫星的环绕探测飞行模式的不同之处是，利用一个大型地火转移飞行器（MTV）送乘组人员往返火星。在到达火星之后，转移飞行器将进入高火星轨道（High Mars Orbit，HMO）。到达火星轨道之后，乘员飞行器将与之前

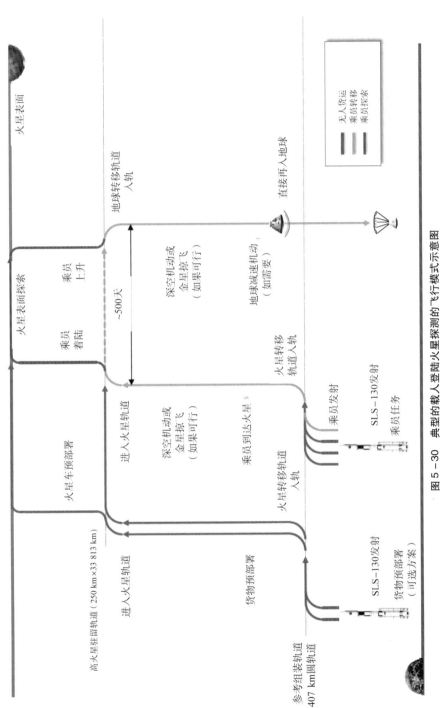

图 5-30 典型的载人登陆火星探测的飞行模式示意图
(图片来源于 NASA 报告，NASA-SP-2009-566)

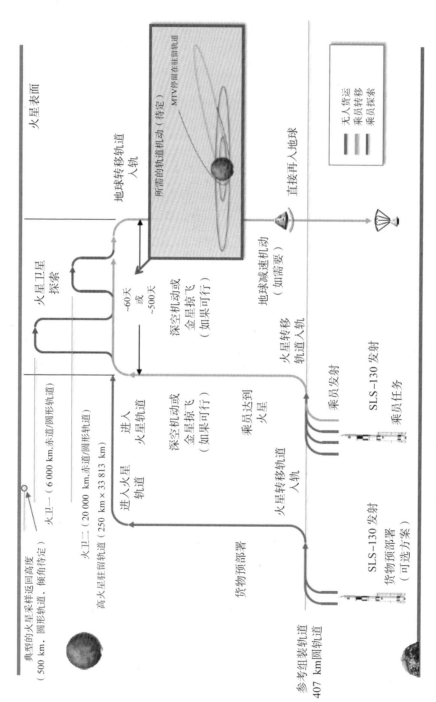

图 5-31 典型的载人火火星及卫星环绕探测的飞行模式示意图
(图片来源于 NASA 报告,NASA-SP-2009-566)

第 5 章 载人深空探测飞行模式

部署在驻留轨道的货运飞行器对接。图 5-31 中给出了乘员进行火星卫星探索的时间可能是 60 天或 500 天，也即短周期任务和长周期任务两种类型。

以短周期任务为例，当乘组人员到达火星后，一半的乘组人员将使用 SEV-1 和 3 个化学轨道转移级中的一个从驻留轨道转移到火卫一附近，再用 2 周的时间进行火卫一探测。由于火卫一和火卫二的轨道都靠近火星的赤道面，转移轨道到达倾角和逃逸倾角通常不在同一个平面，因此需要进行大的轨道机动用于改变轨道面，将乘组人员从高驻留轨道转移到火星卫星的轨道。从火卫一探测任务返回后，另外乘组的两个乘员将利用第二个空间探索飞行器 SEV-2 和轨道转移级从驻留轨道转移到火卫二附近，并用后续 2 周时间进行火卫二探测。第三个轨道转移级将用于乘员在火卫一或火卫二探测中出现危险情况时的乘员营救。在不进行火卫一或火卫二探测的时间里，如果通信路径可用，乘员也可以从独立的机器人取样返回任务或火星表面远距离遥操作机器人取样返回系统中取回样品。在轨道驻留末期，将抛弃所有的空间探索飞行器和轨道转移级设施，乘员将离开驻留轨道返回地球。

图 5-32 和图 5-33 所示为短周期和长周期载人火星探测飞行模式示意图。不同之处是根据火星附近停留时间的长短，短周期任务中 MTV 将与两名乘组成员留在驻留轨道，装载转移级的 SEV 则携带另外两名乘组成员进行火星卫星的探索，并最终返回 MTV。如果可实现在火星系统足够的停留时间，留在 MTV 的两名乘组成员将利用第二个 SEV 和转移级前往火卫二进行探索并返回。长周期任务首先利用 MTV 和两个 SEV 的组合体转移至火卫二进行探索。在完成火卫二的轨道操作之后，组合体将转移至火卫一。在返回地球前，长周期任务的推进部分必须能够推动整个组合体完成所有的机动。两种任务方案中，SEV 都将在出发机动前被抛弃。然而，在地球出发之后，SEV 在无人模式继续操作的情况下也可能不被抛弃，这受限于剩余的推进能力。长周期任务中两个 SEV 都将停留在火卫一附近，而短周期任务中它们将被留在火星的驻留轨道。

总之，从 NASA 载人火星探测参考任务的演变和飞行模式的设计中可以得出如下结论：①采用任务分割策略，先将货运飞行器采用低能量转移轨道送入环火轨道，有利于降低任务规模；②采用 ISRU 技术可以显著降低 IMLEO 质量，减少发射次数，是载人登陆火星探测任务必不可少的；③对于火星及卫星环绕探测模式，可以根据火星附近停留时间的长短，选择火星卫星探测目标的顺序，通常来说火卫一的科学目标及探测价值的优先级会更高些。

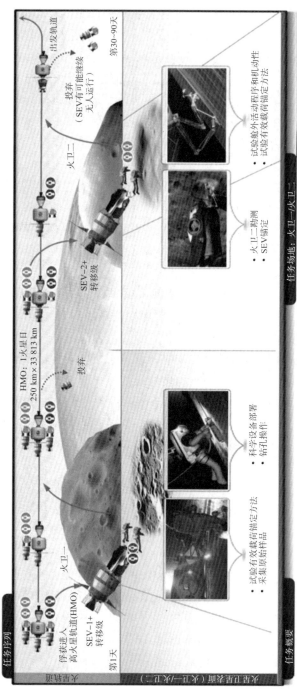

图 5-32 DRA 5.0 中的短周期载人火星探测飞行模式示意图
(图片来源于 NASA 报告，NASA-SP-2009-566)

第 5 章 载人深空探测飞行模式

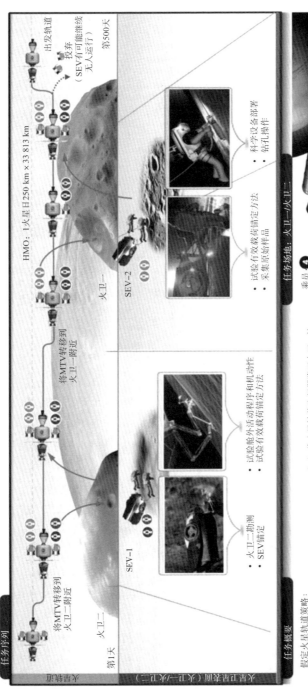

图 5-33 DRA 5.0 中的长周期载人火星探测飞行模式示意图
(图片来源于 NASA 报告，NASA-SP-2009-566)

思考题

1. 载人月球探测飞行模式包括哪几种类型？主要的区别是什么？
2. 基于地月平动点空间站飞行模式中为什么通常只考虑基于 L1 和 L2 点设置空间站的模式？
3. 基于空间站的飞行模式中，哪种更适合月球基地任务？为什么？
4. 载人小行星探测飞行模式包括哪几种？各有什么特点？
5. 载人火星探测任务的难点是什么？
6. 什么是冲型短停留载人火星探测任务？什么是合型长停留载人火星探测任务？
7. 基于 ISRU 技术的载人火星探测飞行模式有什么优点？
8. 载人登陆火星探测飞行模式与载人火星及卫星环绕探测飞行模式有何不同？
9. 在地月系中，在环月轨道及近地轨道各放置一个空间站，即所谓的双空间站载人登月模式，需要的总速度增量是多少？试分析这种登月模式的优缺点及可行性。

参 考 文 献

[1] 李成智，李建华. 阿波罗登月计划研究［M］. 北京：北京航空航天大学出版社，2009.

[2] 果琳丽，王平，朱恩涌，等. 载人月球基地工程［M］. 北京：中国宇航出版社，2013.

[3] ［美］唐纳德·拉普. 面向载人月球及火星探测任务的原位资源利用技术［M］. 果琳丽，郭世亮，张志贤，等，译. 北京：中国宇航出版社，2018.

[4] 郗晓宁，曾国强，任萱，等. 月球探测器轨道设计［M］. 北京：国防工业出版社，2001.

[5] 盛英华，张晓东，梁建国，等. 载人登月飞行模式研究［J］. 宇航学报，2009，30（1）：1－7.

[6] 龙乐豪. 关于中国载人登月工程若干问题的思考［J］. 导弹与航天运载技术，2010，310（6）：1－5.

[7] 彭祺擘，李桢，李海阳. 载人登月飞行方案研究［J］. 上海航天，2012，29（5）：14－19.

[8] 李桢，周建平，程文科，等．环月轨道交会的奔月方案［J］．国防科技大学学报，2009，31（1）：16-20．

[9] 高启滨，张洪礼，韩潮．基于地月L1点的载人登月飞行方案分析［J］．载人航天，2014，20（6）：562-568．

[10] 彭祺擘．基于空间站支持的载人登月方案研究［D］．长沙：国防科技大学，2007．

[11] 李宇飞，高朝辉，刘伟，等．载人登月人货分运与人货合运模式对比分析［J］．载人航天，2014，20（4）：307-311．

[12] 赵志萍，杨剑峰，王长焕，等．分步式人货分落载人月球探测方案探讨［C］．第四届载人航天学术大会，2016：76-81．

[13] 杨雷，向开恒，童科伟，等．基于地月周期重访轨道空间站的载人月球探测方案设想［J］．载人航天，2013，19（5）：47-51．

[14] 刘林．航天器轨道理论［M］．北京：国防工业出版社，2000．

[15] 果琳丽，王平，梁鲁，等．载人月面着陆及起飞技术初步研究［J］．航天返回与遥感，2013，34（4）：10-16．

[16] 果琳丽，左光，孙国江．载人深空探测发展设想及对动力技术的需求［C］．中国宇航学会深空探测技术专业委员会第七届学术年会论文集，2010．

[17] 张文博，成跃，王宁飞．地月循环轨道动力学建模与计算研究［J］．宇航学报，2015，36（5）：510-517．

[18] 彭坤，李明涛，王平，等．基于不变流行的地月L2点Halo轨道转移轨道设计［J］．载人航天，2016，22（6）：673-679．

[19] 李春来，欧阳自远，都亨．空间碎片与空间环境［J］．第四纪研究，2002，22（6）：540-551．

[20] 何巍，徐世杰．地月低能转移轨道设计方法研究［J］．宇航学报，2006，27（5）：965-969．

[21] 彭坤，徐世杰，果琳丽，等．基于人工免疫算法的地球-火星小推力转移轨道优化研究［J］．中国空间科学技术，2012，32（5）：61-68．

[22] 田林，安金坤，彭坤，等．美国梦神号行星着陆器原型系统发展及启示［J］．航天器工程，2015，24（5）：105-112．

[23] 彭坤，杨雷．利用地月间空间站的载人登月飞行模式分析［J］．宇航学报，2018，39（5）：471-481．

[24] 郑博，张泽旭．载人小行星探测最优两脉冲转移轨道优化设计［J］．哈尔滨工业大学学报，2016，48（10）：24-30．

[25] 王悦, 刘欢, 王开强, 等. 载人探测小行星的目标性选择 [J]. 航天器工程, 2012, 21 (6): 30-36.

[26] 王开强, 李志海, 张柏楠. 载人小行星探测的飞行模式 [J]. 载人航天, 2014, 20 (1): 89-94.

[27] 张泽旭, 郑博, 周浩, 等. 载人小行星探测任务总体方案研究 [J]. 深空探测学报, 2015, 2 (3): 229-235.

[28] 尚海滨, 崔平远, 熊旭, 等. 载人小行星探测目标选择与轨道优化设计 [J]. 深空探测学报, 2014, 1 (1): 36-43.

[29] 周必磊, 陆希, 尤伟. 载人小行星探测的总体方案设想 [J]. 深空探测学报. 2015, 2 (1): 43-47.

[30] 洪刚, 娄振, 郑孟伟, 等. 载人核热火箭登陆火星方案研究 [J]. 载人航天, 2015, 21 (6): 611-617.

[31] 段小龙. 载人火星计划空间推进方案的任务性能 [J]. 火箭推进, 2002 (6): 42-47.

[32] 朱新波, 谢华, 徐亮, 等. 载人火星探测任务方案构想 [J]. 上海航天, 2014, 31 (1): 22-28.

[33] 高朝辉, 童科伟, 时剑波, 等. 载人火星和小行星探测任务初步分析 [J]. 深空探测学报, 2015, 2 (1): 10-19.

[34] 周旭东, 张振鹏. 载人火星飞行轨道方案的设计和计算 [J]. 载人航天, 2012, 18 (4): 56-62.

[35] 孙宝枕. 奔月飞行轨道设计与仿真研究 [D]. 哈尔滨: 哈尔滨工业大学, 2005.

[36] 王建明, 马英, 刘竹生. 基于自适应遗传的载人探火任务规划方法 [J]. 导弹与航天运载技术, 2013, 329 (6): 1-6.

[37] 王刚, 李志刚, 袁恩会. 基于核动力的登月货运方案初探 [C]. 第四届载人航天学术大会, 2016: 82-87.

[38] 李桢. 载人火星探测任务轨道和总体方案研究 [D]. 长沙: 国防科技大学, 2011.

[39] 郑越, 泮斌峰, 唐硕. 地月低能转移轨道的混沌控制方法 [J]. 宇航学报, 2018, 39 (7): 751-759.

[40] 俞辉, 宝音贺西, 李俊峰. 双三体系统不变流形拼接成的低成本探月轨道 [J]. 宇航学报, 2007, 28 (3): 129-134.

[41] 侯锡云, 刘林. 共线平动点的动力学特征及其在深空探测中的应用 [J]. 宇航学报, 2008, 29 (3): 736-747.

[42] Koon W S, Lo M W, Marsden J E, et al. Dynamical Systems. the Three-ibody Problem and Space Mission Design [M]. New York: Springer-Verlag, 2007: 24-34.

[43] Stanley D, Cook S, Connolly J, et al. NASA's exploration systems architecture study [R]. NASA Final Report, TM-2005-214062, 2005.

[44] Benton Sr. M G. Crew and cargo landers for human exploration of Mars-Vehicle System Design [R]. AIAA-2008-5156. 2008.

[45] Benton Sr. M G. Concept for human exploration of NEO asteroids using MPCV, deep space vehicle, artificial gravity module, and mini-magnetosphere radiation shield [R]. AIAA Space 2011 Conference & Exposition, September. 2011.

[46] Drake Bret G, Editor. Human exploration of Mars, design reference Architecture 5.0. National Aeronautics and Space Administration [R]. NASA-SP-2009-566, July 2009.

[47] Drake Bret G, et al. Alternative strategies for exploring Mars and the moons of Mars [R]. Global Space Exploration Conference, 2012.

[48] Drake Bret G. Strategic considerations of human exploration of Near-Earth Asteroids [C]. IEEE Aerospace Conference, 2012.

[49] Logsdon J M, Launius R D. Human Spaceflight: Projects Mercury, Gemini, and Apollo [M]. Washington, DC: NASA History Division Office of External Relations, 2008.

[50] Manned spacecraft center. Apollo 11 mission report [R]. MSC-00171, 1969.

[51] NASA. NASA's exploration systems architecture study [R]. NASA-TM-2005-214062, 2005.

[52] Robertson E, Geffre J, Joosten K, et al. Lunar architecture focused trade study final report [R]. ESMD-RQ-0005, 22 October 2004.

[53] Charles P Llewellyn, Karen D Brender. Technology development, demonstration and orbital support requirements for manned lunar and mars missions [R]. NASA Technical Memorandum 101666, 1990.

[54] Thronson H, Geffre J, Prusha S, et al. The lunar L1 gateway concept: Supporting future major space science facilities [R]. NASA-20040074295, March 2002.

[55] Santovincenzo A, Thomas U, Khna M, et al. Architecture study for sustainable lunar exploration [R]. CDF Study Report: CDF-33 (A), Decem-

ber, 2004.

[56] Peng K, Yim S Y, Zhang B N, et al. Fast search algorithm of high – precision earth – moon free – return trajectory [C]. AAS/AIAA Astrodynamics Specialist Conference, 2015.

[57] Hughes P S, Qureshi H R, Cooley D S, et al. Verification and validation of the general mission analysis tool (GMAT) [C]. AIAA/AAS Astrodynamics Specialist Conference, 2014.

[58] Farquhar R W. Lunar communications with Libration – Point Satellites [J]. Journal of Spacecraft and Rockets, 1967, 4 (10): 1383 – 1384.

[59] Demeyer J, Gurfil P. Transfer to distant retrograde orbits using manifold theory [J]. Journal of Guidance Control and Dynamics, 2007, 30 (5): 1261.

[60] Burns J O, Kring D A, Hopkins J B, et al. A lunar L2 – Farside exploration and science mission concept with the Orion Multi – Purpose Crew Vehicle and a teleoperated lander/rover [J]. Advances in Space Research, 2013, 52: 306 – 320.

[61] Hopkins J B. Proposed orbits and trajectories for human missions to the Earth – Moon L2 region [C]. 64th International Astronautical Congress, 2013.

[62] Augustine N R. Seeking a human spaceflight program worthy of a great nation [R]. Final Report of the Review of U. S. Human Spaceflight Plans Committee, 2009.

[63] Office of the President of the United States of America. National space policy of the United States of America [R]. 2010.

[64] Hoffman Stephen J, Drake, et al. Mars as a destination in a capability – driven framework [C]. ASCE Earth and Space 2012 Conference, 2012.

[65] Sims J A, Finlayson P A, Rinderle E A, et al. Implementation of a low – thrust trajectory optimization algorithm for preliminary design [C]. AIAA/AAS Astrodynamics Specialist Conference, AIAA – 2006 – 6746, 2006.

[66] Landau D, Chase J, Randolph T, et al. Electric propulsion system selection process for interplanetary missions [J]. Journal of Spacecraft and Rockets, 2011, 48 (3): 467 – 476.

[67] Landau D, Strange N. Human exploration of Near – Earth asteroids via solar electric propulsion [C]. In Proceedings of the 21st AAS/AIAA Space Flight Mechanics Meeting, 2011.

[68] NASA. Orion, America's next generation spacecraft [R]. NP – 2010 – 10 –

025-JSC, 2010.

[69] NASA. Space exploration vehicle concept [R]. NF-2010-06-499-HQ, http://www.nasa.gov/pdf/464826main_SEV_Concept_FactSheet.pdf.

[70] Munk M M, Cianciolo A D. Entry, descent, and landing for Human Mars Missions [C]. Global Space Exploration Conference, 2012.

[71] Condon Gerald L. Earth-Mars Artificial-G NEP Architecture Sun-Earth L2 Architecture, 3-week parametric trade study [R]. Presentation to the JSC Exploration Office, 2003.

[72] Barbee Brent W. Preliminary analysis of trajectories within the Martian system for human exploration of phobos and deimos [C]. Internal NASA Presentation, 2012.

[73] Landau D. Comparison of Earth departure strategies for human missions to Mars [C]. AIAA 2012-5143, AIAA SPACE Conference, 2012.

[74] Landau D F, Longuski J M, Penzo P A. Method for parking orbit reorientation for human missions to Mars [R]. Journal of Spacecraft and Rockets, 2005, 42 (3): 517-522.

[75] Foster Cyrus. Delta-V budgets for robotic and human exploration of phobos and deimos, Abstract 11-018 [C]. 2nd International Conference on the Exploration of Phobos and Deimos, 2011.

[76] Human Space Exploration Framework Summary. National Aeronautics and Space Administration, January 12, 2011, http://www.nasa.gov/exploration/new_space_enterprise/home/heft_summary.html.

[77] P-SAG. Analysis of Strategic Knowledge Gaps Associated with Potential Human Missions to the Martian System. Precursor Strategy Analysis Group (P-SAG), (jointly sponsored by MEPAG and SBAG), 2012, http://mepag.jpl.nasa.gov/reports/index.html.

[78] White House. U.S. Announces review of human space flight plans, independent Blue-Ribbon panel will delineate options [R]. Office of Science and Technology Policy Press Release, 2009.

[79] Thomas B, Griffin B, Vaughan D. A comparison of transportation systems for human mission to Mars [R]. AIAA2004-38344, 2004.

[80] Cage P G, Kroo I M, Braun R D. Interplanetary trajectory optimization using a genefic algorithm [C]. Scottsdale: AIAA/AAS Astrodynamics Conference, 1994: 538-539.

[81] Spencer D B, Kim Y H. Optimal spacecraft rendezvous using genetic algorithms [J]. Journal of Spacecraft and Rockets, 2002, 39(6): 860–865.

[82] NASA. Exploration systems mission directorate: Lunar architecture focused trade study final report, ESMD–RQ–0005, 22 OCTOBER, 2004.

[83] Ariel N Deutsch, James W Head, Kenneth R Ramsley, et al. Science exploration architecture for phobos and deimos: the role of phobos and deimos in the future exploration of Mars [J]. Advances in Space Research, 2018 (62): 2174–2186.

[84] Mariel Borowitz, Jonathan Battat. Multidisciplinary evaluation of next steps for human space exploration: technical and strategic analysis of options [J]. Space Policy, 2016 (35): 33–42.

[85] Grant Gates, Chel Stromgren, Bryan Mattfeld, et al. The exploration of Mars launch & assembly simulation [C]. ASME 2016 International Design Engineering Technical Conferences, 2016.

[86] Salazar F J T, Macau E E N, Winter O C. Chaoic dynamics in a low–energy transfer stategy to the equilateral equilibrium points in the Earth–Moon system [J]. International Journal of Bifurcation & Chaos, 2015, 25 (5): 1–10.

[87] Bosanac N, Howeu K C, Fischbaoh E. Stability of orbits near large mass ratio binary systems [J]. Celestial Mechanics & Dynamical Astronomy, 2015, 122 (1): 27–52.

第 6 章
载人深空探测轨道设计

载人深空探测轨道设计又被称作"任务使命设计",轨道设计是顶层任务分析工作的核心环节,不仅涉及大量的理论推导、数学建模、优化求解,还需考虑各飞行阶段轨道设计的逻辑顺序和约束关系。本章以载人登月任务和载人小行星探测任务为例,详细介绍这两类深空探测任务中的飞行轨道设计方法,以及面向载人任务的高可靠、高安全及尽量缩短任务周期等需求。由于篇幅有限,载人火星探测轨道设计方法不再赘述。

6.1 典型载人登月轨道设计方法

6.1.1 载人登月轨道设计

以美国"星座计划"的近地轨道 1 次交会对接飞行模式为例，载人登月任务最具代表性的轨道段有 LEO 交会对接轨道、自由返回轨道、月面软着陆轨道、月面动力上升轨道、月面上升快速交会对接轨道、月地转移轨道和再入返回轨道 7 个轨道段。其中，LEO 交会对接轨道设计和再入返回轨道设计属于近地轨道设计范畴，本书不做赘述，本章重点介绍其他 5 个轨道段的设计方法。

1. 自由返回轨道设计

载人地月转移轨道是载人登月轨道设计的关键，它决定了登月飞行器能否顺利到达月球附近。一般来说，地月转移轨道有多种设计方法，为节省燃料，可以采用弱稳定边界的低能地月转移轨道或小推力地月转移轨道等。这类轨道的特点是推进剂消耗量小，但飞行时间长，长达几十甚至上百天，通常适用于无人月球探测任务，或者是载人月球探测任务中的货物运输任务。对于载人登月任务而言，考虑到飞行器携带航天员的生命保障消耗品量等约束条件，任务周期需要尽可能短，因此一般考虑采用飞行时间为 3 天左右的两脉冲地月转移轨道。两脉冲地月转移轨道的飞行流程为：载人登月飞行器选择合适的时机，在近地停泊轨道进行地月转移加速，进入地月转移轨道；当到达近月点时，登月飞行器再施加一个反向脉冲制动减速，从而进入环月轨道。

不同于普通近地轨道设计，地月转移轨道涉及两个中心引力体，即地球和月球，且月球影响球包含在地球影响球范围内，也即整个地月转移过程中地球和月球引力相互耦合。同时，地月转移过程还需考虑地球非球形摄动、月球非球形摄动、大气阻力摄动、太阳引力摄动、太阳光压摄动等。在地心天球坐标系下，飞行器的动力学方程如下：

$$\frac{\mathrm{d}^2 \boldsymbol{R}}{\mathrm{d} t^2} = -\mu_\mathrm{E} \frac{\boldsymbol{R}}{R^3} + \boldsymbol{A}_\mathrm{N} + \boldsymbol{A}_\mathrm{NSE} + \boldsymbol{A}_\mathrm{NSL} + \boldsymbol{A}_\mathrm{R} + \boldsymbol{A}_\mathrm{D} \qquad (6-1)$$

式中：$-\mu_\mathrm{E} \frac{\boldsymbol{R}}{R^3}$ 为地球的中心引力；$\boldsymbol{A}_\mathrm{N}$ 为其他天体引力摄动；$\boldsymbol{A}_\mathrm{NSE}$ 为地球非球形摄动；$\boldsymbol{A}_\mathrm{NSL}$ 为月球非球形摄动；$\boldsymbol{A}_\mathrm{R}$ 为光压摄动；$\boldsymbol{A}_\mathrm{D}$ 为大气阻力摄动。其中，其他天体引力摄动 $\boldsymbol{A}_\mathrm{N}$ 一般考虑月球和太阳的引力摄动。

载人登月任务中为保证航天员的安全性，一般将载人地月转移轨道设计为自由返回轨道（Free-Return Trajectory，FRT），这与无人月球探测任务有显著不同。其主要意义在于，载人登月任务地月转移飞行过程中倘若航天员或登月飞行器出现意外以至于无法完成登月，那么自由返回轨道可以在不实施近月点制动情况下使载人飞船自动沿预先设计的轨道返回地球，从而挽救航天员的生命，如著名的 Apollo-13 任务。

地月转移轨道动力学方程非线性强，如果直接采用迭代搜索算法不易收敛。通常将地月转移轨道设计分为两步：先采用简化动力学模型得到轨道初值，再利用数值解法得出精确自由返回轨道。目前，一般采用两类简化动力学模型，即双二体模型和圆形限制性三体模型。在双二体模型下，地月转移轨道分为地心段和月心段，两者在月球影响球处进行拼接。在圆形限制性三体模型下，只考虑地球引力和月球引力，首先求得月球轨道面内对称自由返回轨道，并将其作为初值，其次采用数值解法求解月球轨道面外的地月转移轨道。不管采用哪种简化模型，最后都需要在高精度模型中再进行迭代搜索。

相比于一般地月转移轨道，自由返回轨道的目标约束更多，不仅要求飞行器能到达近月点，还要求飞行器能自动返回并满足再入条件，因此求解难度更高。下面给出一种直接在高精度动力学模型中求解自由返回轨道的方法。

1）系统模型

自由返回轨道的飞行过程可描述为：设飞行器在初始时刻 t_EPI 入轨，进入一个近地停泊圆轨道（Earth Parking Orbit，EPO）上，入轨点为 P_EPI；在 EPO

运行 Δt_{LEO}（可设 $0 \leqslant \Delta t_{\text{LEO}} < T_{\text{LEO}}$，$T_{\text{LEO}}$ 为近地停泊轨道的轨道周期）时间后，施加面内切向速度增量 ΔV，进入自由返回轨道（FRT），则该加速点 P_{TLI} 为自由返回轨道近地点；飞行器地月转移飞行至近月点 P_{LP} 时，距月面高度 h_{LP} 满足目标参数要求；此后飞行器借助月球引力返回地球再入点 P_{EI}，再入高度 h_{EI} 和再入角 γ_{EI} 满足目标参数要求。自由返回轨道飞行过程如图 6-1 所示。

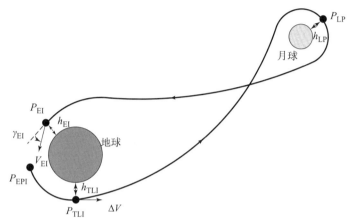

图 6-1 自由返回轨道飞行过程

一般地，入轨点 P_{EPI} 的轨道高度 h_{EPI} 和轨道倾角 i_{EPI} 由运载火箭发射参数确定，可作为已知条件。由飞行过程可知，自由返回轨道的加速点高度 h_{TLI} 近似为入轨点 P_{EPI} 的轨道高度 h_{EPI}，其加速点轨道倾角 i_{TLI} 近似为近地停泊轨道的轨道倾角 i_{EPI}。设入轨时刻 t_{EPI} 已知，则可通过轨道推演得到自由返回轨道加速点高度 h_{TLI} 和倾角 i_{TLI} 的精确值。因此，可将初始入轨时刻 t_{EPI}、入轨点轨道高度 h_{EPI} 和入轨点轨道倾角 i_{EPI} 作为初始条件。由于 EPO 为圆轨道，入轨偏心率为 0，则有

$$\begin{cases} t_0 = t_{\text{EPI}} \\ h_{\text{EJ2K}}(t_0) = h_{\text{EPI}} \\ e_{\text{EJ2K}}(t_0) = 0 \\ i_{\text{EJ2K}}(t_0) = i_{\text{EPI}} \end{cases} \quad (6-2)$$

式中：t_0 为初始时刻；h_{EJ2K}、e_{EJ2K} 和 i_{EJ2K} 分别为地心 J2000 系下的地心轨道高度、偏心率和轨道倾角。

自由返回轨道主要有三个目标参数：①近月点高度 h_{LP}，需满足环月轨道高度要求；②再入高度 h_{EI}，根据飞行器第二宇宙速度再入边界确定；③再入点地心 J2000 坐标系轨道倾角 i_{EI}，为返回指定着陆场（λ，η），则要求 $i_{\text{EI}} \geqslant \eta$。

$$\begin{cases} h_{\text{MIne}}(t_{\text{LP}}) = h_{\text{LP}} \\ h_{\text{EJ2K}}(t_{\text{EI}}) = h_{\text{EI}} \\ i_{\text{EJ2K}}(t_{\text{EI}}) = i_{\text{EI}} \end{cases} \quad (6-3)$$

式中：t_{LP} 和 t_{EI} 分别为自由返回轨道的近月点时刻和再入点时刻，h_{MIne} 为月心惯性系下的月心轨道高度。

根据已有研究结果，地月转移过程中，月球引力摄动、太阳引力摄动和地球非球形摄动的摄动加速度量级较大，可忽略影响较小的摄动力，如月球非球形摄动、光压摄动、大气阻力摄动。因此，可建立地心 J2000 坐标系下的高精度动力学方程作为飞行器状态方程，即

$$\frac{\mathrm{d}^2 \boldsymbol{R}}{\mathrm{d}^2 t} = -\mu_{\text{E}} \frac{\boldsymbol{R}}{R^3} + (-\mu_{\text{L}}) \left(\frac{\boldsymbol{R}_{\text{L}}}{R_{\text{L}}^3} + \frac{\boldsymbol{R} - \boldsymbol{R}_{\text{L}}}{\| \boldsymbol{R} - \boldsymbol{R}_{\text{L}} \|^3} \right) + \\ (-\mu_{\text{S}}) \left(\frac{\boldsymbol{R}_{\text{S}}}{R_{\text{S}}^3} + \frac{\boldsymbol{R} - \boldsymbol{R}_{\text{S}}}{\| \boldsymbol{R} - \boldsymbol{R}_{\text{S}} \|^3} \right) + \boldsymbol{A}_{\text{NSE}} \quad (6-4)$$

式中：等号右边第 1 项为地球中心引力摄动；第 2 项为月球引力摄动；第 3 项为太阳引力摄动；$\boldsymbol{A}_{\text{NSE}}$ 为地球非球形摄动，采用 8×8 阶的 WGS84 模型；$\boldsymbol{R}$，$\boldsymbol{R}_{\text{L}}$，$\boldsymbol{R}_{\text{S}}$ 分别为飞行器、月球和太阳在地心 J2000 坐标系下的位置矢量；μ_{E}，μ_{L}，μ_{S} 分别为地球、月球和太阳的引力常数。

已知自由返回轨道近地点轨道高度 h_{EP}（$h_{\text{EP}} = h_{\text{TLI}}$）、加速点 P_{TLI} 的轨道倾角 i_{TLI}、真近点角 θ_{TLI}（加速点为近地点，故 $\theta_{\text{TLI}} = 0°$）及初始入轨时刻 t_{EPI}。要确定自由返回轨道，还需确定加速点的升交点赤经 Ω_{TLI}、近地点幅角 ω_{TLI} 以及远地点高度 h_{EA} 这三个参数。

对于自由返回轨道，加速点近地点幅角 ω_{TLI} 无法直观地表征近地点与地球和月球的几何关系。不同自由返回轨道的近地点幅角 ω_{TLI} 差别较大，无法进行精确的初值猜测。这里可采用加速点地月旋转系赤经 ϕ_{TLI} 来代替近地点幅角 ω_{TLI} 作为控制变量，该变量只与地月转移时间相关，不随自由返回轨道发生大范围变化，便于初值猜测及提高搜索收敛性。ϕ_{TLI} 的计算公式如下：

$$\phi_{\text{TLI}} = \arctan(Y_{\text{rTLI}}/X_{\text{rTLI}}) \quad (6-5)$$

式中：X_{rTLI} 和 Y_{rTLI} 分别为飞行器加速点位置矢量 $\boldsymbol{R}_{\text{TLI}}$ 在地月旋转系 $O_{\text{E}} X_{\text{r}} Y_{\text{r}} Z_{\text{r}}$ 下 X_{r} 轴和 Y_{r} 轴的分量。地月旋转系 $O_{\text{E}} X_{\text{r}} Y_{\text{r}} Z_{\text{r}}$ 原点在地心 O_{E} 上，X_{r} 轴为由月球指向地球方向，Z_{r} 与月球公转运动角动量方向相同，Y_{r} 方向由右手定则确定。飞行器地心位置矢量在地月旋转系 $O_{\text{E}} X_{\text{r}} Y_{\text{r}} Z_{\text{r}}$ 与地心 J2000 坐标系的转化关系如下：

$$\boldsymbol{R}_{\text{r}} = \boldsymbol{L}_Z(\Omega_{\text{L}}) \boldsymbol{L}_X(i_{\text{L}}) \boldsymbol{L}_Z(\pi + u_{\text{L}}) \boldsymbol{R} \quad (6-6)$$

式中：$\boldsymbol{R}_{\text{r}}$ 和 $\boldsymbol{R}$ 分别为飞行器在 $O_{\text{E}} X_{\text{r}} Y_{\text{r}} Z_{\text{r}}$ 和地心 J2000 坐标系中的位置矢量；$\boldsymbol{L}_Z$ 和 $\boldsymbol{L}_X$ 分别为绕 Z 轴和 X 轴旋转的转换矩阵；Ω_{L}，i_{L}，u_{L} 分别为月球在地心

J2000 坐标系下的升交点赤经、轨道倾角和纬度幅角,可通过月球星历求得。

为便于模拟飞行器的自由返回飞行过程,用近地停泊轨道升交点赤经 Ω_{EPI} 替代自由返回轨道加速点升交点赤经 Ω_{TLI},用加速点速度增量 ΔV 替代自由返回轨道远地点高度 h_{EA}。最终,选定近地停泊轨道入轨点升交点赤经 Ω_{EPI}、加速点地月旋转系赤经 ϕ_{TLI} 以及加速点速度增量 ΔV 作为控制变量。

2) 控制变量初值估计

ΔV 为从 EPO 转移至 FRT 所需的速度增量,可将 FRT 近似看作远地点高度 38 万公里的地心椭圆轨道,此时 ΔV 可用下式进行初值估计:

$$\Delta V = \sqrt{\frac{2\mu_{\mathrm{E}} \cdot (h_{\mathrm{EA}} + R_{\mathrm{Earth}})}{(h_{\mathrm{EP}} + R_{\mathrm{Earth}}) \cdot (h_{\mathrm{EA}} + h_{\mathrm{EP}} + 2R_{\mathrm{Earth}})}} - \sqrt{\frac{\mu_{\mathrm{E}}}{(h_{\mathrm{EP}} + R_{\mathrm{Earth}})}} \quad (6-7)$$

自由返回轨道地月转移段主要受地心引力影响,可将其地月转移段轨道近似为地心二体模型下的轨道,地月转移轨道 t_{TLI} 时刻的加速点位置为 t_{LP} 时刻月球位置的反向点,故存在以下关系:

$$\phi_{\mathrm{TLI}} = \omega_{\mathrm{Lunar}} \cdot \Delta t \quad (6-8)$$

式中:ω_{Lunar} 为月球公转角速度;Δt 为地月转移段飞行时间,一般可取为 $\Delta t = 72 \mathrm{~h}$。考虑到月球引力摄动,其 ϕ_{TLI} 初值可取为 44°。

设 B 为月球公转轨道的升交点,建立地心赤道坐标系 $O_{\mathrm{E}} \tilde{X} \tilde{Y} \tilde{Z}$,其原点在地心 O_{E} 上,$\tilde{X}$ 轴为由地心 O_{E} 指向 B 方向,$\tilde{Z}$ 垂直于地球赤道方向,$\tilde{Y}$ 方向由右手定则确定。则通过球面几何关系可求得弧长 $l_{\mathrm{BP_{TLI}}}$,即

$$l_{\mathrm{BP_{TLI}}} = \arctan\left[\frac{\cos\left(\frac{i_{\mathrm{TLI}} - i_{\mathrm{L}}}{2}\right)}{\cos\left(\frac{i_{\mathrm{TLI}} + i_{\mathrm{L}}}{2}\right)} \tan\left(\frac{\tilde{\Omega}_{\mathrm{TLI0}} + \Delta\Omega_{\mathrm{EPI}} - 180°}{2}\right)\right] + \\ \arctan\left[\frac{\sin\left(\frac{i_{\mathrm{TLI}} - i_{\mathrm{L}}}{2}\right)}{\sin\left(\frac{i_{\mathrm{TLI}} + i_{\mathrm{L}}}{2}\right)} \tan\left(\frac{\tilde{\Omega}_{\mathrm{TLI0}} + \Delta\Omega_{\mathrm{EPI}} - 180°}{2}\right)\right] \quad (6-9)$$

式中:i_{L} 为 t_{TLI} 时刻白赤夹角;i_{TLI} 为 t_{TLI} 时刻 EPO 在地心赤道坐标系中的轨道倾角;$\tilde{\Omega}_{\mathrm{TLI}} = \tilde{\Omega}_{\mathrm{TLI0}} + \Delta\Omega_{\mathrm{EPI}}$ 为 t_{TLI} 时刻 EPO 在 $O_{\mathrm{E}} \tilde{X} \tilde{Y} \tilde{Z}$ 中升交点赤经。令 $\Omega_{\mathrm{EPI0}} = 0°$,$\tilde{\Omega}_{\mathrm{TLI0}} = f(\Omega_{\mathrm{EPI0}})$。由于地月转移轨道 t_{TLI} 时刻的加速点位置为 t_{LP} 时刻月球位置的反向点,故

$$l_{\mathrm{BP_{TLI}}} = \tilde{u}_{\mathrm{L}} + \omega_{\mathrm{Lunar}} \cdot \Delta t \quad (6-10)$$

式中：$\tilde{u}_L$ 为 t_{TLI} 时刻月球反向点在 $O_E\tilde{X}\tilde{Y}\tilde{Z}$ 中的纬度幅角。联立式（6-9）和式（6-10），即可求出 Ω_{EPI} 的初值。

3）多层搜索流程

由于自由返回轨道非线性强，敏感性高，这里采用 3 层搜索流程逐步趋近自由返回轨道精确值，其飞行轨迹变化如图 6-2 所示。

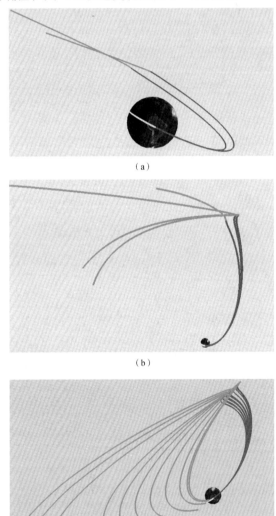

(a)

(b)

(c)

图 6-2 自由返回轨道多层搜索的飞行轨迹变化
(a) 近地端轨道面搜索；(b) 近月端轨道面搜索；(c) 精确轨道搜索

(1) 进行近地端轨道面搜索,通过调整 ϕ_{TLI} 和 Ω_{EPI},确定地月转移轨道近地端轨道面,满足对准月球约束。

(2) 进行近月端轨道面搜索,以 B 平面参数为目标值,通过微调 ΔV、ϕ_{TLI} 和 Ω_{EPI},确定地月转移轨道近月端轨道面,初步满足近月点约束。

(3) 进行精确轨道搜索,通过微调 ΔV、ϕ_{TLI} 和 Ω_{EPI},确定月地转移轨道再入点轨道参数,使自由返回轨道满足近月点和再入点约束,最终搜索到精确的自由返回轨道。

通过选择控制变量和采用多层搜索流程,控制变量初值接近真实值;同时高精度轨道仿真时间较长,不宜进行大规模仿真迭代,故这里选择微分修正算法,使自由返回轨道求解过程快速收敛。微分修正算法的基本思路如下:

(1) 设 x、y 为控制变量,目标约束可表示为

$$\begin{cases} f(x+\Delta x, y+\Delta y) = A \\ g(x+\Delta x, y+\Delta y) = B \end{cases} \quad (6-11)$$

(2) 设 x_0、y_0 为初值估计,则控制变量修正公式如下:

$$\begin{bmatrix} x_1 \\ y_1 \end{bmatrix} = \begin{bmatrix} x_0 \\ y_0 \end{bmatrix} + \begin{bmatrix} \dfrac{\partial f}{\partial x} & \dfrac{\partial f}{\partial y} \\ \dfrac{\partial g}{\partial x} & \dfrac{\partial g}{\partial y} \end{bmatrix}^{-1} \begin{bmatrix} A - f(x,y) \\ B - g(x,y) \end{bmatrix} \quad (6-12)$$

(3) 不断修正 x、y,直至满足目标约束条件允许的误差范围。

满足相同近月点和再入点约束的自由返回轨道共有 4 条,分别对应近地出发和返回再入的升降轨组合情况,如图 6-3 所示。FRT1 为降轨出发和降轨返回,FRT2 为升轨出发和降轨返回,FRT3 为降轨出发和升轨返回,FRT4 为升轨出发和升轨返回。

2. 月面软着陆轨道设计

载人登月飞行器近月制动进入环月轨道后,月面着陆器需要进行制动以着陆月面。在典型的月球软着陆过程中,从环月轨道下降到月球表面主要可分为两个阶段:霍曼转移段和动力下降段。其中,霍曼转移段指着陆器从环月停泊轨道通过霍曼变轨进入环月椭圆轨道,并运行至近月点;动力下降段指着陆器从近月点处开始发动机制动抵消水平速度,并最终以较小速度着陆月面。由于霍曼变轨速度增量较小,着陆器的大部分燃料都消耗在动力下降段,故有必要对动力下降段的着陆轨迹进行优化设计以减少燃料消耗。

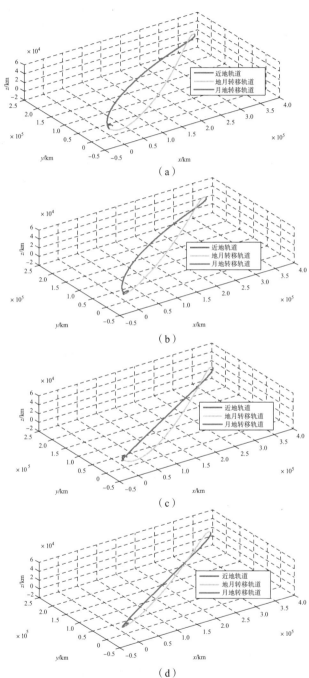

图 6-3 满足相同约束的 4 条自由返回轨道飞行轨迹
（a）FRT1；（b）FRT2；（c）FRT3；（d）FRT4

目前，月球软着陆轨迹优化方法可分为间接法和直接法两大类。间接法能保证解的最优性，但其初值猜测仍需要丰富的经验。直接法则将月球软着陆问题进行参数化，再用非线性规划算法进行求解，也可引入随机智能算法进行求解。这里给出一种求解最优月球软着陆轨迹的混合法，月面软着陆轨迹优化问题转化为以伴随变量初值和终端时间为优化变量的参数优化问题，采用人工免疫算法（Artificial Immune Algorithm，AIA）求解该优化问题。

1) 系统建模

由于动力下降段基本都在同一个平面内飞行，故可建立二维极坐标系（图6-4）描述着陆器的运动，选择月球中心为极点 O，定义由月球指向动力下降段初始位置的射线为极轴 Ox。着陆器的动力下降段一般从 15 km 高度处开始，整个软着陆过程时间比较短（在几百秒范围内），可忽略月球引力非球项、日地引力摄动以及月球自转影响，着陆器在软着陆过程中只受月球引力 F_L 和制动发动机推力 F_t 的作用。

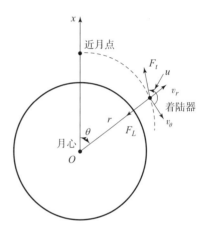

图 6-4 月球软着陆的二维极坐标系

着陆器的运动可由二维极坐标系下的位置速度摄动方程来描述，其形式如下：

$$\begin{cases} \dot{r} = v_r \\ \dot{\theta} = v_\theta/r \\ \dot{v}_r = -\mu_L/r^2 + v_\theta^2/r + F_t/m \cdot \sin u \\ \dot{v}_\theta = -v_r v_\theta/r + F_t/m \cdot \cos u \\ \dot{m} = -F_t/w \end{cases} \quad (6-13)$$

式中：r，θ，v_r，v_θ 和 m 分别为着陆器的极半径（月心距）、极角、径向速度、横向速度和质量；μ_L 为月球引力常数；F_t 为发动机推力，其幅值假设为常数；u 为推力方向角；w 为排气速度。

初始条件为着陆器在环月椭圆轨道近月点处，终端约束为着陆器着陆月面。令变轨初始时刻为 $t_0 = 0$，终端时刻 t_f 自由，相应的边界条件为

$$r(0) = r_0, \theta(0) = 0, v_r(0) = 0, v_\theta(0) = v_{\theta_0}, m(0) = m_0 \qquad (6-14)$$

$$r(t_f) = r_f, v_r(t_f) = 0, v_\theta(t_f) = 0 \qquad (6-15)$$

式中：r_0 为近月点处的月心距；v_{θ_0} 为近月点处的轨道速度；m_0 为航天器的初始质量；r_f 为月球半径。

在月球软着陆优化过程中，由于各个状态变量的量级相差较大，寻优过程可能会丢失有效位数而难以收敛。为此，可将系统模型进行归一化处理。定义基本参考变量 $r^* = r_0$，$m^* = m_0$，则归一化状态方程可变为

$$\begin{cases} \dot{\bar{r}} = \bar{v}_r \\ \dot{\bar{\theta}} = \bar{v}_\theta / \bar{r} \\ \dot{\bar{v}}_r = -1/\bar{r}^2 + \bar{v}_\theta^2/\bar{r} + \overline{F_t/m} \cdot \sin u \\ \dot{\bar{v}}_\theta = -\bar{v}_r \bar{v}_\theta / \bar{r} + \overline{F_t/m} \cdot \cos u \\ \dot{\bar{m}} = -\overline{F_t/w} \end{cases} \qquad (6-16)$$

相应的边界条件为

$$\bar{r}(0) = 1, \bar{\theta}(0) = 0, \bar{v}_r(0) = 0, \bar{v}_\theta(0) = \bar{v}_{\theta_0}, \bar{m}(0) = 1 \qquad (6-17)$$

$$\bar{r}(\bar{t}_f) = \bar{r}_f, \bar{v}_r(\bar{t}_f) = 0, \bar{v}_\theta(\bar{t}_f) = 0 \qquad (6-18)$$

为尽可能增加有效载荷的质量，需要设计一条燃料消耗最省的软着陆轨迹，即要求以下性能指标达到最大：

$$J = \bar{m}_f \qquad (6-19)$$

2）控制律设计

利用 Pontryagin（庞特里亚金）极大值原理可得月球软着陆归一化模型的哈密顿函数 H 为

$$H = \lambda_r \bar{v}_r + \lambda_\theta \frac{\bar{v}_\theta}{\bar{r}} + \lambda_{v_r}\left(-\frac{1}{\bar{r}^2} + \frac{\bar{v}_\theta^2}{\bar{r}} + \frac{\overline{F}_t}{\bar{m}}\sin u\right) + \lambda_{v_\theta}\left(-\frac{\bar{v}_r \bar{v}_\theta}{\bar{r}} + \frac{\overline{F}_t}{\bar{m}}\cos u\right) + \lambda_m\left(-\frac{\overline{F}_t}{\bar{w}}\right) \qquad (6-20)$$

最优推力方向角 u 为

$$\tan u = (-\lambda_{v_r})/(-\lambda_{v_\theta}) \qquad (6-21)$$

伴随方程为

$$\begin{cases} \dot{\lambda}_r = \lambda_\theta \dfrac{\bar{v}_\theta}{\bar{r}^2} - \lambda_{v_r}\left(\dfrac{2}{\bar{r}^3} - \dfrac{\bar{v}_\theta^2}{\bar{r}^2}\right) - \lambda_{v_\theta}\left(\dfrac{\bar{v}_r \bar{v}_\theta}{\bar{r}^2}\right) \\ \dot{\lambda}_\theta = 0 \\ \dot{\lambda}_{v_r} = -\lambda_r + \lambda_{v_\theta}\dfrac{\bar{v}_\theta}{\bar{r}} \\ \dot{\lambda}_{v_\theta} = -\dfrac{\lambda_\theta}{\bar{r}} - \lambda_{v_r}\dfrac{2\bar{v}_\theta}{\bar{r}} + \lambda_{v_\theta}\dfrac{\bar{v}_r}{\bar{r}} \\ \dot{\lambda}_m = -\dfrac{\bar{F}_t}{\bar{m}^2}\sqrt{\lambda_{v_r}^2 + \lambda_{v_\theta}^2} \end{cases} \quad (6-22)$$

3)优化模型

由式(6-21)、式(6-22)以及式(6-16)可知,只要给出4个伴随变量的初值,就可逐步推出下一时刻的最优推力方向角和软着陆状态变量。为避免伴随变量的初值猜测,混合法将4个伴随变量初值$\lambda_r(0)$、$\lambda_{v_r}(0)$、$\lambda_{v_\theta}(0)$和$\lambda_m(0)$作为优化变量,采用优化算法对其进行优化。同时,由于终端时间$\bar{t}_f$自由,也需将其作为优化变量。故混合法的优化变量为$\boldsymbol{X} = [\lambda_r(0), \lambda_{v_r}(0), \lambda_{v_\theta}(0), \lambda_m(0), \bar{t}_f]^\mathrm{T}$。

联立式(6-16)和式(6-22)就可得到混合法优化模型的状态方程。由状态方程(6-16)可得,状态变量θ在状态方程中是解耦的,故可暂时先不考虑θ及其伴随变量的状态变化。

月球软着陆优化问题是具有终端状态约束的最优控制问题,如何处理约束关系着混合法求解软着陆轨迹优化问题的成败。目前处理约束的方法主要有修复不可行解法和罚函数法。对于求解软着陆轨迹优化这类高维的非线性优化问题,罚函数法的应用效果更好。这里采用罚函数的形式定义评价函数$f_{\mathrm{aff}}(\boldsymbol{X})$:

$$f_{\mathrm{aff}}(\boldsymbol{X}) = \bar{m}(\bar{t}_f) - \sigma_1 |\bar{r}(\bar{t}_f) - \bar{r}_f| - \sigma_2 |\bar{v}_r(\bar{t}_f)| - \sigma_3 |\bar{v}_\theta(\bar{t}_f)| \quad (6-23)$$

式中:$\boldsymbol{X} = [\lambda_r(0), \lambda_{v_r}(0), \lambda_{v_\theta}(0), \lambda_m(0), \bar{t}_f]^\mathrm{T}$;$\sigma_1$、$\sigma_2$、$\sigma_3$分别为三个惩罚项的权重系数。

4)优化算法

人工免疫算法模拟生物免疫系统,将待优化的问题对应抗原,可行解对应抗体,可行解的质量对应抗体与抗原的亲和度,将寻优过程与生物免疫系统识别抗原并实现抗体进化的过程对应起来,形成一种智能优化算法。

(1)计算亲和度:由于AIA求解的是最优问题的最大值,因此可将亲和度取为式(6-23)所示的形式。

(2) 计算浓度和激励度：在寻优过程中，AIA 优化算法对浓度过高的抗体进行抑制以保持个体的多样性。抗体浓度 $f_{\text{den}}(X_I)$ 计算方法如下：

$$f_{\text{den}}(X_I) = \frac{1}{n}\sum_{i=1}^{n} f_{\text{bff}}(X_I, X_i) \qquad (6-24)$$

式中：n 为种群中抗体个数；X_I 为种群中的第 I 个抗体；$f_{\text{bff}}(X_I, X_i)$ 为抗体 X_I 与抗体 X_i 的相似度。激励度计算方法如下：

$$f_{\text{sim}}(X_I) = f_{\text{aff}}(X_I) \cdot \exp[-a \cdot f_{\text{den}}(X_I)] \qquad (6-25)$$

式中：$f_{\text{aff}}(X_I)$ 为抗体 X_I 的评价函数，也即亲和度；$f_{\text{den}}(X_I)$ 为抗体 X_I 的浓度；a 为计算参数，可根据实际情况确定。激励度是对抗体质量的最终评价结果，它综合考虑了抗体的亲和度和浓度。个体的亲和度越大，浓度越小，激励度越大。

(3) 免疫操作：首先根据激励度进行免疫选择，然后进行 τ 次克隆、变异操作，实现局部搜索。变异操作采用如下公式：

$$X_{I,j,k} = \begin{cases} X_{I,j,k} + (P_r - 0.5P_m) \cdot \delta, & P_r < P_m \\ X_{I,j,k}, & P_r \geq P_m \end{cases} \qquad (6-26)$$

式中：$X_{I,j,k}$ 为抗体 X_I 的第 k 个克隆体的第 j 个变量；δ 为定义的邻域范围；P_r 为 0~1 的随机数；P_m 为变异概率。最后进行克隆抑制，找出变异后的抗体及源抗体中亲和度最高的抗体 A_I 替代源抗体 X_I，使得种群中抗体个数不变。

(4) 种群刷新：对激励度低的抗体，AIA 将进行删除并随机生成新抗体 B_i 进行替代。

3. 月面动力上升轨道设计

航天员完成月面探测任务后，会返回载人月面着陆器，乘坐上升级进行月面动力上升并返回至环月大椭圆轨道，为与环月圆轨道上的载人飞船交会对接做准备。在 Apollo 登月工程轨道设计中，该大椭圆轨道一般取为 15 km × 80 km 椭圆轨道。月面上升轨道与月面下降轨道过程相反，其轨道设计方法类似，均为求解一个非线性规划问题。与月面下降相比，月面上升轨道初值在月面上，需要先转换到惯性系上进行计算。为区别月面下降轨道设计，本节建立一套新的系统模型，并采用直接法对月面上升轨道优化模型进行求解。

1) 起飞点初值

起飞点的初值有 4 个量：速度 v_0、位置 r_0、角速度 ω_0、欧拉角 E_0。由于月面发射时，上升级在月面固定不动，上升级的初始速度与位置为起飞点的速

度与位置，根据月面起飞点几何关系可得到 v_0、r_0 在月球固连坐标系下的值为

$$v_0 = \begin{bmatrix} r_m \omega_m \cos \varphi_a (-\sin \lambda_a) \\ r_m \omega_m \cos \varphi_a \cos \lambda_a \\ 0 \end{bmatrix} \quad (6-27)$$

$$r_0 = \begin{bmatrix} r_m \cos \varphi_a \cos \lambda_a \\ r_m \cos \varphi_a \sin \lambda_a \\ r_m \sin \varphi_a \end{bmatrix} \quad (6-28)$$

式中：r_m 为月球平均半径；λ_a 为起飞点月球经度；φ_a 为起飞点月球纬度。

上升级在月面是固定不动的，随着月球进行自转，因此其相对于起飞点惯性坐标系的角速度矢量即随月球自转的角速度，但需要进行坐标转换。由于月球自转的角速度很小，暂时可不予考虑。上升级起飞时的姿态考虑为理想状态，因此相对于起飞惯性坐标系的 ω_0、E_0 为

$$\omega_0 = L_{ba} L_{am} \begin{bmatrix} 0 \\ 0 \\ \omega_m \end{bmatrix} \approx \begin{bmatrix} 0 \\ 0 \\ 0 \end{bmatrix} \quad (6-29)$$

$$E_0 = \begin{bmatrix} 90 \\ 0 \\ 0 \end{bmatrix} (°) \quad (6-30)$$

式中：L_{ba} 为月面起飞点惯性坐标系到上升级本体坐标系的坐标转换矩阵；L_{am} 为月球固连坐标系到月面起飞点惯性坐标系的坐标转换矩阵。

2）系统建模

月面上升质心运动方程的矢量形式为

$$\begin{cases} \dot{r} = v \\ \dot{v} = \dfrac{P}{m} + g_m - 2\omega_{\text{Lunar}} \times v - \omega_{\text{Lunar}} \times (\omega_{\text{Lunar}} \times r) \\ \dot{m} = -\dfrac{P}{I_{sp} g_{e0}} \end{cases} \quad (6-31)$$

式中：r，v 分别为上升级位置速度矢量；P 为上升级推力矢量；g_m 为月球重力加速度。

月面上升质心运动方程在月心赤道固连坐标系下的分量形式为

$$\begin{cases}(\dot{r})_m = (v)_m \\ (\dot{v})_m = \dfrac{L_{ma}L_{ab}(P)_b}{m} + (g_m)_m - 2(\omega_{\text{Lunar}})_m \times (v)_m - \\ \qquad\qquad (\omega_m)_m \times [(\omega_m)_m \times (\dot{r})_m] \\ \dot{m} = -\dfrac{P}{I_{sp}g_{e0}}\end{cases} \quad (6-32)$$

式中：$\dot{m}$ 为发动机燃料消耗量；m 为上升级质量；P 为上升级发动机推力；g_m 为月球引力加速度；ω_m 为月球自转角速率，约为 $2.661\,699 \times 10^{-6}$ rad/s；I_{sp} 为主发动机比冲；g_{e0} 为地球海平面重力加速度。

3) 优化模型

月面上升标称轨迹设计是在满足约束条件下通过对某一参数的优化而得到标称轨迹。月面上升过程中最主要的考虑因素是燃料消耗。一般地，上升级发动机选择固定推力，因此燃料消耗最少和飞行时间最短是等价的。

考虑固定推力下共面上升时，上升轨迹是由推力俯仰角 φ 决定的，如图 6-5 所示。而上升级发动机一般是不可摆动的，即使有小角度摆动，也是做姿态控制，因此推力俯仰角 φ 与上升级俯仰角 θ 是等价的，有 $\theta = \varphi - \alpha$，$\alpha$ 为角度差。故可以选择推力俯仰角或上升级俯仰角为优化变量，并按时间离散推力俯仰角。当选择上升级俯仰角为优化变量时，上升轨迹优化问题就转化为上升级俯仰角设计问题，其实质是一个有约束非线性规划问题。可以将月面上升轨道设计转化为有约束非线性规划问题求解的标准型，即

$$\min f(x) \quad \text{s.t.} \begin{cases} c(x) \leq 0 \\ c_{eq}(x) = 0 \\ A \cdot x \leq b \\ A_{eq} \cdot x = b_{eq} \\ lb \leq x \leq up \end{cases} \quad (6-33)$$

这里将月面上升终端高度约束、高度变化率约束转化为优化目标，而月面上升终端速度约束设置为仿真中止条件。当 $\|v - v_f\| \leq \varepsilon$ 时，仿真中止，ε 为入轨速度误差控制常数，那么无量纲化后的优化目标函数为

$$J = \frac{\mathrm{d}m(t_f)}{m_0} + \frac{h(t_f) - h_p}{h_p} + \frac{\dot{h}(t_f)}{v_p} \quad (6-34)$$

式中：$\mathrm{d}m$ 为燃料消耗；m_0 为上升级初始质量；t_f 为仿真结束时刻；h_p 为目标轨道近月点高度；v_p 为目标轨道近月点速度。无量纲化的好处是可以将不同的物理量放在一起处理，另外也不至于在量级上相差过大。

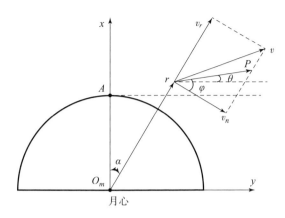

图 6-5 二维月面上升坐标关系

4）求解算法

这里采用 MATLAB/Simulink 进行上升过程建模，将优化变量直接代入月面上升仿真模型进行积分计算，并进行寻优。同时可采用 MATLAB 自带的有约束非线性规划问题求解函数 fmincon 进行求解。月面上升过程中，很明显 $0° \leqslant \theta \leqslant 90°$，且符合单调性条件：$\theta(i) \geqslant \theta(i+1)$。经过处理转化标准型后，即可利用 fmincon 进行求解计算。计算取点个数可根据需要进行选取，这里采用等时间间隔取点，然后在间隔点之间进行插值计算，仿真步长也可以根据需要进行设置。

4. 月面上升快速交会对接轨道设计

载人月面上升后环月轨道交会对接过程如图 6-6 所示。上升级通过月面上升后进入一个 15 km×80 km 环月椭圆轨道的近月点，经过半个轨道周期到达远月点，并在远月点进行轨道圆化；通过一段时间调相后，上升级通过两脉冲变轨与载人飞船交会，在两脉冲变轨过程中进行 1~2 次中途修正。其中，为节省交会时间，两脉冲变轨一般采用 Lambert 变轨方式。

载人月面上升后环月轨道交会轨道设计步骤如下：

（1）采用高精度模型将上升级轨道从近月点推演到远月点。

（2）在远月点施加脉冲，使上升级轨道进行圆化。

（3）采用高精度模型将上升级轨道推演一段时间至时刻 t_0，根据 t_0 时刻上升级的位置速度矢量 $[\boldsymbol{r}_{c0}, \boldsymbol{v}_{c0}]$，载人飞船的位置速度矢量 $[\boldsymbol{r}_{T0}, \boldsymbol{v}_{T0}]$ 以及转移时间 $\Delta t(t_f = t_0 + \Delta t)$，利用 Lambert 变轨算法在二体模型中计算初始时刻 t_0 和终端时刻 t_f 的上升级的变轨速度增量 $\Delta \boldsymbol{V}_{c0}$ 和 $\Delta \boldsymbol{V}_{Cf}$。

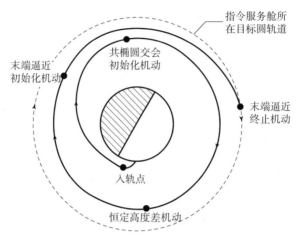

图 6-6 载人月面上升后环月轨道交会对接过程

(4) 以二体模型变轨速度增量为初值,在高精度模型中采用微分修正算法计算出变轨速度增量精确值。

5. 月地转移轨道设计

月地转移轨道是地月转移轨道的逆过程,其起始点是环月轨道,终端点为近地轨道。月地转移飞行过程为:飞行器运行于环月轨道 LLO 上,在月地转移时刻 t_{TEI},施加切向变轨脉冲 ΔV_{TEI},进入月地转移轨道(Trans-Earth Orbit,TEO),在月地转移轨道上飞行 Δt 后,到达地球再入点 E。

对于载人登月任务设计,一般要求飞行器在环月轨道上的轨道高度 h_{LLO} 和轨道倾角 i_{LLO} 固定,而升交点赤经 Ω_{LLO} 和近月点幅角 ω_{LLO}(令真近点角 $\theta_{LLO}=0°$)可调。到再入点 E 时,为安全再入地球,对再入高度 h_{EI} 和再入角 γ_{EI} 有严格要求。同时,由于要返回指定着陆场 (λ, δ),要求再入点地心轨道倾角 $i_{EI} \geq \delta$ 且再入点轨道面过着陆场。

根据以上问题描述,可确定月地转移轨道求解问题的已知条件、目标参数和控制变量。月地转移轨道的初始条件为 t_{TEI}、h_{LLO}、i_{LLO}。t_0、$h_L(t_0)$、$i_L(t_0)$ 为月地转移轨道初始时刻、初始月心轨道高度和初始月心轨道倾角。由于月地转移起始点为近月点,故月地转移轨道初始真近点角为 $0°$,即

$$\begin{cases} t_0 = t_{TEI}, & h_L(t_0) = h_{LLO} \\ i_L(t_0) = i_{LLO}, & \theta_L(t_0) = 0 \end{cases} \quad (6-35)$$

月地转移轨道的终端约束为再入点高度约束 h_{EI}、再入角约束 γ_{EI}、着陆场共面约束,以及再入点轨道倾角约束 i_{EI}。t_f、$h_E(t_f)$、$\gamma_E(t_f)$、$i_E(t_f)$、$R_E(t_f)$、

$V_E(t_f)$ 分别为月地转移轨道终端时刻、终端地心轨道高度、终端地心航迹角（速度矢量方向与水平方向夹角）、终端地心位置矢量和终端地心速度矢量，R_{land} 为着陆场的地心位置矢量。其中，约束 h_{EI} 和 γ_{EI} 之一用来确定 t_f，故实际约束条件仅为 3 项，即

$$\begin{cases} h_E(t_f) = h_{EI} \text{ 或 } \gamma_E(t_f) = \gamma_{EI} \\ i_E(t_f) = i_{EI} \\ R_{land} \cdot [R_E(t_f) \times V_E(t_f)] = 0 \end{cases} \quad (6-36)$$

令 $\cos\delta = \dfrac{R_{land} \cdot (R_E \times V_E)}{\|R_{land}\| \cdot \|R_E \times V_E\|}$，则终端约束可转化为下式：

$$\begin{cases} h_E(t_f) = h_{EI} \text{ 或 } \gamma_E(t_f) = \gamma_{EI} \\ i_E(t_f) = i_{EI} \\ \delta(t_f) = \pi/2 \end{cases} \quad (6-37)$$

控制变量为 $X = [\Delta V_{TEI}, \Omega_{LLO}, \omega_{LLO}]$，对应式（6-37）中 3 项终端约束。要求解一条月地转移轨道，需要确定 7 个变量，分别为月地转移时刻和该时刻的 6 个轨道要素。现有初始条件已知 4 项，终端约束 3 项，可确定一条月地转移轨道。通过修正 3 个控制变量，满足 3 项终端约束，即可求解出月地转移轨道参数。月地转移轨道的轨道动力学模型采用高精度的地月间摄动模型，与载人地月转移轨道高精度动力学模型相同。

6.1.2 平动点轨道及其转移轨道设计

从第 5 章的载人登月飞行模式可知，除了直接载人登月飞行模式外，还有基于空间站的载人登月飞行模式。其中，空间站所处轨道是基于空间站的载人登月飞行模式设计的关键。根据第 5 章的分析，基于地月 L2 点 Halo 轨道空间站飞行模式是一种优选的基于空间站的载人登月飞行模式。对于这类空间站处于地月系统平动点轨道的载人登月飞行模式，还需要设计空间站停泊的平动点轨道及其相应的转移轨道。

1. Halo 轨道设计

在进行 Halo 轨道设计以及轨道特性初步分析时，无须采用复杂的高精度星历模型，一般可采用圆形限制性三体模型来设计 Halo 轨道。令地球 m_1 和月球 m_2 为主天体，假设 m_1 和 m_2 绕其地月系统质心做角速度为 ω 的匀速圆周运动，且航天器 $m_3 \ll m_2 < m_1$。以地月系统质心为原点，地月连线由地球指向月球方向为 x 轴，z 轴沿角动量方向，建立会合坐标系 $O-xyz$。利用拉格朗日方程可推导出会合坐标系下航天器 m_3 的动力学方程，并进行归一化处理可得

$$\begin{cases} \ddot{x} - 2\dot{y} = \dfrac{\partial \Omega}{\partial x} \\ \ddot{y} + 2\dot{x} = \dfrac{\partial \Omega}{\partial y} \\ \ddot{z} = \dfrac{\partial \Omega}{\partial z} \end{cases} \quad (6-38)$$

式中:

$$\begin{cases} \Omega = \dfrac{1}{2}(x^2 + y^2) + \left[\dfrac{1-\mu}{r_1} + \dfrac{\mu}{r_2}\right] \\ r_1 = \sqrt{(x+\mu)^2 + y^2 + z^2} \\ r_2 = \sqrt{(x-1+\mu)^2 + y^2 + z^2} \\ \mu = \dfrac{m_2}{m_1 + m_2} \end{cases} \quad (6-39)$$

将动力学方程从会合坐标系下转化到平动点 L2 坐标系下,并除以距离尺度 γ_2,即 $\boldsymbol{\rho} = (\xi, \eta, \zeta)^\mathrm{T} = 1/\gamma_2 \cdot (x - x_2, y, z)^\mathrm{T}$,则可将其平动点附近运动构造为如下形式:

$$\begin{cases} \xi = -A_x \cos(\lambda t + \varphi) \\ \eta = kA_x \cos(\lambda t + \varphi) \\ \zeta = A_z \cos(\upsilon t + \psi) \end{cases} \quad (6-40)$$

式中: A_x 和 A_z 分别为平面内和平面外的振幅; λ 和 υ 分别为平面内和平面外的频率; φ 和 ψ 分别为相位角。当 λ 和 υ 相等时,则形成 Halo 轨道。采用 Richardson 三阶近似值作为 Halo 轨道初值,即

$$\begin{cases} \xi = a_{21}A_x^2 + a_{22}A_z^2 - A_x\cos\tau_1 + (a_{23}A_x^2 - a_{24}A_z^2)\cos(2\tau_1) + \\ \qquad (a_{31}A_x^3 - a_{32}A_xA_z^2)\cos(3\tau_1) \\ \eta = kA_x\sin\tau_1 + (b_{21}A_x^2 - b_{22}A_z^2)\sin(2\tau_1) + (b_{31}A_x^3 - b_{32}A_xA_z^2)\sin(3\tau_1) + \\ \qquad [b_{33}A_x^3 + (b_{34} - b_{35})A_xA_z^2] \\ \zeta = \delta_n A_z \cos\tau_1 + \delta_n d_{21}A_xA_z(\cos(2\tau_1) - 3) + \delta_n(b_{32}A_zA_x^2 - d_{31}A_z^3)\cos(3\tau_1) \end{cases}$$
$$(6-41)$$

Halo 轨道初值 $\boldsymbol{u} = (x_0, 0, z_0, 0, \dot{y}_0, 0)^\mathrm{T}$ 中有 3 个不确定,根据其特性从初值积分至半轨道周期 $y_f = 0$ 时,应满足 $\dot{x}_f = \dot{z}_f = 0$。令初值 z_0 固定,而 δx_0 和 $\delta \dot{y}_0$ 可调,则可由以下公式进行修正直至满足 $\dot{x}_f = \dot{z}_f = 0$。

$$\begin{pmatrix} \delta\dot{x} \\ \delta\dot{z} \end{pmatrix} = \left[\begin{pmatrix} \Phi_{41} & \Phi_{45} \\ \Phi_{61} & \Phi_{65} \end{pmatrix} - \dfrac{1}{\dot{y}}\begin{pmatrix} \ddot{x} \\ \ddot{z} \end{pmatrix}\begin{pmatrix} \Phi_{21} & \Phi_{25} \end{pmatrix}\right]\begin{pmatrix} \delta x_0 \\ \delta \dot{y}_0 \end{pmatrix} \quad (6-42)$$

式中:Φ_{ij} 为状态转移矩阵 Φ 的分量。根据以上方法可求解出地月 L2 点附近的 Halo 轨道在归一化单位下的飞行轨迹。图 6-7 所示为 $A_z = 2\,000 \sim 32\,000$ km 的南北向 Halo 轨道簇。由图 6-7 可知,Halo 轨道按照其 z 轴偏向,可分为南向和北向两簇。

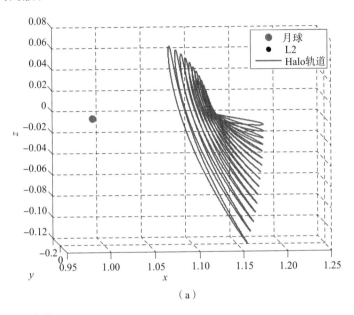

(a)

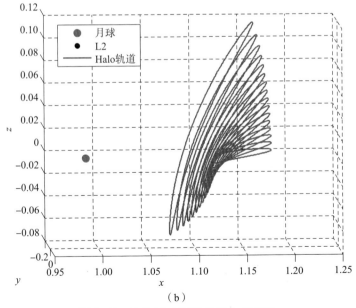

(b)

图 6-7 地月 L2 点南北向 Halo 轨道簇

(a) 南向轨道;(b) 北向轨道

2. Halo 轨道不变流形设计

不变流形是与 Halo 轨道光滑连接的一簇空间轨道，分为稳定流形和不稳定流形。其中稳定流形逐渐趋近 Halo 轨道，不稳定流形逐渐远离 Halo 轨道。因此，可以将 Halo 轨道的不变流形作为 Halo 轨道转移轨道的初值，在其基础上进行调整可得到 Halo 轨道转移轨道。

不变流形计算过程主要有三步：①计算 Halo 轨道某点状态及其积分一个周期后状态所对应的状态转移矩阵 $\boldsymbol{\Phi}(0, T)$（也称单值矩阵）；②根据不变流形的类型和方向计算该点 $\boldsymbol{\Phi}(0, T)$ 的特征向量、扰动量，从而求出该点不变流形初始状态；③利用动力学方程进行积分，得到不变流形的轨迹。

图 6-8 所示为 $A_z = 8\ 000$ km 的 Halo 轨道的不稳定流形和稳定流形在归一化单位下的轨迹，暂取扰动值 $\varepsilon = 50$ km，积分时间 $\Delta T = 18$ 天。由图 6-8 可知，地月 L2 点 Halo 轨道的左向流形逐渐靠近月球，可以作为转移轨道到达环月轨道；而其右向流形则延伸到远离月球的方向，无法作为转移轨道到达环月轨道。

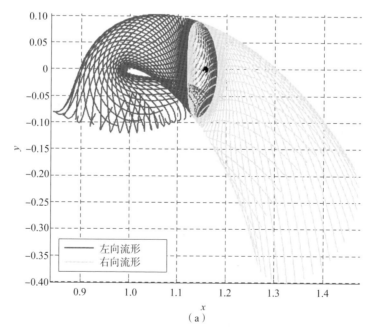

图 6-8　地月 L2 点 Halo 轨道的不变流形

（a）不稳定流形

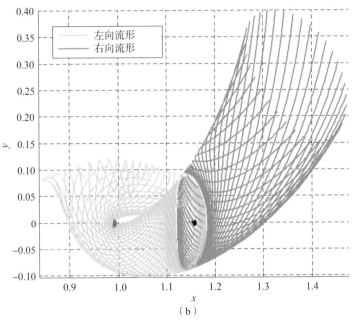

(b)

图 6-8 地月 L2 点 Halo 轨道的不变流形（续）

(b) 稳定流形

3. Halo 轨道转移轨道设计

1）基于不变流形的零消耗转移轨道分析

由不变流形轨迹特性可知，利用左向稳定流形可以设计从环月轨道到 L2 点 Halo 轨道的转移轨道。若不变流形的最小月心距等于环月轨道的月心距，则该不变流形可直接作为转移轨道，称为零消耗转移轨道（入轨点处无须变轨）。以下以 A_z = 8 000 km 的 Halo 轨道为例，设环月轨道高度为 H_L = 100 km，即近月点月心距为 R_{fT} = 1 837.400 km，分析其零消耗转移轨道的特点。

（1）将 Halo 轨道按时间等分为 360 段，初始点为 1，与终点 361 重合，如图 6-9 所示。

（2）生成 Halo 轨道上每个节点的左向稳定流形，积分时间取为 ΔT = 18 天，如图 6-10 所示。计算每条不变流形距离月球的最小月心距，看是否有流形最小月心距等于环月轨道月心距。由图 6-10 可得，整圈 Halo 轨道有两处（约为 86 节点和 186 节点）不变流形的最小月心距与环月轨道月心距相等，可以作为零消耗转移轨道。

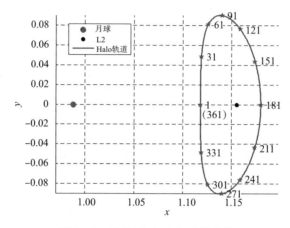

图 6-9 地月 L2 点 Halo 轨道分段

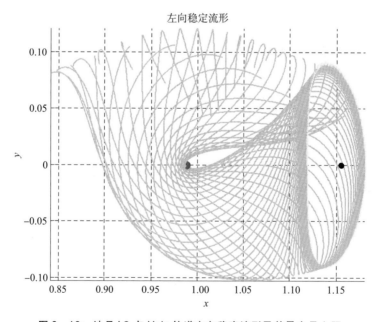

图 6-10 地月 L2 点 Halo 轨道左向稳定流形及其最小月心距

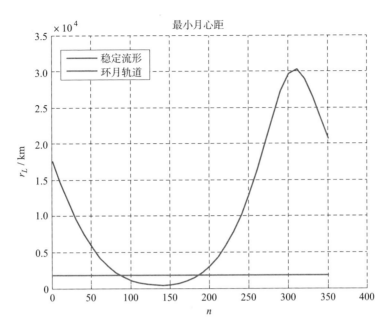

图 6-10 地月 L2 点 Halo 轨道左向稳定流形及其最小月心距（续）

（3）可采用二分法求解精确的 Halo 轨道不变流形节点。这里采用先粗选再精选的流程搜索精确的 Halo 轨道不变流形节点。首先，选取 Halo 轨道上一定间隔的采样点，计算其不变流形最小月心距与环月轨道月心距的差值，记录月心距差值突变的采样点数。间隔 10 个节点采样，既保证采样精度，同时减少计算量。其次，以差值突变处的前后两个采样点作为边界，设置月心距误差精度，采用二分法精确搜索满足月心距约束条件的节点。

（4）根据以上算法，可以精确求解出两条满足月心距约束的零消耗转移轨道，其结果如表 6-1、图 6-11 和图 6-12 所示。由搜索结果可知，若利用天然不变流形设计零消耗的转移轨道，则满足近月点月心距约束的转移轨道个数较少，无法满足 Halo 轨道全相位（1~361 节点）的轨道转移需求。

表 6-1 零消耗转移轨道搜索结果

轨道参数	零消耗转移轨道 1	零消耗转移轨道 2
环月轨道逃逸速度 $\Delta V/(\mathrm{m \cdot s^{-1}})$	652.751	652.787
转移时间 $\Delta t/$天	14.222	14.611
近月点月面高度 r_L/km	100.001	100.000
近月点航迹角 $\gamma/(°)$	0.012	0.021

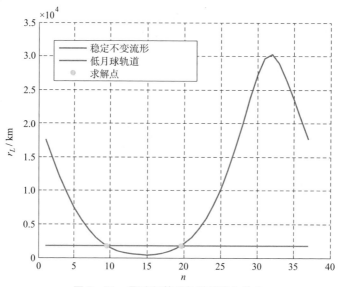

图 6-11　零消耗转移轨道精确入轨点

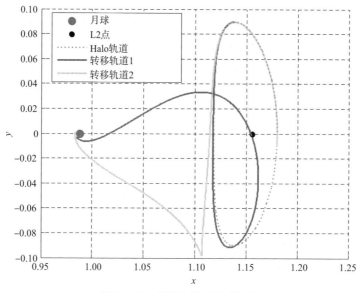

图 6-12　零消耗转移轨道轨迹

2）基于不变流形的两脉冲转移轨道改进微分修正设计

为提高 Halo 轨道转移轨道任务窗口，应满足 Halo 轨道上全相位轨道转移的要求，需要在天然不变流形的基础上，在 Halo 轨道入轨点加入脉冲变轨，使稳定流形的近月点月心距满足约束，此时形成的流形称为受摄流形。同时在近月点施加脉冲，使航天器从环月轨道进入受摄流形。通过这两次脉冲变轨，可得到满足 Halo 轨道全相位点入轨的转移轨道。由于 Halo 轨道处于三体混沌区内，其动力学特性具有强非线性，转移轨道搜索容易发散，可考虑以其不变流形为初值，进行微小速度增量调整，得到入轨速度增量较小的两脉冲转移轨道。

（1）微分修正算法。转移轨道主要考虑近月点月心距约束 $a_1 = |\mathbf{R}_{fT}| - R_{des}$ 和航迹角约束 $a_4 = \sin\gamma - \sin\gamma_{des}$，其中 $\mathbf{R}_{fT} = \mathbf{R}_f - \mathbf{R}_T$ 为相对月球中心的位置矢量，$\mathbf{R}_f$ 为航天器位置矢量，$\mathbf{R}_T$ 为月球位置矢量，R_{des} 为月心距目标值，γ 为航天器航迹角，$\gamma_{des} = 0°$ 为航迹角目标值。为减少修正约束量，采用航迹角为终止条件，则入轨点速度增量的微分修正算法如下：

$$\begin{cases} \delta\mathbf{V} = \mathbf{M}^{\mathrm{T}}(\mathbf{M}\mathbf{M}^{\mathrm{T}})^{-1}\delta a_1 \\ \mathbf{M} = \left(\dfrac{\partial a_1}{\partial\mathbf{V}} - \dfrac{\partial a_1}{\partial t}\dfrac{\dfrac{\partial a_4}{\partial\mathbf{V}}}{\dfrac{\partial a_4}{\partial t}} \right) \end{cases} \quad (6-43)$$

通过求导链式法则可得

$$\begin{cases} \dfrac{\partial a_1}{\partial\mathbf{V}} = \dfrac{(\mathbf{R}_f - \mathbf{R}_T)^{\mathrm{T}}}{|\mathbf{R}_f - \mathbf{R}_T|} \cdot \dfrac{\partial\mathbf{R}_f}{\partial\mathbf{V}} \\ \dfrac{\partial a_1}{\partial t} = \dfrac{(\mathbf{R}_f - \mathbf{R}_T)^{\mathrm{T}}}{|\mathbf{R}_f - \mathbf{R}_T|} \cdot \mathbf{V}_f \\ \dfrac{\partial a_4}{\partial\mathbf{V}} = \left[\dfrac{\mathbf{V}_f^{\mathrm{T}}}{|\mathbf{R}_f - \mathbf{R}_T||\mathbf{V}_f|} - \sin\gamma\dfrac{(\mathbf{R}_f - \mathbf{R}_T)^{\mathrm{T}}}{|\mathbf{R}_f - \mathbf{R}_T|^2} \right] \cdot \dfrac{\partial\mathbf{R}_f}{\partial\mathbf{V}} + \\ \qquad\left[\dfrac{(\mathbf{R}_f - \mathbf{R}_T)^{\mathrm{T}}}{|\mathbf{R}_f - \mathbf{R}_T||\mathbf{V}_f|} - \sin\gamma\dfrac{\mathbf{V}_f^{\mathrm{T}}}{|\mathbf{V}_f|^2} \right] \cdot \dfrac{\partial\mathbf{V}_f}{\partial\mathbf{V}} \\ \dfrac{\partial a_4}{\partial t} = \left[\dfrac{\mathbf{V}_f^{\mathrm{T}}}{|\mathbf{R}_f - \mathbf{R}_T||\mathbf{V}_f|} - \sin\gamma\dfrac{(\mathbf{R}_f - \mathbf{R}_T)^{\mathrm{T}}}{|\mathbf{R}_f - \mathbf{R}_T|^2} \right] \cdot \mathbf{V}_f + \\ \qquad\left[\dfrac{(\mathbf{R}_f - \mathbf{R}_T)^{\mathrm{T}}}{|\mathbf{R}_f - \mathbf{R}_T||\mathbf{V}_f|} - \sin\gamma\dfrac{\mathbf{V}_f^{\mathrm{T}}}{|\mathbf{V}_f|^2} \right] \cdot \mathbf{A}_f \end{cases} \quad (6-44)$$

令状态转移矩阵为 $\mathbf{\Phi}$，则

$$\begin{bmatrix} \delta\mathbf{R}_f \\ \delta\mathbf{V}_f \end{bmatrix} = \mathbf{\Phi}\begin{bmatrix} \delta\mathbf{R} \\ \delta\mathbf{V} \end{bmatrix} = \begin{bmatrix} \mathbf{A} & \mathbf{B} \\ \mathbf{C} & \mathbf{D} \end{bmatrix}\begin{bmatrix} \delta\mathbf{R} \\ \delta\mathbf{V} \end{bmatrix} \quad (6-45)$$

从而得到

$$\begin{cases} \dfrac{\partial\mathbf{R}_f}{\partial\mathbf{V}} = \mathbf{B} \\ \dfrac{\partial\mathbf{V}_f}{\partial\mathbf{V}} = \mathbf{D} \end{cases} \quad (6-46)$$

（2）快速终止条件设计。在微分修正的轨道积分过程中，需要判断 $a_4 = \sin\gamma - \sin\gamma_{des} = 0$。若直接判断 $a_4 = 0$，则有时会收敛到远月点；同时对于 Halo 轨道上 $n = 1$ 或 181 的节点，其起点位置即满足 $a_4 = 0$，会导致奇异。为此，有些学者对航迹角终止条件进行处理，以增加算法收敛性。其设置固定积分时间 ΔT，找出所有 $a_4 = 0$ 的点，并比较其月心距，以最小月心距作为其积分终止点，该方法大大改善了算法的收敛性。但该算法每次需要积分固定时间 ΔT，且需要比较月心距，使每次轨道积分时间较长；同时该算法也会将远月点作为积分终止点，造成修正矩阵不准。

考虑近月点的特征，加入航迹角导数，快速确定近月点，节省轨道积分时间；同时加入最小 x 轴约束，避免 $n = 1$ 或 181 节点处产生奇异以及收敛到月心距较大的局部近月点。其终止条件判断公式如下：

$$t = t_f, \text{如果} \begin{cases} \gamma(t) = 0 \\ \dot{\gamma}(t) < 0 \\ x(t) \geq 1 \end{cases} \quad (6-47)$$

（3）自适应退步搜索。由于 Halo 轨道周围相空间的强非线性，即使以不变流形为初值，在微分修正过程中也会出现终止条件不满足 $a_4 = 0$，从而给出错误的修正矩阵信息，导致转移轨道发散或收敛到入轨速度增量较大的转移轨道上。为此，采用一种自适应退步搜索。当采用微分修正算法给出的修正值时，若轨道积分停止到固定时间 ΔT 且月心距较大，则视为迭代错误返回上一步速度增量值，并将修正值减半后再进行积分，如此不断循环直至迭代跳出错误区域。其具体算法如下：

$$\begin{cases} \delta V^{j+1} = \dfrac{\delta V^j}{2} \\ V = V - \delta V^j + \delta V^{j+1} \end{cases}, \text{如果} \begin{cases} t = \Delta T \\ R_{fT} > \xi^{(2)} \end{cases} \quad (6-48)$$

式中：$R_{fT} = \|\boldsymbol{R}_{fT}\|$；$\xi^{(2)}$ 为 L2 点距离月球的无量纲化长度。

（4）设计流程。总结以上策略，可得到两脉冲转移轨道改进微分修正算法，如图 6-13 所示。

采用改进的微分修正算法，每隔 3 个节点采样对全相位 Halo 轨道入轨点设计转移轨道。图 6-14 所示为搜索到的全相位 Halo 轨道入轨点对应的转移轨道。从中可知，所有的转移轨道都收敛到两条轨道附近，这两条轨道对应零消耗转移轨道。对于 $A_z = 8\,000$ km 的北向 Halo 轨道，本算法搜索到的以不变流形为基础的转移轨道转移时间范围为 9 ~ 19 天；入轨点速度增量范围为 0 ~ 8 m/s，属于小速度增量。

第 6 章 载人深空探测轨道设计

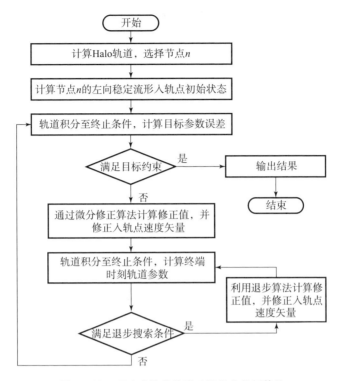

图 6-13 两脉冲转移轨道改进微分修正算法

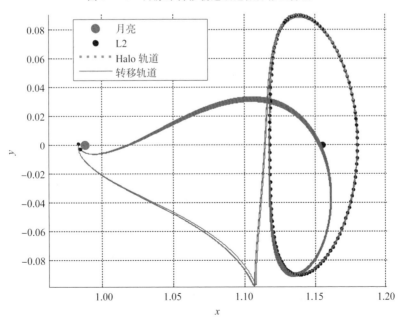

图 6-14 全相位 Halo 轨道入轨点对应的转移轨道

6.1.3 载人小行星轨道设计

载人小行星轨道设计包括地球逃逸轨道设计、地球至小行星转移段轨道设计、小行星探测轨道设计,以及小行星至地球转移轨道设计。一般小行星距离地球较远,不在地球影响球范围内,因此可将各段飞行轨道独立设计。地球逃逸轨道动力学模型以地球中心引力为主;地球与小行星间转移轨道动力学模型以太阳中心引力为主;小行星探测轨道动力学模型以小行星引力场为主。

对于地球逃逸轨道,其本质为近地轨道设计,终端条件为加速到达地球逃逸速度,设计较为简单。小行星探测轨道为飞行器接近和着陆小行星的轨道。小行星具有形状不规则、非球形引力显著和引力场微弱等特点,在其附近运动的飞行器受到小行星非球形引力、太阳光压摄动和太阳三体引力摄动等显著影响。因此,小行星探测轨道运动十分复杂,稳定的环绕轨道十分有限,需要采用理论分析和数值仿真验证的方法来寻找稳定的环绕轨道。目前,只有在低阶球谐引力场近似下才存在少量的解析结果,在更复杂的力学环境中,大部分的轨道设计依赖于数值计算,无统一方法求解,不作为本书载人小行星轨道设计的重点。对载人小行星探测任务影响最大的是地球与小行星间的转移轨道设计。地球与小行星间的转移轨道直接决定了载人小行星探测任务的发射窗口、飞行时间和变轨总速度增量,是整个任务成败的关键。

地球与小行星间转移轨道设计的轨道参数有:从地球出发的时刻 T_0、到达小行星的时刻 T_1、离开小行星的时刻 T_2,以及返回地球的时刻 T_3。轨道设计参数可以设为 $X = [T_0, T_1, T_2, T_3]$。转移轨道的性能指标可设为如下形式:

$$J(X) = \Delta V_1 + \Delta V_2 + \Delta V_3 \tag{6-49}$$

式中:ΔV_1 为飞行器从地球停泊轨道出发进入转移轨道所需的加速度增量;ΔV_2 为飞行器与小行星交会时所需的制动速度增量;ΔV_3 为飞行器从小行星出发时需要的加速度增量。同时,由于是载人任务,要考虑飞行时间过长对航天员的影响,任务周期不得太长。可初步设置如下飞行时间约束:

$$\begin{cases} 10 \text{ d} \leqslant T_1 - T_0 \leqslant 200 \text{ d} \\ 7 \text{ d} \leqslant T_2 - T_1 \leqslant 21 \text{ d} \\ 10 \text{ d} \leqslant T_3 - T_2 \leqslant 200 \text{ d} \\ 0 \text{ d} \leqslant T_3 - T_0 \leqslant 365 \text{ d} \end{cases} \tag{6-50}$$

在进行轨道设计时,计算的地球到小行星转移段和小行星到地球转移段均为两脉冲轨道,可采用 Lambert 变轨算法求解。Lambert 变轨算法的核心思想是:已知转移轨道初始时刻位置矢量、终端时刻位置矢量和转移时间,通过迭代算法求解初始时刻速度矢量和终端时刻速度矢量。以下详细介绍采用普适变量为迭代变量的 Lambert 变轨迭代算法。

Lambert 变轨过程（图 6-15）可以描述为：在二体模型下，已知 T_1 时刻航天器的位置矢量和速度矢量分别为 r_1 和 v_{1i}，求在 T_1 和 T_2 时刻施加的速度增量 Δv_1 和 Δv_2，使得航天器在 T_2 时刻的位置矢量和速度矢量分别为 r_2 和 v_{2f}。此问题可简单描述为已知航天器在某一转移轨道上两点的位置矢量为 r_1、r_2 和转移时间 Δt，求其在这两点的速度矢量 v_{1t} 和 v_{2t}。

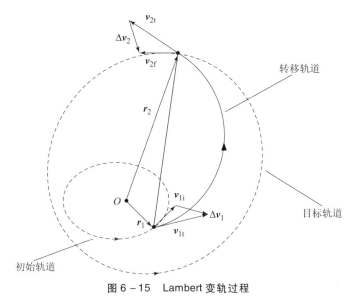

图 6-15　Lambert 变轨过程

传统普适变量法选择普适变量 z 作为迭代变量，用以下公式求解转移轨道的变轨点速度：

$$\begin{cases} v_{1t} = \dfrac{r_2 - F r_1}{G} \\[6pt] v_{2t} = \dfrac{\dot{G} r_2 - r_1}{G} \end{cases} \qquad (6-51)$$

式中：F，G，$\dot{G}$ 为普适变量 z 的函数，z 的定义和 $F(z)$，$G(z)$ 和 $\dot{G}(z)$ 的形式详见参考文献。

普适变量 z 与 Lambert 变轨转移时间 Δt 之间有如下关系：

$$\Delta t = \frac{1}{\sqrt{\mu}} [x(z)^3 S(z) + A\sqrt{y(z)}] \qquad (6-52)$$

式中：$x(z)$，$S(z)$ 和 $y(z)$ 为 z 的函数；A 为由（r_1，r_2）确定的常数；μ 为地球引力常数。

普适变量法的求解过程为：首先选取普适变量 z 的初值，由式（6-52）用牛顿迭代法求出其正确解 z_i；然后由 z_i 求出 F、G 和 $\dot{G}$；最后由式（6-51）求出 v_{1t} 和 v_{2t}，从而得出 Lambert 变轨的转移轨道，变轨所需的速度增量大小为

$$\Delta v = |\Delta v_1| + |\Delta v_2| = |v_{1t} - v_{1i}| + |v_{2f} - v_{2t}| \quad (6-53)$$

其中，A 和 G 的表达式分别如下：

$$A = \frac{\sqrt{r_1 r_2} \sin \Delta f}{\sqrt{1 - \cos \Delta f}} \quad (6-54)$$

$$G = A\sqrt{y/\mu} \quad (6-55)$$

式中：Δf 为位置矢量 r_1 和 r_2 的夹角。

6.2 基于直接登月模式的载人登月轨道方案

由第5章直接载人登月飞行模式的分析可知，一次发射直接奔月飞行模式和环月轨道对接模式需要研制重型运载火箭，研制风险高。近地+环月轨道对接飞行模式任务复杂，近地轨道对接飞行模式相对比较容易实现。这里以美国"星座计划"提出的近地轨道1次对接飞行模式为例，介绍直接载人登月飞行模式的飞行轨道设计流程和方法。

6.2.1 飞行阶段划分

基于近地轨道1次对接模式的载人登月飞行过程可以划分为 13 个飞行阶段：①货运发射段；②载人发射段；③近地轨道交会对接段；④地月转移段；⑤近月制动段；⑥环月飞行段；⑦动力下降段；⑧月面工作段；⑨月面上升段；⑩环月轨道交会对接段；⑪月地返回段；⑫再入段；⑬着陆回收段。

每个飞行阶段的定义如下。

1. 货运发射段

货运发射段是指，从货运火箭点火起飞至载人火箭点火起飞，主要任务是采用重型货运火箭，将月面着陆器和推进飞行器（或称运载火箭末级 EDS）组合体一次发射至近地停泊轨道上，等待与载人飞船对接。

2. 载人发射段

载人发射段是指从载人火箭点火起飞至载人飞船与载人火箭分离后，发射

进入近地停泊轨道,主要任务是将载人飞船发射至近地停泊轨道,等待与月面着陆器及推进飞行器组合体的交会对接。

3. 近地轨道交会对接段

近地轨道交会对接是指从载人飞船进入近地停泊轨道至登月飞行器系统(含载人飞船、月面着陆器及推进飞行器)进行地月加速起始点。主要任务是载人飞船与月面着陆器及推进飞行器组合体完成近地轨道交会对接,之后在近地停泊轨道飞行,等待合适的地月转移时刻进行地月转移加速。

4. 地月转移段

地月转移段是指从登月飞行器系统进行地月转移加速进入地月转移轨道至登月飞行器系统到达近月点制动减速起始点。在此过程中,登月飞行器系统首先通过推进飞行器点火变轨,使登月飞行器系统进入地月转移轨道。其后抛掉推进飞行器,载人飞船与月面着陆器组合体在地月转移轨道飞行直至到达近月点。

5. 近月制动段

近月制动段是指从载人飞船与月面着陆器组合体近月点减速制动至变轨进入环月圆轨道。主要任务是载人飞船与月面着陆器组合体到达近月点后,通过 1~3 次制动,进入环月圆轨道。

6. 环月飞行段

环月飞行段是指从载人飞船与月面着陆器组合体进入环月圆轨道至月面着陆器进行动力下降起始点。在环月飞行过程中,月面着陆器与载人飞船分离。月面着陆器在环月轨道上的适当位置进行减速进入月球下降轨道,载人飞船继续环月飞行。下降轨道一般选择一个 15 km × 100 km 的椭圆轨道,月面着陆器进行一次霍曼转移,半个轨道周期后到达离月面 15 km 的近月点。

7. 动力下降段

动力下降段是指从月面着陆器到达离月面 15 km 的近月点开始动力下降至月面着陆器着陆月面。动力下降段的主要过程可分为三个阶段,分别是制动段、接近段以及最终着陆段。制动段制导过程以节省燃料为主,其目的是减小月面着陆器的轨道速度。在接近段月面着陆器保持一定的姿态,方便航天员在整个阶段通过舷窗对着陆区进行观测。最终着陆段是一个受控竖直下降过程,提供对着陆点的连续可视，可以从自动控制转为航天员手动控制。

8. 月面工作段

月面工作段是指从月面着陆器着陆月面至月面着陆器上升级点火起飞。在此阶段，航天员出舱，进行月球探测活动，采集月球样品，进行月面科学试验。完成月面探测任务后，航天员返回月面着陆器上升级，进行月面起飞准备工作。

9. 月面上升段

月面上升段是指从月面着陆器上升级点火起飞至上升级到达目标轨道。上升段在上升发动机连续工作下可分两个阶段执行：第一个阶段是垂直上升段，主要作用是消除月面地形对上升级的影响；第二阶段是轨道进入段，其主要目的是使月面着陆器进入目标轨道。

10. 环月轨道交会对接段

环月轨道交会对接段是指从月面着陆器上升级进入目标轨道，至载人飞船加速进入月地转移轨道起始点。上升级进入目标环月椭圆轨道后，开始执行月球轨道交会对接任务。上升级在地面测控支持下，通过一系列的轨道调整，完成远程导引，进入高度约 100 km 的目标轨道；然后自主完成近程交会和与载人飞船的对接操作，完成航天员和月球样品从上升级到载人飞船的转移。随后载人飞船与上升级分离，并在环月轨道上停留一段时间，等待合适的月地返回窗口。

11. 月地返回段

月地返回段是指从载人飞船开始加速进入月地转移轨道，至载人飞船返回舱到达地球再入点（离地面高度约 120 km）。在此阶段，载人飞船加速进入月地转移轨道，月地转移轨道末端满足地球再入返回轨道的要求。月地转移过程中进行 2~3 次中途修正，抛掉载人飞船推进舱。

12. 再入段

再入段是指从载人飞船返回舱到达再入点至返回舱伞降系统开始工作。该阶段载人飞船返回舱以半弹道跳跃式再入大气层。

13. 着陆回收段

着陆回收段是指伞降系统开始工作至航天员出舱。该阶段载人飞船返回舱进行着陆前的准备，包括抛掉影响着陆的设备、进行姿态调整等。软着陆任务成功后，航天员进行出舱。

在上述的 13 个飞行阶段中，除去货运火箭和载人火箭发射的火箭弹道，以及着陆回收段的伞降轨迹外，最具特色的飞行轨道有以下 9 段轨道：①近地轨道交会对接轨道；②载人地月转移轨道；③近月制动轨道；④环月飞行轨道；⑤动力下降轨道；⑥月面上升轨道；⑦环月轨道交会对接轨道；⑧月地返回轨道；⑨再入轨道。

载人登月飞行轨道方案设计的关键是设计以上 9 段轨道方案，并需妥善协调各段轨道之间的接口关系，满足面向载人任务的特殊需求。

6.2.2 近地轨道交会对接轨道方案

近地轨道交会对接通常采用多圈多脉冲变轨策略，交会对接包括远程导引段和自主控制段。

1. 远程导引段

在远程导引段，考虑共进行 5 次轨道机动，最终达到自主控制段起始点轨道要求，如图 6-16 所示，具体方案如下：

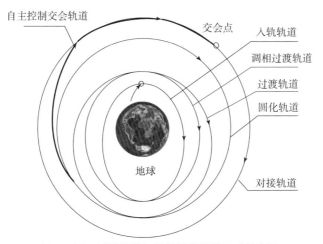

图 6-16 近地轨道远程导引段轨道机动示意图

（1）远地点进行变轨，根据载人飞船与月面着陆器组合体实际相位差和交会时间，确定调相轨道。

（2）在调相轨道和目标轨道面交点处进行变轨，用来修正轨道面偏差。

（3）在调相轨道近地点进行变轨，继续调整载人飞船与月面着陆器组合体实际相位差，同时调整轨道高度。

（4）在调相轨道远地点进行变轨，进行轨道圆化。

（5）根据需要进行轨道综合修正（正常情况不执行），在远程导引结束前，需要留有一定的时间进行测定轨。

2. 自主控制段

自主控制段分为寻的段和接近段：①寻的段可采用 C–W 三脉冲制导。②接近段的控制模式分为两段，在距离较远段，可采用 C–W 制导和视线制导相结合的方案，根据转移时间和相对位置进行控制律的切换；在距离较近段，可采用六自由度控制，进行平移靠拢和对接。

6.2.3 载人地月转移轨道方案

低能奔月轨道比传统的直接奔月方式节省 18% 左右的燃料，但一般需要 70~110 天，因此直接奔月是载人任务的首选方案，低能奔月轨道可用于货运任务。

地月转移段飞行流程大致如下：①登月飞行器选择合适的时机，从近地停泊轨道出发，利用推进飞行器点火，将登月飞行器推入奔月轨道之后抛掉推进飞行器；②在地月转移过程中，月面着陆器进行必要的中途修正；③当到达近月点时，利用月面着陆器施加一个反向速度增量，使载人飞船与月面着陆器组合体进入环月轨道。

地月转移轨道方案按是否为自由返回轨道可分为四大类：①一般转移轨道方案；②自由返回轨道方案；③自由返回轨道 + 终端变平面方案；④混合轨道方案。一般转移轨道方案是指地月转移轨道直接对准目标环月轨道，不考虑自由返回问题，一般用于无人月球探测。自由返回轨道方案是指地月转移轨道若在近月点不进行制动，则不需要速度增量而能返回地球。自由返回轨道 + 终端变平面方案是指地月转移轨道为自由返回轨道，到达近月点后进行轨道平面变轨，使飞行器进入目标环月轨道。混合轨道方案是指地月转移段前期采用自由返回轨道，在 5~10 h 后变轨进入非自由返回轨道。这四种载人地月转移轨道方案对比如表 6–2 所示。

表 6–2 载人地月转移轨道方案对比

转移轨道方式	$\Delta V/(\text{m} \cdot \text{s}^{-1})$	月面到达范围	近月制动故障返回地球
一般转移轨道	4 000	全月面	不能
自由返回轨道	4 100	南北纬25°范围内部分区域	能

续表

转移轨道方式	$\Delta V/(m \cdot s^{-1})$	月面到达范围	近月制动故障返回地球
自由返回轨道+终端变平面	4 100 + 220	全月面	能
混合轨道	4 100 + 100	全月面	不能

为保证航天员的安全，应引入自由返回轨道的约束，任务中止时只需要很小的推力进行轨道修正就能将载人飞船与月面着陆器组合体返回地球。在近月制动前，推力系统发生任何故障，都可以不做机动直接沿着自由返回轨道返回地球，因此具有很高的安全特性。同时，若要求全月面达到，则采用自由返回轨道+终端变平面方案。图6-17所示为Apollo载人登月飞船的无动力返回轨道（会合坐标系），是一个典型的在地月会合坐标系中无动力返回轨道的完整形状，呈现出∞字形。载人飞船在月球作用球的"前面"掠过，之后再绕到月球背面，如果飞行中一切正常，则可以在月球背面上空的近月点处点火制动，然后再完成登月任务；反之，如果出现任何故障需要返回地球，则载人飞船将在月球引力的作用下无动力返回地球。从图6-17中的轨道形状可以看出，无动力返回轨道要求载人飞船的绕月轨道相对于月球自转方向是逆行的，不过考虑到月面赤道处自转速度仅有4 m/s，因此是顺行还是逆行对于在月面上的着陆和起飞影响不大。

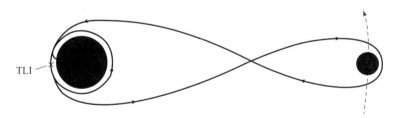

图6-17 Apollo载人登月飞船的无动力返回轨道（会合坐标系）

根据目前的理论研究结论，通过调整地月转移进入速度和起飞点位置，可以找到一条可行的自由返回轨道，如图6-18和图6-19所示。根据轨道设计结果可知，一般从近地轨道进入地月转移轨道需要的速度增量约3.2 km/s。自由返回轨道的近月点在月球背面上空，近月制动需要的速度增量为0.9 km/s。如果自由返回落点必须在指定的区域，则需要精心设计发射窗口。该阶段主要事件序列：①地月转移进入机动，速度增量为3.2 km/s；②地月转移轨道巡航过程中，根据需要进行2~3次中途修正；③在近月点制动，速度增量为0.9 km/s；④如果制动之前动力系统发生故障，则登月飞行器自由返回地球。

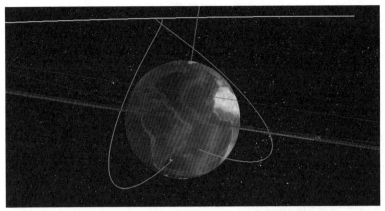

图6-18 地心惯性坐标系下自由返回轨道轨迹

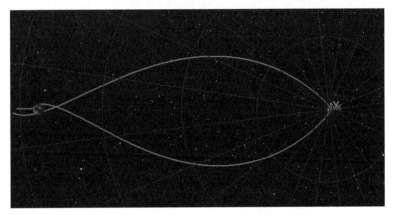

图6-19 地月旋转坐标系下自由返回轨道轨迹

6.2.4 近月制动轨道方案

自由返回轨道对环月轨道倾角有限制，不一定满足登月点纬度要求，因此需要在近月制动过程中调整轨道面。美国"星座计划"中近月制动考虑采用三次机动方案，如图6-20所示。第一次制动将载人飞船轨道从双曲轨道变为大椭圆轨道；第二次在远地点调整轨道平面，以便达到定点着陆的要求；第三次在近月点进行轨道圆化制动，进入环月圆轨道。

该阶段主要事件序列：①进行第一次机动，平面内近月制动进入环月轨道；②进行第二次机动，在远月点附近调整轨道平面机动；③进行第三次机动，平面内近月制动圆化轨道；④等待月面下降机会。

近月制动飞行轨迹如图6-21所示。整圈椭圆轨道为载人飞船第1次制动机动进入的环月椭圆过渡轨道LOI-1，半圈椭圆轨道为载人飞船进行轨道面

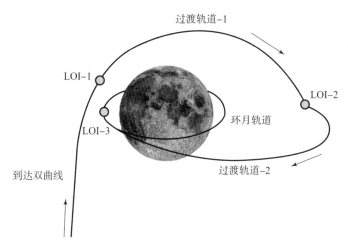

图 6-20 近月制动飞行轨迹示意图

机动进入的环月椭圆过渡轨道 LOI-2，轨道高度较低的近圆轨道为月面着陆器飞行的环月圆轨道。

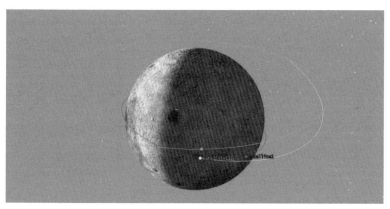

图 6-21 近月制动飞行轨迹

6.2.5 环月飞行轨道方案

根据 Apollo 载人登月工程的实施经验，月面着陆器和载人飞船的组合体环月轨道一般取为 100 km 高的环月圆轨道，轨道倾角根据月面着陆点的纬度确定。设月面着陆点的纬度为 ϕ_d，则环月轨道倾角为 $|\phi_d|+\delta$ 或 $180°-(|\phi_d|+\delta)$。其中 δ 为设计的最优轨道倾角偏置，主要根据月面停留时间和月面上升零轨道面偏差考虑进行设计。

在 100 km 的环月停泊轨道上，月面着陆器与载人飞船分离，月面着陆器远离载人飞船并处于安全距离外。环月运行一段时间后，月面着陆器选择合适的时机进行发动机点火制动，进入一个环月椭圆轨道，近月点位置根据着月点确定。在 Apollo 载人登月工程中，环月椭圆轨道的近月点高度为 15 km，远月点高度为 100 km。图 6-22 所示为下降轨道设计。

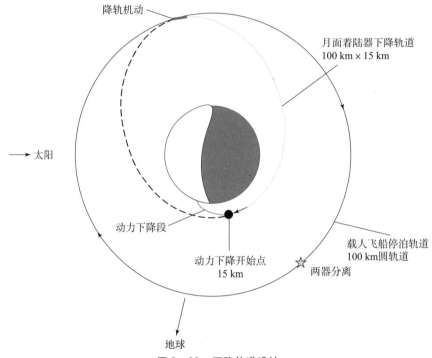

图 6-22 下降轨道设计

载人飞船位于 100 km 的环月轨道上，载人飞船的速度为 1 631 m/s；100 km×15 km 椭圆轨道上远月点速度为 1 611 m/s，因此下降轨道机动所需的速度增量为 20 m/s。在无动力转移段，月面着陆器沿着霍曼转移轨道无动力滑行，滑行至高度为 15 km 的近月点。该滑行段所需的时间为 57 min，近月点速度为 1 689 m/s。

该阶段的主要事件序列：①载人飞船与月面着陆器分离；②月面着陆器降轨到 100 km×15 km 的椭圆轨道，速度增量约为 20 m/s；③月面着陆器自主飞行至近月点准备下降；④载人飞船在环月轨道继续飞行，监视月面着陆器的下降过程和着陆过程，以及着陆后的中继通信联系。

6.2.6 动力下降轨道方案

动力下降段的主要任务是月面着陆器从 15 km 高度开始利用下降级主发动机进行持续制动，直至最终软着陆月面。参考美国 Apollo 载人登月工程中的登月舱和"星座计划"中的 Atairl 月面着陆器,动力下降段轨道分解为以下 5 个任务段,如图 6-23 所示。

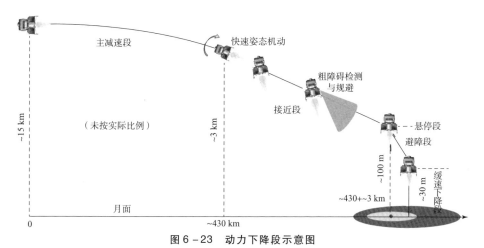

图 6-23 动力下降段示意图

1. 制动段(也称主减速段)

制动段从月面着陆器到达离月面 15 km 高度处起进行制动,直到月面着陆器高度下降至 3 km 左右结束。制动任务的主要目的是消除月面着陆器的轨道速度。

2. 接近段

接近段从月面着陆器到达离月面 3 km 左右起,至下降到 100 m 高度左右结束。接近任务的主要目的是进行粗障碍检测与规避,选择合适的着月点。

3. 悬停段

悬停段是指月面着陆器悬停在离月面 100 m 附近,相对月面速度接近零。悬停任务的主要目的是对着月点进行精障碍检测与规避,航天员选择精确的着月点。

4. 避障段

避障段是指确定了安全着月点后,月面着陆器从离月面 100 m 下降到 30 m 左右,同时处在着月点上方,水平速度接近零。

5. 缓速下降段

缓速下降段是指月面着陆器从着月点上方 30 m 平稳缓速下降直到收到关

机敏感器信号关闭发动机,然后自由落体着陆月面。

图 6-24 所示为用混合法设计出的最优月球软着陆轨迹与间接法(Pontryagin)求解结果的对比,两种方法求得的状态曲线几乎重合,验证了该轨迹的最优性,可作为工程上实施月球软着陆的标称轨迹。

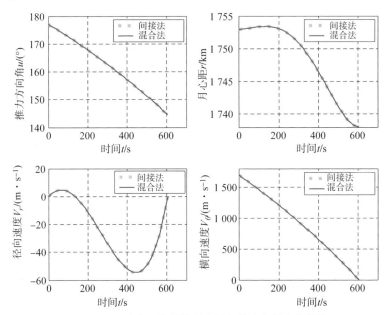

图 6-24 动力下降段控制变量与状态变量变化曲线

6.2.7 月面上升轨道方案

月面上升飞行过程可以分为三个阶段:垂直上升段、姿态调整段和最优控制段,如图 6-25 所示。

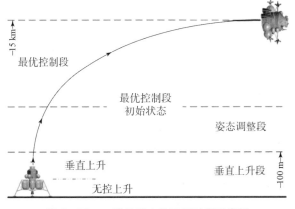

图 6-25 二维月面上升飞行过程示意图

垂直上升段可细分为两个阶段：①无控段，不进行任何姿态控制，确保上升级离开下降级；②进行姿态稳定，使上升级沿月球重力反方向上升。姿态调整段就是进行姿态综合调整，使姿态满足最优控制段初始状态要求。当姿态满足最优控制段初始状态要求时，转入最优控制段。在最优控制段，上升级按照最优控制算法设计出的标称轨迹进行飞行，直至进入目标轨道。当满足入轨条件后，上升级发动机关机，最优控制段结束。上升级从月面开始出发，终端条件为 15 km × 80 km 的椭圆轨道近月点，采用直接法求解的最优月面上升轨道状态变量变化曲线如图 6-26 所示。

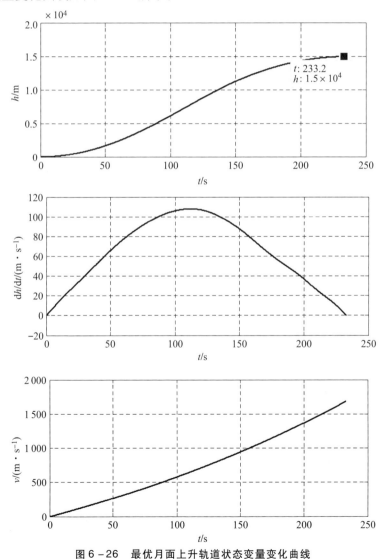

图 6-26　最优月面上升轨道状态变量变化曲线

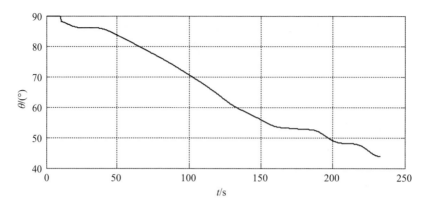

图 6-26 最优月面上升轨道状态变量变化曲线（续）

6.2.8 环月轨道交会对接轨道方案

载人登月任务中环月轨道交会对接的主要飞行过程为：①月面着陆器上升级经过月面动力上升，进入环月轨道交会对接初始轨道；②月面着陆器上升级作为主动飞行器，自主完成入轨准备、交会和最终逼近，满足交会条件；③载人飞船与月面着陆器上升级进行对接；④载人飞船与月面着陆器上升级以组合体形式运行；⑤月面着陆器上升级与载人飞船完成组合体分离准备，并先后分离。

考虑到月面上升后的环月轨道交会对接过程对人员安全性与任务可靠性的要求，整个交会对接时间应尽可能缩短，因此不采用时间相对较长的多圈多脉冲变轨策略。参考 Apollo 载人登月工程的实施方案，可采用共椭圆交会策略，其具体策略如图 6-27 所示。

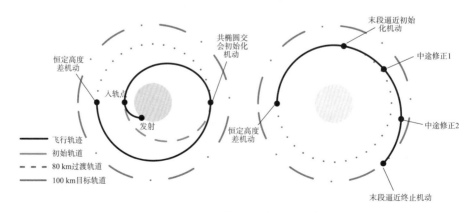

图 6-27 环月轨道交会对接变轨具体策略

1. 交会段

交会段包括：①上升级入轨进入 15 km×80 km 初始轨道，在第一个远月点进行共椭圆交会初始化机动，抬高近月点，进入 80 km×80 km 圆轨道，同时进行必要的轨道面偏差修正；②上升级进行恒定高度差机动，进入与载人飞船共面的椭圆轨道且满足相位角差和高度差要求，开始调相；③上升级经过一段时间调相，完成相关交会对接设备的检查，准备末端逼近初始化机动。

2. 最终逼近段

最终逼近段包括：①上升级进行末端逼近初始化机动，捕获载人飞船环月轨道，调相结束；②上升级经过一定时间和相位角的末端逼近，启动末端逼近终止机动，完成对载人飞船的逼近，该过程进行必要的中途修正以提高末端逼近精度；③上升级完成末端逼近后，进入目标轨道，与载人飞船相距一定距离；④上升级采用 C – W 制导和视线制导相结合的方案，实施一次变轨机动至某一停泊点；⑤其后，上升级进行六自由度相对运动控制并完成对接。整个轨道交会远程段与近程段总时间约 4 h，相当于载人飞船在 100 km 高度环月圆轨道运行 2 圈左右。

图 6 – 28 所示为环月轨道交会对接相位角变化曲线。

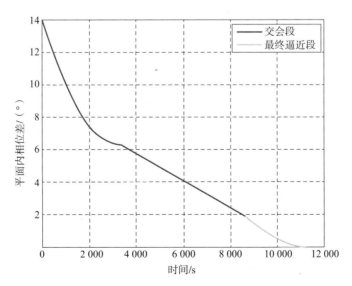

图 6 – 28　环月轨道交会对接相位角变化曲线

6.2.9 月地返回轨道方案

载人飞船与月面着陆器交会对接后,航天员从月面着陆器转移到载人飞船。随后载人飞船将抛弃上升级,环月停泊一段时间,进行月地转移轨道射入机动准备。最后进行轨道机动使飞船进入一个飞行时间约 3 天的月地转移轨道上。月地返回段主要完成两大任务:一是进行月地加速进入月地转移轨道;二是在地月转移过程中进行中途修正,保证载人飞船满足再入边界条件。

参考"星座计划"月地转移策略,月地转移加速机动分 3 次轨道机动完成(图 6-29):TEI(Trans Earth Injection)-1、TEI-2 和 TEI-3。TEI-1 主要创造一个中间转移轨道,它主要是轨道能量机动,以便在 TEI-2 能进行一个低消耗的轨道平面改变机动,发生在轨道平面内。TEI-2 主要用来改变平面。TEI-3 是一次速度增量较大的机动,它使载人飞船定位到地球边界轨道上,包括海面或陆地着陆。在地月返回轨道段,预定进行 3 次中途修正,以实时修正再入边界。

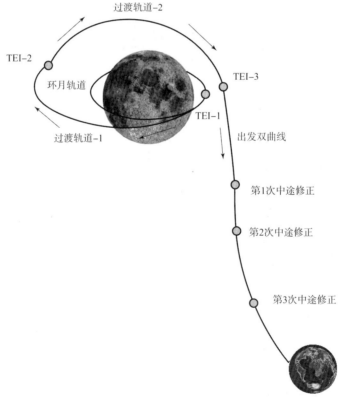

图 6-29 飞船返回地球示意图

第 6 章　载人深空探测轨道设计

该阶段主要事件序列：①载人飞船在环月轨道上进行第一次机动，进入大椭圆轨道；②载人飞船在远月点进行第二次机动，将轨道平面调整到返回轨道初始要求；③载人飞船在近月点进行第三次机动，进入月地转移轨道；④月地转移轨道巡航期间，进行 3 次中途修正。

月地转移加速的飞行轨迹如图 6-30 所示。整圈椭圆轨道为载人飞船第一次月地转移加速进入的环月椭圆过渡轨道 -1，半圈椭圆轨道为载人飞船轨道面机动进入的环月椭圆过渡轨道 -2，轨道高度较低的近圆轨道为载人飞船环月停泊圆轨道。

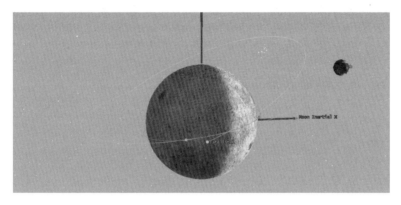

图 6-30　月地转移加速的飞行轨迹

图 6-31 和图 6-32 所示为地心惯性坐标系和地月旋转坐标系下的月地转移轨道轨迹。

图 6-31　地心惯性坐标系下的月地转移轨道轨迹

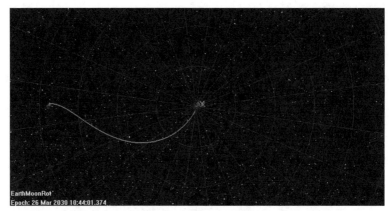

图 6-32 地月旋转坐标系下的月地转移轨道轨迹

6.2.10 再入轨道方案

载人飞船拟采用半弹道式再入大气层,满足航天员安全性要求,从航程上具备返回陆上着陆场或海上着陆场的能力。

为了减小再入过载、增宽再入走廊、提高着陆精度,从月球返回的再入方式选择跳跃式再入方法,如图 6-33 所示。返回舱以较小的再入角首次进入大气层后,依靠升力作用再次飞出大气层,做一段弹道式飞行后,又再次进入大气层,再入速度降低至近地轨道返回的水平,再入条件得以改善。

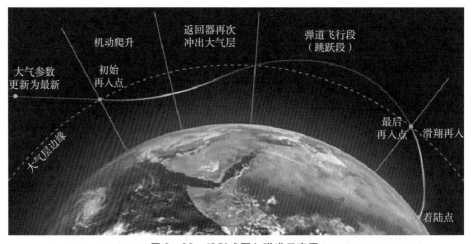

图 6-33 跳跃式再入弹道示意图

参考 Apollo 载人登月工程实施方案,载人返回舱大约在 120 km 高度再入,以半弹道跳跃式方式升轨返回着陆场。再入返回段包括以下几个飞行过程:

①第一次再入飞行段：返回舱再入大气层并被大气捕获，返回舱持续下降一段时间，而后跃起上升，至跳出大气层；②滑行段：返回舱跳出大气层，至重新再入大气并被大气捕获；③第二次再入飞行段：返回舱第二次再入大气并被大气捕获，至返回舱。

6.3 基于地月 L2 点空间站的载人登月轨道方案

基于空间站的载人登月轨道设计主要分为三个部分，即空间站轨道设计、载人天地往返轨道设计以及登月任务轨道设计。空间站轨道设计内容包括空间站运行轨道的具体参数和分析轨道特性。载人天地往返轨道设计包括设计载人飞船在 LEO 与空间站间往返飞行的轨道设计。登月任务轨道设计是指月面着陆器在空间站和月面间往返飞行所涉及的轨道设计内容。

根据第 5 章基于空间站的载人登月飞行模式分析，基于地月 L1 点和 L2 点空间站飞行模式较优。本节以基于 L2 点空间站的载人登月飞行模式为例，阐述基于空间站的载人登月轨道设计方法。

6.3.1 空间站轨道方案

假定空间站所处的地月 L2 点 Halo 轨道在地月系统的空间位置如图 6-34 所示。假设空间站所处的 Halo 轨道的轨道周期约为 14 天，其 z 向振幅取值为 8 000 km（主要考虑不影响空间站的测控通信），如图 6-35 所示。

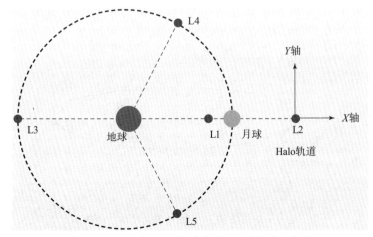

图 6-34 L2 点 Halo 轨道在地月系统的空间位置

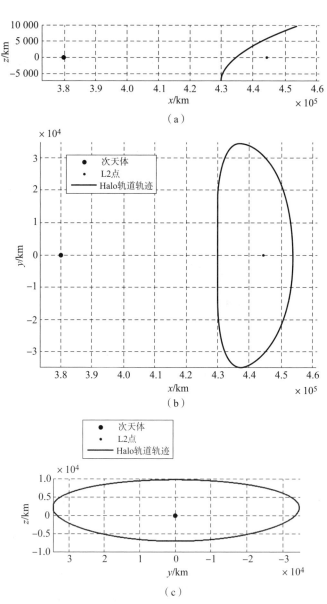

图 6-35 L2 点 Halo 轨道不同视角轨迹图
（a）xz 平面视图；（b）xy 平面视图；（c）yz 平面视图

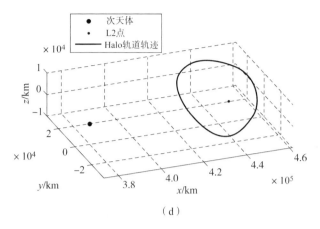

(d)

图 6-35 L2 点 Halo 轨道不同视角轨迹图（续）

(d) 轴侧视图

6.3.2 载人天地往返轨道方案

1. 飞行阶段划分和主要飞行轨道

载人天地往返可分为以下飞行阶段：①载人发射段；②载人地月转移段；③载人 L2 点 Halo 轨道进入段；④载人 L2 点 Halo 轨道交会对接段；⑤载人飞船 L2 点 Halo 轨道运行段；⑥载人 L2 点 Halo 轨道逃逸段；⑦载人月地转移段；⑧再入返回段。

其中，载人发射段为火箭发射弹道，载人飞船 L2 点 Halo 轨道运行轨道即空间站运行轨道，再入返回轨道与近地轨道 1 次对接模式载人登月任务的再入返回轨道类似，不再赘述。因此，该任务重点研究的飞行轨道有：①载人地月转移轨道；②载人 L2 点 Halo 轨道进入轨道；③载人 L2 点 Halo 轨道交会对接轨道；④载人 L2 点 Halo 轨道逃逸轨道；⑤载人月地转移轨道。

2. 载人地月转移轨道

载人地月转移段采用自由返回轨道 + 混合轨道方案，如图 6-36 所示。为了保证航天员的安全性，载人地月转移段初期选择自由返回轨道，后期为混合轨道。在混合变轨前，推进系统发生任何故障，都可以不做机动直接沿着自由返回轨道返回地球，重点考虑安全性设计。为进一步满足月球借力需求，选择自由返回轨道 + 混合轨道方案。之后，载人飞船进行 1 次混合变轨，进入混合轨道飞行，直至到达近月点。混合轨道飞行过程中设置 3 次中途修正。

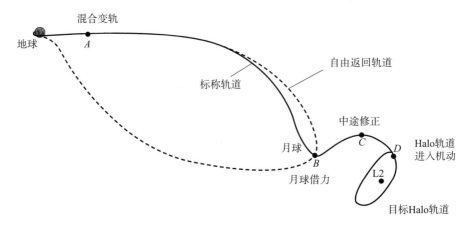

图 6-36 L2 点空间站模式的载人地月转移 + Halo 轨道进入过程

3. 载人 L2 点 Halo 轨道进入轨道

载人 L2 点 Halo 轨道进入段采用两脉冲变轨方案，如图 6-36 所示。载人飞船在近月点进行 1 次月球借力变轨，进入转移轨道，并在到达 Halo 轨道入口点处进行制动，进入 L2 点 Halo 轨道。该阶段飞行总时间为 7 天，其间进行 1 次中途修正。

4. 载人 L2 点 Halo 轨道交会对接轨道

载人飞船 L2 点 Halo 轨道交会对接可采用四脉冲变轨接近策略，载人飞船作为主动飞行器。具体交会飞行方案如图 6-37 所示。当载人飞船与空间站相隔一定距离后，载人飞船进行六自由度相平面控制以接近空间站，并最终完成对接。

5. 载人 L2 点 Halo 轨道逃逸轨道

载人 L2 点 Halo 轨道逃逸段可采用两脉冲变轨方案，如图 6-38 所示。载人飞船在 Halo 轨道逃逸点进行离轨变轨，进入转移轨道，并在到达近月点处进行一次月球借力变轨，进入月地转移轨道，其间进行 1 次中途修正。

6. 载人月地转移段

载人飞船完成月球借力变轨后，进入月地转移轨道，以减少变轨速度增量，如图 6-38 所示。月地转移过程期间可设置 3 次中途修正。

第 6 章 载人深空探测轨道设计

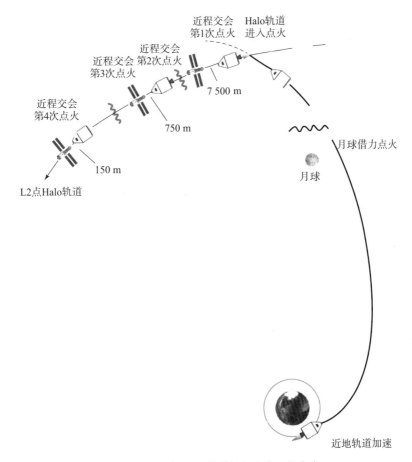

图 6-37 L2 点 Halo 轨道近程交会飞行方案

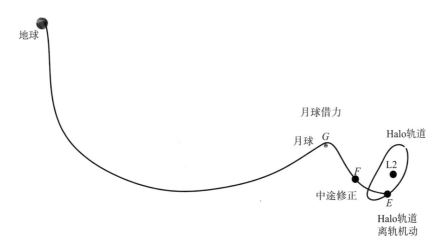

图 6-38 L2 点空间站模式的 Halo 轨道逃逸 + 载人月地转移过程

6.3.3 登月任务轨道方案

1. 飞行阶段划分和主要飞行轨道

通过任务分析可将登月任务分为以下飞行阶段：①月面着陆器月球捕获段；②月面下降段；③月面工作段；④月面上升段；⑤月面着陆器月球逃逸段；⑥着陆器 L2 点 Halo 轨道交会对接段；⑦登月返回 L2 点 Halo 轨道停泊段。

其中，月面下降段、月面工作段和月面上升段与近地轨道 1 次对接模式载人登月任务的相应轨道设计类似；着陆器 L2 点 Halo 轨道交会对接轨道与载人 L2 点 Halo 轨道交会对接轨道设计类似；登月返回 L2 点 Halo 轨道驻留轨道即空间站运行轨道，不再赘述。因此，该任务重点研究的飞行轨道有：①月面着陆器月球捕获轨道；②月面着陆器月球逃逸轨道。

2. 月面着陆器月球捕获轨道

月面着陆器组合体从地月 L2 点 Halo 轨道转移至轨道高度 100 km 的环月轨道上，被月球捕获。其飞行轨迹如图 6 - 39 所示。该阶段飞行时间约为 3 天，其间进行 2～3 次机动。

3. 月面着陆器月球逃逸轨道

月面着陆器假定从 100 km 高度环月轨道转移至地月 L2 点 Halo 轨道上，与空间站交会对接。其飞行轨迹如图 6 - 40 所示。该阶段飞行时间约为 3 天，其间进行 2～3 次机动。月面着陆器与空间站近程交会方案与载人飞船与空间站近程交会方案类似。

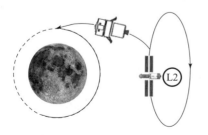

图 6 - 39　月球捕获段飞行轨迹

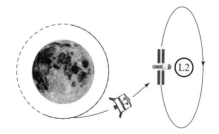

图 6 - 40　月球逃逸段飞行轨迹

6.4 载人小行星探测轨道方案

由于小行星数量众多，因此载人小行星探测任务轨道设计不同于载人登月轨道设计，首先需要选择目标星，然后进行飞行阶段的划分和飞行轨道设计。

6.4.1 小行星目标星选择

1. 目标星初选

对于小行星探测任务而言，由于小行星数目巨大、特性各异，进行探测目标的选择是任务设计与规划的首要工作。影响探测目标选择的因素与约束很多，特别是对于载人小行星探测而言，需要考虑的因素更多，约束更为苛刻。

小行星按其分布区域和轨道要素分类，可分为主带小行星、近地小行星、特洛伊群小行星、柯伊伯带小行星、半人马小行星等。假如直接对主带及主带外小行星探测所需的速度增量大（单程大于 9.5 km/s），探测时间长（大于 1 年）。采用借力飞行等方法虽然可以降低所需的速度增量，但会进一步增加任务周期。较长的任务周期不适合载人型探测任务。近地小行星因轨道与地球接近，发射所需的速度增量相对较低，任务周期相对较短，且小行星周期性接近地球，使探测机会较多。因此通常选择近地小行星作为载人小行星探测的目标星。

2. 约束条件分析

载人小行星探测和无人小行星探测在目标星选择上的区别主要体现在：

由于有航天员的参与，航天员的生命安全是任务的最高级别，因此对小行星的周围环境要求更苛刻；对小行星轨道参数、物理参数的完备性、准确性要求更高。

载人探测任务的系统规模更大，起飞质量远大于无人探测器，目前或可预见的未来发展的运载火箭或星载推进系统，所能提供的速度增量要小于无人探测任务。从飞行方案来看，载人小行星探测任务类似于无人采样返回任务，都需要经历小行星转移、小行星探测和返回地球三个步骤，需要考虑探测器从小行星返回地球所需的速度增量，因此对速度增量的约束更强。

考虑到飞船的生命保障系统能力和航天员长期生活在微重力环境下对身体

的影响，载人探测任务在时间上有较强约束。通常来讲，载人小行星探测任务的周期一般要小于 1 年。

针对上述特点，载人小行星探测任务的约束条件通常包括绝对星等、速度增量、任务周期、飞船返回再入速度、发射窗口的数量和每次发射窗口的长短、观测时长、观测手段和观测精度、小行星信息的完整性和可获取情况、发射机会的速度增量与任务时间的关系、应急返回轨道、光谱类型等。

3. 目标星选择流程

根据以上约束条件分析，可将所有约束分成多层次进行逐层筛选。

首先，依据目前已观测编目的近地小行星作为选择对象，依据绝对星等和轨道根数排除不适合探测的小行星目标。

其次，针对满足约束的小行星进行第二层筛选，先进行发射机会搜索，搜索变量为从地球发射时间 T_0、地球到小行星转移时间 T_G、在小行星停留时间 T_S 和小行星到地球转移时间 T_R。采用遍历搜索策略，其中 T_S 搜索步长为 1 天，其他 3 个搜索参数的搜索步长为 10 天。搜索过程中，总的速度增量 ΔV_T 由三部分组成：从 500 km 地球停泊轨道施加的逃逸速度脉冲、到达小行星时的制动脉冲和离开小行星时的速度脉冲。总速度增量的约束按发射时间给出。对满足速度增量约束的探测方案，计算再入速度，排除不满足最大再入速度约束的方案，保留符合要求的方案。对各个时间段内所有满足要求的小行星，依据速度增量最小排序选择前 20 位进行下一步筛选。

再次，分析小行星的观测信息、发射机会的次数和发射窗口宽度，结合速度增量大小，选择精度高且发射机会较灵活的多个目标，绘制速度增量与任务时间关系图和应急返回轨道等高线图，在保证任务的可靠性和成功率的基础上给出速度增量较小的优选小行星目标。

最后，分析小行星的物理特性和光谱类型，从科学探测角度给出最优的载人探测目标星。由于存在部分小行星的特性不完全，因此仅对已知信息的小行星进行分析，排除物理特性不适合探测的目标，并从时间角度和光谱类型两个方面给出较适宜探测的目标星列表。

整个目标星选择流程如图 6 – 41 所示。

4. 目标星选择结果

目前近地小行星库中共有 10 728 颗小行星，通过第一层筛选，满足绝对星等约束的小行星有 5 719 颗。满足绝对星等约束的近地小行星的分布区域很广泛，很多小行星距离太阳很远，这主要是由于其半长轴和偏心率较大造成

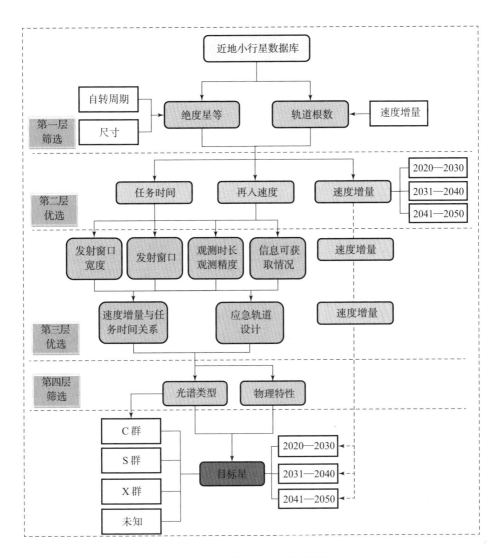

图 6-41 整个目标星选择流程

的。对小行星轨道根数约束后，共有 572 颗小行星满足条件。考虑近期载人小行星探测任务，在第二层筛选中从 2020—2030 年时间段中搜索目标星，选择速度增量约束 9 km/s，任务周期约束 365 天，搜索出满足条件的前 20 位小行星，其中小行星 2000 SG344 在 2028 年有 5 次发射窗口，转移时间最长不超过 288 天，去程总速度增量不超过 5 km/s。在第三层筛选中，考虑应急轨道设计，采用两脉冲直接中止方案。两脉冲直接中止方案需要在中止时刻施加一个脉冲使探测器飞向地球，在到达地球影响球时再施加一个脉冲使探测器返回地球。表 6-3 所示为载人小行星任务中止能力评估。其中第 2~4 列分别为执行中止任务所需总速度增量的范围占整个中止任务方案的百分比。从表 6-3 中可以看出，对于小行星 Bennu、Itokawa 和 2000 SG344 都具有很好的应急返回效率。小行星 Bennu 仅利用小于 5 km/s 的速度增量，实现这种应急返回的方案占总任务方案的比例达到了 33.2%，而小行星 2000 SG344 可以用 5 km/s 实现返回的比例达 78.4%，小于 10 km/s 的应急返回能力达到了任务时间的 90%。在第四层筛选中，小行星 2000 SG344 是有史以来第一颗与地球相撞危险等级较高的小行星，因此也是美国 NASA 载人小行星探测计划的目标星，其相关参数如表 6-4 所示，NASA 对该小行星的运转轨道进行了精确的测量，因此其最具科学探测意义。

表 6-3　载人小行星任务中止能力评估

编号	0~5/(km·s^{-1})	5~10/(km·s^{-1})	10~15/(km·s^{-1})
2008 EV5	0	12.6%	15.1%
2011 DV	0	29.0%	23.6%
2007 SQ6	0	17.8%	14.2%
Apophis	0	26.8%	12.1%
1999 RA32	0	23.3%	27.9%
2009 BL71	0	9.0%	19.2%
Bennu	33.2%	26.0%	10.4%
2000 AF205	0	4.7%	21.4%
1999 SO5	0	17.5%	21.9%
1999 FA	0	0	7.1%
2001 QC34	0	26.3%	13.2%
1998 HD14	0	50.7%	17.5%
Itokawa	35.3%	22.5%	10.7%
2000 SG344	78.4%	12.35%	4.28%

表 6-4　NASA 目标星小行星 2000 SG344 相关参数（MJD=56 800.0 日心黄道系）

项目	数值
半长轴 a(AU)	0.977 5
偏心率 e	0.066 9
轨道倾角 i/(°)	0.111

续表

项目	数值
升交点赤经 $\Omega/(°)$	192.086
近地点幅角/(°)	275.176
平近点角/(°)	312.01
绝对星等	24.70
直径/m	30~70

6.4.2 基于近地组装发射飞行模式的轨道方案

近地组装发射飞行模式实现难度较低,技术继承性、安全性较好,如果重型货运火箭研制难度大,可采用多次近地轨道交会对接的方式,因此该模式是未来 10~15 年内世界各国实现载人小行星探测任务的合理选择。本节以此模式为例,进行载人小行星探测轨道设计。

1. 飞行阶段划分和主要飞行轨道

载人小行星探测轨道如图 6-42 所示,轨道主要分为三部分:地球出发、轨段转移和地球返回。根据不同的飞行方案,可对轨道段进行详细分析。

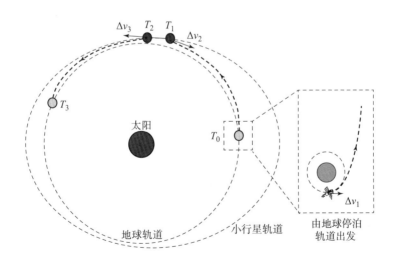

图 6-42 载人小行星探测轨道

近地组装发射飞行模式的载人小行星探测任务分为以下飞行阶段:①载人发射段;②近地轨道交会对接段;③地球逃逸段;④载人地球至小行星转移

段；⑤载人小行星探测段；⑥载人小行星至地球转移段；⑦再入返回段。

其中，载人发射段为火箭发射轨道，近地轨道交会对接轨道和再入返回轨道与近地轨道 1 次对接模式载人登月任务的再入返回轨道类似，不再赘述。因此，该任务重点研究的飞行轨道有：①地球逃逸轨道；②载人地球至小行星转移轨道；③载人小行星探测轨道；④载人小行星至地球转移轨道。

2. 地球逃逸轨道

为节约任务时间，保障航天员的安全，采用 B 平面法对逃逸轨道进行设计。根据双曲线超速和不同的轨道高度，可得到不同的逃逸轨道。考虑可以采用月球借力方式的逃逸轨道，防止逃逸阶段飞船出现问题，可采取机动，借助月球引力实现应急返回。选择 200 km 高的停泊轨道，所需施加的逃逸速度增量为 3.311 km/s，逃逸时间约为 6 h，地球逃逸轨道轨迹设计如图 6-43 所示。

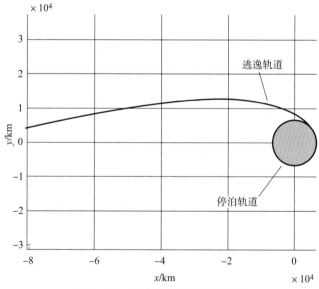

图 6-43 地球逃逸轨道轨迹设计

3. 载人地球至小行星转移轨道

采用出发等高线图对从地球出发和到达小行星对时间进行搜索，由于载人探测要求转移时间尽量短，因此采用两脉冲转移轨道加中间修正对速度增量进行调整，如图 6-44 所示。

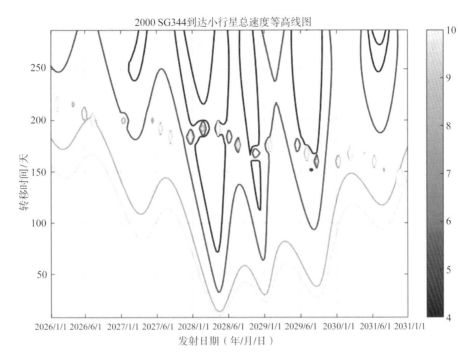

图 6-44 探测器到达小行星总速度增量

根据到达小行星的速度增量，选择较低的目标，由于载人探测需要考虑从小行星返回地球的速度增量，因此需要综合考虑到达时间和返回时间对速度增量进行选择，同时需要满足在小行星附近停留时间约束。根据等高线图可以选择探测增量较低的探测机会，如表6-5所示。

由表6-5中可以看出，虽然存在速度增量较低的发射机会，但是转移时间超过250天。考虑一年的总任务时间，返程时任务时间短，速度增量大，因此需综合考虑返程时的速度增量情况。选择发射时间为2028年4月20日、到达时间为2028年9月5日的发射机会，其所需地球逃逸速度增量为3.310 97 km/s，到达小行星时速度增量为0.171 81 km/s，飞行时间为138天。

表 6-5 能量较优的发射机会

序号	发射时间	到达小行星时间	转移时间/天	逃逸速度增量/(km·s^{-1})	到达速度增量/(km·s^{-1})	总速度增量/(km·s^{-1})
1	2028/5/10	2029/2/22	288	3.315 44	0.069 32	3.384 76
2	2028/5/10	2028/1/21	256	3.319 02	0.094 31	3.413 32
3	2028/4/30	2028/12/2	216	3.326 37	0.091 10	3.418 26

续表

序号	发射时间	到达小行星时间	转移时间/天	逃逸速度增量/(km·s^{-1})	到达速度增量/(km·s^{-1})	总速度增量/(km·s^{-1})
4	2028/4/20	2028/9/27	160	3.311 65	0.136 36	3.448 00
5	2028/4/20	2028/9/5	138	3.310 97	0.171 81	3.482 79

设计在去程段施加 3 次中途修正来修正轨道偏差：第 1 次轨道修正在探测器地球逃逸 10 天后，对逃逸速度增量误差进行修正；第 2 次在逃逸 20 天后，根据修正情况考虑是否施加；第 3 次轨道修正在接近小行星 20 天前，对载人飞船与小行星的相对速度进行测控，修正交会误差。地球至小行星转移段轨道轨迹如图 6-45 所示。

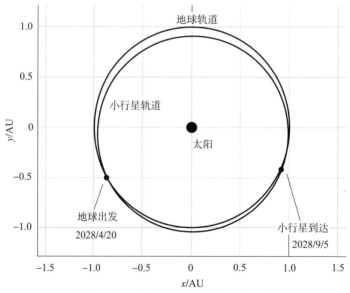

图 6-45 地球至小行星转移段轨道轨迹

4. 载人小行星探测轨道

载人小行星探测段的设计分为两类情况：对于尺寸直径大于 2 km 的小行星，考虑采用环绕探测的方式进行探测，载人飞船在主动控制和小行星引力的共同作用下形成环绕轨道，同时在预定的时间和位置在小行星上着陆。

环绕轨道的高度选择在 1~1.25 倍小行星直径，轨道高度过低，由于测量和控制误差以及小行星的尺寸不规则特性，飞船容易与小行星接触，会威胁到航天员的安全。轨道高度太高，受小行星的引力影响较小，无法形成环绕轨道。以直径 5 km 的小行星为例,密度为 2.9 g/cm³,质量约为 1.9×10^{11} t,质量常数 $\mu = 1.266 \times 10^{-8}$。轨道高度 5 km 的探测器,圆轨道的轨道速度约为 0.041 1 m/s,着陆舱采用悬停着陆的方式进行,着陆探测降落和起飞所需的速度增量小于 5 m/s。

对于直径小于 2 km 的小行星,由于自身引力较小,很难形成环绕轨道,采用距离小行星一段距离的伴飞轨道对小行星进行探测,着陆器着陆时采用主动控制逐渐靠近小行星,着陆与起飞所需的速度增量小于 3 m/s。

综合考虑探测器在小行星附近的轨道保持以及着陆起飞燃料消耗,所需的总速度增量小于 10 m/s。

5. 载人小行星至地球转移轨道

小行星返程段与去程段的轨道设计方法相似,选择两脉冲转移轨道加中间修正的轨道设计,采用等高线图对返回转移机会进行搜索。由于载人飞船直接返回大气层,无须考虑最终的减速脉冲,仅需保证再入速度的上限即可。因此,仅对探索飞行器离开小行星的速度增量绘制等高线,如图 6-46 所示,对速度增量较小且转移时间短的机会进行讨论。

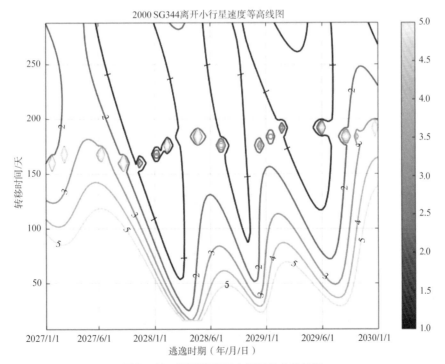

图 6-46 探测器离开小行星速度增量图

由于探测任务的总周期为 1 年，因此返程轨道还需满足时间约束和停留时间约束，根据上文选择的去程时间，选择满足约束的机会且增量较小的探测机会，如表 6-6 所示。选择返回时间为 2028 年 9 月 12 日，到达地球时间为 2029 年 3 月 15 日，转移时间 184 天的发射机会，出发所需速度增量为 0.464 89 km/s，再入速度为 11.074 1 km/s。小行星至地球转移段轨道轨迹如图 6-47 所示。

表 6-6 满足约束的返回机会

序号	离开小行星时间	到达地球时间	转移时间/天	逃逸速度增量/(km·s^{-1})	到达地球 v_∞/(km·s^{-1})	再入速度/(km·s^{-1})
1	2028/9/12	2029/3/15	184	0.464 89	0.956 63	11.074 1
2	2028/9/12	2029/3/23	192	0.489 92	0.813 05	11.071 7

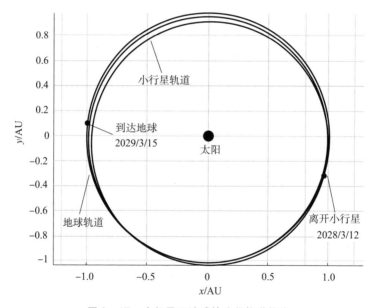

图 6-47 小行星至地球转移段轨道轨迹

小行星至地球转移段安排 3 次中途修正来修正轨道偏差：第 1 次轨道修正在探测器离开小行星 10 天后，对逃逸速度增量误差进行修正；第 2 次在离开 20 天后，根据修正情况考虑是否施加；第 3 次轨道修正在返回地球 10 天前，修正交会误差。

思考题

1. 美国"星座计划"载人登月轨道设计，可以划分为哪些轨道段？每个轨道段的设计特点是什么？
2. 简述载人地月自由返回轨道的设计方法。
3. 简述载人平动点轨道及其转移轨道的设计方法。
4. 简述载人月面动力下降及上升段的轨道方案。
5. 月地返回轨道设计需要考虑哪些设计因素？
6. 简述基于地月 L2 点空间站的载人登月轨道方案。
7. 简述载人小行星探测轨道方案。
8. 思考人工智能及深度学习技术能为"解决三体问题"的轨道设计做什么，如何做？

参 考 文 献

[1] 李言俊，张科，吕梅柏，等．利用拉格朗日点的深空探测技术［M］．西安：西北工业大学出版社，2014．

[2] 刘林，侯锡云．深空探测器轨道力学［M］．北京：电子工业出版社，2012．

[3] 李京阳．载人登月多段自由返回轨道及受摄交会问题研究［M］．北京：清华大学出版社，2018．

[4] 孙泽洲，叶培建，张洪太，等．深空探测技术［M］．北京：北京理工大学出版社，2018．

[5] 郗晓宁，曾国强，任萱，等．月球探测器轨道设计［M］．北京：国防工业出版社，2001．

[6] 刘林，王歆．月球探测器轨道力学［M］．北京：国防工业出版社，2006．

[7] ［美］拉尔森，普兰克．载人航天任务分析与设计（上、下）［M］．张海联，译．北京：中国宇航出版社，2016．

[8] 孟云鹤，张跃东，陈琪锋．平动点航天器动力学与控制［M］．北京：科学出版社，2015．

[9] 彭坤，果琳丽，向开恒，等．基于人工免疫算法的载人登月任务地月转移双脉冲中止策略研究［J］．载人航天，2014，20（2）：146－151．

[10] 黄文德，郗晓宁，王威，等．基于双二体假设的载人登月自由返回轨道

特性分析及设计 [J]. 宇航学报, 2010, 31 (5): 1297-1303.

[11] 张磊, 于登云, 张熇. 绕月自由返回轨道的设计与分析 [J]. 航天器工程, 2010, 19 (2): 128-135.

[12] 白玉铸, 陈小前, 李京浩. 载人登月自由返回轨道与 Hybrid 轨道设计方法 [J]. 国防科技大学学报, 2010, 32 (2): 33-39.

[13] 谷立祥, 刘竹生. 使用遗传算法和 B 平面参数进行月球探测器地月转移轨道设计 [J]. 导弹与航天运载技术, 2003, 3: 1-5.

[14] 彭坤, 果琳丽, 向开恒, 等. 基于混合法的月球软着陆轨迹优化 [J]. 北京航空航天大学学报, 2014, 40 (7): 910-915.

[15] 王大轶, 李铁寿, 马兴瑞. 月球最优软着陆两点边值问题的数值解法 [J]. 航天控制, 2000 (3): 44-49.

[16] 赵吉松, 谷良贤, 潘雷. 月球最优软着陆两点边值问题的数值解法 [J]. 中国空间科学技术, 2009, 29 (4): 21-27.

[17] 王劼, 崔乃刚, 刘暾, 等. 定常推力登月飞行器最优软着陆轨道研究 [J]. 高技术通讯, 2003, 13 (4): 39-42.

[18] 王劼, 李俊峰, 崔乃刚, 等. 登月飞行器软着陆轨道的遗传算法优化 [J]. 清华大学学报 (自然科学版), 2003, 43 (4): 1056-1059.

[19] 朱建丰, 徐世杰. 基于自适应模拟退火遗传算法的月球软着陆轨道优化 [J]. 航空学报, 2007, 28 (4): 806-812.

[20] 段佳佳, 徐世杰, 朱建丰. 基于蚁群算法的月球软着陆轨迹优化 [J]. 宇航学报, 2008, 29 (2): 476-481.

[21] 孙俊伟, 乔栋, 崔平远. 基于 SQP 方法的常推力月球软着陆轨道优化方法 [J]. 宇航学报, 2006, 27 (1): 99-103.

[22] 彭祺擘, 李海阳, 沈红新. 基于高斯-伪谱法的月球定点着陆轨道快速优化设计 [J]. 宇航学报, 2010, 31 (4): 1012-1016.

[23] 单永正, 段广仁, 张烽. 月球精确定点软着陆轨道设计及初始点选取 [J]. 宇航学报, 2009, 30 (6): 2099-2104.

[24] 梁栋, 刘良栋, 何英姿. 月球精确软着陆李雅普诺夫稳定制导律 [J]. 中国空间科学技术, 2011, 31 (2): 25-31.

[25] 王明光, 裴听国, 袁建平. 基于伪光谱方法月球软着陆轨道快速优化设计 [J]. 中国空间科学技术, 2007, 27 (5): 27-32.

[26] 赵吉松, 谷良贤. 基于广义乘子法的月球软着陆轨道快速优化设计 [J]. 科技导报, 2008, 26 (20): 50-54.

[27] 单永正, 段广仁. 应用非线性规划求解月球探测器软着陆最优控制问题

[C] //第26届中国控制会议,湖南张家界,2007:485-487.

[28] 曹涛,董长虹. 基于组合优化策略的月球软着陆最优轨道设计[J]. 北京航空航天大学学报,2012,38(11):1537-1541.

[29] 孙宁. 人工免疫优化算法及其应用研究[D]. 哈尔滨:哈尔滨工业大学,2006.

[30] 曹鹏飞,贺波勇,彭祺擘,等. 载人登月绕月自由返回轨道混合—分层优化设计[J]. 宇航学报,2017,38(4):331-337.

[31] 张磊,谢剑峰,唐歌实. 绕月自由返回飞行任务的轨道设计方法[J]. 宇航学报,2014,35(12):1388-1394.

[32] 贺波勇,李海阳,张波. 载人登月转移轨道偏差传播机理分析与稳健性设计[J]. 物理学报,2013,62(19):91-98.

[33] 贺波勇,李海阳,周建平. 载人登月绕月自由返回轨道与窗口精确快速设计[J]. 宇航学报,2016,37(5):512-518.

[34] 贺波勇,彭祺擘,沈红新,等. 载人登月轨道月面可达域分析[J]. 载人航天,2014,20(4):290-295.

[35] 彭祺擘,贺波勇,张海联,等. 地月转移自由返回轨道偏差传播分析[J]. 深空探测学报,2016,3(1):56-60.

[36] 彭祺擘,张海联. 载人登月地月转移轨道方案综述[J]. 载人航天,2016,22(16):663-672.

[37] 彭祺擘,李桢,李海阳. 载人登月飞行方案研究[J]. 上海航天,2012(5):14-19.

[38] 彭祺擘,李海阳,李桢,等. 从空间站出发的奔月轨道设计[J]. 国防科技大学学报,2009,31(2):25-30.

[39] 宝音贺西,李京阳. 载人登月轨道研究综述[J]. 力学与实践,2015:36(16):665-673.

[40] 黄文德,郗晓宁,王威. 基于双二体假设的载人登月混合轨道特性分析及设计[J]. 国防科技大学学报,2010,32(4):61-67.

[41] 李海阳,贺波勇,曹鹏飞,等. 载人登月转移轨道偏差传播分析与中途修正方法概述[J]. 力学与实践,2017,39(1):1-6.

[42] 彭祺擘,沈红新,李海阳. 载人登月自由返回轨道设计及特性分析[J]. 中国科学:技术科学,2012,42(3):333-341.

[43] 何巍,徐世杰. 地-月低能耗转移轨道中途修正问题研究[J]. 航天控制,2007,25(5):22-27.

[44] 张磊,于登云,张熇. 月地转移轨道中途修正方法及策略[J]. 航天器

工程, 2012, 21 (3): 18 - 22.

[45] 郑爱武, 周建平. 直接再入大气的月地返回窗口搜索策略 [J]. 航空学报, 2014, 35 (8): 2243 - 2250.

[46] 周文艳, 杨维廉. 月球探测器转移轨道的中途修正 [J]. 宇航学报, 2004, 25 (1): 89 - 92.

[47] 罗宗富, 孟云鹤, 汤国建. 双月旁转向轨道的修正方法研究 [J]. 力学学报, 2011, 43 (2): 408 - 416.

[48] 胡军, 周亮. 基于显式制导的月地返回轨道中途修正研究 [J]. 中国空间科学技术, 2013, 5: 7 - 14.

[49] 祝海, 罗亚中, 杨震. 环月快速交会调相策略设计与任务分析 [J]. 载人航天, 2017, 23 (1): 8 - 13.

[50] 李桢, 周建平, 程文科, 等. 环月轨道交会的奔月方案 [J]. 国防科技大学学报, 2009, 31 (1): 16 - 20.

[51] 尹军用, 颜根廷, 祝强军, 等. 载人登月航天器快速交会对接技术研究 [C]. 第33届中国控制会议, 2014.

[52] 彭坤, 黄震, 杨宏, 等. 基于弹道逃逸和小推力捕获的地月转移轨道设计 [J]. 航空学报, 2018, 39 (8): 322047 - 1 - 11.

[53] 彭坤, 孙国红, 杨雷, 等. 三体模型下二维平面地月转移轨道设计与特性分析 [J]. 载人航天, 2018, 24 (4): 479 - 487.

[54] 彭坤, 孙国红, 王平, 等. 地月空间对称自由返回轨道设计与分析 [J]. 航天器工程, 2018, 27 (6): 27 - 33.

[55] 李晨光, 果琳丽, 王平. 登月舱月面上升制导方案初步研究 [C]. 第二届载人航天学术大会, 2012: 214 - 219.

[56] 陈欢, 张洪礼, 韩潮, 等. 环月远程快速交会任务规划 [J]. 载人航天, 2016, 22 (4): 417 - 422.

[57] 彭坤, 徐世杰, 陈统. 基于引导型人工免疫算法的最优 Lambert 变轨 [J]. 北京航空航天大学学报, 2010, 36 (1): 6 - 9.

[58] 彭坤, 徐世杰. 一种无奇异的求解 Lambert 变轨的普适变量法 [J]. 北京航空航天大学学报, 2010, 36 (4): 399 - 402.

[59] 饶建兵, 向开恒, 彭坤. 月球探测器环月段返回速度影响因素研究 [J]. 航天器工程, 2015, 24 (4): 20 - 26.

[60] 彭坤, 果琳丽, 王平, 等. 基于轨道逆推的月地转移轨道设计方法 [C]. 中国宇航学会深空探测技术专业委员会第十二届学术年会暨首届哈工大空间科学与技术国际学术研讨会, 2015: 334 - 340.

[61] 郑爱武,周建平. 月地转移轨道精确轨道设计 [J]. 飞行器测控学报,2014,33 (1):52-58.

[62] 周亮,胡军. 基于双曲线B平面参数的快速微分修正月地返回轨道精确设计 [J]. 航天控制,2012,30 (6):27-31.

[63] 张磊,于登云,张熇. 月地转移轨道快速设计与特性分析 [J]. 中国空间科学技术,2011,31 (3):62-70.

[64] 黄文德,郗晓宁,王威. 载人登月返回轨道发射窗口分析与设计 [J]. 飞行器测控学报,2010,29 (3):48-53.

[65] 高玉东,郗晓宁,白玉铸,等. 月球探测器返回轨道快速搜索设计 [J]. 宇航学报,2008,29 (3):765-770.

[66] 路毅,李恒年,韩雷,等. 搭载平动点中继星的载人自由返回探月轨道设计与优化 [J]. 载人航天,2017,23 (3):320-326.

[67] 彭坤,杨雷,果琳丽,等. GMAT软件介绍及其在地月转移轨道设计中的应用 [C]. 五院科技委星上综合电子与测控专业组2015年学术年会,2015.

[68] 彭坤,李明涛,王平,等. 基于不变流形的地月L2点Halo轨道转移轨道设计 [J]. 载人航天,2016,22 (6):673-679.

[69] 胡少春,孙承启,刘一武. 基于序优化理论的晕轨道转移轨道设计 [J]. 宇航学报,2010,31 (3):663-668.

[70] 李明涛,郑建华. 于锡峥,等. 约束条件下的Halo轨道转移轨道设计 [J]. 宇航学报,2009,30 (2):438-441.

[71] 张景瑞,曾豪,李明涛. 日地Halo轨道的多约束转移轨道分层微分修正设计 [J]. 宇航学报,2015,36 (10):1114-1124.

[72] 张景瑞,曾豪,李明涛. 不同月球借力约束下的地月Halo轨道转移轨道设计 [J]. 宇航学报,2016,37 (2):159-168.

[73] 沈红新. 载人登月定点返回轨道问题研究 [D]. 长沙:国防科学技术大学,2009.

[74] 李明涛. 共线平动点任务节能轨道设计与优化 [D]. 北京:中国科学院空间科学与应用研究中心,2010.

[75] 彭祺擘. 考虑应急返回能力的载人登月轨道优化设计及特性分析 [D]. 长沙:国防科技大学,2012.

[76] 果琳丽. 载人月面上升轨道优化与控制技术研究 [D]. 西安:西北工业大学,2013.

[77] 郑博. 载人小行星探测转移轨道设计与优化 [D]. 哈尔滨:哈尔滨工

业大学，2015.

[78] 乔栋. 深空探测转移轨道设计方法研究及在小天体探测中的应用 [D]. 哈尔滨：哈尔滨工业大学，2007.

[79] 张磊. 航天器月面上升与月地转移轨道设计研究 [D]. 北京：中国空间技术研究院，2012.

[80] 白玉铸. 载人登月轨道设计相关问题研究 [D]. 长沙：国防科技大学，2010.

[81] 孙宝枕. 奔月飞行轨道设计与仿真研究 [D]. 哈尔滨：哈尔滨工业大学，2005.

[82] 武江凯，王开强，张柏楠，等. 载人小行星探测轨道设计 [J]. 中国空间科学技术，2013，33（1）：1-6.

[83] 尚海滨，崔平远，熊旭，等. 载人小行星探测目标选择与轨道优化设计 [J]. 深空探测学报，2014，1（1）：36-43.

[84] 陈海朋，余薛浩，黄飞. 载人登月应急返回轨道倾角优化设计 [J]. 中国空间科学技术，2017，37（4）：69-74.

[85] 徐伟彪，赵海斌. 小行星深空探测的科学意义和展望 [J]. 地球科学进展，2005，20（11）：1184-1185.

[86] 乔栋，黄江川，崔平远，等. 嫦娥二号卫星飞越Toutatis小行星转移轨道设计 [J]. 中国科学：技术科学，2013，43：487-492.

[87] 乔栋，崔祜涛，崔平远，等. 小行星探测最优两脉冲交会轨道设计与分析 [J]. 宇航学报，2005，26（3）：362-367.

[88] 彭坤，李民，果琳丽，等. 近地轨道航天器快速交会技术分析 [J]. 航天器工程，2014，23（5）：92-102.

[89] 王雪瑶，龚胜平，李俊峰，等. 基于快速交会特殊点变轨策略的航天器发射窗口分析 [J]. 载人航天，2015，21（6）：553-559.

[90] 李萌，龚胜平，彭坤，等. 直接优化算法在快速交会组合变轨策略中的应用 [J]. 载人航天，2017，23（2）：156-162.

[91] 乔栋，崔祜涛，崔平远. 利用遗传算法搜索小天体探测最优发射机会 [J]. 吉林大学学报（工学版），2006，36（1）：98-99.

[92] 王建明，马英，刘竹生. 基于自适应遗传的载人探火任务规划方法 [J]. 导弹与航天运载技术，2013，329（6）：1-6.

[93] 王悦，刘欢，王平强，等. 载人探测小行星的目标星选择 [J]. 航天器工程，2013，21（6）：30-36.

[94] 李俊峰，蒋方华. 连续小推力航天器的深空探测轨道优化方法综述

[J]. 力学与实践, 2011, 33 (3): 1-6.

[95] 郑博, 张泽旭. 载人小行星探测最优两脉冲转移轨道优化设计 [J]. 哈尔滨工业大学学报, 2016, 48 (10): 24-30.

[96] 崔平远, 乔栋, 崔祜涛, 等. 小行星探测目标选择与转移轨道方案设计 [J]. 中国科学: 技术科学, 2010, 40 (6): 677-685.

[97] 乔栋, 崔平远, 尚海滨. 星际探测多脉冲转移发射机会搜索方法研究 [J]. 北京理工大学学报, 2010, 30 (3): 275-278.

[98] 乔栋, 崔祜涛, 崔平远, 等. 小行星探测最优两脉冲交会轨道设计与分析 [J]. 宇航学报, 2005, 26 (3): 362-367.

[99] 张泽旭, 郑博, 周浩, 等. 载人小行星探测任务总体方案研究 [J]. 深空探测学报, 2015, 2 (3): 229-235.

[100] Battin R H. An Introduction to the Mathematics and Methods of Astrodynamics, AIAA Education Series [M]. New York, AIAA, 1987, 437-422.

[101] Carn M, Qu M, Chrone J, et al. NASA's planned return to the moon: global access and anytime return requirement implications on the lunar orbit insertion bums [C]. AIAA/AAS Astrodynamics Specialist Conference and Exhibit, AIAA 2008-7508, 2008.

[102] Miele A. Theorem of image trajectories in Earth Moon space [J]. Acta Astronaut, 1960, 6 (5): 225-232.

[103] Miele A. Revisit of the theorem of image trajectories in the Earth-Moon space [J]. Journal of Optimization Theory and Applications, 2010, 147 (3): 483-490.

[104] Jesick M, Ocampo C. Automated generation of symmetric lunar free-return trajectories [J]. Journal of Guidance, Control, and Dynamics, 2015, 34 (1): 98-106.

[105] Li J Y, Gong S P, Baoyin H X, et al. Generation of multisegment lunar free-return trajectories [J]. Journal of Guidance, Control, and Dynamics, 2013, 36 (3): 765-775.

[106] Adamo D R. Apollo B trajectory reconstruction via state transition matrices [J]. Journal of Guidance, Control, and Dynamics, 2008, 31 (6): 1772-1781.

[107] Peng K, Yim S Y, Zhang B N, et al. Fast search algorithm of high precision earth-moon free-return trajectory [C]. AAS/AIAA Astrodynamics Specialist Conference and Exhibit, 2015, AAS 15-706.

[108] Adamo D R. Apollo 13 trajectory reconstruction via state transition matrices [J]. Journal of Guidance, Control, and Dynamics, 2008, 31 (6): 1772 – 1781.

[109] Peng Q B, Shen H X, Li H Y. Free return orbit design and characteristics analysis for manned lunar mission [J]. Science China, Technological Sciences, 2011, 54 (12): 3243 – 3250.

[110] Jesick M, Ocampo C. Automated generation of symmetric lunar free – return trajectories [J]. Journal of Guidance, Control, and Dynamics, 2011, 34 (1): 98 – 106.

[111] Hou X Y, Zhao Y H, Liu L. Free return trajectories in lunar mission [J]. Chinese Astronomy and Astrophysics, 2013, 37: 183 – 194.

[112] Luo Q Q, Yin J F, Han C. Design of Earth – Moon free – return trajectories [J]. Journal of Guidance, Control, and Dynamics, 2013, 36 (1): 263 – 271.

[113] Zhang H L, Luo Q Q, Han C. Accurate and fast algorithm for free – return lunar fly by trajectories [J]. Acta Astronautica, 2014, 102: 14 – 26.

[114] Yim S Y, Baoyin H. High – latitude landing circumlunar free return trajectory design [J]. Aircraft Engineering and Aerospace Technology, in press, DOI: 10. 1108/AEAT – 05 – 2013 – 0092, 2015.

[115] Yim S Y, Gong S P, Baoyin H. Generation of launch windows for high – accuracy lunar trajectories [J]. Advances in Space Research, in press, DOI: 10. 1016/j. asr. 2015. 05. 006.

[116] Farquhar R W. Lunar communications with libration – point satellites [J]. Journal of Spacecraft and Rockets, 1967, 4 (10): 1383 – 1384.

[117] Hopkins J B, Pratt W, Buxton C, et al. Proposed orbits and trajectories for human missions to the Earth – Moon L2 region [C]. 64th International Astronautical Congress, 2013.

[118] Howell K C, Barden B T, Lo M W. Application of dynamical systems theory to trajectory design for a libration point mission [J]. Journal of Astronautical Sciences, 1997, 45: 161 – 178.

[119] Zazzera F B, Topputo F, Massari M. Assessment of mission design including utlizatlon of libration points and weak stability boundaries [R]. ESTEC contract No. 18147/04/NL/MV, 2004.

[120] Li M T, Zheng J H. The optimization of transfer trajectory for small amplitude Halo orbits [J]. Measurement and Control, 2008: 41 (3): 81 – 84.

[121] Qiao D, Cui P Y, Wang Y M, et al. Design and analysis of an extended mission of CE – 2: From lunar orbit to Sun – Earth L2 region [J]. Adv Space Res, 2014, 54 (10): 2087 – 2093.

[122] Benton Sr M G. Spaceship discovery – NTR vehicle architecture for human exploration of the solar system [C]. AIAA – 2009 – 5309, 45th AIAA/ASME/SAE/ASEE Joint Propulsion Conference and Exhibit, 2009.

[123] Benton Sr M G. Concept for human exploration of NEO asteroids using MPCV, deep space vehicle, artificial gravity module, and mini – magnetosphere radiation shield [C]. AIAA Space 2011 Conference & Exposition September, 2011.

[124] Borocoski S. Modular growth NTR space transportation system for future NASA human lunar, NEA and Mars exploration missions [C]. AIAA – 2012 – 5144, Space 2012 Conference & Exploration, 2012.

[125] Iimmer A K, Messerschmid E. Going beyond: target selection and mission analysis of human exploration missions to Near – Earth Asteroids [J] Acta Astronautica, 2011, 69 (11): 1096 – 1109.

[126] Bradley N, Ocampo C. Optimal free – return trajectories to near – earth asteroids [J]. Journal of Guidance, Control, and Dynamics, 2013, 36 (5): 1346 – 1355.

[127] Qu Q Y, Xu M, Peng K. The aslunar low – thrust trajectory via the libration point [J]. Astrophysics and Space Science, 2017, 362: 96.

[128] Damon F Landau, James M Longuski. Human exploration of Mars via Earth – Mars semicyclers [J]. Journal of Spacecraft and Rockets, 2007, 44 (1): 203 – 210.

[129] Guo J F, Bai C C, Guo L L, et al. Optimal nominal trajectory guidance algorithm for lunar soft landing [C]. International Astronautical Congress, 2014.

[130] Bai C C, Guo J F, Guo L L. Lunar landing trajectory and abort trajectory integrated optimization design [C]. International Symposium on Space Flight Dynamics, 2015.

第 7 章

载人行星进入减速着陆与起飞技术

  相比无人深空探测任务，载人任务的进入、下降、着陆与上升技术存在多个突出特点，需要在无人探测任务的基础上进一步开展深入研究和验证。

  月球任务中载人飞行器规模一般大于无人飞行器一个数量级，而火星任务中载人飞行器则往往大于无人飞行器两个数量级；同时，载人着陆起飞飞行器中推进剂占比很高（有可能大于75%），动力飞行过程中飞行器质量特性会发生大幅度变化，给精确制导和稳定控制增加了难度；载人任务的安全性和可靠性要求远高于无人任务，航天员的参与能够显著提高飞行任务的安全性和可靠性，因为目前的人工智能技术仍难以达到人类自身特有的危险环境感知和智能决策判断能力水平，人类智慧对于处理特殊紧急情况有着明显突出的优势。

然而，航天员的存在也带来了更多的任务约束，包括飞行器规模、任务周期、过载、热环境、人机功效等，需从顶层任务分析角度加以考虑。

本章重点介绍载人月球/火星的着陆及起飞阶段的飞行过程、高精度的GNC技术、大气进入的热防护技术以及着陆起飞的稳定技术等内容。

7.1 飞行过程概述

进入、下降、着陆与上升（Entry, Descent, Landing and Ascent, EDLA）的含义是：进入即飞行器脱离原飞行轨道后，被目标行星重力场捕获并进入着陆下降段的转移轨道过程；减速是不断降低飞行器相对目标行星表面的速度；着陆是不断调整与目标行星表面的相对运动状态并最终安全稳定地停留在行星表面适宜的区域；上升则是从行星表面起飞上升直至进入行星环绕轨道。对于月球和火星探测任务，EDLA也可简称为着陆起飞任务段；对于小行星探测任务，则可以采用伴飞、附着、锚定等形式来完成探测。

载人EDLA，顾名思义是指承载航天员完成进入、下降、着陆与上升的飞行过程，这是实现载人目标行星探测必不可少的飞行阶段，也是整个载人深空探测任务中飞行环境最为复杂、状态变化最为剧烈、任务风险最高，对飞行器和航天员要求最高的飞行阶段，需要面临以下技术挑战：

（1）准确进入目标行星轨道，针对目标着陆区制动进入下降轨道，下降着陆过程中获得导航信息并开展制导控制，克服各种内外扰动实现准确安全着陆。

（2）从行星表面起飞前确定自身位置和姿态信息，调整初始状态以满足后续入轨要求，起飞后获得导航信息并开展制导控制，直至进入目标轨道。

（3）下降到目标行星表面附近时准确识别行星表面障碍，快速寻找一个平坦安全且满足任务要求的着陆点，控制飞行器机动避障，最后准确着陆。

（4）接触行星表面时残留的相对速度会带来冲击过载，也有可能导致飞行器滑移倾覆，必须采取多种缓冲措施确保稳定着陆，并为后续起飞提供良好的初始状态。

（5）对于有大气行星进/再入，与行星大气初始相对速度为 km/s 量级，利用气动阻力进行减速和制导控制，可大幅节省推进剂；气动减速过程中加热效应十分突出，必须采用高效率的热防护措施，确保飞行器结构安全和航天员生理舒适。

（6）着陆起飞发动机工作时，发动机羽流会对光电敏感器造成污染，与结构相对作用会产生明显的力热效应，与行星表面相互作用产生的干扰力/力矩会给起飞带来扰动，必须对发动机羽流进行有效的预示、防护和导流。

进入、下降与着陆（Entry Descent Landing，EDL）技术早期被应用于返回式卫星和载人飞船返回舱，苏联的"东方号""上升号"和"联盟号"载人飞船均采用陆上着陆方式，"上升号"和"联盟号"还配备了发动机反推着陆系统，而美国的"水星""双子星"以及 Apollo 载人飞船则采用海上溅落的着陆方式。早期载人飞船返回舱采用弹道方式再入地球大气层，后为了解决飞行过载大、再入走廊狭窄等问题，研究应用了半弹道式再入技术。对于第二宇宙速度再入，还采用了跳跃式再入方法，如苏联"探测器 6 号"月球探测器。随着美国火星探测任务的推进，火星大气 EDL 技术迅速发展，采用了气动减速、伞降、气囊缓冲、着陆腿缓冲等多种减速着陆方式。尤其是 2012 年到达火星的 MSL 任务，综合采用了半弹道式进入、基于马赫数的开伞控制、空中悬吊、精确避障等先进技术，将火星大气 EDL 技术提升到新的高度。

载人 EDLA 阶段属于载人深空探测任务的"远端"，距离地球遥远，对于目的地的前期探测获得的信息极其有限，载人 EDLA 技术研究对于确保航天员生命安全非常关键。未来的载人 EDLA 技术需要更加关注高精确定点着陆（或附着）GNC 技术、大型载人航天器着陆高效缓冲与稳定技术、载人火星大气高速进入热防护技术等。

7.1.1 载人月面着陆及起飞过程

载人月面着陆起飞任务是指承载航天员从环月轨道制动进入下降轨道，逐渐制动减速后软着陆月面，支持航天员在月面开展科学考察活动，完成月面活动后从月面起飞返回环月轨道上，并与环月轨道上等待的其他飞行器交会对接。

美国 Apollo 载人登月工程中，载人月面着陆由下降滑行轨道（起始点为

DOI，Descent Orbit Insection）和动力下降（起始点为 PDI，Powered Descent Initialization）两个过程组成。PDI 高度确定为 15.24 km，过高则动力下降飞行推进剂利用率不高，过低则不利于飞行安全。动力下降分为三个阶段，如图 7-1 所示。

（1）主减速段：以推进剂最优方式降低轨道速度，直至到达接近段飞行的初始状态。

（2）接近段：以基本固定的轨迹和姿态斜向下飞行，为航天员观察月面提供良好的视野，直至到达着陆段飞行的初始状态，其间航天员可重新选定着陆点。

（3）着陆段：航天员保持对着陆点月面地形的观察，最终着陆时进行手动避障控制。

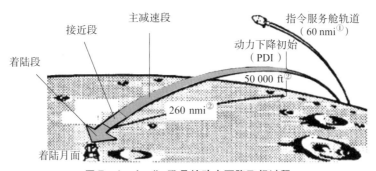

图 7-1 Apollo 登月舱动力下降飞行过程

（图片来源于 NASA 的 Apollo 任务总结报告）

上升级从月面起飞后，要求准确进入与载人飞船交会对接初始轨道，目标轨道设计为 16.7 km × 83.3 km，月面起飞时刻同时满足交会相位要求，分为两个阶段，如图 7-2 所示。

（1）垂直上升段：消除起飞处月面地形的影响，将上升级本体 Z 轴调整到目标轨道面内。

（2）轨道进入段：以推进剂最优方式到达交会对接所需初始状态，如有需要可进行轨道机动以消除轨道平面误差。

相对于美国 Apollo 载人登月工程，"星座计划"中对 Altair 月面着陆起飞过程进行了细化，应用了计算量大但精度更高的动力显式制导律，着陆最后阶段和起飞初始阶段的调节能力更强，下降飞行过程分为四个阶段，如图 7-3 所示。

---

① 海里，1 nmi = 1.852 km；

② 英尺，1 ft = 304.8 mm。

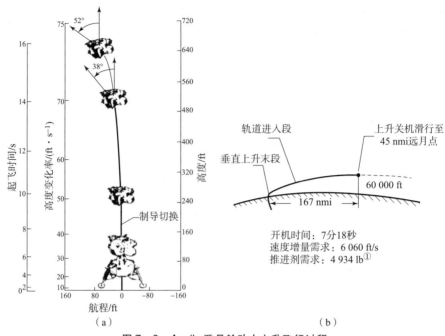

(a)　　　　　　　　　　　　(b)

图 7-2　Apollo 登月舱动力上升飞行过程

（图片来源于 NASA 的 Apollo 载人登月工程总结报告）

（a）垂直上升阶段；（b）轨道进入阶段

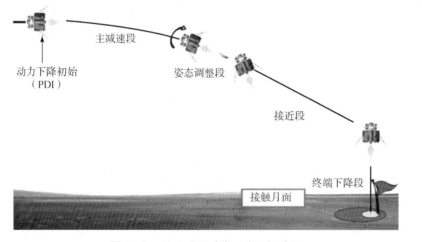

图 7-3　Altair 月面动力下降飞行过程

（图片来源于 NASA 的"星座计划"任务设计报告）

---

① 磅，1 lb = 0.453 6 kg。

（1）主减速段：以推进剂最优方式消除轨道速度，下降主发动机推力固定为最大推力的92%，飞行姿态接近水平。

（2）姿态调整段：主减速段结束后进行俯仰姿态机动并调节推力，以到达接近段初始状态。

（3）接近段：下降级主发动机推力可变（额定推力的40%~60%），以跟踪预定飞行轨迹，同时对着陆区地形进行检测，着陆避障敏感器辅助航天员识别地形障碍并确定安全着陆点。

（4）终端下降段：控制Altair月面着陆器以1 m/s的恒定速度垂直下降直至着陆月面，同时消除其水平速度。

完成月面任务后Altair上升级以下降级为支撑平台起飞，上升过程分为三个阶段，如图7-4所示。

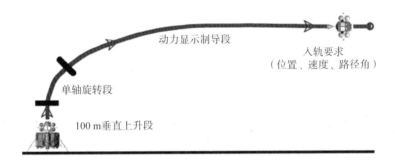

图7-4 Altair月面动力上升飞行过程

（图片来源于NASA的"星座计划"任务设计报告）

（1）垂直上升段：上升级垂直上升至100 m高度，以消除起飞月面地形的影响，一般不超过10 s。

（2）单轴旋转段：将上升级姿态调整到动力显式制导段所需的初始姿态，要求角速度不超过5°/s。

（3）动力显式制导段：基于显式制导律动力飞行直至达到关机目标状态。

7.1.2 载人火星进入减速及着陆过程

当前仅有美国成功着陆火星表面7个无人探测器，进入着陆方式大体相同，采用了相似的气动外形（半锥角为70°）。前6次均采用了弹道式进入控制，仅在2012年MSL任务中使用了基于Apollo载人登月工程返回制导律改进的升力式进入控制方法。"海盗号"和"好奇号"的气动外形为低升力体构型，但"海盗号"没有利用升力进行轨迹控制，仅仅是为了改善减速效果和保证开伞高度。无人火星探测器 EDL 相关参数详见附录 G。

在无人探测器成功着陆火星表面的基础上,美国 NASA 的 JPL 实验室的先进项目设计团队(也称 X 团队),设计提出了 8 种载人 EDL 方案,如图 7-5 所示。其中,#1 方案是中升阻比方案,与 DRA 5.0 的进入构型类似,使用 10 m×30 m 的整流罩结构作为中升阻比进入飞行器,以实现大气俘获和进入,使用超声速反推来下降和着陆;#2 方案是高超声速方案,使用 23 m 的高超声速充气气动减速架构来进行大气俘获和进入,是一种轻量的刚性减速机构;#3 方案考虑一种全推进的进入方式;#4 方案使用 10 m×30 m 整流罩进行大气俘获,使用高超声速充气气动减速器(Hypersonic Inflatable Aerodynamic Decelerator,HIAD)进入;#5 方案与#4 方案一样使用整流罩进行大气俘获,但是使用一个加大尺寸的 HIAD 而非超声速反推进,能使其在很高的高度上减至亚声速,再用亚声速反推制动完成着陆;#6 方案与#5 方案相似,但使用相同的 HIAD 来完成大气俘获;#7 方案使用了一个中升阻整流罩和超声速充气气动减速器,减速至亚声速,再起动反推制动完成着陆;#8 方案同样使用 HIAD 和超声速充气气动减速器减速至声速,再起动反推制动完成着陆。

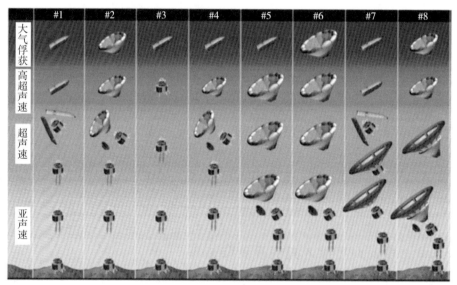

图 7-5 X 团队独立设计和评估的思路图
(图片来源于 NASA 的 DRA 5.0 设计报告)

通过对这 8 种载人 EDL 方案的对比研究,X 团队推荐采用的有:技术成熟度较高的中升阻比飞行器#1 方案、质量效率较高的高超声速充气气动减速#2

方案。X 团队对中升阻比和高超声速充气气动减速两种方案进行了独立设计和规模评估，下面分别进行介绍。

1. 中升阻比方案

中升阻比飞行器在 129 km 的高度开始进入，依靠气动外形从高超声速减速至超声速。在 3 Ma 的速度下，飞行器以 0°俯仰角进入准备开始切换至动力下降。在 2.97 Ma 的速度下，防护罩像蛤一样打开，火工品点火，载人着陆舱与防护罩分离。之后自由下降 10 s，着陆器在 2.89 Ma、高度 7.3 km 时开始动力下降。在动力下降时，载人着陆器继续减速，以 2.48 m/s 的速度着陆。图 7-6 所示为载人下降的详细过程。

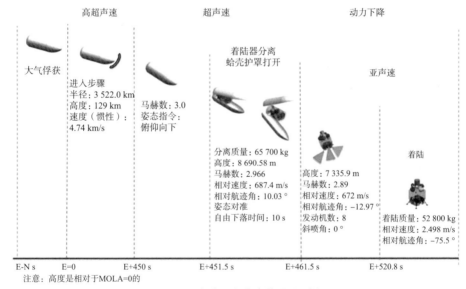

图 7-6 中升阻比方案的 EDL 过程

（图片来源于 NASA 的 DRA 5.0 设计报告）

其中，载人着陆器设计为被包在两瓣中升阻比气动防护罩内部。防护罩尺寸为 30 m×10 m。为保证从超声速转换为动力飞行时的鲁棒性和可行性，防护罩设计成蛤型结构。防护罩有两个用途：一是在进入火星大气时减速，二是在从地球发射时作为有效载荷整流罩。这可以节省系统总质量。从超声速段转入分离后的动力下降段这个过程中，防护罩与着陆器采用了贝壳型结构，这个转换方案是 2013 年 NASA 经过多种比较后的进入、下降与着陆阶段分析研究的首选方案，详细过程如图 7-7 所示。

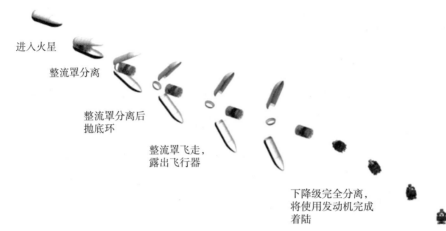

图7-7 防护罩与载人着陆器组合体的进入及分离过程示意图
(图片来源于NASA的DRA5.0设计报告)

其中载人着陆器的质量(含有效载荷)为73 t,防护罩的质量为25.5 t。载人着陆器与防护罩的组合体示意图如图7-8所示,在着陆器的底部与防护罩之间还有分离支架,类似于星箭分离支架。载人着陆器包括上升飞行器和下降级。在X团队的设计方案中,上升飞行器安装在着陆器的顶部,便于起飞时携带航天员返回环火轨道。下降级采用桁架主结构设计方案,主体是推进剂贮箱,着陆腿安装在外部,散射板安装在着陆器的侧面,在底部是8个100 kN推力的液氧甲烷发动机。上升级与下降级之间是有效载荷区域,携带送往火星表面的有效载荷。这种方案巧妙地利用了飞行器飞出地球大气层时使用的整流罩,作为进入火星大气时的防护罩,载人着陆器在内部的安装方式和结构受力基本保持不变,气动力的主载荷均由整流罩的外部壳体结构来承担,载人着陆器方案如图7-9所示。

2. 高超音速充气气动减速方案

高超音速充气气动减速飞行器的进入是在129 km的高度开始,依靠气动外形从高超音速减速至超音速。与中升阻比方案一样,在马赫数为3.0时飞行器俯仰角调整至0°,准备转换至动力下降阶段。在马赫数为2.02时,载人着陆器与滑行飞行的HIAD分离,开始转换过程。硬式防热罩依然连接在着陆器上。分离由火工品点火启动。在马赫数为2.01,高度为6.8 km时,HIAD分离,自由下落6 s后,着陆器启动斜装式下降发动机,开始动力下降。在高度为1.2 km,抛防热罩同时,另外两台下降发动机也点火。动力下降的着陆器减速至2.47 m/s着陆。详细的载人进入减速及下降过程如图7-10所示。

第 7 章　载人行星进入减速着陆与起飞技术

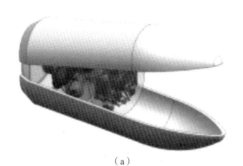

(a)

(b)

图 7-8　中升阻比方案中防护罩与载人着陆器组合体示意图
(图片来源于 NASA 的 DRA 5.0 设计报告)
(a) 气动减速过程；(b) 发射过程

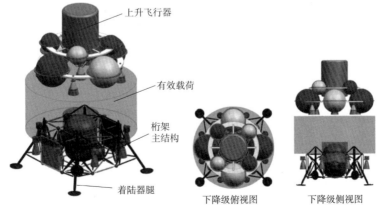

图 7-9　中升阻比方案中载人着陆器方案示意图
(图片来源于 NASA 的 DRA 5.0 设计报告)

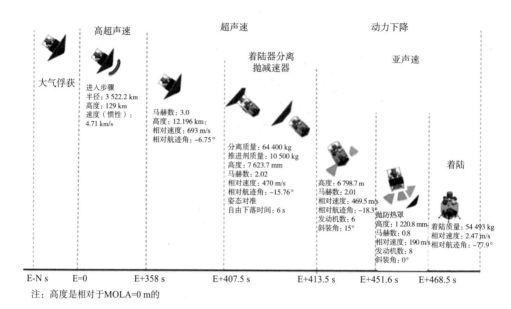

图 7–10　高超声速充气气动减速方案的 EDL 过程

（图片来源于 NASA 的 DRA 5.0 设计报告）

其中，载人着陆器安装在高度为 23 m 的 HIAD 上，在进入之前它会展开充气。HIAD 由位于中部直径为 9 m 的刚性热防护罩和柔性可充气结构组成，充气结构可以展开至 HIAD 的周边以外。载人着陆器结构与刚性热防护罩之间用刚性链接。热防护罩和 HIAD 都有热防护系统保护。与中升阻比架构不同，发射整流罩在高超声速充气气动减速方案进入火星时并无用处。高超声速充气气动减速方案的进入质量包括结构质量和载人着陆器的湿重，共 85.7 t。其中，HIDA 质量为 11.5 t，载人着陆器质量（含推进剂和 40 t 的有效载荷）为 74.2 t。高超声速充气气动减速方案的详细 EDL 过程如图 7–11 所示。HIDA 和载人着陆器组合体示意图如图 7–12 所示。

与中升阻比方案一样，载人着陆器顶部是上升飞行器，在上升飞行器下面暗灰色的筒状物是放置货物的有效载荷空间。载人着陆器在发射时安装在转换支撑结构上，在进入时提供支撑，并在分离时为着陆器提供滑动导轨，以便滑动通过 HIAD。在动力下降到火星表面过程中笼型结构始终存在。一旦着陆，这个笼型结构至少有一部分必须被抛离或者展开，为 MAV 提供无障碍通道，使其能够离开着陆器顶部，让乘员返回环火轨道。下降级的设计与中升阻比方案类似，着陆腿安装在外部，在发射时是折叠起来的，散热器也安装在飞行器侧面。在下降级周边布置 8 个 100 kN 的液氧甲烷下降发动机，可以产生

第 7 章 载人行星进入减速着陆与起飞技术

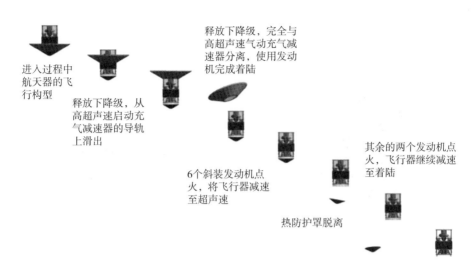

图 7-11 高超声速充气气动减速 EDL 详细过程

(图片来源于 NASA 的 DRA 5.0 设计报告)

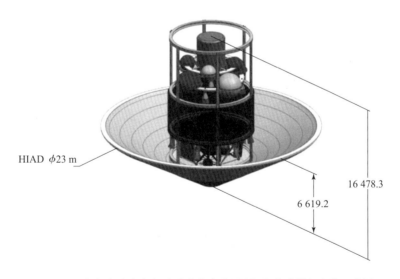

图 7-12 高超声速充气气动减速方案中 HIAD 和着陆器组合体示意图

(图片来源于 NASA 的 DRA 5.0 设计报告)

800 kN 的下降推力。6 个下降发动机向外斜装 15°，能在动力下降开始阶段在热防护罩形成无羽流区。另外两个发动机没有斜装，只在当热防护罩展开后才点火工作。载人着陆器的方案如图 7-13 所示。

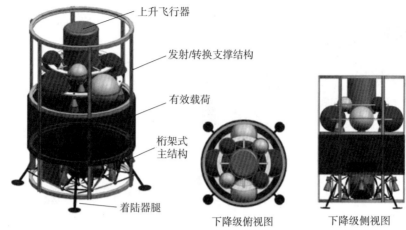

图 7-13 高超声速充气气动减速方案中载人着陆器方案示意图
(图片来源于 NASA 的 DRA 5.0 设计报告)

3. 研究结论

X 团队的结论表明,对比这两种载人 EDL 方案,高超声速充气气动减速方案有更好的质量效率,其飞行器总质量是 87.5 t,而中升阻比方案是 98.5 t。但是在制导飞行阶段,高超声速充气气动减速架构飞行器可能会遇到难度较大的控制问题。虽然高超声速充气气动减速架构在进入时质量效率高,但在发射时整流罩内的容积利用率低。两种方案都可以合适地安装在整流罩内,但都需要研究如何在着陆器指定的有效载荷区中安装货物。对比两种方案,两者都有相同的 EDL 时序,都需要进行高超声速飞行控制以达到高着陆精度的要求,都需要在超声速下进行发动机点火。这些设计难度都还需要进一步分析研究。

7.2 高精度 GNC 技术

7.2.1 载人月面着陆起飞 GNC 技术

1. 月面下降制动发动机选择

月面着陆标称速度增量约为 2 200 m/s,上升入轨速度增量约为 1 900 m/s,单独一个飞行器是无法完成近 4 100 m/s 速度增量的轨道机动任务,需要采用

分级起降的方式。着陆起飞主发动机选择是一个综合分析过程,主要因素包括:

1) 推进剂使用效率

通过制导仿真分析,动力下降初始推重比(地球重力加速度意义下)为 0.6 左右时推进剂使用效率高,如图 7-14 所示。

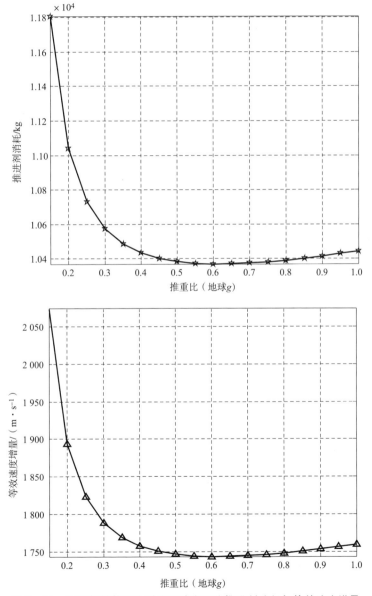

图 7-14　不同初始推重比时月面动力下降推进剂消耗与等效速度增量

2）月面稳定着陆

经过近月制动以及动力下降飞行，飞行器质量大幅降低，只有满足发动机最小推力小于飞行器重力（1/6 地球重力加速度环境下）的条件才能稳定着陆。

3）月面着陆避障机动

月面着陆最后阶段能够获得准确的障碍信息，此时推进剂剩余量已不富裕，必须具备一定的横向机动能力，才能及时有效地完成避障机动飞行任务。

2. 动力下降制导方法

月面动力下降主减速段的轨迹散布对整个月面精确定点着陆有决定性的影响，后续飞行阶段只具备小范围机动能力。主减速段可采用多项式或者显式制导律，由于精确定点着陆需要同时控制航程、横程以及终端速度，一般采用可变推力并结合整器姿态控制或者发动机摇摆获得制导推力。

1）多项式制导律

多项式制导律采用多项式拟合飞行状态（加速度、速度和位置），结合终端状态要求和数值解算方法得到制导指令。假设 T_{go} 为剩余飞行时间，则终端状态可以写为

$$r(T_{go}) = r_T + v_T \cdot T_{go} + a_T \cdot \frac{T_{go}^2}{2} + j_T \cdot \frac{T_{go}^3}{6} + s_T \cdot \frac{T_{go}^4}{24} \quad (7-1)$$

$$v(T_{go}) = v_T + a_T \cdot T_{go} + j_T \cdot \frac{T_{go}^2}{2} + s_T \cdot \frac{T_{go}^3}{6} \quad (7-2)$$

$$a(T_{go}) = a_T + j_T \cdot T_{go} + s_T \cdot \frac{T_{go}}{2} \quad (7-3)$$

解算得到制导指令：

$$a(T_{go}) = a_T + \frac{6}{T_{go}}[v_T + v(T_{go})] + \frac{12}{T_{go}^2}[r_T - r(T_{go})] \quad (7-4)$$

式中：r，v，a 为当前运动状态；r_T，v_T，a_T 为目标运动状态；j_T 为目标加加速度；s_T 为目标加加加速度。

T_{go} 通过下降轨道平面外的数值计算得到：

$$j_{T_z}T_{go}^3 + 6a_{T_z}T_{go}^2 + [18v_{T_z} + 6v_z(T_{go})] \cdot T_{go} + 24[r_{T_z} - r_z(T_{go})] = 0 \quad (7-5)$$

2）显式制导律

月面动力下降采用显式制导律时，实际上是求解一个两点边值的问题，运动学模型为

$$\frac{d^2 r}{dt^2} = g_L + a_T \quad (7-6)$$

式中：r 为位置矢量；g_L 为月球重力加速度；a_T 为发动机推力加速度。

第7章 载人行星进入减速着陆与起飞技术

分解到三维坐标系下有

$$\begin{cases} \ddot{x} = g_{Lx} + a_{Tx} \\ \ddot{y} = g_{Ly} + a_{Ty} \\ \ddot{z} = g_{Lz} + a_{Tz} \end{cases} \quad (7-7)$$

如果着陆器当前位置速度为 $\boldsymbol{r}(t_o) = \begin{bmatrix} x_o & y_o & z_o \end{bmatrix}^T$,$\boldsymbol{v}(t_o) = \begin{bmatrix} \dot{x}_o & \dot{y}_o & \dot{z}_o \end{bmatrix}^T$,求解制导指令,使得对于 $t_0 \leqslant t \leqslant T$,有:$\boldsymbol{a}_T(t) = \begin{bmatrix} a_{Tx}(t) & a_{Ty}(t) & a_{Tz}(t) \end{bmatrix}^T$。在终端时刻 $t = T$,得到 $\boldsymbol{r}(T) = \begin{bmatrix} x_D & y_D & z_D \end{bmatrix}^T$,$\boldsymbol{v}(T) = \begin{bmatrix} \dot{x}_D & \dot{y}_D & \dot{z}_D \end{bmatrix}^T$,同时满足优化指标:$\int_0^T \sqrt{\boldsymbol{a}_T \cdot \boldsymbol{a}_T} \mathrm{d}t = \min$。

在下降轨道平面内有

$$\dot{x}(t) - \dot{x}(t_o) = \int_{t_o}^{t} \ddot{x}(t) \mathrm{d}t \quad (7-8)$$

在终端时刻有

$$\dot{x}_D - \dot{x}_o = \int_{t_o}^{T} \ddot{x}(t) \mathrm{d}t \quad (7-9)$$

$$x_D - x_o - \dot{x}(t_o) \cdot t_{go} = \int_{t_o}^{T} \left[\int_{t_o}^{t} \ddot{x}(t) \mathrm{d}t \right] \mathrm{d}t \quad (7-10)$$

设定

$$\ddot{x}(t) = c_1 p_1(t) + c_2 p_2(t) \quad (7-11)$$

系数 c_1、c_2 满足

$$\begin{cases} \dot{x}_D - \dot{x}_o = f_{11} c_1 + f_{12} c_2 \\ x_D - x_o - \dot{x}_o \cdot t_{go} = f_{21} c_1 + f_{22} c_2 \end{cases} \quad (7-12)$$

其中

$$\begin{cases} f_{11} = \int_{t_o}^{T} p_1(t) \mathrm{d}t \\ f_{12} = \int_{t_o}^{T} p_2(t) \mathrm{d}t \\ f_{21} = \int_{t_o}^{T} \left[\int_{t_o}^{t} p_1(t) \mathrm{d}t \right] \mathrm{d}t \\ f_{22} = \int_{t_o}^{T} \left[\int_{t_o}^{t} p_2(t) \mathrm{d}t \right] \mathrm{d}t \end{cases} \quad (7-13)$$

转换为矩阵形式有

$$\begin{bmatrix} \ddot{x}_D - \ddot{x}_o \\ x_D - x_o - \dot{x}_o \cdot t_{go} \end{bmatrix} = \begin{bmatrix} f_{11} & f_{12} \\ f_{21} & f_{22} \end{bmatrix} \begin{bmatrix} c_1 \\ c_2 \end{bmatrix} \quad (7-14)$$

$$\begin{bmatrix} c_1 \\ c_2 \end{bmatrix} = \begin{bmatrix} e_{11} & e_{12} \\ e_{21} & e_{22} \end{bmatrix} \begin{bmatrix} \ddot{x}_D - \ddot{x}_o \\ x_D - x_o - \dot{x}_o \cdot t_{go} \end{bmatrix} \quad (7-15)$$

如果选择 p_1、p_2 为

$$\begin{cases} p_1(t) = 1 \\ p_2(t) = T - t \end{cases} \quad (7-16)$$

则有

$$\begin{bmatrix} c_1 \\ c_2 \end{bmatrix} = \begin{bmatrix} 4/t_{go} & -6/t_{go}^2 \\ -6/t_{go}^2 & 12/t_{go}^3 \end{bmatrix} \begin{bmatrix} \ddot{x}_D - \ddot{x}_o \\ x_D - x_o - \dot{x}_o \cdot t_{go} \end{bmatrix} \quad (7-17)$$

$$\begin{cases} \ddot{x}(t) = c_1 + c_2(T - t) \\ a_{Tx} = c_1 + c_2(T - t) + g_x(t) \end{cases} \quad (7-18)$$

在一段时间内制导指令加速度不变,并且忽略月球重力加速度的影响,进行速度增量的预估得到

$$v = \int_0^t a \mathrm{d}t = \int_0^t \frac{P}{m_o - \dot{m}t} \mathrm{d}t = v_e \ln \frac{\tau}{\tau - t} \quad (7-19)$$

如果设定

$$\begin{cases} v = v_G \\ t = t_{go} \end{cases} \quad (7-20)$$

则得到

$$t_{go} = \tau (1 - e^{-\frac{v_G}{v_e}}) \quad (7-21)$$

Apollo 载人登月工程中,月面动力下降全程采用多项式制导律,但不同飞行阶段采用的制导参数存在区别。"星座计划"中,计算机能力大幅提升,月面动力下降主减速段采用显式制导律,接近段采用多项式制导律。登月舱在下降轨道进入(DOI)和动力下降初始(PDI)两个开机时刻均设计为10%小推力开机,以使主发动机推力线对准当前登月舱质心,随后推力全开进行制动减速。正式飞行方案中,DOI 工作推力提高了40%;PDI 先使用 RCS 工作7.5 s 进行推进剂沉底,然后主发动机10%推力开机26 s 使推力线对准质心,最后以100%推力进行减速。图 7-15 所示为 Apollo 登月舱月面动力下降推力曲线。

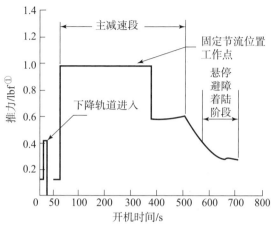

图 7-15 Apollo 登月舱月面动力下降推力曲线

（图片来源于 NASA 的 Apollo 载人登月工程总结报告）

3. 动力上升制导方法

月面或火星表面上升一般采用近月（火）点入轨方式，入轨倾角和相位通过发射窗口保证，飞行高度和速度要求则通过动力飞行精确制导保证，一般采用定常推力轨控发动机实现。经过对比研究，在入轨后交会对接过程中进行轨道平面修正的效率要高于上升过程中利用偏航机动来修正的效率，则上升过程中的制导可以简化为平面内的问题，即上升动力飞行制导仅通过调整轨控发动机推力俯仰角 φ_P 即可实现。

平面内的上升运动方程为

$$\begin{cases} \dot{r} = v_r \\ \dot{\alpha} = \dfrac{v_n}{r} \\ \dot{v}_r = -\dfrac{\mu_m}{r^2} + \dfrac{v_n^2}{r} + \dfrac{P}{m}\sin\varphi_P \\ \dot{v}_n = -\dfrac{v_n}{r}v_r + \dfrac{P}{m}\cos\varphi_P \end{cases} \quad (7-22)$$

式中：r 为飞行器当前月心距；α 为飞行器当前位置与起飞点的月心夹角；v_r 为径向速度；v_n 为横向速度；φ_P 为推力俯仰角。

制导律推导中忽略月球重力球形项，上升运动方程简化为

---

① 磅力，lbf，1 lbf = 4.45 N。

$$\begin{cases} \dot{r} = v_r \\ \dot{\alpha} = \dfrac{v_n}{r} \\ \dot{v}_r = \dfrac{P}{m}\sin\varphi_P - g_m \\ \dot{v}_n = \dfrac{P}{m}\cos\varphi_P \end{cases} \quad (7-23)$$

根据最优控制原理构造的 Hamilton 函数为

$$H(\boldsymbol{x},\boldsymbol{u},\boldsymbol{\lambda},t) = L(\boldsymbol{x},\boldsymbol{u},t) + \boldsymbol{\lambda}^{\mathrm{T}} f(\boldsymbol{x},\boldsymbol{u},t) \quad (7-24)$$

式中，$\boldsymbol{\lambda}$ 为协状态变量；$f(\boldsymbol{x},\boldsymbol{u},t)$ 为系统状态方程。

上升采用定常推力，则推进剂总消耗由常数积分得到，Hamilton 函数可以改写为

$$H = 1 + \lambda_1 v_r + \lambda_2 \dfrac{v_n}{r} + \lambda_3\left(\dfrac{P}{m}\sin\varphi_P - g_m\right) + \lambda_4\left(\dfrac{P}{m}\cos\varphi_P\right) \quad (7-25)$$

基于最优控制，必须满足

$$\dfrac{\partial H}{\partial \varphi_P} = \lambda_3 \dfrac{P}{m}\cos\varphi_P - \lambda_4 \dfrac{P}{m}\sin\varphi_P = 0 \quad (7-26)$$

可求得最优控制为

$$\tan\varphi_P^* = \dfrac{\lambda_3}{\lambda_4} \quad (7-27)$$

由于 α 是终端自由的，则 $\lambda_2(t_f) = 0$，所以协状态变量的终端条件可表示为

$$\lambda_1(t_f) = k_1, \quad \lambda_2(t_f) = 0, \quad \lambda_3(t_f) = k_3, \quad \lambda_4(t_f) = k_4 \quad (7-28)$$

式中：k_1，k_3，k_4 为待定常数。

对协状态方程积分可得

$$\lambda_1 = k_1, \quad \lambda_2 = 0, \quad \lambda_3 = k_3 + k_1(t_f - t), \quad \lambda_4 = k_4 \quad (7-29)$$

可得

$$\tan\varphi_P = c_0 + c_1 t \quad (7-30)$$

式中，c_0，c_1 为待定常数。

式 (7-30) 无法进行积分求解，必须采用其他手段。假设 φ_P 较小，则有

$$\begin{cases} \sin\varphi_P = c_0 + c_1 t \\ \cos\varphi_P = 1 \end{cases} \quad (7-31)$$

此时

$$\dot{v}_r = \dfrac{P}{m}(c_0 + c_1 t) - g_m \quad (7-32)$$

对式（7-32）进行两次积分可得上升级的月心距变化为一个三次多项式，多项式的系数由边值条件来确定，最后得到制导指令为

$$\varphi_P^* = \arcsin\left[\left(a_r + g_m - \frac{v_n^2}{r}\right)m/P\right] \qquad (7-33)$$

4. 月面着陆起飞控制方法

月面下降着陆控制主要是跟踪制导指令以及着陆最后阶段的避障机动控制，一般采用喷气推力器（Reaction Control System，RCS）和推力矢量控制（Thrust Vector Control，TVC）方法。对于无人月面着陆器，扰动力矩和主动控制力矩均不大，RCS 可实现控制；对于载人月面着陆器，扰动力矩（如主发动机推力偏离整器质心）量级大，快速调姿时需要的主动控制力矩也大，可采用 RCS + TVC 复合控制方案。

美国 Apollo 载人登月工程的登月舱上升级布置了 16 台 445 N 喷气推力器（采用 4 簇每 4 台构型），提供月面着陆起飞主动控制力矩以及月面上升后环月轨道交会对接期间的六自由度控制力/力矩；月面下降过程中主发动机 TVC 控制提供俯仰及偏航方向的力矩。主发动机双向侧摆角度范围均为 ±6°，考虑结构柔性以及推进剂液体晃动，侧摆伺服控制带宽设计为 0.13 ~ 0.18 Hz。美国 Apollo 载人登月工程的登月舱 RCS 安装布局如图 7-16 所示。

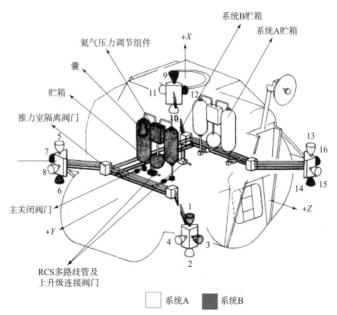

图 7-16　美国 Apollo 载人登月工程的登月舱 RCS 安装布局（1 ~ 16 均为姿控发动机）

（图片来源于 NASA 的 Apollo 载人登月工程总结报告）

Altair 上升级和下降级各安装了一套 RCS，其中下降级 RCS 包括 4 簇共 16 个 445 N 推力器，安装平面通过预测的着陆器质心（接触月面时）；上升级 RCS 包括 4 簇共 20 个推力器（单簇包括 2 个 890 N 的 R-42 推力器、2 个 22 N 的 AmPac 推力器和 1 个 490 N 的 R-4D 推力器）；安装平面过与载人飞船对接时上升级质心（预测值）。Altair 载人月面着陆器 RCS 具体安装布局如图 7-17 所示。

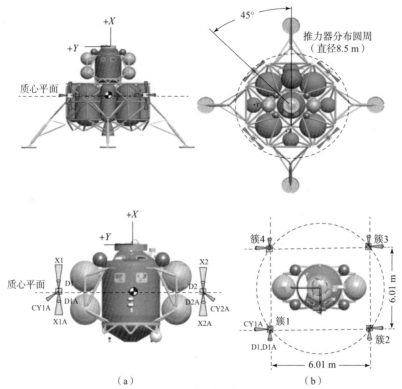

图 7-17　Altair 载人月面着陆器 RCS 具体安装布局
（图片来源于 NASA 的"星座计划"任务设计报告）
(a) 下降级 RCS 安装布局（上面的是正视图；下面的是俯视图）；
(b) 上升级 RCS 安装布局（上面的是正视图；下面的是俯视图）

Altair 载人月面着陆器下降级主发动机额定推力为 82.9 kN，在环月轨道进入以及月面着陆中使用 TVC 进行俯仰/偏航姿态控制。通过对多个阶段姿态控制任务的深入分析，并且考虑了 TVC 伺服中的误差因素，得到了主发动机侧摆角度的预算为 ±6°。在 TVC 控制带宽的设计上，Altair 充分研究考虑了推进剂液体晃动、月面着陆器结构柔性等因素，经过建模与分析，TVC 控制带宽初步确定为 0.12～0.15 Hz。Altair 载人月面着陆器的 TVC 控制带宽设计如图 7-18 所示。

第 7 章 载人行星进入减速着陆与起飞技术

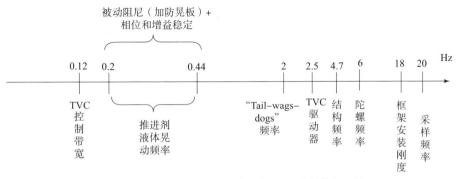

图 7-18 Altair 载人月面着陆器的 TVC 控制带宽设计

（图片来源于 NASA 的"星座计划"任务设计报告）

5. 月面着陆起飞导航方法

载人月面着陆可以划分为多个飞行阶段，每个飞行阶段的导航方案有所不同，以满足不同的制导和控制任务要求。

主减速段初始由地面定轨给出初始轨道参数，由星敏感器给出初始惯性姿态参数之后，开始采用 IMU 进行导航，下降至特定高度时引入测距测速信息对 IMU 导航信息进行修正，以提高导航精度。为了进一步提高着陆的精度，必要时需要利用光学导航敏感器对月面进行成像和识别，并与预先设定的路标进行匹配跟踪，以修正导航的水平位置。下降姿态调整后引入着陆避障敏感器系统对月面进行成像，或者由航天员视觉观察，判断月表起伏情况，达到粗避障功能。到达月面高度 100 m 左右时，着陆避障敏感器系统对目标着陆区域进行高分辨率成像，用于障碍识别和安全着陆点选择。100 m 高度以下的避障段最终着陆段，由惯性导航辅以测速测距修正，引导着陆器到达安全着陆点上方。30 m 高度以下采用纯惯导递推导航，着陆缓冲机构接触月面或者高度计测量达到关机高度后，发动机关闭。月面动力下降与着陆阶段导航方法如表 7-1 所示。

表 7-1 月面动力下降与着陆阶段导航方法

阶段 敏感器	主减速段 (15～2 km)	快速调整段 (2～1.4 km)	+接近段 (2 km～100 m)	悬停过程 (100 m)	避障段 (100～30 m)	缓速下降段 (30～0 m)
IMU	载人月面下降着陆全程使用，是主要导航部件之一					
星敏感器	提供下降着陆初始姿态，着陆过程出现故障时提供姿态基准信息					

续表

阶段 / 敏感器	主减速段 (15~2 km)	快速调整段 (2~1.4 km)	+接近段 (2 km~100 m)	悬停过程 (100 m)	避障段 (100~30 m)	缓速下降段 (30~0 m)
微波测距测速仪	动力下降段特定高度引入，以修正IMU高度和三维速度信息					如果有信号就引入
激光测距测速敏感器	动力下降段特定高度引入，以修正IMU高度和三维速度信息					如果有信号就引入
着陆光学导航敏感器	提供路标点视线反向测量，用于修正着陆器水平位置	—	—	—	—	—
着陆避障敏感器系统	—	—	距月面500 m左右引入，用于粗避障	悬停过程成像，进行安全区识别和安全点选择	避障过程进行匹配跟踪，对水平位置进行修正	—
光学导航敏感器系统	作为着陆光学导航敏感器的备份，提供路标点坐标	—	—	—	—	—
高度计或者着陆缓冲机构探针	—	—	—	—	—	测量达到关机高度或者接触月面

6. 起飞前初始定位及对准

行星表面起飞上升飞行时间较短（一般在 1 000 s 以内），纯惯性导航的方式能够满足入轨精度要求。惯性导航系统的精度主要取决于两个部分：一是初始定位和对准的精度；二是惯性器件的累积误差。前者决定了导航系统的初始误差，后者决定了导航误差随时间的增长情况。为了保证入轨精度，必须在起飞前精确测量飞行器的位置、姿态并装订给惯性导航系统。月面或者火星表面起飞时不具备地面发射时的全方位支持条件，要实现准确的初始定位和对准难度较大。

美国 Apollo 载人登月工程中初始定位主要依靠地面深空测控网（Deep Space Network，DSN）三个测站完成，同时采用两种辅助定位手段，包括由登月舱着陆段导航推算落点位置，以及通过远程交会雷达与环月轨道上的载人飞船进行相对测量。初始对准采用三种方法，包括：测量当地重力矢量确定俯仰和偏航姿态，结合预先存储的方位角确定滚动姿态或通过瞄准光学望远镜（Alignment Optical Telescope，AOT）观测单颗恒星来确定滚动姿态，或利用 AOT 观测两颗恒星推算获得三轴姿态。Apollo 对准方法具有实现简单、计算量小的特点，但要求上升级外部振动干扰小，而且需要对多次对准结果进行平滑以减小误差。

"星座计划"中月面初始定位和对准方法与 Apollo 类似，但 Altair 载人月面着陆器的仪器水平大大提高，IMU 由平台式升级为捷联式，光学导航系统（Optical Navigation Sensor System，ONSS）取代了 AOT。另外，计划在 DSN 的基础上新增智利、南非和日本三个测控主站。

月面解析对准是利用陀螺仪和加速度计对月球自转角速度和重力加速度进行测量，并估算飞行器本体坐标系 S_B 与起飞点惯性坐标系 S_A 间的姿态矩阵 L_{AB}，为精对准提供初始条件。

起飞前月面坐标系 S_M 与起飞点惯性坐标系 S_A 的变换关系恒为

$$L_{MA} = \begin{bmatrix} 0 & 1 & 0 \\ \sin \chi_A & 0 & \cos \chi_A \\ \cos \chi_A & 0 & -\sin \chi_A \end{bmatrix} \tag{7-34}$$

将月球自转角速度 $\boldsymbol{\omega}_m$ 和月心引力矢量 $\boldsymbol{g}_m$ 投影至起飞点惯性坐标系 S_A，可得

$$[\boldsymbol{\omega}_m]_A = [\omega_m \cos \varphi_A \cos \chi_A \quad \omega_m \sin \varphi_A \quad -\omega_m \cos \varphi_A \sin \chi_A]^T \tag{7-35}$$

$$\boldsymbol{g}_m^A = [0 \quad -g_m \quad 0]^T \tag{7-36}$$

解析对准是利用上述已知的 $\boldsymbol{\omega}_m^A$、$\boldsymbol{g}_m^A$ 和 $\boldsymbol{\omega}_m^B$、$\boldsymbol{g}_m^B$ 的测量值来计算 L_{BA}。考虑

惯性器件的测量误差，陀螺仪和加速度计的测量值 $\boldsymbol{\omega}^B$、$\boldsymbol{f}^B$ 可分别表示为

$$\boldsymbol{\omega}^B = \boldsymbol{\omega}_m^B + \boldsymbol{\varepsilon}^B \qquad (7-37)$$

$$\boldsymbol{f}_B = -\boldsymbol{g}_m^B + \nabla^B \qquad (7-38)$$

式中：$\boldsymbol{\varepsilon}^B$ 为陀螺零偏（(°)/h）；∇^B 为加速度计零偏（m/s²）。

根据 $\boldsymbol{\omega}_m^A$、$\boldsymbol{g}_m^A$ 和 $\boldsymbol{\omega}^B$、$\boldsymbol{f}^B$ 所构造求解向量的不同，粗对准有以下两种方法。

1）方法一

在已知向量 $\boldsymbol{\omega}_m^A$、$\boldsymbol{g}_m^A$ 和 $\boldsymbol{\omega}^B$、$\boldsymbol{f}^B$ 的基础上，构造辅助向量 $\boldsymbol{g}_m^A \times \boldsymbol{\omega}_m^A$ 和 $\boldsymbol{f}^B \times \boldsymbol{\omega}^B$。根据坐标变换关系，有如下关系成立：

$$[-\boldsymbol{f}^B \quad \boldsymbol{\omega}^B \quad -\boldsymbol{f}^B \times \boldsymbol{\omega}^B] = \boldsymbol{L}_{BA}[\boldsymbol{g}_m^A \quad \boldsymbol{\omega}_m^A \quad \boldsymbol{g}_m^A \times \boldsymbol{\omega}_m^A] \qquad (7-39)$$

则 $\boldsymbol{L}_{BA}$ 计算如下：

$$\boldsymbol{L}_{AB} = \begin{bmatrix} (\boldsymbol{g}_m^A)^T \\ (\boldsymbol{\omega}_m^A)^T \\ (\boldsymbol{g}_m^A \times \boldsymbol{\omega}_m^A)^T \end{bmatrix}^{-1} \begin{bmatrix} -(\boldsymbol{f}^B)^T \\ (\boldsymbol{\omega}^B)^T \\ -(\boldsymbol{f}^B \times \boldsymbol{\omega}^B)^T \end{bmatrix} \qquad (7-40)$$

考虑惯性测量误差，进行正交化得到

$$(\boldsymbol{L}_{AB})_o = \boldsymbol{L}_{AB}[(\boldsymbol{L}_{AB})^T \boldsymbol{L}_{AB}]^{-\frac{1}{2}} \qquad (7-41)$$

式中：$(\boldsymbol{L}_{AB})_o$ 表示正交化后的姿态矩阵。

采用微小扰动法分析式（7-41）所得姿态矩阵的失准角 $\boldsymbol{\psi} = [\psi_x \quad \psi_y \quad \psi_z]^T$ 与惯性器件误差间的关系，可得

$$\psi_x = \frac{1}{2}\left(\frac{\varepsilon_y^A \sin\chi_A}{\omega_m \cos\varphi_A} + \frac{\nabla_y^A \sin\chi_A \tan\varphi_A - \nabla_x^A \sin\chi_A \cos\chi_A - \nabla_z^A(1+\cos^2\chi_A)}{g_m}\right) \qquad (7-42)$$

$$\psi_y = -\frac{\varepsilon_x^A \sin\chi_A + \varepsilon_z^A \cos\chi_A}{\omega_m \cos\varphi_A} - \frac{(\nabla_x^A \sin\chi_A + \nabla_z^A \cos\chi_A)\tan\varphi_A}{g_m} \qquad (7-43)$$

$$\psi_z = \frac{1}{2}\left(\frac{\varepsilon_y^A \cos\chi_A}{\omega_m \cos\varphi_A} + \frac{\nabla_x^A(1+\sin^2\chi_A) + \nabla_y^A \cos\chi_A \tan\varphi_A + \nabla_z^A \sin\chi_A \cos\chi_A}{g_m}\right) \qquad (7-44)$$

式中，$[\varepsilon_x^A \quad \varepsilon_y^A \quad \varepsilon_z^A]^T$ 和 $[\nabla_x^A \quad \nabla_y^A \quad \nabla_z^A]^T$ 分别是 $\boldsymbol{\varepsilon}^B$ 和 ∇^B 在起始点惯性坐标系 S_A 下的投影。

可以看出该方法的对准精度与惯性器件的误差紧密相关。

2）方法二

采用辅助向量 $\boldsymbol{f}^B \times \boldsymbol{\omega}^B$ 和 $(\boldsymbol{f}^B \times \boldsymbol{\omega}^B) \times \boldsymbol{f}^B$ 对 $\boldsymbol{L}_{AB}$ 进行计算，公式如下：

$$\boldsymbol{L}_{AB} = \begin{bmatrix} (\boldsymbol{g}_m^A)^T \\ (\boldsymbol{g}_m^A \times \boldsymbol{\omega}_m^A)^T \\ [(\boldsymbol{g}_m^A \times \boldsymbol{\omega}_m^A) \times \boldsymbol{g}_m^A]^T \end{bmatrix}^{-1} \begin{bmatrix} -(\boldsymbol{f}^B)^T \\ -(\boldsymbol{f}^B \times \boldsymbol{\omega}^B)^T \\ [(\boldsymbol{f}^B \times \boldsymbol{\omega}^B) \times \boldsymbol{f}^B]^T \end{bmatrix} \qquad (7-45)$$

对式（7-45）进行正交化并采用微小扰动法分析所得姿态矩阵的失准角 $\boldsymbol{\psi} = [\psi_x \quad \psi_y \quad \psi_z]^T$ 与零偏之间的关系，可得

$$\psi_x = -\frac{\nabla_z^A}{g_m} \tag{7-46}$$

$$\psi_y = -\frac{\varepsilon_x^A \sin\chi_A + \varepsilon_z^A \cos\chi_A}{\omega_m \cos\varphi_A} - \frac{(\nabla_x^A \sin\chi_A + \nabla_z^A \cos\chi_A)\tan\varphi_A}{g_m} \tag{7-47}$$

$$\psi_z = \frac{\nabla_x^A}{g_m} \tag{7-48}$$

比较方法一和方法二的对准误差公式可见，这两种方法所得到的偏航角精度是一样的，采用方法二计算的俯仰角和滚转角精度仅和水平加速度计的精度有关，与陀螺的精度和起飞方位角无关。

7. 月面着陆避障

月球表面覆盖着大小不一、形状各异的月球坑和月岩，和月面坡度一起成为三类主要的月面地形障碍，给载人月面着陆任务带来极大危险。月面地形障碍可能导致月面着陆器倾斜角度过大，后续无法正常起飞返回环月轨道；如果月面着陆器倾覆，将导致载人登月任务失败；着陆过程中月球坑边缘或月岩有可能与月面着陆器结构碰撞，破碎部件受到着陆发动机羽流作用后有可能与主结构发生碰撞，严重时导致月面着陆器功能衰减甚至损毁；着陆在月面崎岖地形中，航天员或月球车无法顺利开展月面考察活动，载人登月工程的成效将大打折扣。在缺乏全月面高精度地形图的情况下，飞行任务实施前的着陆选址只能降低月面着陆器遭遇地形障碍的概率。为有效保障载人月面着陆任务安全并全面提升载人登月任务成效，必须在着陆过程中实时地进行地形障碍探测与规避，并充分发挥航天员的快速判断与智能决策优势，使月面着陆器准确着陆于月面平坦区域。

美国 Apollo 载人登月工程受到当时敏感器技术水平的限制，月面着陆避障全部由航天员手动完成。登月舱中的航天员通过舱窗目测飞行前方月面地形，并通过着陆点指示器（Landing Point Director，LPD）预测着陆区域。在飞行高度较高时，如果目标着陆区域地形条件不满足安全着陆要求，航天员将手动输入避障机动指令；在着陆最后阶段，航天员通过手柄直接控制登月舱机动飞行，以准确避开月面障碍。Apollo-12 是首次载人月面定点着陆任务，在接近段飞行中航天员进行了 7 次着陆点重新规划和避障机动，然后又通过手柄操纵登月舱机动飞行，最终准确着陆于距离"勘探者 3 号"无人月面着陆器 163 m 处的安全区域，如图 7-19 所示。

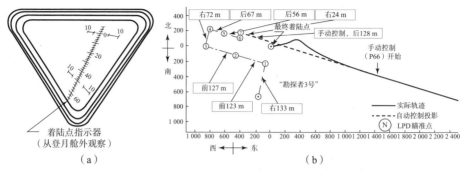

图 7-19　Apollo 登月舱中的着陆点指示器及 Apollo-12 任务中人控避障操作

(图片来源于 NASA 的 Apollo 载人登月工程总结报告)

(a) Apollo 登月舱中的着陆点指示器；(b) Apollo-12 任务中人控避障操作

尽管进行了大量方案和技术上的改进，Apollo 月面着陆任务中还是多次出现了危险情况：Apollo-14 着陆后下降级发动机边缘距离月面只有 0.34 m，整器倾斜 11°（安全极限为 12°）；Apollo-15 着陆于小型月球坑边缘，发动机受损且整器倾斜 10°；Apollo-17 着陆于一块大型岩石附近，给航天员出舱活动带来了很大不便，如图 7-20 所示。

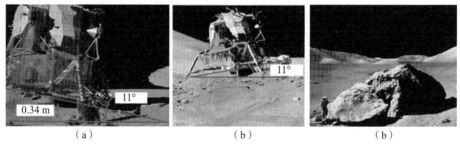

图 7-20　Apollo-14/15/17 任务中实际着陆情况

(图片来源于 NASA 的 Apollo 载人登月工程总结报告)

(a) Apollo-14；(b) Apollo-15；(c) Apollo-17

2005 年 NASA 约翰逊航天中心启动了自主着陆避障项目（Autonomous Landing Hazard Avoidance Technology，ALHAT），目标是"为载人、货运或无人月面着陆器发展自主着陆所需的 GNC 技术以及敏感器，能够识别并规避月面地形障碍，在任何光照条件下可安全精确着陆于月球任何预定地点，落点精度优于 100 m，且技术成熟度达到 6"。ALHAT 以安全精确着陆月面为目标，研究着陆相关的总体设计、着陆轨迹分析、GNC 系统方案、敏感器配置以及多种设计分析软件，月面障碍识别目标定为：不小于 0.3 m 的月岩或坑洞以及不小于 5°的斜坡。"星座计划"中止后，考虑到着陆避障技术在未来载人深空探测中的重要应用价值，ALHAT 项目研究一直在持续。2014 年 4 月 23 日，装备了在 ALHAT 中研发的新体制敏感器及控制算法的"梦神号"（Morpheus）着陆器成功地完成了自主着陆避障飞行试验。

8. 月面着陆器 GNC 系统设计

美国 Apollo 载人登月工程的登月舱 GNC 系统主要组成如图 7-21 所示。

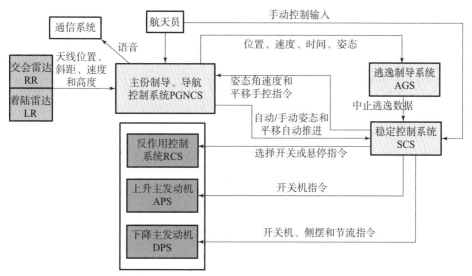

图 7-21 Apollo 登月舱 GNC 系统组成

（图片来源于 NASA 的 Apollo 载人登月工程总结报告）

1）主份制导、导航和控制系统（Primary Guidance Navigation and Control System，PGNCS）

在登月舱全飞行周期内进行自动控制，标称工况下引导登月舱下降并安全着陆于预定月面着陆点，然后从月面起飞并进入交会对接初始轨道，故障工况下引导登月舱进入与指令服务舱轨道相交的停泊轨道。

2）逃逸制导系统（Abort Guidance System，AGS）

在动力上升阶段和飞行中止逃逸时作为 PGNCS 的备份，为乘员显示和显式制导提供信息，可控制主发动机开关。

3）稳定和控制系统（Stabilization and Control System，SCS）

接收 PGNCS、AGS 以及航天员手动输入的指令，驱动推进系统工作。Apollo 登月舱着陆与起飞入轨阶段的 GNC 方案如表 7-2 所示。

表 7-2 Apollo 登月舱着陆与起飞入轨阶段的 GNC 方案

功能		硬件配置	软件算法
制导	下降着陆	下降主发动机额定推力为 46.7 kN，变推比为 10:1	制导律由加速度表示，加速度设计为飞行时间的二次函数。推力大小控制由发动机变推实现，指向控制则由登月舱姿态调整加上主发动机侧摆实现
	起飞上升	上升主发动机额定推力为 15.5 kN，恒定推力	通过调整上升级姿态来获得期望的推力指向。"垂直上升"段维持起飞姿态，"轨道进入段"采用条件线性制导
导航	下降着陆	惯性测量单元 制导计算机 光学瞄准望远镜 着陆雷达 着陆点指示器	惯性导航加测距测速修正
	起飞上升	惯性敏感组件 制导计算机 数据综合与控制组件	用惯性导航
控制	下降着陆	下降级主发动机 TVC + 16 台 445 N 姿控发动机	TVC 控制俯仰和偏航姿态，RCS 控制滚动姿态；TVC ±6°侧摆，伺服带宽为 0.13 ~ 0.18 Hz
	起飞上升	16 台 445 N 姿控发动机	RCS 控制三轴姿态

"星座计划"将月面着陆精度要求提高为：载人月面着陆精度要求为 1 km，面向月球基地任务为 100 m。Altair 在系统设计、器件配置以及 GNC 算法上都进行了研究和改进，如图 7-22 所示。Altair 月面着陆与起飞阶段的 GNC 方案如表 7-3 所示。

7.2.2　火星大气进入 GNC 技术

火星大气进入 GNC 技术包括制导、导航与控制过程，载人火星大气进入 GNC 技术与无人火星大气进入 GNC 技术类似，但国内目前研究不多。下面以无人火星探测器为例来说明。

第 7 章 载人行星进入减速着陆与起飞技术

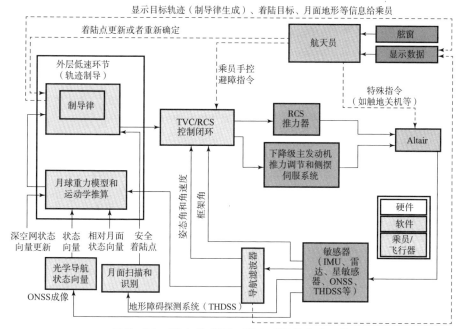

图 7-22 Altair 的 GNC 系统组成及信息流设计

（图片来源于 NASA 的"星座计划"任务设计报告）

表 7-3 Altair 月面着陆与起飞入轨阶段的 GNC 方案

项目	硬件配置	软件算法
制导	下降主发动机额定推力为 83 kN，变推比为 10:1	主减速段采用动力显式制导律，接近段使用四次多项式制导，终端下降段以 1 m/s 的速度稳定下降，直至主发动机关机
	上升主发动机额定推力恒定，为 24.5 kN	垂直上升段设计到达 100 m 高度时结束，单轴旋转段要求将上升级姿态调整到动力显式制导段初始状态，动力显式制导段控制上升级飞行到达关机点时，关机状态满足入轨要求
导航	惯性测量单元	下降着陆段采用惯性导航加测距测速修正，并引入光学导航系统或者地形障碍探测系统测量信息进行地形相对导航
	星敏感器	
	光学导航系统	
	着陆雷达系统	
	地形障碍探测系统	

续表

项目	硬件配置	软件算法
控制	下降级主发动机 TVC	下降着陆阶段： TVC 控制俯仰和偏航姿态，±6°侧摆角，伺服带宽为 0.12~0.15 Hz；下降级 RCS 控制滚动姿态。 起飞上升阶段： 上升级 RCS 控制三轴姿态
	下降级安装了 16 台 445 N 姿控发动机	
	上升级安装了 20 台姿控发动机	

1. 火星大气进入制导

火星大气进入精确制导控制面临的主要难题包括：

1) 大气稀薄且大气模型的不确定性大

火星大气进入初始速度在 4~7 km/s，大气密度仅为地球的 1% 左右，为了消耗 99% 进入动能需要更长的减速时间和更低的开伞点，对于高海拔地区探测难度更大。虽然 NASA 已经通过多次任务建立 Mars-GRAM 大气模型，其不确定性随着高度逐渐减低，不确定性最大为 80%、最小为 5%。

2) 着陆器进入段控制能力不强

火星着陆探测器大都采用低升阻比外形，为满足着陆精度和海拔高度要求，必须利用升力消除初始点状态误差和大气密度误差。仅通过倾侧角一个控制量要消除误差影响，同时满足开伞点航程、横程、高度等约束，控制能力存在不足。

3) 着陆环境恶劣

火星进入时配备的防热结构导致光学敏感器无法使用，大气高速摩擦电离引起无线电信号无法使用，只能通过惯性测量单元进行导航，但精度随时间增加逐渐降低。同时，进入控制需要满足多种力/热约束，否则将会导致结构损坏等严重后果。火星表面地形十分复杂，目前的探测数据尚无法支持建立高精度地形模型，从科学考察角度出发更倾向着陆于复杂地形区域，给避障探测和制导控制带来了极大的技术难度。

NASA 前 6 次无人探测任务均采用无制导的弹道式进入方式，落点散布主要来源包括初始状态误差（主要是飞行进入角）和大气参数误差（包括密度和风速），落点散布在 100 km 量级，火星探路者（Mars Pathfinder，MPF）达到 300 km，探测漫游车（Mars Exploration Rover，MER）达到 80 km。在 2012

年的 MSL 任务中，应用了基于 Apollo 再入预测－校正制导律，对初始状态误差和大气参数误差进行修正，落点散布主要来源于导航误差，通过实时修正将落点散布降低到 20 km 量级。MSL 进入火星大气的制导过程设计为 4 个阶段，包括初始制导、航程控制、前向对齐以及姿态机动，详细介绍如表 7－4 所示。

表 7－4 MSL 火星大气进入制导阶段

阶段	进入标志	目标
初始制导阶段	—	滚转角保持
航程控制阶段	过载大于 0.5g	根据预测模型生成标称弹道，对滚转角进行控制，以减少开伞点的航程误差；横程误差通过滚转角变号来保持
前向对齐阶段	相对速度小于 900 m/s	减小残留的横程误差
姿态机动阶段	相对速度小于 450 m/s	通过抛离平衡质量块，攻角变为 0°，方位角变化至着陆雷达探测所需方向

MSL 最终实现了与目标（盖尔陨石坑，4.589 5 °S、137.441 7 °E）2.385 km 的实际着陆精度，主要归功于航程控制阶段的制导精度。MSL 火星进入段采用的预测－校正制导律基于 Apollo 飞船返回舱终端制导律改进得到，通过倾侧角控制改变升力方向实现精确制导，其工作过程如图 7－23 所示。

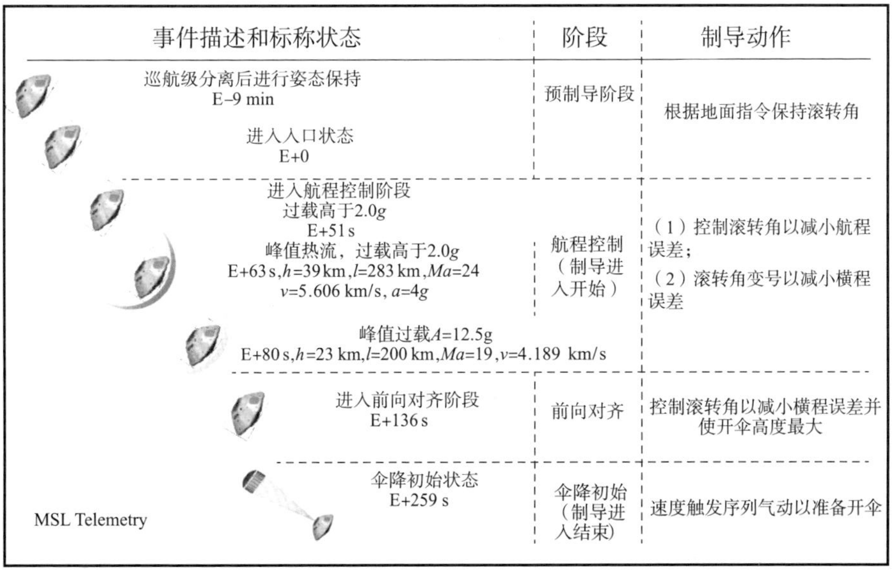

图 7－23 MSL 进入火星大气制导过程

MSL 在 Apollo 返回舱终端制导律的基础上，基于相对标称轨迹预测的误差影响系数对终端航程以及速度进行主动控制，标称轨迹用剩余航程、阻力加速度、高度变化率定义，这些参数均为相对速度的函数，对倾侧角进行控制即可控制航程。

当前时刻航程预测为

$$R_\mathrm{p} = R_\mathrm{ref} + \frac{\partial R}{\partial D}(D - D_\mathrm{ref}) + \frac{\partial R}{\partial \dot{r}}(\dot{r} - \dot{r}_\mathrm{ref}) \qquad (7-49)$$

式中：R 为距离目标点航程；R_p 为预测航程；R_ref 为标称航程；D 为气动阻力；D_ref 为标称气动阻力；$\dot{r}$ 为高度变化率；$\dot{r}_\mathrm{ref}$ 为标称高度变化率。

为了保证航程控制收敛，得到升阻比指令为

$$\left(\frac{L}{D}\right)_\mathrm{v,c} = \left(\frac{L}{D}\right)_\mathrm{v,ref} + \frac{K_3(R - R_\mathrm{p} - R_\mathrm{dep})}{\partial R/\partial (L/D)_\mathrm{v}} \qquad (7-50)$$

式中：R_dep 为开伞点航程散布；L 为升力；K_3 为升力阻力控制增益。

最后得到倾侧角指令为

$$\varPhi_\mathrm{c} = \cos^{-1}\left(\frac{(L/D)_\mathrm{c}}{(L/D)}\right) \times K_2 \qquad (7-51)$$

式中：K_2 为倾侧角控制增益。

火星大气进入伞降段不进行制导。后续着陆段中，"海盗号"和"凤凰号"采用了典型的多项式制导和重力转弯制导；"好奇号"采用了多项式制导和标称轨迹制导，由于着陆末段增加了"悬吊着陆"方式，其动力下降过程进行了调整。这些火星探测任务设计时，均考虑了选择合适安全的着陆区以及着陆期间分离部件（降落伞、防热后罩、防热大底等）对着陆器的碰撞威胁，但着陆过程中自身无法进行在线地形障碍检测和规避。

2. 火星大气进入导航

无人火星探测任务中，进入火星大气之前基于地面深空网注入和星敏感器估计确定 IMU 初始参数。"海盗 1 号"和"海盗 2 号"均由 1 个轨道器和 1 个着陆器组成，进入环火轨道后两器分离，着陆器在 EDL 过程中的飞行状态向轨道器的单向 UHF 链路传输，码率为 4 kb/s，轨道器再通过自身 S 频段下行相关数据。"火星探路者"采用着陆器+巡视器组合，直接进入火星大气，EDL 过程中通过 X 频段持续发送探测器状态数据以及关键事件执行情况。对于"勇气号"和"机遇号"任务，除了与"火星探路者"类似的 X 频段直接对地通信以外，还增加了后壳分离以后经由"火星全球勘探者"（Mars Global Surveyor，MGS）向地面转发的 8 kb/s 状态数据。"凤凰号"执行 EDL 任务时与地面无直接通信链路,利用 UHF 频段与"火星奥德赛"(Mars Odyssey,ODY)、"火星勘探轨道器"(Mars Reconnaissance Orbiter,MRO)和"火星快车"(Mars Express,MEX)等下行导航信息,进入火星大气前 2 min 开始下行 8 kb/s 状态数据、开伞后码率提高至 32 kb/s。MSL 任务充分继承了前 6 次火星 EDL 任务的成功经验,设置了 X 频段直接对地通信和超高频(Ultra High Frequency,UHF)中继通信链路。

进入火星大气后、抛掉防热大底之前,GNC 系统通过惯性测量单元推算得到当前着陆器的速度、阻力加速度,并通过与当前期望的值相比,确定目标倾侧角,完成参考轨迹跟踪。抛掉防热大底之后,采用雷达高度计 + IMU 组合导航、光学图像 + IMU 组合导航、雷达测距测速 + IMU 组合导航等方式。"海盗号""凤凰号"和 MSL 采用多普勒雷达测量相对姿态和水平速度,"火星探路者""勇气号"和"机遇号"受探测器规模限制使用光学导航相机图像处理实现对水平速度的估计。

3. 火星大气进入控制

火星大气进入段,"海盗号""凤凰号"和 MSL 采用三轴姿态主动控制系统,其他任务中则依靠自旋稳定。开伞后,进行主动姿态控制或者阻尼器消除由于开伞和阵风引起的姿态扰动,以保持敏感器的指向正确。着陆段,通过三轴姿态控制和变推力发动机制动减速,实现以接近于零的速度和垂直姿态着陆,但"火星探路者""勇气号"和"机遇号"均采用固体反推火箭 + 气囊结合的方式缓冲着陆冲击,无须进行准确的姿态控制。

MSL 任务中,采用质量配重块来调整整个着陆器质量特性。进入火星大气初始利用 RCS 进行消旋和姿态调整(达到 -15°的攻角和 -15.5°的航迹角),然后抛掉两个 75 kg 钨质质量块使着陆器质心偏离主轴,保证在 $Ma = 24$ 时达到 0.24 的升阻比以及 -15°的配平攻角。当着陆器速度降低到 455 m/s 时进入制导结束,又依次抛掉 6 个 25 kg 的质量块,使着陆器质心重新回到主轴线上。

"好奇号"姿态控制系统配置了 8 个推力器,进入前单机推力为 165 N,进入后推进系统增压推力提升至 275 N。动力下降则采用 8 个变推力发动机,额定推力为 3 230 N,变推比最大为 10∶1,推力指向与着陆器纵轴有一定夹角,以避免羽流影响。同时,通过 8 个发动机推力差动,可以进行姿态控制。"好奇号"总推进剂量为 390 kg,其中 2/3 消耗在动力下降阶段。

7.3 大气进入热防护技术

7.3.1 热防护需求与途径

执行近地轨道任务时,返回舱以第一宇宙速度(约 7.8 km/s)再入返回;执行月球探测任务时,返回舱将以第二宇宙速度(约 11 km/s)甚至更高速度再入返回。高速再入可以充分利用大气阻力进行减速,但其动能因减速会转换成非常严重的气动热,防热系统(Thermal Protection System,TPS)用于保护飞行器以高超声速进/再入大气层时免受气动加速环境的伤害。

根据气动力学能量方程,返回舱驻点处空气温度 T_0 为

$$T_0 = T_\infty \left(1 + \frac{\gamma - 1}{2} Ma^2\right) \tag{7-52}$$

式中:Ma 为飞行马赫数;T_∞ 为当地大气温度;γ 为空气定压比热容与定容比热容之比,一般取 1.4。

返回舱进入大气层时,当地飞行马赫数 $Ma = 28$,当地大气温度 $T_\infty = 200$ K(北半球中纬度春秋季节),返回舱驻点温度最高达 31 560 K,但这时由于气体很稀薄,实际的加热量并不大。气动加热最严重的时刻在 $Ma = 24 \sim 10$,相应的飞行高度为 70~40 km,当地大气温度 $T_\infty = 220 \sim 250$ K,此时返回舱驻点温度最高达 5 250 K。飞行马赫数与表面热流最高温度的关系如表 7-5 所示。再入过程中返回舱结构将被数千度的高温气流包围,如果不采取有效的防护措施,返回舱舱体结构将会损坏甚至会被烧为灰烬,航天员的生命安全也无法保证。

表 7-5 飞行马赫数与表面热流最高温度的关系

飞行速度 Ma	驻点温度/K
0.3	286.5
0.8	295.6
1.2	337.5
1.6	396.1
2.0	471.6(铝合金使用临界温度)
3.0	733.7(钛合金使用临界温度)
4.0	1 100

研究表明，进/再入过程中飞行器表面的热流密度和表面曲率半径的平方根成反比，即外形越钝的飞行器接受的加热量越小。

$$Q = \frac{1}{2}\Delta E_k \frac{C_f}{C_D} \qquad (7-53)$$

式中：Q 为飞行器表面总加热量；C_D 为总的阻力系数（由摩擦阻力系数、波组系数、底部阻力系数相加得到）；ΔE_k 为进/再入前后动能变化。

进/再入过程中动能变化量基本确定（近地轨道再入速度为 7.8 km/s，第二宇宙再入速度为 11 km/s），但阻力系数 C_D 可调性较大。C_D 与飞行器头部曲率半径平方根成正比，对于球或者球锥外形 C_D 等于 $1\sim 2$，$Q \leqslant 0.01\Delta E_k$，即进/再入过程中总加热量较小，大部分飞行器头部都采用这种外形。所以，为了进行有效的热防护主要采用两种途径：

（1）设计合理的气动外形减少来流的气动加热。

（2）采用合理的防热结构来抵抗气动加热。

完整的防热结构由防热层和防热层背板结构组成。防热层专门用于耗散气动热的材料层，背板结构用以支撑防热层，有时防热层直接连在返回舱的舱体结构上，此时舱体结构就是防热层的背板结构。防热结构设计的最终目标就是在允许的质量和被防护本体结构所允许的最高温度这两个指标约束下，设计出能够经受各种飞行环境以及飞行前地面环境的防热层。返回舱质量约束很强，要严格限制防热层的质量，根据已发射飞行器数据，防热层质量占返回舱总重的 10%～20%。典型再入返回飞行器热防护层质量与防热面积如表 7-6 所示。

表 7-6 典型再入返回飞行器热防护层质量与防热面积

飞行器	返回舱质量/kg	防热层质量/kg	（防热层质量/返回舱质量）/%	防热面积/m²
生物卫星（美国）	223	22	10	1
Apollo 载人飞船	5 470	750	13.7	29
航天飞机	68 000	13 200	19	1 200

被防护本体结构的最高温度，主要取决于它所使用的材料，如铝合金结构的最高温度一般为 200 ℃，钛合金结构的最高温度为 400～450 ℃，复合材料根据树脂体系的最高温度不同，可从 150 ℃ 到 300 ℃ 以上。同时，为了防止舱内设备过热，还需要在结构内层加隔热材料。

峰值热流密度和总加热量是决定热防护方案设计的两个最重要的气动热环

境参数。峰值热流密度与飞行器表面在进/再入过程中可能达到的辐射平衡温度正相关,直接影响着热防护系统方案的制定和材料的选择;总加热量是反映热流密度大小及加热时间长短的一个综合性参数,与防/隔热层的厚度和质量有直接关系。

7.3.2 常用热防护方式

防热系统按照防热材料的工作原理可大致分为非烧蚀性和烧蚀性两类。前者又可以分为热容吸热、辐射散热类。热容吸热是利用材料本身热熔在升温时的吸热能力,要求具有高热导率、高熔点和大比热容的特性;辐射散热则利用材料表面在高温下的再辐射作用工作,可与发汗冷却、膜冷却、相变冷却等主动或被动方式相结合。烧蚀防热在材料热流作用下能发生分解、熔化、蒸发、升华等多种吸收热能的反应,依靠材料自身的消耗耗散热量。

1. 热容吸热式防热

热容吸热式防热结构是利用防热层材料的热容量吸收大部分气动热。在返回舱结构外层包覆一层热容量较大的材料,这层材料吸收大部分进入返回舱表面的气动热,从而使传入结构内部的热量减小。热容吸热式防热原理如图7-24所示。

从防热层表面传入材料的净热流密度为

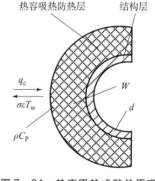

图 7-24 热容吸热式防热原理

$$q_n = q_c\left(1 - \frac{h_w}{h_s}\right) - \sigma\varepsilon T_w^4 \quad (7-54)$$

式中:q_n 为从表面传入防热层的净热流密度;q_c 为假设表面处在热力学温度零时传入防热层表面的热流密度;h_w、h_s 分别为气体在表面壁温下和气体滞止温度下的焓值;ε 为表面全辐射系数;σ 为斯忒藩-波尔兹曼常数;T_w 为表面壁温。实际上,式(7-54)第一项为修正后的表面气动加热,第二项为表面辐射加热。

在热容吸热式防热中,材料允许的表面温度有限,则辐射项可以忽略不计;其次,主要材料是良好的热导体,其吸收的热量可以很快扩散到整个防热层。

热容吸热式防热结构具有以下特点:

(1) 防热层总质量与传入总热量成正比,只适用于加热时间短、热流密度不高的工况,否则防热层质量过大。

(2) 防热层表面形状和物理状态不变,只适用于再入/进入时外形不变的飞行器,但可以重复使用。

（3）所用材料或受熔点的限制，或受氧化破坏的限制，一般使用温度在600~700℃；同时也无法借助辐射方式散热，相对于其他防热方式，防热效率不高。

（4）防热层必须采用比热容和热导率高的材料，比热容越高所用的材料越少；热导率越高，参与吸热的材料越多，防热层质量越小。

热容吸热式防热虽然防热效率不高，但简单易行，在早期载人飞船中应用较多。美国"双子星座"飞船将吸热式防热和辐射式防热结合为一体，在铍板表面涂以蓝黑高辐射陶瓷漆，再采用 7 mm 厚的铍板作吸热层，内表面再镀金（金面辐射系数小，向内表面的传热较小），如图 7-25 所示。

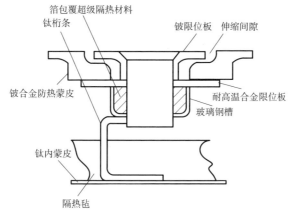

图 7-25 "双子星座"飞船吸热式防热结构

2. 辐射式防热

防热结构由三部分组成：直接与高温环境接触的外蒙皮、内部结构、外蒙皮与内部结构之间的隔热层。典型辐射防热结构如图 7-26 所示。

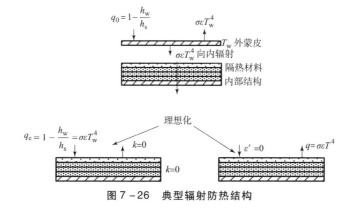

图 7-26 典型辐射防热结构

如果满足以下两个条件,进入表面的热流可以全部由辐射散去:隔热材料与外蒙皮贴合,并且将隔热材料热导率 k 降低到 0,净传入内部的热量也为 0。

$$q_n = q_c\left(1 - \frac{h_w}{h_s}\right) - \sigma\varepsilon T_w^4 = -\left(k\frac{\partial T}{\partial x}\right)_{X=\omega} \qquad (7-55)$$

此时,对表面的气动加热完全被辐射项抵消。

外蒙皮与隔热材料有空隙时,两者仅有辐射传热,如果外蒙皮向内的表面辐射系数为零,则向内表面传热为 0。所以,如果蒙皮内表面的辐射系数等于 0,或者蒙皮下面隔热材料的热导率等于 0,则可以实现最佳辐射防热。实际工程中无法做到上述两点,但可以在结构和材料上尽量满足这些条件,利用辐射现象将大部分气动热散去。

辐射式防热结构具有以下特点:

(1)受外蒙皮耐高温局限,辐射防热结构只能在较小的热流密度条件下使用。

(2)辐射防热结构受热流密度限制,但不受加热时间的限制。加热时间越长,总加热量越大,防热层的效率越高,对于再入飞行时间较长的返回舱,辐射防热效率较高。

(3)辐射防热结构外形不变,可以重复使用,对于需要较大范围机动飞行又要求重复使用的飞行器比较适用。

辐射蒙皮的选择上,基于再入期间最大热流密度计算得到蒙皮最高温度,再根据最高温度选择蒙皮的材料,选材的范围大致为:

(1)500 ℃以上选用钛合金,500 ℃以下辐射散热的效应很不明显,极少采用。

(2)500~950 ℃,选用以铁、钴、镍为基的高温合金。

(3)1 000~1 650 ℃,选用抗氧化处理后的难熔金属。

(4)1 650 ℃以上,选用陶瓷或 C/C 复合材料等。

高温隔热材料是辐射防热结构中的重要部件,无机非金属材料具有比热容大、热导率低的优点,大多数高温隔热材料主要组分均选用该材料。

美国"双子星座"载人飞船辐射防热结构中,蒙皮为牌号 Rene41 的镍基高温合金(工作温度约 900 ℃);内部承力舱体为钛合金桁条、壳体结构;内外层间采用牌号为 Thermoflex 的纤维隔热材料,桁条与外蒙皮间用颗粒和纤维混合型的超级隔热材料;航天飞机采用了一种轻质新型陶瓷材料系统,可满足多次重复使用。航天飞机上共覆盖了 20 000 块左右高温防热瓦,防热瓦各个块之间留有严格规定的间隙,以便防热瓦之间的伸缩。

3. 烧蚀式防热

烧蚀防热是防热材料在再入热环境中发生一系列物理、化学反应，利用材料质量的损耗获得了吸收气动热的效果。整个烧蚀过程主要包括：当烧蚀防热层表面加热后，烧蚀材料表面温度升高，升温过程中依靠材料本身的热容吸收一部分热量，同时向内部结构通过固体传导方式导入一部分热量。炭化烧蚀材料分层示意图如图 7 – 27 所示。

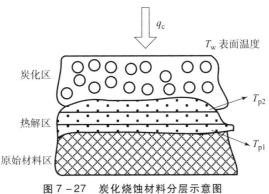

图 7 – 27　炭化烧蚀材料分层示意图

烧蚀过程中炭化烧蚀材料可以分为炭化区、热解区、原始材料区，材料表面的能量平衡关系为

$$Q_7 = (1 - \Psi)Q_c + Q_1 - (Q_2 + Q_3 + Q_4 + Q_5 + Q_6) \quad (7-56)$$

式中：Q_7 为导入结构内部的热量；Q_c 为对表面的气动对流加热；Ψ 为引射因子（热解气体注入热边界层而减小气动加热的系数）；Q_1 为炭层燃气热；Q_2 为表面辐射散热；Q_3 为固体材料热容吸热；Q_4 为材料热解吸热；Q_5 为热解气体温升吸热；Q_6 为炭升华时吸热。

要使传入结构内部的热量 Q_7 减小，必须使所有加热项减小、所有吸热项增加，具体方法有：

（1）热解温度低，热解热大，使 Q_4 增加。
（2）汽化分数高，能产生较多的热解气体注入热边界层，使 Ψ 增加。
（3）热解气体有尽可能高的比热容，Q_5 增加。
（4）材料及炭层密度小，热导率 k 低，比热容 c_p 大，Q_3 增加。
（5）热解后的炭层表面高辐射，使 Q_2 增加，炭层能够抗气流冲刷。

材料性能对于防热能力的影响最为关键。根据基材可将典型的烧蚀材料分为 4 大类，包括塑料基烧蚀材料、橡胶基烧蚀材料、陶瓷基烧蚀材料和金属基烧蚀材料，如表 7 – 7 所示。

表 7-7　典型的烧蚀材料

基材	烧蚀防热材料
塑料基	聚四氟乙烯 环氧聚酰胺树脂，内填充粉末状氧化物 酚醛树脂，内填充有机或无机（如硅、碳）增强物 用非碳化材料预浸的环氧树脂
橡胶基	用微小球填充，并由塑料树脂蜂窝增强的硅橡胶 用带有可升华颗粒的酚醛树脂予以改进的聚丁二烯丙乙烯橡胶
陶瓷基	用酚醛树脂预浸的多孔氧化物陶瓷 氧化物纤维和无机胶粒剂缠绕成的多孔复合材料 在金属蜂窝内热压入氧化物、碳化物和氮化物的烧蚀材料
金属基	孔隙内预浸了低熔点金属（如银），多孔难熔金属 内部含有氧化物填充的热压难熔金属

　　塑料基是目前应用最为广泛的一种烧蚀材料，在高超声速气动加热环境中的反应方式主要是：降解升华（聚四氟乙烯类）、热解（酚醛、环氧等树脂类）、分解—熔化—蒸发（尼龙纤维增强塑料类）。塑料基的主要优点是隔热性能好，制成防热壳的工艺好；主要缺点是暴露在高气动剪切力条件下时机械剥蚀严重，对高热载荷不太适用。Apollo 载人飞船采用的就是在玻璃钢蜂窝内填充以酚醛/环氧树脂为基体的烧蚀材料，在树脂基体内添加了石英纤维和空心酚醛小球，酚醛小球有利于降低密度、提高隔热性，添加石英纤维并采用玻璃钢蜂窝增强可大大提高材料和烧蚀后防热表面的抗气动剪切作用。

　　硅橡胶与其返回舱再入环境最匹配，即热导率低，在低热流密度（1 000 kW/m²）条件下烧蚀热效率高、热解温度低、塑性好、抗氧化性高、密度低、与金属结构匹配性佳。烧蚀后的固体产物在烧蚀层表面形成一层炭化层，既可以维持表面的高辐射散热特性，又是一个良好的隔热层。维持烧蚀表面的炭层坚固不掉，对保证高的烧蚀防热效率至关重要，因此在橡胶基烧蚀材料里还添加了许多其他成分（如各类小球和纤维）。为了降低材料的密度和热导率，还常在烧蚀材料里添加酚醛或玻璃空心微球。

7.3.3　防热方案

　　近地轨道再入速度高达 7.8 km/s，载人飞船返回舱前方激波温度可达

8 000 ℃，整个舱体将被高温热流气体包围，必须采取有效的防热措施。为了防热，首先采用钝头体外形，以降低总加热量，使气动热降低到初始动能的1%以下。在采用合理的气动外形后，返回舱结构温度仍有可能高于 900 ℃，铝合金和钛合金等结构无法承受，必须使用特殊的防热材料。

中国"神舟"载人飞船返回舱采用全烧蚀防热方案，设计研制了两种低密度烧蚀防热材料（密度为 0.71 g/cm³ 的蜂窝增强低密度烧蚀材料 H96，密度为 0.54 g/cm³ 的蜂窝增强低密度烧蚀材料 H88）和一种中密度烧蚀防热材料（密度为 1.4 g/cm³ 的纤维增强中密度烧蚀材料 MD2）。防热结构主要由两部分组成：侧壁防热层和烧蚀大底。侧壁位于再入飞行后方；烧蚀大底位于飞行前方，属于迎风面，热流密度高。由于两部分结构的气动加热差别大，所以采用了不同的结构形式。返回舱侧壁迎风面和背风面的热流密度以及总加热量相差一个数量级以上，迎风面采用 H96 材料，背风面采用 H88 材料，这种设计不仅良好地适应了不同部位的热流条件，也使防热层质量分布符合整舱质心配置的需求。对于返回舱上的 20 多个舱盖，边缘采用了中等密度的酚醛/玻璃复合材料防热环，与低密度防热材料实现结构拼接，防止出现开口边缘破坏。防热大底是整个返回舱上热载荷最大的部位，结构最为复杂，由烧蚀层、背壁结构层和边缘防热环组成。烧蚀层是厚度为 35 mm、密度为 0.75 g/cm³ 的硅基烧蚀材料填充入玻璃钢蜂窝内而成的；背壁结构是厚度为 30 mm 的玻璃钢夹层结构；防热环由密度为 1.35 g/cm³ 的玻璃短纤维与酚醛树脂压制而成。烧蚀防热主要由大底外层承担，承压和隔热则由内层承担，边缘防热环可以同时承受再入时较大的热载荷和气动剪切。

美国航天飞机机身为铝合金结构，最高设计温度为 175 ℃。根据再入时的加热环境，航天飞机整体防热布局划分为机身、前缘、特殊部位三大区域，并采用了 4 种不同的防热结构：

（1）碳纤维增强结构（Reinforced Carbon - Carbon，RCC）：位于机身鼻锥帽、机翼前缘等加热最为严重的部位，经统计，航天飞机各次飞行任务的表面最高温度范围为 1 260~1 650 ℃，外观呈黑色。

（2）高温防热瓦（High temperature Reusable Surface Insulation，HRSI）：位于机身中、前段和机翼下表面等迎风面，属于 40°攻角飞行时第二高热流区域，总计 20 000 余块，经统计，航天飞机各次飞行任务的表面最高温度范围为 648~1 260 ℃，外观呈灰黑色。

（3）低温防热瓦（Low temperature Reusable Surface Insulation，LRSI）：位于机身中、前段和上表面等背风面，总计 7 000 余块，经统计，航天飞机各次飞行任务的表面最高温度范围为 371~648 ℃，外观呈白色。

（4）柔性可重复使用表面隔热材料（Flexible temperature Reusable Surface Insulation，FRSI）：用于表面最高温度低于 371 ℃ 的部位，外观为柔性的毡状物。

航天飞机发生过两次严重事故，其中 2003 年"哥伦比亚号"再入时发生爆炸解体，经调查认定发射过程中低温贮箱外保温材料脱落砸中左机翼前缘的防热结构，再入返回时高温气流烧毁了被撞击的防热瓦，导致惨剧发生。

7.4 着陆起飞稳定技术

7.4.1 着陆缓冲与起飞稳定

着陆缓冲主要是缓解最后接触行星表面时的过载，防止结构和内部设备受冲击损坏，该过载是由于着陆时残留速度引起的。同时，着陆缓冲结构也能为着陆和起飞建立稳定合理的状态，防止着陆器倾覆。已有行星着陆器主要采用着陆腿、气囊、控制悬吊等着陆缓冲方式，不同着陆缓冲方式如表 7-8 所示。

表 7-8 不同着陆缓冲方式对比

系统类型		着陆腿机构	气囊缓冲装置	空中悬吊装置
	主要部件	着陆腿、缓冲器、展开锁定机构	气体发生器、气囊组件、缩回与展开机构	控制悬吊机及其推进系统
基本性能	质量	较大	小	一般
	复杂性	相对简单	简单	较复杂
	性能可调性	基本不可调	性能参数可调	推力可调
	着陆稳定性和适应性	在着陆时基本可以防止倾覆，但在不平坦表面可能发生倾覆，适应性受到限制	着陆时提供大且稳定的"轴距"，在斜坡和有小岩石的粗糙地形上可稳定着陆，有风着陆时能抵抗滚转；因为有气囊缓冲，着陆后着陆器本体保持离开地面	巡视器被直接安全地送到表面，反推发动机与触地动作隔离，远离表面，提供低速稳定触地

续表

系统类型		着陆腿机构	气囊缓冲装置	空中悬吊装置
特点	主要优点	结构相对简单可靠	质量小，结构简单，包装体积小，成本较低，性能可调，技术程度高，稳定性好	着陆速度低，冲击小，安全可靠
	主要缺点	着陆稳定性受限制	易被刺破而受损	系统复杂，控制难度大
	适用范围	可用于较大型或着陆后需要返回的着陆器	适应星球表面的各种变化，如小块岩石和斜坡；适于着陆速度较大、体积较小或着陆后不再返回的着陆器	适用于未来在行星表面的新型着陆方式
	任务应用	（1）月面着陆器：苏联月球-16和LK系列，美国"勘探者"和Apollo载人登月舱，中国"嫦娥"月球着陆器；（2）火星着陆器：苏联火星-3、火星6，美国"海盗号"和"凤凰号"	（1）月面着陆器：苏联月球-9、月球-13，美国早期的月球着陆器；（2）火星着陆器：美国"火星探路者"、火星探测巡视器，欧洲"猎兔犬2号"和火星生物学；（3）水星着陆器：欧洲"贝皮-哥伦布"	火星着陆器MSL

月球或火星表面着陆缓冲一般采用着陆腿式机构，由着陆腿、缓冲器、足垫、展开锁定机构等部分组成，相应的功能为：

（1）着陆腿：保证着陆稳定性，支撑着陆器上的结构和设备，为后续起飞提供发射平台。

（2）缓冲器：着陆缓冲过程中吸收全部或者大部分能量，保护着陆器不受损坏。

（3）足垫：着陆过程中吸收部分能量，增加着陆器与行星表面接触面积，避免陷落，增加水平方向制动能力，增大地形适应能力。

（4）展开锁定机构：展开并锁定着陆腿，并起到辅助支撑作用。

缓冲器是着陆缓冲机构的关键部件，目前有6种类型，包括：

（1）液压/气压缓冲器：以气体、液体或者气液混合物作为缓冲介质，调节压缩工质压力来调节压缩行程。

(2) 金属结构变形缓冲器：利用金属结构塑性变形或者被切削来吸收能量，一般用于载人飞船返回舱着陆缓冲，如"联盟号"飞船返回舱航天员座椅胀筒缓冲器。

(3) 铝合金蜂窝缓冲器：支柱内部填充铝蜂窝材料，屈服变形时吸收能量，在深空探测领域有广泛的应用，如 Apollo 登月舱、苏联 LK 系列无人着陆器。

(4) 机械式缓冲器：包括纯机械、电动机械、电磁缓冲等类型，组成比较复杂。

(5) 磁流变液缓冲器：将磁流变液作为阻尼材料，利用磁场变化改变液体黏度，从而得到理想的阻尼缓冲力。

(6) 金属橡胶缓冲器：利用金属丝之间的摩擦来消耗吸收能力，在高温、高压、超低温和剧烈振动环境中仍具备调节能力。

美国 Apollo 载人登月工程的登月舱的着陆缓冲子系统由多套着陆缓冲机构组成，在综合考虑质量分配和着陆稳定性等因素后，选用了 4 套着陆缓冲机构均布的方案。为了满足发射包络的要求，Apollo 载人登月舱着陆缓冲机构具备收拢展开功能。发射时着陆缓冲机构处于收拢状态，一方面可以减小发射时的包络尺寸，另一方面可以增强着陆缓冲机构的刚度，增强其承受发射过载的能力，如图 7-28 所示。着陆腿的结构为"悬臂式"，主要由主支柱、辅助支柱、展开锁定装置以及足垫组成，在主支柱和辅助支柱上均有相应的缓冲器。辅助缓冲器的设置，使得着陆腿不仅能缓冲垂直方向的冲击，还可以缓冲横向冲击。着陆器通过铝蜂窝材料的变形来实现缓冲吸能，该方法具有缓冲能力大，结构质量轻，缓冲特性对温度和其他空间环境不敏感的突出优点。

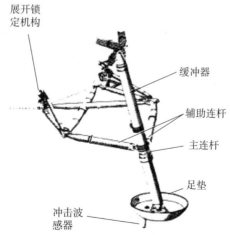

图 7-28　Apollo 登月舱着陆腿组成

（图片来源于 NASA 的 Apollo 载人登月工程总结报告）

着陆机构的每条着陆腿都含有 1 条主支柱。主支柱为圆柱形活塞结构，中间填充了缓冲材料（铝蜂窝），以吸收着陆时的冲击载荷。主支柱的一端与登月舱的本体相连，另一端通过球铰和足垫相连，在月面为登月舱提供有效支撑。主支柱的最大可压缩长度为 0.81 m。每条着陆腿包含两条辅助支柱。辅助支柱的结构组成与主支柱相似，也是圆柱形的活塞结构，内部填充了铝蜂窝材料。辅助支柱的一端和主支柱相连，另一端和展开、锁止机构相连。它一方面可以吸收着陆时横向冲击载荷，另一方面可以提高主支柱的支撑刚度，从而保证登月舱在月面的安全着陆。展开锁止机构主要由连杆、扭簧、凸轮组成。当着陆腿即将展开时，火工装置解锁，扭簧驱动连杆推动支柱展开。着陆腿完全展开后，凸轮随动装置到达某一位置，锁定着陆腿。每条着陆腿的末端安装一个足垫。通过球铰和主支柱相连的足垫也由铝蜂窝材料加工而成。这种大直径的足垫可以保证登月舱在较软的月面着陆时不会因冲击而造成深度下陷。另外，当冲击较大时，足垫可以起到缓冲作用。图 7-29 给出了 Apollo 登月舱着陆缓冲主支柱蜂窝的缓冲吸能曲线示意图。

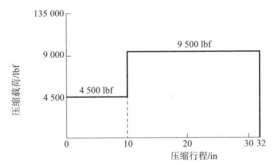

图 7-29　Apollo 登月舱着陆缓冲主支柱蜂窝的缓冲吸能曲线示意图
（图片来源于 NASA 的 Apollo 载人登月工程总结报告）

中国"嫦娥三号"无人月球着陆器通过 4 套着陆缓冲机构实现月面着陆缓冲，如图 7-30 所示。着陆最终阶段依靠着陆缓冲机构缓冲着陆瞬时受到的冲击载荷，实现着陆器在月面的稳定、安全着陆。着陆缓冲机构长期稳定地支撑着陆器，为顺利释放巡视器及保障相关有效载荷的正常工作创造条件。

着陆缓冲机构主要结构采用铝蜂窝材料，用于缓冲着陆时的冲击载荷，需要将多段铝蜂窝材料串联使用，不仅可以降低加工难度，还可以通过组合得到期望的缓冲输出曲线，对着陆缓冲结构压溃过程进行控制。铝蜂窝结构压溃变形时，其缓冲能力具有多个特点：一是具有较长的平台特性，二是不同冲击速度下缓冲力会略有区别，三是冲击过程中铝蜂窝可能会失稳。铝蜂窝材料的压溃过程如图 7-31 所示。

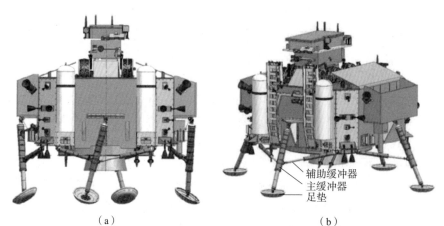

图 7-30 "嫦娥三号"月面着陆器着陆缓冲机构

（图片来源于《航天器工程》）

（a）正视图；（b）侧视图

图 7-31 铝蜂窝材料压溃过程

（图片来源于《航天器工程》）

月面着陆缓冲需要吸收的能量主要包括着陆瞬时动能和缓冲器工作，以及足垫下陷引起的着陆器重力势能变化量，即

$$W = \frac{1}{2}mv_v^2 + mg_L H \quad (7-57)$$

式中：H 为着陆瞬时整器质心下降高度；g_L 为月球重力加速度。

单个主缓冲器的最大吸能能力为

$$A_{\max} = a_0 W \quad (7-58)$$

式中：a_0 为常数，与着陆面形貌、机械特性、初始着陆速度以及具体机构构型均有关。

辅助缓冲器主要用于缓冲水平载荷，初步设计中可以认为单个辅助缓冲器需要吸收整器水平方向动能，则其吸收能力要求为

$$B_{\max} = \frac{1}{2}mv_h^2 \qquad (7-59)$$

7.4.2 发动机羽流防护与导流

行星表面起飞时发动机工作会产生强烈的羽流喷焰,由于在真空以及低微重力环境中,发动机喷射出的气体将迅速膨胀变得越来越稀薄,并且可以延伸得很远形成羽流。部分羽流会回流并与飞行器表面撞击,会对飞行器光学器件、热控涂层以及太阳能帆板等产生损坏。同时,如果没有适当的导流装置,起飞过程中羽流被起飞平台反射将对上升飞行器产生复杂的气动力、热作用,影响起飞安全,必须采取有效的羽流导流与防护措施。

在羽流研究分析中,努森(Knudsen)数(Kn)是用于表征气体稀薄程度的数,量纲为1,其定义为

$$Kn = \lambda/L = \lambda/|Q/\nabla Q| \qquad (7-60)$$

式中:λ 为平均自由程;L 为特征尺度;Q 为某个具体物理量(如密度、温度、速度等);$|Q/\nabla Q|$ 为基于物理量梯度的当地特征尺度。

根据 Kn,可将气体流动状态划分为4个流区,如图7-32和表7-9所示。

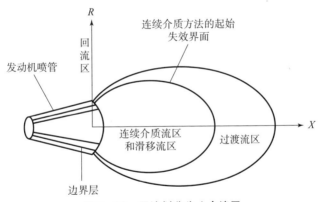

图7-32 羽流划分为4个流区

表7-9 羽流气体流动状态的4个流区

Kn	流区
$Kn < 0.001$	连续介质流区
$0.001 < Kn < 0.1$	滑移流区
$0.1 < Kn < 10$	过渡流区
$Kn > 10$	自由分子流区

在连续介质流区，可以通过连续介质控制方程［如 Navier – Stokes（N – S）方程］来描述气体流动；在滑移流区，仍然可以通过经边界滑移（即速度滑移和温度跳跃）修正后的连续介质方程来描述气体流动；在自由分子流区，必须基于分子（或粒子）的观点来描述，此时控制方程为无碰撞项的 Boltzmann 方程；而对于过渡领域流的研究，目前尚无完善的理论，与之对应的数学方程是完全的 Boltzmann 方程。目前，能够比较成功地模拟自由分子流和过渡领域流的数值方法是直接模拟蒙特卡洛方法（Direct Simulation of Monte Carlo，DSMC），然而这种方法在模拟运动边界，尤其在处理可变性自由运动边界问题时面临很大的难度。

对于羽流场仿真问题，曾经广泛使用基于连续介质假设的 Simons 方法和特征线法（Method of Characteristics，MOC）。Simons 方法是在 1972 年提出的一种羽流点源模型，是一种工程估算方法，当流场特征尺度远大于喷管出口尺度时，认为羽流从喷管出口中心处直线射出，呈轴对称锥状。假设密度按照与距离 r 的平方成反比的关系衰减，并依赖于流线与轴线的夹角 θ，有

$$\rho(r,\theta) = Af(\theta)/r^2 \qquad (7-61)$$

式中：A 和 f 为待定函数。

20 世纪 70 年代到 90 年代初，由于计算机性能有限，求解三维完全 N – S 方程组较为困难，因此在连续介质流体力学理论的基础上发展了 MOC 方法。其假设流动沿流线等熵，无激波和滑移现象，气体是完全气体并且比热比恒定。气体从喷管流出时，将形成普朗特 – 迈耶膨胀波，其中每一条马赫线都是特征线，沿特征线，N – S 偏微分控制方程组将退化为常微分方程组，大大简化了计算。20 世纪 90 年代后期，计算机技术得到了迅速发展，已经有能力求解三维完全 N – S 方程组，因此一般不再使用 Simons 模型和 MOC 方法。

随着计算机计算能力的提高和计算方法的发展，求解 N – S 方程的计算流体动力学（Computational Fluid Dynamics，CFD）方法与 DSMC 方法的耦合逐渐被应用到研究发动机羽流效应中。NASA 应用 CFD 方法与数字模拟转换器（Digital Analogue Converter，DAC）软件结合进行了航天飞机的化学推进发动机羽流场分析。CFD 用于计算发动机内部及发动机出口附近密度较高的流场，DSMC 用于计算外部稀薄流场。耦合 CFD 方法与 DSMC 方法对全流域进行模拟已经成为重要的发展趋势。目前，国际上两款典型的羽流计算软件分别是由 NASA 约翰逊空间中心开发的 DAC 软件和俄罗斯理论和应用力学研究所开发的 SMILE 软件，这两款软件都基于 DSMC 方法，都能够对真空羽流的气动力、热效应进行数值模拟，具有较强的通用性。

第 7 章 载人行星进入减速着陆与起飞技术

受数值模拟技术的制约，Apollo 登月舱研制中主要通过试验的手段对月面起飞羽流效应进行了研究，先后开展了缩比地面试验、全尺寸地面试验、起飞综合试验，并在 Apollo-5 的飞行中进行了试验研究。在缩比模型羽流导流试验中初步确定选用基于导流装置的侧向导流方式，在全尺寸发动机试验中验证了发动机能够经受月面起飞初期有限导流空间内近距离激波的各种影响，并开展了地面综合试验验证了羽流扰动对上升级飞行在姿态控制系统可控范围内，发动机可正常工作，最后在 Apollo-5 搭载试验中完成了两级分离试验，获得了真空条件下的试验数据，对羽流效应及其防护措施的有效性进行了充分的验证。上升级和下降级之间最终采用了球面型导流方案，用于对上升级起飞过程中上升主发动机的羽流导流。Apollo-16 任务首次利用遥控摄像机获得了登月舱上升级从月面起飞上升的过程。图 7-33 所示为 Apollo 登月舱上升级射流导流槽示意图，图 7-34 所示为 Apollo-16 任务中对月面起飞羽流情况进行摄像分析。

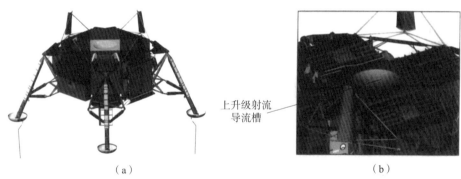

图 7-33 Apollo 登月舱上升级射流导流槽
（图片来源于 NASA 的 Apollo 载人登月工程总结报告）
（a）正视图；（b）局部放大的顶视图

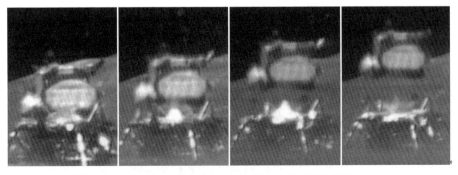

图 7-34 Apollo-16 任务中对月面起飞羽流情况进行摄像分析
（图片来源于 NASA 的 Apollo 载人登月任务总结报告）

"星座计划"中 NASA 约翰逊航天中心研究人员使用 CFD/DSMC 解耦方法,对月面着陆器上升级起飞初始的喷流情况进行分析,得到了作用在上升级的力和力矩的初步结果。分析中分别采用了反应多相方法模拟上升发动机喷管附近连续区域的喷流,再使用 DSMC 方法模拟稀薄气体部分对结构的冲击作用。由于 DSMC 在处理动态边界问题时的难度过大,分析采用了流程与边界运动解耦的方式,对多种高度和多种俯仰偏航姿态的上升级逐一进行模拟分析。图 7-35 和图 7-36 所示为"星座计划"中月面着陆器上升级分离起飞羽流分析示意图。

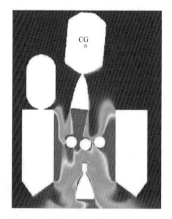

图 7-35 "星座计划"中月面着陆器上升级分离起飞羽流分析(一)
(图片来源于 NASA 的"星座计划"任务设计报告)

图 7-36 "星座计划"中月面着陆器上升级分离起飞羽流分析(二)
(图片来源于美国 AIAA 报告)

针对"星座计划"中提出的 DASH 月面着陆器,开展了一阶静态羽流分析，得到了着陆最后阶段或者起飞初始阶段发动机喷流中的马赫数情况。仿真模拟了两个发动机以最大推力同时开机的极端工况，验证了所设计导流防护装置的应用效果。相比静态仿真，动态仿真能够模拟整个月面着陆器上的力热过载，为防护导流装置设计提供可靠的依据。初步仿真分析表明，发动机安装位置较高有利于降低羽流扰动影响，允许着陆器以较低垂直速度和较低月面高度接触月面，大幅降低着陆关机后的冲击。

思考题

1. 简述载人 EDLA 技术与无人 EDLA 技术相比的差异。
2. 简述载人月面着陆与起飞的过程。
3. 载人火星 EDLA 方案的中升阻比方案与高超声速充气气动减速方案是什么？哪种方案更好？为什么？
4. 载人月面着陆与起飞 GNC 技术中考虑哪些内容？请举例说明。
5. 载人火星大气进入 GNC 技术中考虑哪些内容？请举例说明。
6. 常用的进/再入热防护方式有哪些？请举例说明防热方案。
7. 着陆起飞稳定性分析需重点考虑哪些内容？请举例说明。
8. 发动机羽流防护与导流分析的意义是什么？请举例说明。

参 考 文 献

[1] 中国科学院. 中国学科发展战略——载人深空探测［M］. 北京：科学出版社，2016.

[2] 孙泽洲，等. 深空探测技术［M］. 北京：北京理工大学出版社，2018.

[3] 解永春，雷拥军，郭建新. 航天器动力学与控制［M］. 北京：北京理工大学出版社，2018.

[4] 王希季. 航天器进入与返回技术（上、下）［M］. 北京：中国宇航出版社，2005.

[5] 杨嘉墀. 航天器轨道动力学与控制［M］. 北京：中国宇航出版社，2005.

[6] ［俄］A·C·卡拉杰耶夫. 载人火星探测［M］. 赵春潮，王苹，魏勇，译. 北京：中国宇航出版社，2010.

[7] 余莉. 飞行器救生及个体防护技术［M］. 北京：国防工业出版社，2015.

[8] 荣伟，叶培建，张洪太. 航天器进入下降与着陆技术［M］. 北京：北京理工大学出版社，2018.

[9] ［美］拉尔森·普兰克. 载人航天任务分析与设计（上、下）［M］. 邓宁

丰，张海联，等，译. 北京：中国宇航出版社，2016.

[10] 赵育善，师鹏，张晟. 深空飞行动力学［M］. 北京：中国宇航出版社，2016.

[11] 房建成，宁晓琳. 深空探测器自主天文导航方法［M］. 西安：西北工业大学出版社，2010.

[12] 崔平远，胡海静，朱圣英. 火星精确着陆制导问题分析与展望［J］. 宇航学报，2014，35（3）：245-253.

[13] 崔平远，乔栋，朱圣英，等. 行星着陆探测中的动力学与控制研究进展［J］. 航天器环境工程，2014，31（1）：1-8.

[14] 李爽，江秀强. 火星EDL导航、制导与控制方案综述与启示［J］. 宇航学报，2016，37（5）：499-512.

[15] 李爽，彭玉明，陆宇平. 火星EDL导航、制导与控制技术综述与展望［J］. 宇航学报，2010，31（3）：621-627.

[16] 韩鸿硕，王一然，蒋宇平. 国外深空探测器着陆缓冲系统的特点及应用［J］. 航天器工程，2012，21（6）：7-24.

[17] 巩庆海，宋征宇，吕新广. 迭代制导在月面上升段的应用研究［J］. 载人航天，2015，21（3）：231-237.

[18] 杨孟飞，张熇，张伍，等. 探月三期月地高速再入返回飞行器技术设计与实现［J］. 中国科学：技术科学，2015，45（2）：111-123.

[19] 田林，安金坤，彭坤，等. 美国梦神号行星着陆器原型系统发展及启示［J］. 航天器工程，2015，24（5）：105-111.

[20] 果琳丽，王平，梁鲁，等. 载人月面着陆及起飞技术初步研究［J］. 航天返回与遥感，2013，34（4）：10-16.

[21] 刘昌波，兰晓辉，李福云. 载人登月舱下降发动机技术研究［J］. 火箭推进，2011，37（2）：8-13.

[22] 岳帅，聂宏，张明，等. 一种用于垂直降落重复使用运载器的缓冲器性能分析［J］. 宇航学报，2016，37（6）：646-655.

[23] 林轻，聂宏，徐磊，等. 月球着陆器软着陆稳定性关键影响因素分析［J］. 南京航空航天大学学报，2012，44（2）：152-158.

[24] 万峻麟，聂宏，李立春，等. 月球着陆器着陆性能及多因素影响分析［J］. 南京航空航天大学学报，2010，42（3）：288-293.

[25] 田林，戚发轫，果琳丽，等. 载人月面着陆地形障碍探测与规避方案研究［J］. 航天返回与遥感，2014，35（6）：11-19.

[26] 李爽，江秀强. 火星进入减速器技术综述与展望［J］. 航空学报，2015，

36（2）：422-440.

[27] 张洪华，关轶峰，黄翔宇，等. 嫦娥三号着陆器动力下降的制导导航与控制[J]. 中国科学：技术科学，2014，44（4）：377-384.

[28] [英] 鲍尔茨，等. 行星着陆器和进入探测器[M]. 殷前根，等，译. 北京：中国宇航出版社，2010.

[29] 张鲁民，潘海林，唐伟. 载人飞船返回舱空气动力学[M]. 北京：国防工业出版社，2002.

[30] 赵梦熊. 载人飞船空气动力学[M]. 北京：国防工业出版社，2000.

[31] 李桦，田正雨，潘沙. 飞行器气动设计[M]. 北京：科学出版社，2017.

[32] 杨建中. 航天器着陆缓冲机构[M]. 北京：中国宇航出版社，2015.

[33] 王镓，周占永，荣志飞，等. 基于视觉的嫦娥四号探测器着陆点定位方法[C]. 第五届载人航天学术大会，2018：575-583.

[34] 孙武，蒋清富，刘佳，等. 载人月面着陆测量避障敏感器关键技术研究[C]. 第五届载人航天学术大会，2018：625-632.

[35] 侯振东，张柏楠，田林，等. 考虑相对测量约束的载人着陆器月面上升交会策略分析[C]. 第五届载人航天学术大会，2018：654-660.

[36] 王斌，王永滨，吕智慧，等. 新型载人月面着陆缓冲装置技术研究[C]. 第五届载人航天学术大会，2018：742-746.

[37] 王永滨，蒋万松，王磊，等. 载人登月月面软着陆缓冲装置设计与分析[J]. 航天返回与遥感，2015，36（6）：22-28.

[38] 陈金宝，聂宏，赵金才. 月球探测器软着陆缓冲机构关键技术研究进展[J]. 宇航学报，2008，29（3）：10-20.

[39] 黄铁球. 基于RecurDyn的动力学与控制一体化仿真模式研究[J]. 航天控制，2010（8）：10-20.

[40] 黄铁球，邢琰，腾宝毅. 一种新的基于Adams与C/C++语言的模块化协同化仿真模式[J]. 航天控制，2011，1（29）：10-20.

[41] 高峰，荆武兴，杨源. 载人月球探测器软着陆制导控制方法研究[C]. 第五届载人航天学术大会，2018：752-761.

[42] 李骥，刘涛. 一种月面上升-交会联合制导律设计[C]. 第五届载人航天学术大会，2018：780-785.

[43] 贾阳，任德鹏，赵洋. 月球基地高精度着陆技术分析[C]. 第五届载人航天学术大会，2018：798-804.

[44] 王卫华，谭天乐，贺亮. 基于组合导航的月面起飞自主对准技术[J].

载人航天,2014,20(4):296-300.

[45] 孔翔. 月面起飞初始对准及惯性器件标定技术研究[D]. 哈尔滨:哈尔滨工业大学,2011.

[46] 果琳丽. 载人月面上升轨道优化与控制技术研究[D]. 西安:西北工业大学,2013.

[47] 李建国,崔平远,居鹤华. 基于恒星敏感器的月球车航向角确定算法[J]. 控制工程,2007,14(B05):84-87.

[48] 周晚萌,李海阳,王华,等. 基于SIM仿真平台的载人登月软着陆任务研究[C]. 第五届载人航天学术大会,2018:475-483.

[49] 彭祺擘,李海阳,沈红新. 基于高斯-伪谱法的月球定点着陆轨道快速化设计[J]. 国防科技大学学报,2012,34(2):119-124.

[50] 李晨光,果琳丽,王平. 登月舱月面上升制导方案初步研究[C]. 第二届载人航天学术大会,2012:214-219.

[51] 曾福明,杨建中,满剑锋,等. 月球着陆器着陆缓冲机构设计方法研究[J]. 航天器工程,2011(2):46-51.

[52] 穆荣军,吴鹏,李云天,等. 载人月面高精度下降着陆技术综述[C]. 第五届载人航天学术大会,2018:814-822.

[53] 候振东,张柏楠,田林,等. 考虑相对测量约束的载人着陆器月面上升交会策略分析[C]. 第五届载人航天学术大会,2018:654-660.

[54] 彭坤,彭睿,黄震,等. 求解最优月球软着陆轨道的隐式打靶法[C]. 第五届载人航天学术大会,2018:661-669.

[55] 荣伟. 火星探测器减速着陆技术研究[D]. 北京:中国空间技术研究院,2008.

[56] 陈国良. 航天器回收着陆技术[J]. 航天返回与遥感,2000(01):9-15.

[57] 王永滨,姜毅,丁弘,等. 火星着陆器扶正展开动力学研究[J]. 航天返回与遥感,2015(01):24-31.

[58] 荣伟,高树义,李健,等. 神舟飞船降落伞系统减速策略及其可靠性验证[J]. 中国科学:技术科学,2014,44:251-260.

[59] 荣伟,王学,贾贺,等. 神舟号飞船回收着陆系统可靠性分析中的几个问题[J]. 航天返回与遥感,2011,32:19-25.

[60] 荣伟,贾贺,陈旭. 火星探测减速着陆系统开伞点选择初步探讨[J]. 深空探测研究,2010,8(4):7-10.

[61] 荣伟. 载人飞船回收着陆分系统可靠安全性设计与验证[J]. 航天器环

境工程,2009,26(5):466-469.

[62] 荣伟,陈旭,陈国良. 火星探测减速着陆系统开伞控制方法研究[J]. 航天返回与遥感,2007,28(4):6-11.

[63] 崔平远,于正湜,朱圣英. 火星进入段自主导航技术研究现状与展望[J]. 宇航学报,2013,34(4):447-456.

[64] 陈金宝,聂宏,陈传志,等. 载人登月舱设计及若干关键技术研究[J]. 宇航学报,2014,35(2):125-136.

[65] 沈祖炜. Apollo 登月舱最终下降及着陆综述(最终着陆姿态以及月尘的影响)[J]. 航天返回与遥感,2008,29(1):11-15.

[66] 顾先冰. 航天器再入与着陆降落伞系统分析[J]. 航天返回与遥感,2000,21(3):12-16.

[67] 李爽,彭玉明. 星际着陆自主障碍检测与规避技术综述[J]. 航空学报,2010,31(8):1584-1592.

[68] 陈克俊. 飞船返回再入制导方法研究[J]. 国防科技大学学报,1997,19(6):31-35.

[69] 吴伟仁,李骥,黄翔宇,等. 惯导/测距/测速相结合的安全软着陆自主导航方法[J]. 宇航学报,2015,36(8):893-899.

[70] 张洪华,梁俊,黄翔宇,等. 嫦娥三号自主避障软着陆控制技术[J]. 中国科学:技术科学,2014,44(6):559-568.

[71] 王大轶,郭敏文. 航天器大气进入过程制导方法综述[J]. 宇航学报,2015,36(1):1-8.

[72] 贾贺,荣伟,江长虹,等. 探月三期月地高速再入返回器降落伞减速系统设计与实现[J]. 中国科学:技术科学,2015,45(2):185-192.

[73] 蔡国飙,贺碧蛟. PWS 软件应用之探月着陆器羽流效应数值模拟研究[C]. 2009 年空间环境与材料科学论坛论文集,2009.

[74] 唐振宇,贺碧蛟,蔡国飙. 解耦 N-S/DSMC 方法计算推力器真空羽流的边界条件研究[J]. 推进技术,2014,35(7):897-904.

[75] 张晓文,王大轶,黄翔宇. 深空自主光学导航观测小行星选取方法研究[J]. 宇航学报,2009,30(3):947-953.

[76] 王立武,王永滨,吕智慧. 新型载人月面着陆缓冲装置技术研究[C]. 第五届载人航天学术大会,2018:742-746.

[77] NASA Apollo guidance and navigation final report[R]. NASA-CR-136720,1961.

[78] Allan R K. Apollo guidance navigation and control[R]. MIT Charles Stark

Draper Laboratory, Massachusetts, 1971.

[79] Holley M D, Swingle W L, et al. Apollo experience report guidance and control systems Primary guidance, navigation, and control system development [R]. NASA Technical Note, NASA TN D-8227, 1976.

[80] Raymond E W. Apollo experience report guidance and control systems [R]. NASA Technical Note, NASA TN D-8249, 1976.

[81] Vaugban C A, Villemarette R, Karakulko W, et al. Apollo experience report Lunar module reaction control systems [R]. NASA Technical Note, NASA TN-D-6740, 1972.

[82] NASA. Apollo-12 mission report [R]. NASA-TM-X-74200, N76-78038, 1970.

[83] Hackler C T, Brickel J R, et al. Lunar module pilot control considerations [R]. NASA Technical Note, NASA TN-D-4131, 1968.

[84] Braun R D, Manning R M. Mars exploration entry, descent, and landing chanllenges [J]. Journal of Spacecraft and Rockets, 2007, 44(2): 310-323.

[85] Li S, Jiang X Q. Review and prospect of guidance and control for Mars atmospheric entry [J]. Progress in Aerospace Science, 2014, 69: 40-57.

[86] San Martin A M, Wong E C, Lee S W. The development of the MSL guidance, navigation, and control systems for entry, descent, and landing [C]. 23rd AAS/AIAA Space Flight Mechanics Meeting, AAS 213-238, 2013.

[87] Topcu U, Casoliva J, Mease K D. Fuel efficient powered descent guidance for Mars landing [C]. AIAA 2005-6286, AIAA guidance, navigation, and control, 2005.

[88] Giuliano V J, Leonard T G, Adamski W M, et al. CECE: A deep throttling demonstrator cryogenic engine for NASA's lunar lander [R]. AIAA-2007-5480, 2007.

[89] Dutta S, Braun R D, Russell R P, et al. Comparison of statistical estimation techniques for Mars entry, descent, and landing reconstruction from MEDLI-like data sources [C]. 50th AIAA Aerospace Sciences Meeting including the New Horizons Forum and Aerospace Exposition, AIAA 2012-0400, 2012.

[90] Garei a-Llama E. Apollo-derived terminal control for bankmodulated Mars entries with altitude maximization [C]. AIAA Guidance, Navigation and Control Conference and Exhibit, AIAA 2008-6819, 2008.

[91] Mendeck G F, McGrew L C. Post-flight EDL entry guidance performance of the 2011 Mars science laboratory mission [C]. 23rd AAS/AIAA Space Flight Mechanics Meeting, AAS 413-419, 2013.

[92] Braun R D, Manning R M. Mars exploration entry, descent, and landing challenges [J]. Journal of Spacecraft and Rockets, 2007, 44 (2): 310-323.

[93] Lee A Y, Strahan A, Tanimoto R, et al. Preliminary characterization of the Altair lunar lander slosh dynamics and some implications for the thrust vector control design [C]. AIAA Guidance, Navigation, and Control Conference, AIAA 2010-7721, 2010.

[94] Lee A Y, Ely T, Sostaric R, et al. Preliminary design of the guidance and control system of the Altair lunar lander [C]. AIAA Guidance, Navigation, and Control Conference, AIAA 2010-7717, 2010.

[95] Kos L D, Polsgrove T P, Sostaric R R, et al. Altair descent and descent reference trajectory design and initial dispersion analysis [C]. AIAA Guidance, Navigation, and Control Conference, AIAA 2010-7720, 2010.

[96] Johnson A E, Montgomery J F. Overview of terrain relative navigation approaches for precise lunar landing [C]. IEEE Automatic Conference, 2008.

[97] Gaskell R, Rarnouin-Jha O, Scheeres D, et al. Landmark navigation studies and target characterization in the Hayabusa encounter with Itokawa [C]. AIAA/AAS Astrodynamics Specialist Conference and Exhibit, AIAA 2006-6660, 2006.

[98] Paschall S, Brady T, Fill T, et al. Lunar landing trajectory design for onboard hazard detection and avoidance [C]. 32nd Annual AAS Guidance and Control Conference, AAS 09-075, 2009.

[99] Henderson R L, Taylor J, Goldfinger A D. An investigation of potential performance impacts of the lander descent engine plume on a laser sensing system for precision lunar landing [C]. AIAA Guidance, Navigation, and Control Conference, AIAA 2009-5806, 2009.

[100] Brady T, Bailey E, Crain T, et al. ALHAT system validation [C]. 8th International ESA Conference on Guidance, Navigation and Control Systems, 2011.

[101] Mueller E, Bilimoria K D, Frost C. Improved lunar lander handling qualities through control response type and display enhancements [R]. AIAA, 2010.

[102] Braun R D, Manning R M. Mars exploration entry, descent, and landing chal-

lenges [C]. Jounal of Spacecraft and Rockets, 2007 (44): 310 – 323.

[103] Boyd J W, Bugos G E. Mars exploration – contributions of NASA ames research center [C]. AIAA Space 2012 Conference and Exposition, AIAA 2012 – 5313, 2012.

[104] Drake B G. Human exploration of Mars design reference architecture 5.0 [R]. Lyndon B. Johnson Space Center, 2009.

[105] Mazanek, Goodliff, Cornelius. Descent assisted split habitat lunar lander concept [C]. IEEE Automatic Conference, 2008.

[106] Wu K C, Antol J, Watson J J. Lunar lander structural design studies at NASA Langley [C]. AIAA SDM 2007 Conference, 2006.

[107] Zimmerman D, Wagner S, Wie B. The first human asteroid mission: target selection and conceptual mission design [C]. AIAA/AAS Astrodynamics Specialist Conference, AIAA 2010 – 8370, 2010.

[108] Mendeck G F, Craig L E. Entry guidance for the 2011 Mars science laboratory mission [C]. AIAA Conference, 2011.

[109] Marraffa L, Kassing D, Baglioni P, et al. Inflatable reentry technologies: flight demonstration and future prospects [J]. ESA Bulletin, 2000, 103 (5 – 9): 78 – 85.

[110] Glass D E. Ceramic matrix composite (CMC) thermal protection systems (TPS) and hot structures for hypersonic vehicles [R]. AIAA – 2008 – 2682, 2008.

[111] Vasas R E, Styner J. Mars exploration rover parachute mortar deployer development [R]. AIAA2003 – 2137, 2003.

[112] Curry D M, Norman I, Chao D C, et al. Oxidation of hypervelocity impacted reinforced corbon – corbon [R]. AIAA – 1999 – 3461, 1999.

[113] Bouslog S A, Caram J M, Pham V T. Catalytic characteristics of shuttle high – temperature TPS materials [R]. AIAA – 1996 – 0610, 1996.

[114] Stucky M S. Analysis of the NASA shuttle hypervelocity impace database [D]. California: Naval Postgraduate School, 2003.

[115] Botts M. Libraries and APIS to assist the NASA EUS and the general earth science/GIS visualization development [R]. Visual Data Exploration and Analysis II, 1995.

[116] Polsgrove T, Button R, Linne D. Altair lunar lander consumables management [C]. AIAA Space 2009 Conference &Exposition Pasadena, 2009.

[117] Sinn T, Doule O. Inflatable structures for Mars Base 10 [C]. 42nd International Conference on Environmental Systems, AIAA 2012 – 3557, 2012.

[118] Karlgaard C D, Kuttyu P, Schoenenbergerz M. Mars science labotary entry, descent, and landing trajectory and atmosphere reconstruction [C]. AAS 13 – 307, 2013.

[119] Giersch L. SIAD – R: A supersonic inflatable aerodynamic decelerator for robotic mission to Mars [C]. AIAA Aerodynamic Decelerator Systems (ADS) Conference, 2013.

[120] Cheatwood F M, Bose D, Karlgaard C D, et al. Mars science laboratory (MSL) entry, descent, and landing instrumentation (MEDLI): complete flight data set [R]. NASA: TM – 2014 – 218533, 2014.

[121] Kargaard C D, Van Normal J, Siemers P M, et al. Mars entry atmospheric data system modeling, calibration, and error analysis [R]. NASA TM 2014 – 218535, 2014.

《国之重器出版工程》
编辑委员会

编辑委员会主任：苗 圩

编辑委员会副主任：刘利华　辛国斌

编辑委员会委员：

冯长辉	梁志峰	高东升	姜子琨	许科敏
陈　因	郑立新	马向晖	高云虎	金　鑫
李　巍	高延敏	何　琼	刁石京	谢少锋
闻　库	韩　夏	赵志国	谢远生	赵永红
韩占武	刘　多	尹丽波	赵　波	卢　山
徐惠彬	赵长禄	周　玉	姚　郁	张　炜
聂　宏	付梦印	季仲华		